Fritz Kurt Kneubühl | Markus Werner Sigri

Laser

Fritz Kurt Kneubühl | Markus Werner Sigrist

Laser

7., überarbeitete und erweiterte Auflage

STUDIUM

VIEWEG+ TEUBNER

Bibliografische Information der Deutschen Nationalbibliothek
Die Deutsche Nationalbibliothek verzeichnet diese Publikation in der
Deutschen Nationalbibliografie; detaillierte bibliografische Daten sind im Internet über
<http://dnb.d-nb.de> abrufbar.

Prof. Dr. sc. nat. Fritz Kurt Kneubühl
Geboren 1931 in Zürich. Studium der Physik an der ETH Zürich. Diplom 1955 und Promotion 1959. Anschließend Ramsay Memorial Fellow, University College London und University of Southampton. 1960 Graefflin Fellow, The Johns Hopkins University, Baltimore, USA. Ab 1961 wieder an der ETH Zürich: 1963 Privatdozent, 1966 Assistenz-Professor, 1970 a. o. Professor, 1972 o. Professor, 1978–1980 Vorsteher Physik-Departement, 1986 Mitbegründer sowie 1986–1987 und 1992–1993 Vorsteher des Instituts für Quantenelektronik. 1998 Professor em.
1976–1978 Vorsitzender Quantum Electronics Division, European Physical Society. 1975–1993 Regional-Herausgeber „Infrared Physics". 1994 Herausgeber „Infrared Physics & Technology". 1976 Scholar of the John Hopkins University, Baltimore, USA. 1989 L. Eötvös Medaille, Ungar. Phys. Gesellschaft. 1990 ausw. Mitglied Akademie der Wissenschaften, Berlin. 1994 K. J. Button Preis & Medaille, Institute of Physics, London.
Verstorben 1999.
Arbeitsgebiete: Quantenelektronik und Infrarotphysik, insbesondere Gaslaser, Spektroskopie der kondensierten Materie, Solar- und Astrophysik, Atmosphärenphysik, Plasmaphysik, Bauphysik.

Prof. Dr. sc. nat. Markus Werner Sigrist
Geboren 1948 in Illnau, Kanton Zürich. Studium der Physik an der ETH Zürich. Diplom 1972 und Promotion 1977. 1987–1980 Forschungsaufenthalt an der University of California in Berkeley, USA und am Lawrence Berkeley Laboratory. Ab 1980 wieder an der ETH Zürich. 1986 Privatdozent und 1996 Titularprofessor. 1990 Gastprofessor Rice Universität in Houston, USA und dort seit 1994 Adjunct Professor. 2003 Gastprofessur Université du Littoral – Côte d'Opal, Dunkerque, France. 1985–1990 Vorstandsmitglied der Quantum Electronics Division, European Physical Society und Herausgeber „Quantum Electronics Division Newsletter". Seit 1993 Vorstandsmitglied der Schweizerischen Gesellschaft für Optik und Mikroskopie. 1999 Fellow Optical Society of America (OSA). 2001-2007 Topical Editor Applied Optics.
Arbeitsgebiete: Laser, insbesondere Neuentwicklungen abstimmbarer Infrarotlaser, laserspektroskopische Anwendungen in der chemischen Analytik, Wechselwirkung von Laserstrahlung mit Materie, laserphotoakustische und -photothermische Studien an Spurengasen, Flüssigkeiten und an beschichteten Festkörperoberflächen.

1. Auflage 1988
7., überarbeitete und erweiterte Auflage 2008

Alle Rechte vorbehalten
© Vieweg+Teubner | GWV Fachverlage GmbH, Wiesbaden 2008

Lektorat: Ulrich Sandten | Kerstin Hoffmann

Vieweg+Teubner ist Teil der Fachverlagsgruppe Springer Science+Business Media.
www.viewegteubner.de

Umschlaggestaltung: KünkelLopka Medienentwicklung, Heidelberg

Gedruckt auf säurefreiem und chlorfrei gebleichtem Papier.

ISBN 978-3-8351-0145-6

Vorwort

Seit vielen Jahren halten wir an der ETH Zürich einführende und fortge-
schrittene Laser-Vorlesungen für Studierende der Physik ab 5. Semester und
für Doktorierende. Eine derartige Vorlesung ist an der ETH Zürich für Phy-
sikerInnen seit 1990 obligatorisch. Da zudem Laser und ihre Anwendungen
in der Technik immer bedeutsamer werden, gibt es seit einiger Zeit auch
Laser-Vorlesungen für Studierende der Ingenieurwissenschaften. Unter diesem Gesichtspunkt kamen wir zum Schluss, unseren immer zahlreicheren
Studierenden anstelle unserer eigenen vervielfältigten Vorlesungsnotizen
ein Laser-Buch zu empfehlen. Wir fanden jedoch, dass die vorliegenden,
meist älteren deutschsprachigen Laser-Lehrbücher unseren Wünschen nicht
voll entsprachen. Nachdem von verschiedener Seite Interesse bekundet
wurde, unsere Vorlesungsnotizen nach Überarbeitung als Buch zu ver-
öffentlichen, haben wir uns nach verständlichem Zögern darauf eingelassen.
Maßgebend dafür war auch die Bereitschaft von Dr. Robert Kesselring,
dipl. Phys. ETH, mitzuwirken und uns mit Rat, Tat und Kritik beizustehen.
Auch Letzteres war uns wichtig, da er die Vor- und Nachteile unseres Unter-
richts als Assistent und ehemaliger Hörer kannte. Ihm sind wir zu großem
Dank verpflichtet, ebenso unseren vielen Fachkollegen und -kolleginnen in
Ost und West, welche uns seit über drei Jahrzehnten bei jedem Treffen neue
Erkenntnisse über Laser mitteilen. Wir hoffen, dass sie, vor allem aber auch
die Studierenden, dieses Buch willkommen heißen.

Das vorliegende Werk ist gedacht als Lehr- und Sachbuch für Physiker,
Ingenieure und Naturwissenschafter an Hochschulen und in der Industrie.
Um diesem Zweck zu dienen, berücksichtigt es im ersten Teil grund-
legende, eher theoretische, im zweiten mehr experimentelle Aspekte. In
dieser Hinsicht haben wir beim Schreiben die Themen gemäß unseren Ver-
anlagungen und Erfahrungen aufgeteilt. Um die Einheit des Buches trotz
dieser Aufteilung zu wahren, haben wir es fast jeden Tag diskutiert.

Die Entwicklung von Theorie und Experiment ist im Bereich der Laser weit
fortgeschritten. Kennzeichnend dafür ist, dass Laser-Theoretiker und -Prak-
tiker den Kontakt verlieren. Wir haben uns daher beflissen, in keines der
Extreme abzugleiten und die neuesten Entwicklungen zu berücksichtigen.

Leider herrscht in der deutschsprachigen Fachwelt keine Einigkeit über die Schreibweise vieler, ursprünglich englischer Fachausdrücke. Als Schweizer haben wir versucht, einen neutralen Pfad zwischen Labor und Duden zu finden.

Vom Leser dieses Buches erwarten wir nur Kenntnisse in Elektrizität und Magnetismus, elektromagnetischen Wellen, etwas Quantenmechanik, Atombau und Festkörperphysik. Detaillierte wellenmechanische und quantenmechanische Berechnungen haben wir vermieden. Auch waren wir bestrebt, alle physikalischen Größen, Formeln und Effekte durch Daten, Beispiele, Tabellen und Figuren dem Leser näher zu bringen. Um Verwirrung zu vermeiden, verwenden wir ausschließlich SI-Einheiten. Zur weiteren Information des Lesers zitieren wir am Ende jedes Kapitels historische Publikationen, umfassende Artikel und Spezialbücher, abgesehen vom umfangreichen Fachbuch-Verzeichnis im Anhang.

Für die 5. Auflage haben wir das Buch in wesentlichen Teilen überarbeitet und ergänzt. Dabei wurde vor allem den Laser-Entwicklungen Rechnung getragen, insbesondere auf dem Gebiet der Halbleiter- und Festkörperlaser.

Die ursprüngliche Reinschrift dieses Buches stammt von Frau D. Anliker, die Illustrationen zur Hauptsache von Frau G. Kägi und Frau I. Wiederkehr. Wir sind ihnen zu großem Dank verpflichtet für ihren Einsatz, der dieses Buch erst möglich gemacht hat. Weitere Unterstützung verdanken wir den Herren Dr. A. Kälin, H. J. Rohr, K. Seeliger, J.-P. Stucki und A. Wirth.

Zürich, im Juni 1998   F. K. Kneubühl und M. W. Sigrist

Vorwort zur 6. Auflage

Nach dem Tod von F. K. Kneubühl im Erscheinungsjahr 1999 der noch von ihm und mir überarbeiteten und ergänzten 5. Auflage wurde für die 6. Auflage des Buches das Manuskript vollständig durchgesehen. Dabei wurden alle seit Erscheinen der 5. Auflage bekannt gewordenen Fehler in Text, Formeln, Tabellen und Literaturhinweisen behoben.

Zürich, im Oktober 2005   Markus Werner Sigrist

Vorwort zur 7. Auflage

Da das vielfältige Gebiet der Laser durch viele Neuentwicklungen und Anwendungen erfreulicherweise weiterhin aktuell und sehr aktiv bleibt, wurde dieses Lehrbuch für die vorliegende 7. Auflage in wesentlichen Teilen überarbeitet, ergänzt und – hauptsächlich was die technischen Aspekte betrifft – auf den aktuellen Stand gebracht. Außerdem wurden die zugehörigen Referenzen, wo nötig, aktualisiert und durch neuste Zitate erweitert.

Die wichtigsten Neuerungen kurz zusammengefasst:

- In Kapitel 5 (Spiegel-Resonatoren) wurde zusätzlich der heute häufig verwendete Strahlqualitätsfaktor M^2 eingeführt.
- Kapitel 10 wurde durch die neusten Entwicklungen und Daten auf dem Gebiet der ultrakurzen Laserpulse ergänzt.
- In Kapitel 12 (Gaslaser) wird zusätzlich der „slab"-CO_2-Laser diskutiert.
- Kapitel 14 (Halbleiterlaser) erfuhr die umfangreichsten Ergänzungen mit ausführlichen Diskussionen der durchstimmbaren Diodenlaser mit externer Kavität (ECDL), vertikal emittierenden Halbleiterlasern (VCSEL), blauen, ultraviolett und infrarot emittierenden Diodenlasern, Quantenkaskadenlasern (QCL), Hochleistungs-Diodenlasern, Quantenpunktlasern, Bleisalzdiodenlasern sowie Anwendungen von Halbleiterlasern samt zahlreichen neuen Referenzen.
- In Kapitel 15 wurden Nd:Vanadat-Laser, Yb^{3+}:YAG-Scheibenlaser sowie Faserlaser neu aufgenommen. Ti:Saphir-Laser und nichtlinear optische abstimmbare Infrarot-Laserquellen (optisch parametrische Oszillatoren (OPO) und Differenzfrequenzerzeugung (DFG)) werden ausführlicher dargestellt und die Anwendungen wie auch die Referenzen ergänzt.
- Kapitel 17 wurde durch eine Darstellung des aktuellen Standes der weltweit betriebenen Free-Electron-Laser (FEL)-Anlagen mit den entsprechenden Daten erweitert.

Die meisten Abbildungen des Buches wurden neu gezeichnet, wofür ich Frau I. Wiederkehr zu großem Dank verpflichtet bin. Zudem wurden die zahlreichen Literaturzitate im Anhang aufdatiert und durch Neuerscheinungen ergänzt, wofür ich Frau Dr. A. Radi für ihre Mithilfe bestens danken möchte. Ebenso danke ich für wertvolle Anregungen von Studierenden und Kollegen, dem B. G. Teubner Verlag, insbesondere U. Sandten und Frau K. Hoffmann, sowie Frau C. Agel für die gute Zusammenarbeit.

Dieses Lehrbuch widme ich meiner Familie, verbunden mit dem herzlichen Dank für die stete Unterstützung und Geduld.

Zürich, im Februar 2008   Markus Werner Sigrist

Inhalt

A   Einleitung

Die Bezeichnung LASER ist die Abkürzung für „*L*ight *A*mplification by *S*timulated *E*mission of *R*adiation". Der Laser beruht auf dem gleichen Prinzip wie der zuvor erfundene Maser. MASER steht für „*M*icrowave *A*mplification by *S*timulated *E*mission of *R*adiation" oder, wie böse Zungen kurz nach der Entdeckung im Jahre 1954 spotteten, „*M*eans of *A*ttaining *S*upport for *E*xpensive *R*esearch". Als der Laser 1960 erfunden wurde, bezeichnete man ihn als „optical maser" oder „infrared maser". Erst seit etwa 1965 verwendet man allgemein das Wort Laser. Etwa um die gleiche Zeit spielte man mit den Begriffen IRASER und SMASER anstelle der heute üblichen Infrarot-Laser und Submillimeterwellen-Laser.

Der Laser wirkt als *Oszillator und Verstärker* für monochromatisches Licht, Infrarot und Ultraviolett. Er beherrscht heute in diesen Funktionen unbeschränkt den Wellenlängenbereich zwischen etwa 0.1 µm und 3 mm, d. h. rund *15 Oktaven des elektromagnetischen Spektrums*. Zum Vergleich muss man erwähnen, dass das sichtbare Licht nur die Oktave von ca. 0.37 bis 0.75 µm Wellenlänge umfasst. Es gibt die verschiedensten Typen von Lasern mit Leistungen von unter 1 µW bis über 1 TW und in Größen von unter 1 mm bei Halbleiter-Lasern bis zu 100 m bei Fusions-Lasern. Jedoch sind ihre Eigenschaften mehr oder weniger die gleichen.

Die Strahlung eines Lasers ist meist in einem *engen Strahl* gebündelt, der sich auf Distanz nur geringfügig aufweitet. Diese Aufweitung erfolgt nur noch durch unvermeidliche Beugungseffekte. So verbreitert sich z. B. ein sichtbarer Laserstrahl mit Wellenlänge 0.6 µm und Durchmesser 2 mm in 100 m Distanz auf nur 3 cm. Dies ist heute von Bedeutung in Vermessung und Kommunikation.

Laserstrahlung ist unter Umständen äußerst *monochromatisch*. Laser, welche sichtbares Licht- mit Frequenzen von etwa $4 \cdot 10^{14}$ bis $7 \cdot 10^{14}$ Hz emittieren, haben häufig Bandbreiten von 1 MHz bis 1 GHz. Diese entsprechen relativen Bandbreiten von nur $2 \cdot 10^{-6}$ bis 10^{-9}. Jedoch existieren stabilisierte optische Laser mit einer Bandbreite von unter 1 Hz. Dies bedeutet eine spektrale Reinheit besser als 10^{-15}. Laser eignen sich daher als *Frequenz- und Zeitnormale*.

Der *Wirkungsgrad* der Laser, definiert als Verhältnis zwischen abgegebener Strahlungsleistung und aufgewendeter elektrischer Leistung, ist meist unter 0.1 %, also gering. Doch gibt es auch Laser mit relativ hohem Wirkungsgrad, z. B. 10 μm CO_2-Laser mit ca. 20 %. Der höchste erreichte Wirkungsgrad beträgt etwa 40 %. Ebenso sind die *Ausgangsleistungen* vieler Laser nicht hoch, z. B. 1 mW beim häufig verwendeten Helium-Neon-Laser, 10 bis 100 W bei einem großen Argonionen- oder YAG-Laser, 1 kW bei einem CO_2-Laser. Da jedoch die Strahlung eines Lasers auf einen Fleck von wenigen Wellenlängen Durchmesser fokussiert werden kann, erreicht man *hohe Strahlungsintensitäten*. Fokussiert man die optische oder nahinfrarote Strahlung eines 100 W-Lasers auf einen Fleck von 10 μm^2, so erreicht man eine Intensität von 1 GW/cm^2=10 TW/m^2. Das entsprechende elektrische Feld beträgt etwa 60 MV/m. Benutzt man einen gepulsten 100 MW-Laser, so erreicht man kurzzeitig Intensitäten von 10^{19} W/m^2 und Felder von 60 GV/m. Einer hohen Strahlungsintensität entsprechen auch *starker Photonenfluss* und *hohe Photonendichte*. Licht mit der Wellenlänge 0,6 μm besteht nach Planck aus Photonen mit der Energie $3.3 \cdot 10^{-19}$ J. Demnach bedeutet eine Intensität von 1 GW/cm^2 einen Photonenfluss von $3 \cdot 10^{27}$ cm^{-2}s^{-1} und eine Photonendichte von 10^{17} cm^{-3}. Bei derartigen Photonendichten kann es geschehen, dass simultan zwei oder mehr Photonen mit einem Atom oder Molekül reagieren. Dieses Phänomen eröffnete neue Aspekte der Spektroskopie.

Da die Laserstrahlung wie zuvor erwähnt meist äußerst monochromatisch ist, liegen die oben aufgeführten Intensitäten, Photonenflüsse und Photonendichten in einem engen Frequenzintervall. Eine Leistung von 10 W in einem Frequenzintervall von 1 MHz ist für einen Laser nichts Außergewöhnliches. Vergleichen wir den Laser in dieser Hinsicht mit einem thermischen, ideal schwarzen Strahler, so müsste letzterer eine Temperatur von 10^7 K aufweisen, damit er im gleichen Frequenzintervall dieselbe Leistung abgeben würde.

Die *kontinuierlich betriebenen Laser*, englisch „cw lasers", emittieren streng harmonische Wellen mit konstanter Amplitude. Sie können sowohl in der Amplitude (AM) als auch in der Frequenz (FM) bis zu Mikrowellenfrequenzen um 10 GHz *moduliert* werden. Die Grenzfrequenz der Modulation wird maßgeblich bestimmt vom Frequenzumfang des Verstärkungsprofils des Lasermediums.

In der üblichen Elektronik ist 0.3 ns etwa die untere Grenze für Pulsdauer oder Ansprechzeit, englisch „response time". Heute produziert man *Laserpulse*, englisch „laser pulses", von unter 10 fs Dauer. Laserpulse sind also bis zu 30 000 Mal kürzer als die Pulse der Elektronik. Zieht man in Betracht, dass die Lichtgeschwindigkeit etwa 300000 km/s beträgt, so findet man, dass die Länge eines 10 fs-Laserpulses etwa 3 µm beträgt. Ein solcher sich in einem Medium wie z. B. Luft ausbreitender Laserpuls entspricht nicht mehr einem Lichtstrahl, sondern einem dünnen Film elektromagnetischer Anregung, der sich mit Lichtgeschwindigkeit fortbewegt. Ein derart kurzer Laserpuls weist wegen den Eigenheiten der Fourier-Transformation ein enorm *breitbandiges Frequenzspektrum* auf. Ein Laserpuls in der Form einer Gauß-Funktion mit der Halbwertsbreite 10 fs hat eine entsprechende Breite von 44 THz im Frequenzspektrum. Schließlich muss auch erwähnt werden, dass in einem Laserpuls von 10 fs Dauer und 3 µm Länge nur 5 optische Wellenlängen von 0.6 µm enthalten sind.

In Anbetracht all dieser bemerkenswerten Eigenschaften dürfen die Laser zusammen mit den γ-Strahlern von Mößbauer als hervorragende Quellen elektromagnetischer Strahlung bezeichnet werden. Seit ihrer Entdeckung im Jahre 1960 haben die Laser in Wissenschaft und Technik eine Entwicklung angebahnt, die unsere Zivilisation auch in Zukunft beeinflussen wird. Unter diesem Gesichtspunkt ist ein kurzer *historischer Überblick* der Erfindung und Entwicklung des Lasers gerechtfertigt. Da eine detaillierte Historie den Rahmen dieses Buches sprengen würde, beschränken wir uns auf eine Liste der vielleicht wichtigsten Ereignisse und Beteiligten. Mögen uns die verzeihen, welche aufgrund unserer Unwissenheit nicht aufgeführt sind. Damit der Leser die Übersicht bewahrt, teilen wir diese Liste in drei Abschnitte, welche die historische Entwicklung bis zur Entdeckung des Lasers, Lasermedien sowie Laser-Konzepte und -Strukturen betreffen.

Historischer Überblick

a)   Von der Idee zur Realisierung

1917   A. Einstein: Zur Quantenmechanik der Strahlung, spontane und stimulierte Emission

1928   R. Ladenburg et al.: experimenteller Nachweis der stimulierten Emission in Gasentladungen

1951   V. A. Fabrikant, Vorschlag elektromagnetische Strahlung in einem Medium zu verstärken, in dem durch eine Hilfsstrahlung eine überwiegende Besetzung höherer Energiezustände bewirkt wird

1951   Ch. H. Townes et al.: Diskussion der Möglichkeiten eines derartigen Verstärkers

1954   Ch. H. Townes et al.: erster MASER mit Ammoniak-Molekülen

1954   N. G. Basov und A. M. Prokhorov: Vorschläge und Rechnungen zu einem Mikrowellen-Oszillator der auf stimulierter Emission beruht

1958	A. L. Schawlow und Ch. H. Townes: Vorschläge und Rechnungen zur Verwirklichung von Masern für Licht und Infrarot
1959	G. Gould: meldet viele US-Patente über LASER an
1960 Juni	T.H.Maiman: erster LASER, bestehend aus einem Rubinstab (Cr^{3+}:Al_2O_3) mit zwei parallel verspiegelten Stirnflächen als Resonator und einer gepulsten Blitzlampe als Pumpquelle zur optischen Anregung
1960 Dez.	A. Javan: erster Gaslaser, kontinuierliche stimulierte Emission bei 1.15 µm Wellenlänge in einem Helium-Neon-Gasgemisch mit Neon als emittierendes Atom, keine optische Anregung

b)   Lasermedien

Festkörperlaser (solid state ion laser)

1960	P. P. Sorokin und M. J. Stevenson: stimulierte 2.5 und 2.6µm Emissionen von U^{3+}:CaF_2
1961	P. P. Sorokin und M. J. Stevenson, W. Kaiser et al.: stimulierte 0.7080µm Emission von Sm^{2+}:CaF_2
1961	E. Snitzer: stimulierte 1.06µm Emission von Nd^{3+}:Glas
1963	L. F. Johnson et al.: erste abstimmbare Festkörperlaser, auf der Basis von Übergangsmetallionen, z. B. Ni^{2+}:MgF_2, Wellenlängen 1.62 bis 1.8 µm
1964	J. E. Geusic et al.: stimulierte 1.06 µm Emission von Nd^{3+}:YAG, d. h. Nd^{3+}:$Y_3Al_5O_{12}$

Farbzentrenlaser (color center laser)

1965	B. Fritz und E. Menke: erster Farbzentrenlaser auf der Basis von KCl:Li/F_A, Wellenlänge 2.7 µm
1974	L. F. Mollenauer und D. H. Olson: erster abstimmbarer Farbzentrenlaser auf der Basis von KCl:Li/F_A(II), Wellenlängen 2.6 bis 2.8 µm

Halbleiterlaser (semiconductor laser)

1959	N. G. Basov et al.: Vorschlag für Halbleiterlaser
1962	R. N. Hall et al., M. I. Nathan et al., T. M. Quist et al.: gepulste stimulierte 0.84 µm Emission von p-n GaAs-Dioden dotiert mit Zn und Te
1963	F. H. Dill; W. E. Howard et al.: kontinuierliche stimulierte 0.84 µm Emission von p-n GaAs-Dioden bei 2 bis 77 K

Farbstofflaser (dye laser)

1966	P. P. Sorokin und J. R. Lankard: 0.756 µm stimulierte Emission von mit Rubinlaser gepumptem Chloraluminium-Phtalocyanin gelöst in Aethylalkohol
1966	F. P. Schäfer et al.: gepulste stimulierte Emission von 3 - 3' - Diethyltricarbocyanin, abstimmbar durch Variation des Lösungsmittels
1970	O. G. Peterson et al.: kontinuierliche stimulierte Emission von Rhodamin 6G in Wasser

Gaslaser (gas laser)

1960	F. G. Houtermans: Vorschlag von Excimeren als Lasermedium

1962	A. D. White und J. D. Ridgen: 0.6328 μm Helium-Neon-Laser, verbreitetster Gaslaser

1962   A. D. White und J. D. Ridgen: 0.6328 μm Helium-Neon-Laser, verbreitetster Gaslaser

1964   C. K. N. Patel: 10 μm CO_2-Laser, effektiver leistungsstarker Laser

1964   W. B. Bridges: 0.4880 μm, 0.5145 μm, etc., Argonionenlaser

1964   H. A. Gebbie et al.: 337 μm HCN-Laser, erster effektiver Submillimeterwellen-Laser, überbrückt Leistungslücke zwischen Infrarot und Mikrowellen

1970   T. Y. Chang und T. J. Bridges: 496 μm CH_3F-Laser, erster mit Laser gepumpter Gaslaser, Laser-Pumpen resultierte in einer Vielfalt stimulierter Emissionen im fernen Infrarot bis zu 3 mm Wellenlänge

1971   N.G. Basov et al.: Xe_2^*-Laser, erster Excimerlaser

Chemische Laser (chemical laser)

1961   J. C. Polanyi: Vorschlag eines chemischen Lasers

1965   J. V. V. Kasper und G. C. Pimentel: erste Realisierung eines chemischen Lasers auf der Basis von HCl, Wellenlänge um 3.8 μm

„Free-Electron" Laser

1971   J. M. J. Madey: Vorschlag eines „free-electron" Lasers

1977   D. A. G. Deacon et al.: erster „free-electron" Laser, Wellenlänge 3.5 μm

---

c)   Laser-Konzepte und -Strukturen

Laser mit Faseroptik

1951   A. C. S. van Heel, H. H. Hopkins und N. S. Kapany: Untersuchung beschichteter und unbeschichteter optischer Fasern für „flexible fiberscope"

1956   N. S. Kapany: prägt Begriff „fiber optics"

1961   E. Snitzer: kombiniert Laser mit optischen Fasern

Festkörperlaser mit dielektrischem Wellenleiter

1963   B. Lax et al.: Ausbreitung von Licht in p-n Dioden interpretiert als Wirkung eines dielektrischen Wellenleiters

Wellenleiter-Gaslaser

1964   E. A. J. Marcatili und R. A. Schmeltzer: Vorschlag und Berechnung

1967   F. K. Kneubühl et al.: Berechnung und Realisierung mit 337 μm HCN-Laser

1971   P. W. Smith: Realisierung mit 0.6328 μm He-Ne-Laser

Gasdynamische Laser

1963   N. G. Basov und A. N. Oraevskii: Vorschlag gasdynamischer Laser

1966   A. R. Kantrowitz et al.: erste Realisierung eines gasdynamischen 10 μm CO_2-Lasers

TEA-Laser

1970   A. J. Beaulieu: Transversely Excited Atmospheric Pressure CO^2-Laser

DFB-Laser

1971   H. Kogelnik und C. V. Shank: „Distributed Feedback" oder DFB Farbstofflaser

1973	A. Yariv et al.: DFB-Halbleiterlaser
1979	E. Affolter und F. K. Kneubühl: DFB-Gaslaser
1985	L. Arnesson und F. K. Kneubühl: Helical Feedback- oder HFB-Laser

Deterministisches Chaos im Laser

1963	E. W. Lorenz: beschreibt Atmosphäre mit System von Differentialgleichungen, das chaotische Lösungen zeigt
1975	H. Haken: deutet Laser-Instabilitäten mit Differentialgleichungen von E.Lorenz

B   Allgemeine Grundlagen

1   Elektromagnetische Strahlung

Laser emittieren monochromatische kohärente elektromagnetische Strahlung im riesigen Wellenlängenbereich, der von den Millimeterwellen via Licht bis zur Röntgen-Strahlung reicht. Eine Übersicht über das elektromagnetische Spektrum in diesem Bereich gibt Tab. A 1 dieses Buches. Als neuartige Strahlungsquelle mit bisher unerreichten Eigenschaften revolutioniert der Laser die klassische Optik und verwandte Gebiete. Fast alle Begriffe der klassischen Optik und der Quantentheorie des Lichtes bekommen dadurch eine größere, ja sogar neue Bedeutung: elektromagnetische Wellen und Photonen, Beugung, Interferenz, Kohärenz, Polarisation, Photonenstatistik, Wechselwirkung elektromagnetischer Strahlung mit Elementarteilchen, Atomen, Molekülen, kondensierte Materie, Plasmen, etc. Im vorliegenden Kapitel wollen wir uns nur mit den Eigenschaften der elektromagnetischen Strahlung befassen, welche für viele vielleicht ungewohnt, jedoch für Laser relevant sind: Wellen- und Teilchennatur, Kohärenz und Photonenstatistik. Betreffend die für die Laser sonst wichtigen Begriffe der Optik, wie z. B. Beugung, Interferenz, Polarisation, verweisen wir auf Lehrbücher der Optik [Born 2004, Born & Wolf 1999, Ditchburn 1976, Klein & Furtak 1988, Kneubühl 1994, 1997, Lipson et al. 1997, Meyer-Arendt 1984, Möller 2006, Schilling 1980].

1.1   Elektromagnetische Wellen und Photonen

Licht und andere elektromagnetische Strahlung lässt sich in Bezug auf die Ausbreitung *im Vakuum* mit dem *Wellenbild* beschreiben entsprechend den *Maxwell-Gleichungen* [Kneubühl 1994, 1997] für die elektrischen und magnetischen Felder $\vec{E}$ in V/m und $\vec{H}$ in A/m

$$\text{rot } \vec{H} = +\varepsilon_0 \dot{\vec{E}} ; \quad \text{rot } \vec{E} = -\mu_0 \dot{\vec{H}} ; \tag{1.1}$$

$$\text{div } \vec{H} = 0; \quad \text{div } \vec{E} = 0. \tag{1.2}$$

Dabei sind ε_0 und μ_0 die elektrische und die magnetische Feldkonstante.

$$\varepsilon_0 = 8.8542 \cdot 10^{-12} \text{As/Vm}, \quad \mu_0 = 4\pi \cdot 10^{-7} \text{Vs/Am}.$$

Durch Bildung von

$$\text{rot rot } \vec{E} = \text{grad(div } \vec{E}) - \Delta \vec{E} = -\Delta \vec{E} = \text{rot}(-\mu_0 \dot{\vec{H}}) = -\varepsilon_0 \mu \ddot{\vec{E}}$$

respektive rot rot $\vec{H}$, findet man die *Hertz-Wellengleichungen*

$$\ddot{\vec{E}} = c^2 \Delta \vec{E} \qquad \ddot{\vec{H}} = c^2 \Delta \vec{H} ; \qquad (1.3)$$

mit $\quad c = (\varepsilon_0 \mu_0)^{-1/2} \approx 299790 \text{ km/s}$

In diesen Gleichungen bedeutet c die *Lichtgeschwindigkeit* im Vakuum. Die diesen Gleichungen entsprechenden *elektromagnetischen Wellen* sind wegen (1.2) *transversal* in $\vec{E}$ und $\vec{H}$ [Kneubühl 1994, 1997]. Dies lässt sich erkennen anhand einer monochromatischen, in der z-Richtung laufenden elektromagnetischen Welle mit ebener Wellenfront

$$\vec{E}(x,y,z,t) = \{E_0 \cos(2\pi v t - 2\pi z/\lambda), 0, 0\},$$
$$\vec{H}(x,y,z,t) = \{0, H_0 \cos(2\pi v t - 2\pi z/\lambda), 0\} \qquad (1.4)$$

mit $\quad c = v\lambda$ und $Z_0 = E_0/H_0 = (\mu_0/\varepsilon_0)^{1/2} \approx 377 \ \Omega$.

Dabei bezeichnet v in Hz die *Frequenz*, λ in m die *Wellenlänge* und Z_0 in Ω die *Wellenimpedanz des Vakuums*. Aus (1.4) geht hervor, dass im Vakuum $\vec{E}$ und $\vec{H}$ senkrecht auf der Fortpflanzungsrichtung stehen. Sie eignen sich daher zur Festlegung der *Polarisationsrichtung*. Früher benutzte man dazu $\vec{H}$, heute jedoch $\vec{E}$.

Beim Studium der *Wechselwirkung elektromagnetischer Strahlung mit Materie* versagt das Wellenbild häufig, so dass man Zuflucht zur *Teilchenvorstellung* von Planck [Kneubühl 1994] nehmen muss. Dabei betrachtet man elektromagnetische Strahlung als eine Gesamtheit von relativistischen Teilchen mit der Masse null, welche sich mit Lichtgeschwindigkeit bewegen, d. h.

$$v = c \text{ und } m = 0. \qquad (1.5)$$

Diese Teilchen bezeichnen wir als *Photonen*. Für monochromatische elektromagnetische Strahlung gilt die *Plancksche Beziehung* zwischen der Energie E des einzelnen Photons und der Frequenz v der entsprechenden elektromagnetischen Welle

$$E = hv \text{ mit } h \approx 6.6261 \cdot 10^{-34} \text{ Js} \approx 2\pi \cdot 10^{-34} \text{ Js}. \qquad (1.6)$$

Der Faktor h heißt *Plancksche Konstante*. Außer dieser Beziehung ergeben sich weitere Relationen zwischen Energie E und Impuls p der Photonen einerseits, sowie Frequenz v und Vakuum-Wellenlänge λ der entsprechenden elektromagnetischen Welle andererseits. Sie lauten

$$p = E/c = hv/c = h/\lambda \qquad (1.7)$$
$$\lambda = hc/E = c/v \qquad (1.8)$$

Diese Beziehungen müssen verglichen werden mit denjenigen eines *relativistischen Teilchens* mit der Masse *m*. Gemäß der *Relativitätstheorie* von Einstein und der *Wellenmechanik* von de Broglie gilt

$$v = pc^2/E = c[1 - (mc^2/E)^2]^{1/2} \tag{1.9}$$
$$p = (E/c) [1 - (mc^2/E)^2]^{1/2} \tag{1.10}$$
$$\lambda = h/p = (hc/E) [1 - (mc^2/E)^2]^{-1/2} \tag{1.11}$$

Hier bezeichnet λ die de-Broglie-Wellenlänge. Setzt man in diesen Gleichungen $m = 0$, so findet man die Planck-Beziehungen (1.6) bis (1.8) der Photonen. Dies zeigt die Verwandtschaft zwischen elektromagnetischer Strahlung und Materieteilchen.

Bei der Wechselwirkung elektromagnetischer Strahlung mit Gasen, kondensierter Materie oder Plasmen existiert ein *Kriterium, ob das Wellenbild von Maxwell oder die Teilchenvorstellung von Planck* angewendet werden sollen. Dies lautet

$$\lambda T \gg hc/k \simeq 1.43 \text{ cm} \quad \text{K: Wellencharakter,}$$

$$\lambda T \ll hc/k \simeq 1.43 \text{ cm} \quad \text{K: Teilchencharakter,} \tag{1.12}$$

mit $\quad k \simeq 1.3807 \cdot 10^{-23}$ J/K.

T in K bedeutet die *absolute Temperatur* der wechselwirkenden Materie, λ in cm die Wellenlänge und *k* die *Boltzmann-Konstante*. Für $\lambda T \simeq hc/k$ treten Phänomene des Wellenbildes und der Teilchenvorstellung etwa mit gleicher Häufigkeit auf.

1.2 Kohärenz

Ein Mittel zum Vergleich von Laserstrahlung mit der elektromagnetischen Strahlung thermischer Quellen, wie z. B. Glühlampen oder Spektrallampen, ist die *Kohärenz*. Laserstrahlung erreicht im Gegensatz zur Strahlung thermischer Quellen eine extrem hohe Kohärenz.

Beleuchtet man mit zwei Glühlampen nacheinander eine ebene Tischplatte, so erzeugen diese an einer beliebigen Stelle der Tischplatte die Strahlungs-Intensitäten I_1 und I_2. Beleuchtet man jedoch die Tischplatte mit beiden Glühlampen gleichzeitig, so addieren sich an derselben Stelle die beiden Strahlungs-Intensitäten

$$I_{1+2} = I_1 + I_2 \tag{1.13}$$

Diese *Addition der Intensitäten* ist charakteristisch für *Inkohärenz*.

Betrachtet man andererseits die *Interferenz* zweier monochromatischer elektromagnetischer Wellen mit gleicher Frequenz v, Wellenlänge $\lambda = c/v$, Phasendifferenz $\Delta\varphi$ und Intensitäten I_1 und I_2 in einem *Michelson-Interferometer*, so findet man an dessen Ausgang die Intensität [Born 2004, Born & Wolf 1999, Kneubühl 1994, Möller 2006]

$$I(s) = I_1 + I_2 + 2[I_1 I_2]^{1/2}\cos(2\pi s/\lambda + \Delta\varphi), \tag{1.14}$$

wobei s die variable Weglängendifferenz im Michelson-Interferometer bezeichnet. Der dritte Term auf der rechten Seite von (1.14) wird als *Interferenzterm* bezeichnet. Er ist typisch für *Kohärenz*.

In der Praxis unterscheidet man zwischen zeitlicher und räumlicher Kohärenz. Die *zeitliche Kohärenz* wird durch die beschriebene Zweistrahl-Interferenz im Michelson-Interferometer bestimmt. Ein Maß für die zeitliche Kohärenz elektromagnetischer Wellen ist die *Kohärenzlänge* L_c definiert als maximaler Weglängenunterschied s, bei dem man den periodischen Interferenzterm von (1.14) noch beobachten kann. Da sich elektromagnetische Wellen mit der Lichtgeschwindigkeit c fortpflanzen, entspricht der Kohärenzlänge L_c eine *Kohärenzzeit* $\tau_c = L_c/c$. Wichtig ist, dass die Kohärenzzeit τ_c gemäß *Fourier-Analyse* verknüpft ist mit der *Bandbreite* Δv der elektromagnetischen Welle

$$\Delta v = 1/2\pi\tau_c = c/2\pi L_c. \tag{1.15}$$

Somit ist die zeitliche Kohärenz ein Maß für die *spektrale Reinheit* der elektromagnetischen Strahlung. Tab. 1.1 gibt einen Überblick über die zeitliche Kohärenz von bekannten Spektrallampen im Vergleich zu einem stabilisierten Laser.

Tab. 1.1   Zeitliche Kohärenz von Strahlungsquellen

Niederdruck Spektrallampen	$\lambda = c/v$ in μm	L_c in m	τ_c in s	$\Delta v/v$
Ne	0.6328	$3\cdot10^{-2}$	10^{-10}	$3.4\cdot10^{-6}$
Cd	0.6438	$3\cdot10^{-1}$	10^{-9}	$3.4\cdot10^{-7}$
Kr	0.60578	$1\cdot10^{2}$	$3\cdot10^{-7}$	$1.1\cdot10^{-9}$
stabilisierter Laser				
He-Ne	0.6328	$5\cdot10^{3}$	$1.6\cdot10^{-5}$	$2.1\cdot10^{-11}$

Beim thermischen Strahler wird eine Gesamtheit von Atomen durch Energiezufuhr aufgeheizt und thermisch angeregt. Die Anregungsenergie wird von jedem Atom spontan in den Raum abgestrahlt zu einem beliebigen

Zeitpunkt ohne Relation zu den anderen Atomen. Die thermische Bewegung der Atome verschiebt die Emissionsfrequenz durch den Doppler-Effekt. Stöße zwischen den Atomen führen zur Verbreiterung des emittierten Spektrums. Diese Effekte können beim Laser weitgehend eliminiert werden, was eine größere Kohärenz der emittierten Strahlung bewirkt.

Der Begriff der *räumlichen Kohärenz* basiert auf dem *Doppelspalt-Experiment von Young* [Born 2004, Born & Wolf 1999, Klein & Furtak 1988, Möller 2006]. Dabei verwendet man die in Fig. 1.1 skizzierte Versuchsanordnung. Ein paralleles Bündel von Licht mit der Wellenlänge λ trifft auf einen Blendenschirm A, welcher senkrecht zum Lichtbüschel steht. In diesem Blendenschirm A befinden sich im Abstand d zwei parallele Spalten S_1 und S_2 mit gleicher Breite. Nach Huygens bilden diese Spalten virtuelle

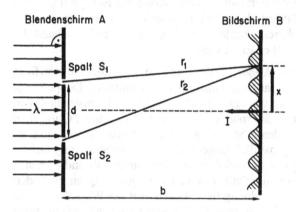

Fig. 1.1   Das Doppelspalt-Experiment von Young

Lichtquellen. Das Licht, welches von den beiden Spalten S_1 und S_2 ausgeht, wird aufgefangen vom Bildschirm B, der parallel zum Blendenschirm A im Abstand b steht. Ist das auf dem Blendenschirm A fallende Lichtbündel *räumlich kohärent*, so sind die virtuellen Lichtquellen an den beiden Spalten S_1 und S_2 kohärent. Dann bildet das auf dem Bildschirm B auffallende Licht die Interferenz der von den Spalten S_1 und S_2 ausgehenden Lichtstrahlen. Die Weglängendifferenz $s = r_2 - r_1$ der zwei Strahlen, welche auf dem Bildschirm B im Abstand x von der Symmetrieebene auftreffen, ist unter der Voraussetzung $b \gg d, x$ in erster Approximation [Born 2004]

$$s = r_2 - r_1 \approx (d/b)\, x.$$

Die von der Interferenz auf dem Bildschirm B erzeugte Intensitätsverteilung $I(x)$ kann mit dieser Approximation anhand der Formel (1.14) berechnet werden. Nimmt man an, dass die Spalten S_1 und S_2 gleich breit sind, so kann man $I_1 = I_2 = I$ setzen und erhält

$$I(x) = 4I\cos^2\left(\frac{\pi}{\lambda}\frac{d}{b}x\right) \qquad (1.16)$$

oder in anderer Darstellung

$$I(x) = 2I\left[1+|\gamma|\cos\left(\frac{2\pi}{\lambda}\frac{d}{b}x\right)\right]$$

mit $|\gamma| = 1$.

Die Intensitätsverteilung $I(x)$ mit $|\gamma| = 1$ setzt voraus, dass das auf den Blendenschirm A fallende Lichtbündel *räumlich kohärent* ist. Ist es nur teilweise kohärent, so vermindert sich $|\gamma|$. *Ohne Kohärenz* ist $|\gamma| = 0$ und $I(x) = 2I$, d. h. die Intensitätsverteilung $I(x)$ ist homogen. Der Parameter $|\gamma|$ nimmt Bezug auf die Kohärenz-Funktion, welche im Folgenden anhand der Relationen (1.27) und (1.29) erläutert wird.

Der *Begriff der räumlichen Kohärenz* lässt sich im Wesentlichen wie folgt erklären: Wir nehmen an, dass das beim oben geschilderten Doppelspalt-Experiment von Young verwendete Bündel paralleler Lichtstrahlen von einer ebenen kreisförmigen und monochromatischen Lichtquelle Q mit dem kleinen Radius a stammt, deren Strahlung durch Vorsetzen einer Linse im Abstand ihrer Brennweite f parallel ausgerichtet wird. Die Strahlung, welche von dieser Lichtquelle Q emittiert wird, ist in zwei Punkten P_1 und P_2 räumlich kohärent, wenn diese innerhalb des von der Quelle Q ausgehenden Kegels der Beugung nullter Ordnung liegt. Bezeichnet der Winkel θ gemäß Fig. 1.2 den Winkel P_1–Q–P_2, so muss für Kohärenz demnach gelten [Born 2004, Born & Wolf 1999, Klein & Furtak 1988, Möller 2006]

$$a\theta \leq 1.22\,\lambda, \qquad (1.17)$$

wobei λ die Wellenlänge der Strahlung bedeutet.

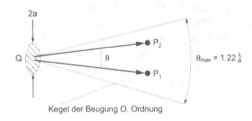

Fig. 1.2   Geometrische Darstellung der räumlichen Kohärenz

Berücksichtigt man, dass die Fläche A der kreisförmigen Lichtquelle Q und der Raumwinkel Ω_{max} des Kegels der Beugung nullter Ordnung gegeben sind durch

$$A = \pi a^2 \text{ und } \Omega_{max} = (\pi/4)\,\theta_{max}^2 ,$$

so kann man die Bedingung (1.17) für räumliche Kohärenz auch schreiben als

$$A\Omega \le A\Omega_{max} = 3.67\,\lambda^2. \tag{1.18}$$

Laserstrahlung zeigt meistens eine hohe räumliche Kohärenz. Diese gestattet, die Laserstrahlung auf engste Bereiche mit Querschnittsflächen der Größenordnung λ^2 *zu fokussieren.* Dies ist in Fig. 1.3 illustriert. Ist $2r$ der Durchmesser des kreisrunden Laserstrahls von parallelem kohärentem Licht der Wellenlänge λ und f die Brennweite der Linse, so ergibt sich für den Raumwinkel Ω des durch die Linse fokussierten Laserstrahls

$$\Omega = \pi \arctan^2(r/f) \approx \pi(r/f)^2.$$

In Analogie zur durch die Beugung bedingten Beziehung (1.17) gilt für die minimale bestrahlte kreisrunde Probenfläche A_{min} im Fokus der Linse die Relation

$$A_{min} = \pi a^2 \simeq 1.17(f/r)^2\lambda^2 \approx \lambda^2. \tag{1.19}$$

Mit einem Laserstrahl der Leistung P erzielt man somit auf einer Probe höchstens die Strahlungsintensität

$$I_{max} = P/A_{min} \approx P/\lambda^2. \tag{1.20}$$

Beispiele sind in Tab. 1.2 aufgeführt. In der Praxis werden nur etwa 1 bis 10 % von I_{max} erzielt.

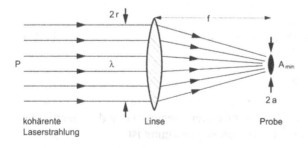

Fig. 1.3   Fokussierung eines Laserstrahls

Tab. 1.2   Vergleich der Strahlungsintensitäten von herkömmlichen Lichtquellen und Lasern. Bei den Lasern werden in der Praxis meist etwa 1 bis 10 % der theoretisch möglichen Intensität I_{max}(theor.) erreicht

Lichtquelle	Intensität I
Sonnenstrahlung fokussiert	$\simeq 0.3$ kW/cm^2
Acetylen-Sauerstoff-Brenner	1 kW/cm^2
Wasserstoff-Sauerstoff-Brenner	10 kW/cm^2
Kohlenbogenlampe	100 kW/cm^2

Laser	Wellenlänge λ	Leistung P	Dauer t	max. Intensität I_{max}(theor.)
He-Ne	632 nm	10 mW	∞	2.5 MW/cm^2
Ar+	514 nm	10 W	∞	3.8 GW/cm^2
Farbstoff	400 bis 800nm	10^6 bis 10^{10} W	5 ns bis 200 fs	10^{14} bis 10^{17} W/cm^2
TEA-CO$_2$	10.6 µm	10^9 W	100 ns	10^{17} W/cm^2
Excimer	249 nm	10^8 bis 10^{12} W	15 ns bis 400 fs	10^{17} bis 10^{19} W/cm^2
Ti:Saphir	700 bis 1000nm	10^{12} W	100 fs	10^{19} W/cm^2
Nd:Glas	1.06 µm	10^{10} bis 10^{13} W	5 ps bis 800 fs	10^{17} bis 10^{21} W/cm^2

Die Strahlung einer *thermischen Quelle* kann simultan zeitlich und räumlich kohärent gemacht werden, indem man sowohl ein schmalbandiges Spektral-filter als auch eine Lochblende davor setzt. Diese Doppelfilterung bewirkt jedoch eine drastische Abschwächung der Strahlungsintensität bis zu 10^{-10}. Entsprechende Erfahrungen machte Gabor 1947 beim experimentellen Nachweis der *Holographie* ohne Laser [Thyagarajan & Ghatak 1981].

Zum besseren Verständnis der Kohärenz bedient man sich der *Korrelations-und Kohärenz-Funktionen*. Bei ihrer Formulierung ersetzt man gemäß Gabor [Gabor 1946, Shimoda 1991] das reelle elektrische Feld $E(t)$ der elektromagnetischen Wellen durch *komplexe Felder* $A(t)$, die durch *Fourier-Transformationen* [Bracewell 2000] wie folgt definiert sind

$$A(t) = 2 \int_0^\infty F(\nu)e^{+i2\pi\nu t} \, d\nu$$

mit

$$F(\nu) = \int_{-\infty}^{+\infty} E(t)e^{-i2\pi\nu t} \, dt = F * (-\nu) \qquad (1.21)$$

und

$$E(t) = \int_{-\infty}^{+\infty} F(\nu)e^{+i2\pi\nu t} \, d\nu \, .$$

$A(t)$ enthält somit nur die Anteile positiver Frequenzen ν des elektrischen Feldes $E(t)$, das durch den Realteil von $A(t)$ bestimmt ist

$$E(t) = \text{Re}\{A(t)\}. \qquad (1.22)$$

Anstelle der gewöhnlichen reellen momentanen Intensität

$$I_{gew}(t) = Z_0^{-1}[E(t)]^2$$

definiert man anhand des komplexen Feldes $A(t)$ die *reelle momentane Intensität* $I(t)$, welche im Gegensatz zu $I_{gew}(t)$ keine Komponenten der Frequenz 2ν enthält [Gabor 1946, Shimoda 1991]

$$I(t) = [2Z_0]^{-1} A^*(t)A(t). \tag{1.23}$$

Nehmen wir an, dass sowohl die elektromagnetische Strahlung als auch ihre Fluktuationen statistisch stationär sind, so können wir diesen Formalismus auf die *Zweistrahl-Interferenz im Michelson-Interferometer oder im Doppelspalt-Experiment von Young* anwenden

$$I_{1+2} = I_1 + I_2 + 2 \operatorname{Re}\{G_{12}(\tau)\} \quad \text{mit} \quad \tau = s/c \tag{1.24}$$

und $\quad G_{12}(\tau) = [2Z_0]^{-1} \overline{A_1^*(t)A_2(t+\tau)} = [2Z_0]^{-1} \left\langle A_1^*(t)A_2(t+\tau) \right\rangle$

Wegen den obigen Voraussetzungen stimmt der durch Balken gekennzeichnete Zeit-Mittelwert mit dem durch Klammern angedeuteten Ensemble-Mittelwert überein. $G_{12}(\tau)$ ist die *Kreuzkorrelations-Funktion* der interferierenden Strahlungen. Die mittleren Intensitäten I_k, $k = 1, 2$, sind bestimmt durch die *Autokorrelations-Funktionen* $G_{kk}(\tau)$ der einzelnen Strahlen

$$I_k = \overline{I_k(t)} = G_{kk}(0) \quad \text{mit} \quad k = 1,2 \tag{1.25}$$

und $\quad G_{kk}(\tau) = [2Z_0]^{-1} \overline{A_k^*(t)A_k(t+\tau)}$.

Die Autokorrelations-Funktionen $G_{kk}(\tau)$ sind gemäß dem *Wiener-Khintchine-Theorem* [Khintchine 1934, Wiener 1930] durch die *Fourier-Transformation* [Bracewell 2000] verknüpft mit den *Intensitäts-Spektren* der einzelnen Strahlen gemäß

$$I_k(\nu) = \int_{-\infty}^{+\infty} G_{kk}(\tau) e^{-i2\pi\nu\tau} \, d\tau, \tag{1.26}$$

$$G_{kk}(\tau) = \int_{-\infty}^{+\infty} I_k(\nu) e^{+i2\pi\nu\tau} \, d\nu.$$

In der Optik bezeichnet man die *normierten* Korrelations-Funktionen als *Kohärenz-Funktion* [Zernike 1938], z. B.

$$\gamma_{12}(\tau) = [I_1 I_2]^{-1/2} G_{12}(\tau) \quad \text{mit} \quad \gamma_{12}(0) = 1. \tag{1.27}$$

Damit kann (1.24) ersetzt werden durch

$$I_{1+2} = I_1 + I_2 + 2[I_1 I_2]^{1/2} \operatorname{Re}[\gamma_{12}(\tau)]. \tag{1.28}$$

Für fast monochromatische Strahlungen mit der mittleren Wellenlänge λ_m und der mittleren Phasendifferenz $\Delta\varphi_m$ darf man setzen

$$\gamma_{12}(\tau = s/c) \approx |\gamma(s)| \exp[i(\Delta\varphi_m + 2\pi s/\lambda_m)] \tag{1.29}$$

und findet anhand von (1.28)

$$I_{1+2} = I_1 + I_2 + 2[I_1 I_2]^{1/2} |\gamma(s)| \cos(\Delta\varphi_m + 2\pi s/\lambda_m). \tag{1.30}$$

Somit lassen sich $\Delta\varphi_m$, λ_m und $|\gamma(s)|$ mit dem Michelson-Interferometer oder mit dem Doppelspalt-Experiment von Young bestimmen. Theoretische Approximationen von $|\gamma(s)|$ sind z. B.

a. $|\gamma(s)| = |\sin c(\pi s/L_c)| = \left| \dfrac{\sin(\pi s/L_c)}{\pi s/L_c} \right|,$

b. $|\gamma(s)| = \exp(-|s/L_c|),$

c. $|\gamma(s)| = \Pi(s/L_c) = \begin{matrix} 1 & \text{für} & |s/L_c| < 1/2 \\ 0 & \text{für} & |s/L_c| > 1/2 \end{matrix}.$

L_c bedeutet die Kohärenzlänge und $\Pi(x)$ die Rechteckfunktion.

1.3   Photonen-Statistik

Die elektromagnetischen Eigenschwingungen in einem Laser-Resonator oder in einem anderen Hohlraum bezeichnet man als *Mode*. Die Anregung des Modes kann man durch Angabe einer Feldamplitude, der Schwingungsenergie oder der Anzahl n der Photonen beschreiben. Die Strahlungs-Intensität eines Lasers und deren Schwankungen werden bestimmt durch das statistische Verhalten der Photonen in den einzelnen Moden. Dieses lässt sich berechnen mit Hilfe der *Quantenstatistik* [Glauber 1972, Mandel & Wolf 1965, Schubert & Wilhelmi 1986, Scully & Lamb 1967, Toda et al. 1983]. Dabei sind zwei Fakten zu beachten. Erstens sind Photonen *Bose-Einstein-Teilchen*, und zweitens spielt der Mode in der Quantenstatistik die Rolle der *Phasenzelle*.

Das statistische Verhalten eines Lasers ergibt folgendes Bild [Scully & Lamb 1967]: Unterhalb der Selbsterregung eines Lasers, wo er als Verstärker wirkt, verhalten sich dessen Photonen wie in einem Planckschen-Hohlraumstrahler der absoluten Temperatur T, welche bei der Annäherung an die Selbsterregung beliebig zunimmt. Hier gilt die *Bose-Einstein-Statistik*. Der *Mittelwert* der Anzahl n Photonen in einem Mode der Frequenz v ist demnach

$$\langle n \rangle = n(v,T) = (e^{hv/kT} - 1)^{-1}. \tag{1.31}$$

Die gemessene Photonenzahl n schwankt um den Mittelwert $\langle n \rangle$. Ein Maß dafür ist das Schwankungsquadrat [Schubert & Wilhelmi 1986]

$$\left\langle \Delta n^2 \right\rangle = \left\langle (n - \langle n \rangle)^2 \right\rangle = \langle n \rangle (\langle n \rangle + 1) \tag{1.32}$$

oder $\left\langle \Delta n^2 \right\rangle / \langle n \rangle^2 = (\langle n \rangle + 1) / \langle n \rangle$.

Eine genauere Aussage über diese Schwankungen kann man machen, wenn man die *Wahrscheinlichkeit* W berechnet, dass man bei einer mittleren Photonenzahl $\langle n \rangle$ gerade n Photonen misst

$$W(n) = \langle n \rangle^n (\langle n \rangle + 1)^{-(n+1)}. \tag{1.33}$$

Aus (1.32) ergibt sich für große $\langle n \rangle$, dass in der Bose-Einstein-Statistik die gemessene Photonenzahl n um den Mittelwert $\langle n \rangle$ immer noch etwa $\pm\,100\,\%$ schwankt.

Nach dem Überschreiten der Schwelle der Selbsterregung, d. h. bei Beginn der *Oszillation* des Lasers, ändert sich das statistische Verhalten der Photonen des Lasers sprunghaft. Die *Wahrscheinlichkeit* W, bei einer mittleren Photonenzahl $\langle n \rangle$ gerade n Photonen zu finden, geht über in die Poisson-Verteilung

$$W(n) = \frac{\langle n \rangle^n}{n!} e^{-\langle n \rangle} \tag{1.34}$$

mit dem Schwankungsquadrat

$$\left\langle \Delta n^2 \right\rangle = \left\langle (n - \langle n \rangle^2 \right\rangle = \langle n \rangle \tag{1.35}$$

oder $\left\langle \Delta n^2 \right\rangle / \langle n \rangle^2 = 1 / \langle n \rangle$.

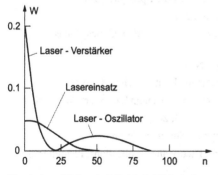

Fig. 1.4   Wahrscheinlichkeit W, bei einem Mittelwert von $\langle n \rangle = 50$ gerade n Photonen zu messen, für drei verschiedene Zustände des Lasers [Scully & Lamb 1967]

Die Schwankungen der Poisson-Verteilung sind demnach erheblich geringer. Bei einer mittleren Photonenzahl $\langle n \rangle$= 10 000 sind sie gemäß (1.35) bereits nur noch 1 %. Die Poisson-Verteilung beschreibt das Verhalten sowohl einer *Gesamtheit von klassischen Teilchen* als auch eines *amplitudenstabilisierten klassischen Oszillators*. Oberhalb der Schwelle der Selbsterregung kann der Laser deshalb unter statistischen Gesichtspunkten angenähert als klassischer Oszillator beschrieben werden.

Fig. 1.4 zeigt die Wahrscheinlichkeiten $W(n)$ für einen Laser 20 % unterhalb, bei und 20 % oberhalb der Schwelle der Selbsterregung für $\langle n \rangle$=50.

Referenzen zu Kapitel 1

Born, M. (2004): Optik: Ein Lehrbuch der Elektromagnetischen Lichttheorie, 4. Aufl. Springer, Berlin

Born, M.; Wolf, E. (1999): Principles of Optics, 7th rev. ed. Pergamon Press, London

Bracewell, R. N. (2000): The Fourier Transform and its Applications. 3rd ed. McGraw-Hill, Boston

Ditchburn, R. W. (1976): Light, Academic Press, N. Y.

Gabor, D. (1946): J. Inst. Electr. Eng. **93**, 429

Glauber, R. J. (1972): Laser Handbook, Vol. 1 (ed. F. T. Arrecchi, E. O. Schulz-Dubois). Chapter 1: Photon-Statistics. North-Holland, Amsterdam

Khintchine. A. (1934): Math. Ann. **109**, 604

Klein, M. V.; Furtak, T. E. (1988): Optik, Springer, Berlin

Kubo, R.; Toda, M.; Hashitsume, N. (1991): Statistical Physics, 2nd ed. Springer, Berlin

Kneubühl, F. K. (1994): Repetitorium der Physik. 5. Aufl. Teubner, Stuttgart

Kneubühl, F. K. (1997): Oscillations and Waves. Springer, Berlin

Lipson S. G.; Lipson H.; Tannhauser, D. S. (1997): Optik. Springer, Berlin

Mandel, L.; Wolf, E. (1965): Rev. Mod. Phys. **37**, 231

Meyer-Arendt, J. R. (1984): Introduction to Classical and Modern Optics, 2nd ed. Prentice-Hall, Englewood Cliffs, N. J.

Möller, K. D. (2006): Optics, 2nd ed. Springer, N. Y.

Schilling, H. (1980): Optik und Spektroskopie. Harri Deutsch, Thun & Frankfurt

Schubert, M.; Wilhelmi, B. (1986): Nonlinear Optics and Quantum Electronics. Wiley, N. Y.

Scully, M. O.; Lamb jr., W. E. (1967): Phys. Rev. **159**, 208

Shimoda, K. (1984): Introduction to Laser Physics. Springer, Berlin

Thyagarajan, K.; Ghatak, A. K. (1981): Lasers, Theory and Applications. Plenum Press, N. Y.

Wiener, N. (1930): Acta Math. **55**, 117

Zernike, F. (1938): Physica **5**, 785

2 Wechselwirkung von elektromagnetischer Strahlung mit atomaren Systemen

Von großer Bedeutung für das Funktionieren eines Lasers ist die Wechselwirkung zwischen der elektromagnetischen Strahlung und atomaren Systemen. In diesem Kapitel beschreiben wir die Prozesse der Absorption und Emission von Photonen durch ein atomares System. Für Zweiniveau-Systeme werden dazu die Bilanzgleichungen abgeleitet, mit denen entschieden werden kann, ob und wann Verstärkung der einfallenden Strahlung auftritt. Es wird anschließend untersucht, ob Systeme im thermodynamischen Gleichgewicht überhaupt für den Laserprozess benützt werden können.

2.1 Das Strahlungsfeld

Für die Beschreibung der Wechselwirkung zwischen der elektromagnetischen Strahlung und einem atomaren System genügt es, das Strahlungsfeld durch die *spektrale Energiedichte* $u(\nu)$ darzustellen. Sie wird als Produkt der Zustandsdichte $Z(\nu)$ der elektromagnetischen Strahlung, der Anzahl der Photonen $n(\nu)$ und der Energie eines Photons $E(\nu)$ in einem Mode mit der Frequenz ν beschrieben

$$u(\nu)d\nu = n(\nu)E(\nu)Z(\nu)d\nu. \tag{2.1}$$

$u(\nu)\,d\nu$ stellt die Energiedichte im Frequenzintervall zwischen ν und $\nu{+}d\nu$ dar.

Nach Planck ist die *Energie des Photons*

$$E(\nu) = E = h\nu. \tag{1.5}$$

Im *thermodynamischen Gleichgewicht* der Photonen mit einem Körper der absoluten Temperatur T ist ihre Anzahl $n(\nu)$ bestimmt durch die *Bose-Einstein-Verteilung* [Adam & Hittmair 1988, Becker 1985, Kneubühl 1994, Reif 1987]

$$n(\nu) = n(\nu,T) = [e^{h\nu/kT}-1]^{-1}. \tag{1.31}$$

In der Beziehung (2.1) beschreibt $Z(\nu)\,d\nu$ die Anzahl der Moden mit Frequenzen zwischen ν und $\nu + d\nu$ pro Volumen. Unter „*Mode*" verstehen wir eine elektromagnetische Eigenschwingung des betrachteten Systems, oder etwas anschaulicher: Ein Mode ist eine nach Richtung, Frequenz und Polarisation definierte Wellenform. Unter Berücksichtigung, dass die Photonen zwei Polarisationsrichtungen besitzen, erhält man für die *Zustandsdichte* oder *Modendichte* $Z(v)$ von großen Hohlräumen nach Jeans und Weyl [Baltes & Hilf 1976, Baltes & Kneubühl 1972, Kneubühl 1994]

$$Z(v) = 2\frac{4\pi v^2}{c^3} = \frac{8\pi v^2}{c^3}.$$ (2.2)

Kombinieren wir die Gleichungen (1.5), (1.31) und (2.2) mit (2.1), so finden wir für die *Energiedichte der thermischen Gleichgewichtsstrahlung* das bekannte *Plancksche Strahlungsgesetz* [Planck 1900, 1901]:

$$u(v,T)dv = Z(v)hv[e^{hv/kT} - 1]^{-1}dv = \frac{8\pi hv^3}{c^3}[e^{hv/kT} - 1]^{-1}dv.$$ (2.3)

Dieses in Fig. 2.1 illustrierte Gesetz wurde 1900 von Planck formuliert in Anpassung an die von Rubens kurz vorher gemessene spektrale Infrarotemission von schwarzen Körpern [Rubens 1922, Palik 1977].

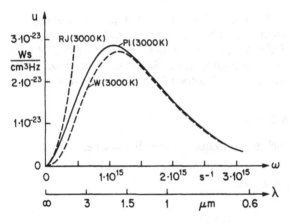

Fig. 2.1   Spektrale Energiedichte der Strahlung eines schwarzen Körpers nach Planck (Pl). Zum Vergleich ist das Wiensche (W) und das Rayleigh-Jeans-(RJ) Gesetz eingezeichnet. Alle Kurven sind gerechnet für eine Temperatur von 3000 K.

Die obige Plancksche Strahlungsformel (2.3) gilt nur für große Hohlräume, deren Abmessungen d und Krümmungsradien R viel größer als die Wellenlänge $\lambda = c/v$ sind, d. h. $V^{1/3}, d, R \gg \lambda$. Für endliche Hohlräume, deren Abmessungen vergleichbar sind mit der Wellenlänge λ, d. h. $V^{1/3}, d, R \approx \lambda$, muss die Zustandsdichte entsprechend korrigiert werden [Baltes & Hilf 1976, Baltes & Kneubühl 1972]

$$Z^*(v) \simeq Z(v) - \frac{\Lambda}{cV} + \ldots = \frac{8\pi}{c^3}v^2 - \frac{\Lambda}{cV}v^0 + \ldots.$$ (2.4)

Dabei ist Λ eine charakteristische Länge des Hohlraums. In Tab. 2.1 sind einige Beispiele aufgeführt. Das Fehlen des Terms mit dem Faktor v^j ist charakteristisch für die elektromagnetische Strahlung.

Tab. 2.1   Charakteristische Längen Λ endlicher Hohlräume

Hohlraum		Λ
Kugel	mit Radius R	$4R/3$
Quader	mit Kantenlängen L_1, L_2, L_3	$L_1+L_2+L_3$
Würfel	mit Kantenlänge L	$3L$
Kreiszylinder	mit Radius R und Länge L	$(4L/3)+\pi R$

Die Plancksche Formel kann für verschiedene Grenzfälle vereinfacht werden unter Berücksichtigung, dass die Temperatur $T = 1$ K gemäß Planck der Frequenz $v = kT/h = 2.1 \cdot 10^{10}$ Hz entspricht:

a) *Hochfrequente Prozesse.* Hier ist $hv \gg kT$, was für Zimmertemperatur $T = 300$ K bei sichtbarem Licht, Ultraviolett und Röntgenstrahlen der Fall ist. Die Bose-Einstein-Verteilung (1.31) kann in diesem Frequenzbereich durch eine Exponentialfunktion angenähert werden

$$n(v,T)=[e^{hv/kT}-1]^{-1} \approx e^{-hv/kT}= e^{-E/kT}. \qquad (2.5)$$

Die Verteilung (2.5) entspricht der *Boltzmann-Statistik* von Teilchen mit der Energie $E=hv$. Dies zeigt, dass sich die Photonen für $hv \gg kT$ statistisch *wie klassische Teilchen* verhalten. Kombiniert man (2.5) mit den Gleichungen (1.5), (1.31) und (2.1), so erhält man anstelle der Planckschen Formel das *Wiensche Strahlungsgesetz*, das im letzten Jahrhundert empirisch gefunden wurde

$$u(v,T)\mathrm{d}v = Z(v)hve^{-hv/kT}\mathrm{d}v = \frac{8\pi hv^3}{c^3}e^{-hv/kT}\mathrm{d}v. \qquad (2.6)$$

Interessanterweise ist es nie gelungen, auf der Basis der klassischen Physik eine befriedigende Ableitung des Wienschen Gesetzes zu finden.

b) *Niederfrequente Prozesse.* Hier ist $hv \ll kT$, d. h. für Zimmertemperatur $T = 300$ K Radiowellen und Mikrowellen. In diesem Spektralbereich kann die Exponentialfunktion in der Bose-Einstein-Verteilung (1.31) entwickelt werden

$$n(v,T) = [e^{hv/kT} - 1]^{-1} \approx \frac{kT}{hv}. \qquad (2.7)$$

Für die spektrale Energiedichte erhält man somit das *Rayleigh-Jeans-Strahlungsgesetz*

$$u(v,T)\mathrm{d}v = kTZ(v)\mathrm{d}v = kT\frac{8\pi v^2}{c^3}\mathrm{d}v. \tag{2.8}$$

Man beachte, dass das Rayleigh-Jeans-Strahlungsgesetz einer Energiedichte von kT pro Mode entspricht, also unabhängig von der Frequenz v ist. In der Elektrotechnik wird dies als *weißes Rauschen* bezeichnet. Dieses Rauschen widerspiegelt den statistischen *Wellencharakter* der elektromagnetischen Strahlung für $hv \ll kT$.

Ferner ist bemerkenswert, dass die spektrale Energiedichte (2.8) von Rayleigh-Jeans für hohe Frequenzen v divergiert. Dieses Phänomen wird historisch als *Ultraviolett-Katastrophe* bezeichnet. Diese Divergenz würde bedeuten, dass ein Ofen mehr Ultraviolett und Röntgenstrahlung als Infrarot aussendet. Im Gegensatz zum Rayleigh-Jeans-Gesetz führt das Plancksche Strahlungsgesetz zu keiner Ultraviolett-Katastrophe.

2.2   Zweiniveau-Systeme

Eines der fundamentalsten Resultate der Quantenmechanik ist, dass sich jedes physikalische System nur in einem vorbestimmten Satz von Zuständen, den sogenannten Eigenzuständen, befinden kann. Jedem dieser Eigenzustände ist eine Energie zugeordnet, welche zur Gesamtenergie beiträgt, falls dieser Zustand besetzt ist. Somit kann jedes physikalische System nur ganz bestimmte Energien aufweisen. Diese Energien werden als Energieniveaus bezeichnet. Existieren für ein Energieniveau $g > 1$ verschiedene, d. h. mathematisch linear unabhängige Eigenzustände, so bezeichnet man es als g-fach entartet. In jedem Lehrbuch der Quantenmechanik sind einfache physikalische, d. h. *quantenmechanische* Systeme beschrieben, z. B. der harmonische Oszillator, ein Elektron in einem elektrischen Potential und das Wasserstoffatom [Alonso & Finn 2005, Baym 1996, Blochinzew 1977, Dawydow 1992, Gasiorowicz 2002, Kneubühl 1994, Messiah 1981/1985, Yariv 1989].

Wir betrachten nun die *Wechselwirkung von elektromagnetischer Strahlung mit einer Anzahl identischer quantenmechanischer Systeme*, wie z. B. Atome, Ionen oder Moleküle, welche sich im thermodynamischen Gleichgewicht mit der Temperatur T befinden. Im Fall des Rubinlasers sind dies die Chrom-Ionen im Aluminiumoxid, beim CO_2-Laser sind es die CO_2-Moleküle. Besteht zwischen den identischen quantenmechanischen Systemen angenähert keine Wechselwirkung, so kann man ihre Gesamtheit als ideales Gas betrachten. Das bedingt eine nicht zu große Konzentration der

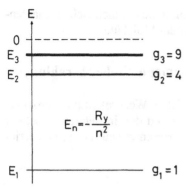

Fig. 2.2
Energieniveaus des Wasserstoffatoms ohne Berücksichtigung des Elektronenspins.
$R_y = 13{,}6$ eV ist die Rydbergkonstante und n nummeriert die Niveaus.

laseraktiven Atome, Ionen oder Moleküle. So beträgt beim Rubinlaser die Dotierung des Al_2O_3 mit Cr^{3+} nur etwa 0,05 %, d. h. auf 2000 Al-Ionen kommt ein Cr-Ion, sodass die Näherung des idealen Gases gerechtfertigt ist. Somit gehorcht die Besetzung der Energieniveaus der verschiedenen Atome, Ionen oder Moleküle der *Boltzmann-Verteilung* [Becker 1985, Reif 1987] mit positiver Temperatur T. Dies bedeutet, dass die Anzahl der identischen quantenmechanischen Systeme, welche sich in einem höheren Energieniveau E_j befinden, geringer ist als diejenige der Systeme, welche sich in einem tieferen Energieniveau $E_i < E_j$ befinden [Adam & Hittmair 1988].

Der Einfachheit halber beschränken wir uns in der Folge auf Gesamtheiten von identischen quantenmechanischen Systemen, welche nur zwei Energieniveaus $E_1 < E_2$ besitzen. Bei diesen *Zweiniveau-Systemen* bezeichnet man den Zustand 1 des tieferen Niveaus E_1 als *Grundzustand* und den Zustand 2 des oberen Niveaus $E_2 > E_1$ als *angeregten Zustand*. Die Besetzung der Niveaus ist in Fig. 2.3 dargestellt.

Dabei beschreiben N_i die *Besetzungsdichten* und g_i die *Entartungsgrade* der zwei Energieniveaus E_i. Die *Boltzmann-Verteilung* bestimmt das Verhältnis der Besetzungsdichten N_2 und N_1

$$\frac{N_2}{N_1} = \frac{g_2}{g_1} \exp\left(-\frac{E_2 - E_1}{kT}\right) \quad \text{mit } T \geq 0 \tag{2.9}$$

und $N_0 = N_1 + N_2 = \text{const.}$ \hfill (2.10)

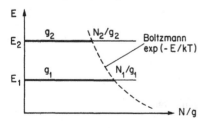

Fig. 2.3
Zweiniveau-Systeme im thermodynamischen Gleichgewicht

N_0 beschreibt die konstante Dichte aller vorhandenen identischen quanten-mechanischen Systeme, d. h. Atome, Ionen oder Moleküle.

2.3   Emission und Absorption elektromagnetischer Strahlung

Im Folgenden diskutieren wir die drei möglichen Wechselwirkungsprozesse zwischen der elektromagnetischen Strahlung und den im letzten Abschnitt geschilderten Zweiniveau-Systemen. Unsere Beschreibung entspricht derjenigen von Einstein [Einstein 1917].

2.3.1   Spontane Emission

Wir setzen voraus, dass ein Teil der Atome, Ionen oder Moleküle sich im angeregten Zustand 2 befinden. Ohne jede äußere Beeinflussung, also völlig unabhängig vom vorhandenen Strahlungsfeld, kehren sie vom angeregten Zustand 2 *spontan* in den Grundzustand 1 nach einer mittleren Verweilzeit τ_{sp} zurück. Diese Verweilzeit τ_{sp} entspricht der mittleren Lebensdauer im Zustand 2. Eine derartige Zustandsänderung kann gemäß der Planckschen Beziehung

$$E_2 - E_1 = h\nu \qquad (2.11)$$

verknüpft sein mit der *Emission eines Photons* der Frequenz ν.

Bei der *spontanen Emission* eines Photons ist der Zeitpunkt der Emission, respektive die Phase der ausgesandten elektromagnetischen Welle sowie die Emission- und Polarisationsrichtung des Photons rein zufällig, d. h. *statistisch*. Die spontane Emission liefert daher *inkohärente Strahlung*.

Die Wahrscheinlichkeit W_{21}^{sp}, dass ein System in der Zeit t durch spontane Emission eines Photons vom Zustand 2 in den energetisch tieferen Zustand 1 übergeht, kann durch den *Einstein-Koeffizienten* A_{21} beschrieben werden

$$dW_{21}^{sp} = A_{21}dt \qquad (2.12)$$

mit $A_{21} = 1/\tau_{sp}.$ \qquad (2.13)

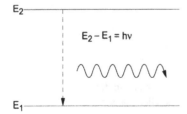

Fig. 2.4
Spontane Emission

A_{21} entspricht der Wahrscheinlichkeit, dass ein Atom, Ion oder Molekül innerhalb einer Sekunde durch spontane Emission eines Photons der Energie $h\nu$ vom Energieniveau E_2 zum Energieniveau E_1 übergeht. Für Übergänge bei denen ein Photon im sichtbaren Spektralbereich unter Einfluss eines elektrischen Dipols emittiert wird, beträgt

$$A_{21} \approx 10^8 s^{-1}. \tag{2.14}$$

Die spontane Emission bewirkt eine Abnahme der Besetzungsdichte N_2 des oberen Niveaus E_2 gemäß

$$dN_{21}^{sp} = N_2 dW_{21}^{sp} = N_2 A_{21} dt. \tag{2.15}$$

Schließlich muss noch erwähnt werden, dass spontane Übergänge nur von höher zu tiefer liegenden Energieniveaus stattfinden, nie umgekehrt!

2.3.2 Induzierte Absorption

Ein Atom, Ion oder Molekül, welches sich im unteren Energieniveau E_1 befindet, kann durch das Strahlungsfeld via Absorption eines Photons der Energie $h\nu = E_2 - E_1$ in das Energieniveau E_2 gelangen. Dieser resonante Prozess wird als *induzierte Absorption* bezeichnet.

Die Übergangswahrscheinlichkeit W_{12}^{ind} eines Atoms, Ions oder Moleküls während der Zeit t vom tieferen Energieniveau E_1 in das höhere Energieniveau E_2 durch induzierte Absorption überzugehen, kann durch den Einstein-Koeffizienten B_{12} beschrieben werden

$$dW_{12}^{ind} = u(\nu)B_{12}dt, \tag{2.16}$$

wobei $u(\nu)$ die spektrale Energiedichte des Strahlungsfeldes bei der Frequenz ν darstellt. Die Übergangswahrscheinlichkeit ist also proportional zur Strahlungsdichte!

Pro Zeitintervall dt machen bei einer Besetzungsdichte N_1 des unteren Niveaus E_1 insgesamt dN_{21}^{ind} Atome, Ionen oder Moleküle durch induzierte Absorption Übergänge ins obere Niveau E_2, wobei gilt

$$dN_{12}^{ind} = N_1 dW_{12}^{ind} = N_1 u(\nu)B_{12}dt. \tag{2.17}$$

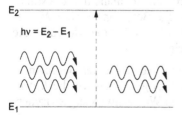

Fig. 2.5
Induzierte Absorption

2.3.3   Stimulierte oder induzierte Emission

Befindet sich ein Atom, Ion oder Molekül im oberen Energieniveau E_2, so kann es unter Einwirkung des äußeren Strahlungsfeldes vom Niveau E_2 in das untere Niveau E_1 übergehen unter *stimulierter Emission* eines Photons der Energie $h\nu = E_2 - E_1$.

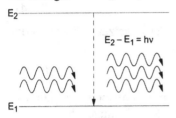

Fig. 2.6
Stimulierte Emission

Die entsprechende Übergangswahrscheinlichkeit dW_{21}^{ind} ist wiederum mitbestimmt durch die Strahlungsdichte $u(\nu)$. Sie wird beschrieben durch den Einstein-Koeffizienten B_{21} gemäß

$$dW_{21}^{\text{ind}} = u(\nu)B_{21}dt .$$ (2.18)

Pro Zeitintervall dt machen bei einer Besetzungsdichte N_2 des oberen Niveaus E_2 insgesamt dN_{21}^{ind} Atome, Ionen oder Moleküle einen Übergang ins untere Niveau E_1 durch stimulierte Emission, wobei gilt

$$dN_{21}^{\text{ind}} = N_2 dW_{21}^{\text{ind}} = N_2 u(\nu)B_{21}dt .$$ (2.19)

Im Gegensatz zur spontanen Emission ist sowohl die stimulierte Emission als auch die induzierte Absorption eine Funktion des vorhandenen Strahlungsfeldes. Es sind *kohärente Prozesse*.

2.4   Bilanz der Besetzungsdichten und Photonen

2.4.1   Besetzungsraten

Die im vorherigen Abschnitt beschriebenen Prozesse fassen wir nun zusammen. Die Besetzungsdichte N_1 des unteren Niveaus E_1 wird durch die induzierte Absorption vermindert, jedoch durch die spontane und die stimulierte Emission erhöht. Entsprechend wird die Besetzungsdichte N_2 des oberen Niveaus E_2 durch die induzierte Absorption erhöht sowie durch die spontane und die stimulierte Emission erniedrigt.

Indem wir die *Bilanz* ziehen über Zuwachs und Abnahme der Besetzungsdichten im unteren und oberen Niveau E_1 und E_2 gewinnen wir die *Ratengleichungen der Besetzungsdichten*, welche die Wechselwirkung zwischen

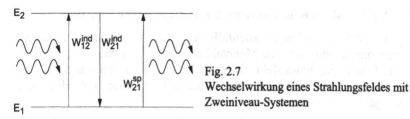

Fig. 2.7
Wechselwirkung eines Strahlungsfeldes mit
Zweiniveau-Systemen

einem Strahlungsfeld und den Zweiniveau-Systemen beschreiben, wobei $u = u(v)$ bedeutet

$$\frac{dN_1}{dt} = -N_1 B_{12} u + N_2 B_{12} u + N_2 A_{21}, \tag{2.20}$$

$$\frac{dN_2}{dt} = N_1 B_{12} u - N_2 B_{12} u - N_2 A_{21}, \tag{2.21}$$

mit $N_0 = N_1 + N_2.$ (2.10)

Dies sind die Gleichungen, welche zur *Beschreibung des Laserprozesses* notwendig sind. Zudem sind sie historisch bedeutsam, weil daraus *Beziehungen zwischen den Einstein-Koeffizienten* hergeleitet werden können. Zu diesem Zweck nehmen wir an, dass sich die identischen quantenmechanischen Systeme, d. h. Atome, Ionen oder Moleküle, im thermodynamischen Gleichgewicht mit der Temperatur T befinden. Unter dieser Voraussetzung verschwinden die zeitlichen Ableitungen in den Gleichungen (2.20) und (2.21). Die Besetzungsdichten N_i sind dann durch die Boltzmann-Verteilung (2.9) bestimmt. Die Strahlungsdichte u gehorcht der Planckschen Strahlungsformel (2.3). Somit ergibt die erste Ratengleichung (2.20) die Beziehung

$$N_2 A_{21} = N_2 \frac{8\pi h v^3}{c^3} [e^{hv/kT} - 1]^{-1} \left[B_{12} \frac{g_1}{g_2} e^{hv/kT} - B_{21} \right]. \tag{2.22}$$

Diese Gleichung gilt für jede Temperatur T, daher muss gelten

$$g_1 B_{12} = g_2 B_{21}. \tag{2.23}$$

Weiter gewinnen wir aus Gl. (2.22) eine *Beziehung zwischen den Einstein-Koeffizienten für spontane und induzierte Übergänge*

$$A_{21} = \frac{8\pi h v^3}{c^3} B_{21} = hv Z(v) B_{21}. \tag{2.24}$$

Diese Beziehungen (2.23) und (2.24) *gelten allgemein*, obschon sie für thermodynamisches Gleichgewicht hergeleitet wurden. Deshalb enthalten sie die Temperatur T nicht als Parameter. Sie beschreiben Eigenschaften quantenmechanischer Systeme, also von Atomen, Ionen oder Molekülen.

2.4.2   Verhältnis zwischen induzierter und spontaner Emission

Interessant ist festzustellen, ob allenfalls die induzierte Emission stärker ist als die spontane. Dann sind die Mehrzahl der emittierten Photonen kohärent zum einfallenden Strahlungsfeld. Daher bilden wir das Verhältnis der Wahrscheinlichkeiten von induzierter zu spontaner Emission mit Hilfe der Gleichungen (2.12) und (2.18)

$$\frac{dW_{21}^{ind}}{dW_{21}^{sp}} = \frac{B_{21}u(v)\,dt}{A_{21}dt} = \frac{u(v)}{Z(v)\,hv} = \frac{Z(v)hv\,n(v)}{Z(v)\,hv}$$

mit dem Resultat

$$\frac{dW_{21}^{ind}}{dW_{21}^{sp}} = n(v). \tag{2.25}$$

Das Verhältnis der Übergangsraten ist also gleich der Anzahl $n(v)$ Photonen pro Mode. Die induzierte Emissionsrate in einem Mode ist immer dann größer als die spontane Rate, wenn das induzierte Strahlungsfeld in diesem Mode mehr als ein Photon enthält.

Im *thermodynamischen Gleichgewicht* ist die Besetzungszahl $n(v, T)$ pro Mode durch die Bose-Einstein-Verteilung gegeben. Es existieren wiederum zwei Grenzfälle:

a) *Hochfrequente Prozesse.* Für $hv \gg kT$ gilt mit (2.5)

$$\frac{dW_{21}^{ind}}{dW_{21}^{sp}} \approx e^{-hv/kT} \ll 1. \tag{2.26}$$

Es *überwiegt die spontane Emission.* Wir schließen daraus, dass je höher die Frequenz v ist, desto schwieriger wird es, stimulierte Emission zu erzielen. Das ist eines der großen Probleme bei der Entwicklung von Lasern, welche Röntgenstrahlung emittieren.

b) *Niederfrequente Prozesse.* Für $hv \ll kT$ erhalten wir mit (2.7)

$$\frac{dW_{21}^{ind}}{dW_{21}^{sp}} \approx \frac{kT}{hv} \gg 1. \tag{2.27}$$

In diesem Frequenzbereich *dominiert die induzierte Emission.*

Fig. 2.8 zeigt die mittlere Photonenzahl n als Funktion von Frequenz v[Hz] und Temperatur T[K]. Wie aus ihr ersichtlich ist, überwiegt für sichtbares Licht die spontane Emission bei Weitem, d. h. wir haben inkohärente Strahlung. Konzentriert man jedoch die Strahlungsenergie auf wenige Moden, so kann man in diesen Moden eine große Photonenzahl erreichen. Die induzierte Emission ist in diesen Moden dann wesentlich stärker als die spontane. Dies entspricht dem Laserprozess.

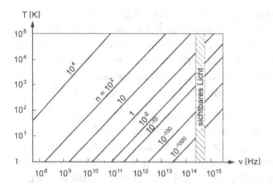

Fig. 2.8   Mittlere Photonenzahl $n(\nu, T)$ pro Mode im thermodynamischen Gleichgewicht als Funktion der Temperatur T und der Frequenz ν.

2.4.3   Photonenraten

Für einen Laser ist die Photonenrate wichtig. Sie entscheidet, ob ein einfallendes Strahlungsfeld verstärkt wird oder nicht. Die Änderung der *Dichte $\tilde{n}(t)$ der monochromatischen Photonen* der Energie $h\nu = E_2 - E_1$ folgt direkt aus den Überlegungen, die zu den Ratengleichungen der Niveau-Besetzungen (2.20) und (2.21) führten: Die Photonenrate setzt sich aus den pro Zeiteinheit durch spontane und stimulierte Emission gewonnenen Photonen sowie aus den pro Zeiteinheit durch induzierte Absorption verlorenen Photonen zusammen

$$\frac{d\tilde{n}}{dt} A_{21}N_2 + u(\nu)\{B_{21}N_2 - B_{12}N_1\}. \tag{2.28}$$

Das gleiche Aussehen der Photonenrate und der ersten Ratengleichung (2.20) ist ein Spezialfall und hängt mit der Verwendung von Zweiniveau-Systemen zusammen. Unter Benutzung der Beziehung zwischen den Einstein-Koeffizienten (2.23) folgt

$$\frac{d\tilde{n}}{dt} = A_{21}N_2 + u(\nu)B_{21}\left\{N_2 - \frac{g_2}{g_1}N_1\right\}. \tag{2.29}$$

Zuerst wollen wir die Situation im *thermodynamischen Gleichgewicht* betrachten. Hier ist die Besetzung der Energieniveaus der Atome durch die Boltzmann-Verteilung bestimmt. Mit (2.9) lautet dann die Photonenratengleichung

$$\frac{d\tilde{n}}{dt} = A_{21}N_2 + u(\nu)B_{21}N_2\{1 - e^{h\nu/kT}\}. \tag{2.30}$$

Ein *beliebiges einfallendes Strahlungsfeld* wird also abgeschwächt. Man erkennt dies daran, dass im zweiten Summand der Faktor in Klammern negativ ist. Bei der Besetzung der Niveaus im thermodynamischen Gleichgewicht findet also *Absorption* statt, d. h. die induzierte Absorption ist stärker als die stimulierte Emission. Unter welchen Bedingungen trotzdem eine Verstärkung des Strahlungsfeldes erzielt werden kann, wird im 3. Kapitel untersucht.

Bleiben wir jedoch vorerst beim thermodynamischen Gleichgewicht. Das einfallende Strahlungsfeld sei nun eine *Schwarzkörper-Strahlung*, d. h. es gelte das Plancksche Strahlungsgesetz (2.3). Setzen wir dieses und die Beziehung zwischen den Einstein-Koeffizienten der spontanen und der induzierten Emission (2.24) in (2.30) ein, so folgt $d\tilde{n}/dt = 0$. Somit bleibt die *Zahl der Photonen konstant*. Die induzierte Absorption ist aber auch hier stärker als die induzierte Emission, weil $\{1-\exp(h\nu/kT)\} < 0$. Photonen, die durch spontane Emission erzeugt werden, gehen dem Strahlungsfeld verloren. Bei der Konstanz der Photonenzahl bedeutet dies jedoch eine Abschwächung des einfallenden Strahlungsfeldes, also *Absorption*.

Referenzen zu Kapitel 2

Adam, G.; Hittmair, O. (1988): Wärmetheorie, 3. Aufl. Vieweg, Braunschweig

Alonso, M.; Finn, E. J. (2005): Quantenphysik und statistische Physik, 4. Aufl. Oldenbourg, München

Baltes, H. P.; Kneubühl, F. K. (1972): Helv. Phys. Acta **45**, 481

Baltes, H. P.; Hilf, E. R. (1976): Spectra of Finite Systems. BI-Verlag, Mannheim

Baym G. (1996): Lectures on Quantum Mechanics, 22nd print. Addison-Wesley, USA

Becker, R. (1985): Theorie der Wärme, 3. Aufl. Springer, Heidelberg

Blochinzew. D. J. (1977): Grundlagen der Quantenmechanik, 7. Aufl. Deutsch, Thun & Frankfurt

Dawydow, A. S. (1992): Quantenmechanik, 8. Aufl. Barth, Leipzig

Einstein, A. (1917): Z. Phys. **18**, 121

Gasiorowicz, S. (2002): Quantenphysik, 8. Aufl. Oldenbourg, München

Kneubühl, F. K. (1994): Repetitorium der Physik, 5. Aufl. Teubner, Stuttgart

Messiah, A. (1981/1985): Quantenmechanik (2 Bde), 2. Aufl. de Gruyter, Berlin

Palik, E. D. (1977): J. Opt. Soc. Am. **67**, 857

Planck, M. (1900): Verh. dt. phys. Gesellschaft **2**, 237

Planck, M. (1901) Ann. Phys. **4**, 553

Reif, F. (1987): Statistische Physik und Theorie der Wärme, 3. Aufl. de Gruyter, Berlin

Rubens, H. (1922): Nachrufe, Nature **110**, 740; Naturwiss. **48**, 1016; Z. Phys. **19**, 377

Yariv, A. (1989): Quantum Electronics, 3rd ed. Wiley N. Y.

3 Prinzip der Laser

In diesem Kapitel wird das Prinzip der Laser erläutert. Zuerst werden die Bedingungen für kohärente Lichtverstärkung hergeleitet. Laser bestehen im Wesentlichen aus einem strahlenden Medium und einer *Strahlungsrück-kopplung*. Das *laseraktive Medium* wird weitgehend durch das Strahlungs-spektrum beschrieben, welches meist durch charakteristische *Spektrallinien* gekennzeichnet ist. Die Strahlungsrückkopplung erfolgt durch *optische Resonatoren* und verwandte Vorrichtungen. Spektrallinien und Resonatoren werden in den beiden folgenden Kapiteln 4 und 5 ausführlich beschrieben. Im vorliegenden Kapitel begnügen wir uns vorerst mit den notwendigen Hinweisen auf ihre Bedeutung und Eigenschaften. Dagegen befassen wir uns vor allem mit dem Begriff der *Besetzungsinversion*. In diesem Sinne leiten wir die *Schwellenbedingung* für die Besetzungsinversion eines laser-aktiven Mediums in einem Resonator her. In der Folge geben wir eine Übersicht über die verschiedenen Methoden, Besetzungsinversionen zu erzeugen, d. h. über die *Anregungsarten* der Laseremission. Schließlich untersuchen wir das *zeitliche Verhalten* der Populationsinversion und der Strahlung im Resonator.

3.1 Voraussetzungen für Strahlungsverstärkung

Im vorangehenden Kapitel wurde gezeigt, dass eine Strahlung absorbiert wird, wenn sie auf Atome, Ionen oder Moleküle fällt, welche sich im ther-modynamischen Gleichgewicht befinden. Dies ist eine Folge der stärkeren Besetzung des unteren Energieniveaus der Teilchen. Wir betrachten wiederum eine Gesamtheit identischer Zweiniveau-Systeme und untersuchen, wodurch eine Verstärkung des Strahlungsfeldes erreicht werden kann. Gesucht ist somit *eine Bedingung*, dass die *Photonendichte $\tilde{n}$ zunimmt*, d. h.

$$\frac{d\tilde{n}}{dt} > 0 . \tag{3.1}$$

Die zeitliche Änderung der Photonendichte $\tilde{n}$ wird bestimmt durch die Rategleichung

$$\frac{d\tilde{n}}{dt} = A_{21}N_2 + u(\nu)B_{21}\left\{N_2 - \frac{g_2}{g_1}N_1\right\} . \tag{2.29}$$

Eine hinreichende Bedingung dafür, dass (3.1) erfüllt wird, ist

$$\frac{N_2}{g_2} > \frac{N_1}{g_1} . \tag{3.2}$$

Dies ist die *Voraussetzung für die Verstärkung des Strahlungsfeldes*. Das bedeutet eine höhere Besetzung der einzelnen oberen Zustände als der einzelnen unteren Zustände. Man spricht in diesem Fall von *Besetzungsinversion*. Eine Besetzungsinversion steht in krassem Widerspruch zur Boltzmann-Verteilung, welche durch das thermische Gleichgewicht bei der absoluten Temperatur $T \geq 0$ definiert wird. Um eine Besetzungsinversion zu erreichen, muss deshalb das thermodynamische Gleichgewicht erheblich gestört werden.

Formal kann eine Besetzungsinversion meist durch eine *negative absolute Temperatur* $T < 0$ beschrieben werden. Die Besetzungsdichten sind dann formal durch eine Boltzmann-Verteilung bestimmt [Yariv 1991]. Dies ergibt eine verallgemeinerte Boltzmann-Verteilung

$$\frac{N_2}{N_1} = \frac{g_2}{g_1} \exp\left(-\frac{E_2 - E_1}{kT}\right), \text{ mit} \tag{3.3}$$

$T \geq 0$ für thermodynamisches Gleichgewicht,

$T < 0$ für Besetzungsinversion.

Eine *weitere Bedingung* für die Strahlungsverstärkung ergibt sich aus dem *Verhältnis zwischen induzierter und spontaner Emission*. Die spontane Emission hat keine feste Beziehung zur einfallenden Strahlung. Sie überlagert sich der induzierten Emission als inkohärentes Rauschen. Damit ergibt sich eine weitere Forderung: Der hohe Rauschanteil der spontanen Emission muss durch äußere Einflüsse reduziert werden. Es muss also dafür gesorgt werden, dass die kohärente stimulierte Emission die inkohärente spontane Emission überwiegt. Mit (2.25) heißt dies

$$n/\text{Mode} > 1. \tag{3.4}$$

Neben der ersten Forderung der Besetzungsinversion hat man als zweite Forderung für das wechselwirkende Strahlungsfeld eine *Rückkopplung und die Auswahl eines möglichst schmalen Frequenzbandes* zu berücksichtigen. Erst dann wird, wenigstens in einem Mode, eine effektive Verstärkung durch stimulierte Emission möglich. Letzteres wird mit Hilfe eines *optischen Resonators* erreicht. Die verschiedenen Resonatortypen und ihre Funktionsweisen werden ausführlich in den Kapiteln 5 bis 7 behandelt.

3.2   Schwellenbedingung für Laseroszillation

Wir wollen in diesem Abschnitt untersuchen, wie groß die Verstärkung eines laseraktiven Mediums ist, wenn eine Besetzungsinversion vorhanden ist. Die Selektion auf wenige Moden sei durch einen geeigneten Resonator gewährleistet. Dadurch kann die spontane Emission gegenüber der stimulierten Emission vernachlässigt werden.

Wir betrachten wiederum eine Gesamtheit von identischen Zweiniveau-Systemen mit den Energien E_1 und E_2. Bis jetzt wurde angenommen, dass die Übergänge zwischen den beiden Niveaus als scharfe, d. h. monochromatische *Spektrallinie* mit der Frequenz $\nu_0 = (E_2 - E_1)/h$ erscheinen. In Wirklichkeit weist die Spektrallinie eine endliche *Linienbreite* $\Delta\nu$ auf, d. h. sie ist nicht streng monochromatisch. Die Spektrallinie kann beschrieben werden mit Hilfe einer *Linienformfunktion* $g(\nu)$, welche folgende Bedingungen erfüllt

$$\int_0^{+\infty} g(\nu)\mathrm{d}\nu = 1, \tag{3.5}$$

$$g(\nu_0) \approx g_{max} \text{ und } g(\nu_0 \pm \Delta\nu/2) \approx \frac{1}{2} g_{max}. \tag{3.6}$$

ν_0 bezeichnet die *Resonanzfrequenz* und $\Delta\nu$ die *Halbwertsbreite*, englisch „full width at half maximum (FWHM)". Formal entspricht $g(\nu)\mathrm{d}\nu$ der a priori-Wahrscheinlichkeit, dass bei einem Übergang zwischen den Niveaus E_1 und E_2 ein Photon mit der Frequenz zwischen ν und $\nu + \mathrm{d}\nu$ absorbiert oder emittiert wird. Dementsprechend müssen die induzierten Übergangswahrscheinlichkeiten (2.16) und (2.18) für Spektrallinien mit nicht verschwindender Halbwertsbreite modifiziert werden

$$\mathrm{d}W_{12}^{ind} = u(\nu)\,\mathrm{d}\nu\, g(\nu)\, B_{12}\,\mathrm{d}t, \tag{3.7}$$

$$\mathrm{d}W_{21}^{ind} = u(\nu)\,\mathrm{d}\nu\, g(\nu)\, B_{12}\,\mathrm{d}t.$$

Eine ausführliche Diskussion der Spektrallinien und ihrer Formen erfolgt im folgenden Kapitel 4.

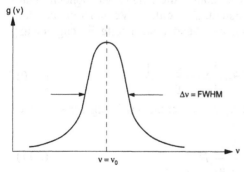

Fig. 3.1   Beispiel einer Linienformfunktion $g(\nu)$

Im Weiteren nehmen wir an, dass der *optische Resonator* des Lasers beliebig scharfe Resonanzen aufweist. Demnach entspricht seine Formfunktion
$g_R(v)$ in erster Näherung einer Summe von Dirac-Deltafunktionen [Brace-
well 2000]

$$g_R(v) = \sum_R G_R \delta(v - v_R), \tag{3.8}$$

wobei v_R die Frequenzen und G_R die Entartungen der Resonanzen R des
Resonators darstellen.

Diese Annahme ist gerechtfertigt, weil bei den meisten Lasern *die Reso-
nanzbreiten* δv_R *des Resonators* erheblich kleiner sind als die Halbwertsbreiten Δv der Spektrallinien. Wie in Fig. 3.2 illustriert, ist es daher möglich,
mit dem Resonator extrem schmale Frequenzbereiche innerhalb der Spektrallinie auszuwählen.

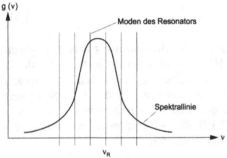

Fig. 3.2   Wirkung des Laser-Resonators

Die Energiedichte u_v in einem Mode des Laser-Resonators mit der Resonanzfrequenz $v_R = v$ und der geringen Breite δv_R ist gegeben durch

$$u_v = u(v)\,\delta v_R = h v \tilde{n}, \tag{3.9}$$

wobei wie in Abschnitt 2.4.3 das Symbol $\tilde{n}$ die Dichte der monochromatischen Photonen der Frequenz v darstellt. Die zeitliche Veränderung der Photonendichte $\tilde{n}$ wird durch eine entsprechend modifizierte Ratengleichung
(2.29) beschrieben,

$$\frac{d\tilde{n}}{dt} = A_{21} N_2 + (h v\,\tilde{n})\{g(v) B_{21}\}\left\{N_2 - \frac{g_2}{g_1} N_1\right\}. \tag{3.10}$$

Die entsprechende Beziehung für u_v unter Vernachlässigung der spontanen
Emission (3.10) lautet

$$\frac{du_v}{dt} = h v\, u_v g(v) B_{21}\left(N_2 - \frac{g_2}{g_1} N_1\right). \tag{3.11}$$

Für die Änderung von u_ν pro Längeneinheit beim Durchlaufen des laser-aktiven Mediums mit der Lichtgeschwindigkeit c' in der z-Richtung beträgt unter Berücksichtigung von $dz = c'\, dt$

$$\frac{du_\nu}{dz} = B_{21} u_\nu g(\nu) \frac{h\nu}{c'} \left(N_2 - \frac{g_2}{g_1} N_1 \right). \tag{3.12}$$

Benutzen wir die Beziehung (2.24) zwischen den Einstein-Koeffizienten und

$$A_{21} = \tau_{sp}^{-1}, \tag{3.13}$$

so folgt

$$\frac{du_\nu}{dz} = \frac{c'^2}{8\pi \tau_{sp} \nu^2} \left(N_2 - \frac{g_2}{g_1} N_1 \right) g(\nu)\, u_\nu. \tag{3.13}$$

Definieren wir den *Verstärkungsfaktor* $\gamma(\nu)$ des Lasermediums durch

$$\frac{du_\nu(z)}{dz} = +\gamma(\nu) u_\nu(z), \tag{3.14}$$

dann finden wir

$$\boxed{\gamma(\nu) = \left(N_2 - \frac{g_2}{g_1} N_1 \right) \frac{c'^2}{8\pi\, \nu^2 \tau_{sp}} g(\nu).} \tag{3.15}$$

$\gamma(\nu)$ wird auch *Kleinsignalverstärkung* genannt. Man beachte, dass sie von der Form der Linienverbreiterung abhängt!

Als Beispiel betrachten wir die approximierte Kleinsignalverstärkung $\gamma(\nu)$ in der Linienmitte der Emissionslinie eines *Rubinlasers*:

Rubin (Al_2O_3, dotiert mit Cr^{3+})

$\nu = \nu_0 = 4.326 \cdot 10^{14}$ Hz, $\lambda = 6943$ Å, $\tau_{sp} = 3$ ms, $c/c' = 1.78$,

$\Delta\nu = 2 \cdot 10^{11}$ Hz bei 300 K, $g(\nu_0) \simeq \frac{1}{\Delta\nu} = 5 \cdot 10^{-12}$ s,

$N_2 - \frac{g_2}{g_1} N_1 = 5 \cdot 10^{17} cm^{-3}$ mit Blitzlampen als Pumpquelle.

Daraus ergibt sich $\gamma(\nu) = 0.05$ cm^{-1}, d. h. die Verstärkung pro cm beträgt 5 %.

Bei den obigen Betrachtungen haben wir die Energiedichte u_ν in einem Mode verwendet. Mit optischen Detektoren misst man jedoch die *Intensität* I_ν. Sie folgt aus der Energiedichte gemäß

$$I_\nu(z) = c'\, u_\nu(z). \tag{3.16}$$

Aus (3.14) ergibt sich damit durch Integration über den Weg z

$$I_\nu(z) = I_\nu(0)\exp\{+\ \gamma(\nu)\,z\}. \tag{3.17}$$

Man sieht hier, dass die Intensität der elektromagnetischen Welle exponentiell wächst, falls eine Besetzungsinversion vorhanden ist. Besteht keine Besetzungsinversion, so nimmt sie ab. Dies entspricht der normalen Absorption.

Nicht berücksichtigt haben wir bis jetzt die *Verluste*, die durch Streuung oder Absorption im Wirtsmaterial der laseraktiven Atome, Ionen oder Moleküle entstehen. Diese Verluste werden beschrieben mit der Verlustkonstanten $\alpha(\nu)$, die wie folgt in die Gleichung (3.17) eingeführt wird

$$I_\nu(z) = I_\nu(0)\exp\{[\gamma(\nu) - \alpha(\nu)]z\}. \tag{3.18}$$

Eingangs erwähnten wir, dass das laseraktive Medium in einen Resonator eingebaut sei, damit die induzierte Emission die spontane Emission überwiege. Ein Laser mit *Fabry-Perot-Resonator* besteht z. B. aus zwei ebenen parallelen Spiegeln zwischen denen das Licht in einem laseraktiven Medium hin- und herläuft und dabei verstärkt wird wie in Fig. 3.3 illustriert. Mindestens ein Spiegel ist teildurchlässig, so dass ein Teil des Laserlichtes ausgekoppelt werden kann. Die Durchlässigkeit der Spiegel wird durch den *Intensitäts-Reflexionskoeffizienten* R_{sp} beschrieben. $R_{sp} = 1$ heißt totale Reflexion, während $R_{sp} = 0$ Transmission bedeutet.

Die Spiegel des Resonators haben den Abstand L, welcher der Länge des aktiven Mediums entsprechen soll. Nach einmaligem Umgang des Lichtstrahls im Resonator, englisch „round-trip", beträgt die Intensität

$$I_\nu(2L) = I_\nu(0)\exp\{[\gamma(\nu) - \alpha(\nu)]\,2L\}\,R_{sp1}\,R_{sp2}, \tag{3.19}$$

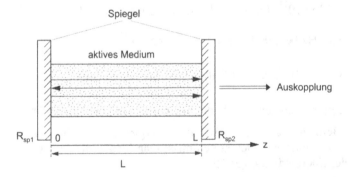

Fig. 3.3   Laser mit aktivem Medium in einem Fabry-Perot-Resonator

wobei R_{sp1} und R_{sp2} die Reflexion an den Spiegeln berücksichtigen. Damit der Laser oszilliert, muss bei einem Umgang des Lichtstrahls die Verstärkung die Verluste sowie die Auskopplung kompensieren oder übertreffen. Vorerst interessiert uns nur der Fall, wo die Verstärkung $\gamma(\nu)$ die *Schwellenbedingung*

$$I_V(2L) = I_V(0) \tag{3.20}$$

erfüllt. Vergleicht man diese Bedingung mit (3.19), so findet man für die *Schwellenverstärkung* $\gamma_{thr}(\nu)$, englisch „threshold gain", die Beziehung

$$\gamma_{thr}(\nu) = \alpha(\nu) - \frac{1}{2L}\ln(R_{sp1}R_{sp2}) \tag{3.21}$$

Mit Hilfe der Gleichung (3.15) lässt sich die dafür erforderliche *Besetzungsinversion*

$$\sigma = \left(N_2 - \frac{g_2}{g_1}N_1\right) \tag{3.22}$$

bestimmen. So erhält man die *Schwellenbedingung von Schawlow und Townes*, welche sie 1958 in ihrer Arbeit über die Realisierbarkeit des Lasers herleiteten [Schawlow & Townes 1958]

$$\boxed{\sigma_{thr} = \frac{8\pi\nu^2\tau_{sp}}{c'^2 g(\nu)}\left\{\alpha(\nu) - \frac{1}{2L}\ln(R_{sp1}R_{sp2})\right\}}. \tag{3.23}$$

Diese Schwellenbedingung ergibt einen quantitativen Zusammenhang zwischen der Schwellenbesetzungsinversion σ_{thr} sowie den Eigenschaften des laseraktiven Mediums und des Resonators.

Zum Schluss betrachten wir als Beispiel den *He-Ne-Laser*:

$$\nu_0 = 4.74 \cdot 10^{14}\ \text{Hz}, \quad \lambda = 6328\ \text{Å}, \quad L = 10\ \text{cm}, \quad \tau_{sp} = 10^{-7}\text{s},$$

$$R_{sp1} = R_{sp2} = 0.98, \quad \alpha \simeq 0.$$

Für die Doppler-Verbreiterung gilt gemäß Gl. (4.28) in Kapitel 4.5

$$\Delta\nu_D \approx 1/g(\nu_0) = \frac{2}{\lambda}\cdot\left(\frac{2kT\ln2}{m_{\text{eff}}}\right)^{1/2},$$

wobei für den He-Ne-Laser angenommen werden kann

$$m_{\text{eff}} = 20\ \text{u}, \quad T = 300\ \text{K}.$$

Daraus ergibt sich

$$\gamma_{thr} = 0.2\ \text{m}^{-1} = 0.2\ \%\ \text{pro cm}; \quad \sigma_{thr} = 1.65 \cdot 10^{9}\ \text{cm}^{-3}.$$

3.3   Erzeugung der Besetzungsinversion

Da im thermischen Gleichgewicht die Niveaus der Systeme entsprechend der Boltzmann-Verteilung besetzt sind ($N_1 > N_2$), muss außer der Gleichgewichtsstrahlung eine zusätzliche Energiequelle auf die Systeme einwirken, damit die Besetzung der oberen Niveaus erhöht wird. Man bezeichnet diesen Vorgang als *Pumpen* und die erforderliche Energie als *Pumpenergie*. Für die Berücksichtigung des Pumpvorganges in den Ratengleichungen definieren wir die Pumprate R

$$R = +\left[\frac{dN_2}{dt}\right]_{\text{Pumpe}}. \tag{3.24}$$

Sie beschreibt die Dichte der pro Sekunde ins angeregte Niveau 2 gebrachten Atome, Ionen oder Moleküle. Ist die Pumprate genügend groß, so bewirkt sie eine Populationsinversion, welche gemäß Gleichung (3.3) durch eine Boltzmann-Verteilung mit negativer absoluter Temperatur T beschrieben werden kann (Fig. 3.4).

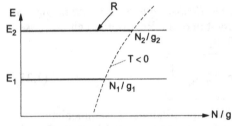

Fig. 3.4   Besetzungsinversion bei Zweiniveau-Systemen

Für jede Art von Lasern wird die Besetzungsinversion durch einen entsprechenden *Pumpmechanismus* erreicht. Sie unterscheiden sich vor allem in der Art wie die Pumpenergie auf die Laser-Systeme übertragen wird. Die gebräuchlichsten *Anregungsarten* sind in

– *Gaslasern:*	Stoßanregung der Atome, Ionen oder Moleküle in Gasen und Plasmen;
– *Festkörper- und Farbstofflasern:*	Anregung durch externe, elektromagnetische Strahlung, d. h. durch sogenanntes optisches Pumpen;
– *Halbleiterlasern:*	Anregung durch Stromdurchgang, d. h. durch Ladungsträgerinjektion in Halbleitern
– *chemischen Lasern:*	Chemische Reaktionen

Diese Mechanismen werden in späteren Kapiteln erläutert.

3.4 Dynamik eines Zweiniveau-Lasers

3.4.1 Rategleichungen

Bis jetzt wissen wir, dass die induzierte Emission die spontane Emission durch Verwendung eines Resonators überwiegen kann und dass durch eine Inversion, welche durch das Pumpen erreicht wird, eine Lichtverstärkung auftreten kann. Wie groß die Inversion mindestens sein muss, haben wir in Kap. 3.2 hergeleitet (Gl. (3.23)). Jetzt bestimmen wir das Verhalten eines Zweiniveau-Lasers, wobei wir all dies berücksichtigen.

Die gesamten *Resonatorverluste* fassen wir zu diesem Zweck zusammen in eine einzige Konstante x, die wie folgt definiert ist:

$$\frac{d\tilde{n}}{dt} = -x\tilde{n} \tag{3.25}$$

x^{-1} gibt die Zeit an, nach der die Intensität im optischen Resonator wegen der Verluste auf 1/e abgefallen ist.

Oft gibt man für einen Resonator nicht die Photonenverlustkonstante x an, sondern die *Kreisgüte Q*, englisch „quality or Q-factor". Sie ist definiert als

$$Q = \omega\tau, \tag{3.26}$$

wobei τ die Zeit angibt, in der die im Resonator gespeicherte Energie auf den e-ten Teil abgesunken ist; ω ist die Resonanzfrequenz des Resonators. Daraus folgt unmittelbar die Beziehung zwischen x und Q:

$$Q = \omega/x \tag{3.27}$$

Gemäß der Theorie über Resonanzen linearer Systeme bestimmt Q auch die *Resonanzbreite* δv_R *des Resonators* [Kneubühl 1994]

$$\delta v_R = v/Q. \tag{3.28}$$

Wir formulieren nun die *Rategleichungen* mit Berücksichtigung der Pumprate R. Die Übergangswahrscheinlichkeiten bei nicht verschwindender Linienbreite Δv des Lasermediums sind durch die Gleichungen (3.7) gegeben. Wir betrachten nun nur einen einzigen Mode innerhalb der Halbwertsbreite Δv des Laserübergangs, dessen Energiedichte durch u_v (Gl. 3.9) beschrieben werden kann. Die Besetzungsdichten der beiden Niveaus, N_1 und N_2, ergeben sich dann aus dem Pumpen und den mit dem Strahlungsfeld induzierten Besetzungsveränderungen. Bei der Photonenrate (3.10) kommt zusätzlich der Verlustterm (3.25) hinzu

$$\frac{dN_1}{dt} = -R + B_{21}u_v g(v)\left[N_2 - \frac{g_2}{g_1} N_1 \right] + A_{21}N_2, \tag{3.29}$$

$$\frac{dN_2}{dt} = +R - B_{21}u_v g(v)\left[N_2 - \frac{g_2}{g_1} N_1 \right] - A_{21}N_2, \tag{3.30}$$

$$\frac{d\tilde{n}}{dt} = -x\tilde{n} - B_{21}u_v g(v)\left[N_2 - \frac{g_2}{g_1} N_1 \right]. \tag{3.31}$$

Man beachte, dass in der Energiedichte des Modes u_v die Photonendichte $\tilde{n}$ enthalten ist. Wir führen daher den *modifizierten Einstein-Koeffizienten B* ein

$$B = B_{21}h\,vg(v). \tag{3.32}$$

Damit können die obigen Gleichungen übersichtlicher geschrieben werden, denn es gilt

$$B_{21}u_v g(v) = B_{21}\tilde{n}h\,vg(v) = \tilde{n}B.$$

Verwenden wir für die Inversion die frühere Definition

$$\sigma = \left(N_2 - \frac{g_2}{g_1} N_1 \right), \tag{3.22}$$

so ergeben sich für den *Fall nichtentarteter Niveaus*, d. h. $g_1=g_2=1$, aus den obigen Ratengleichungen die *vereinfachten Ratengleichungen*

$$\frac{d\sigma}{dt} = -2\tau_{sp}^{-1}\sigma - 2B\tilde{n}\,\sigma + 2R, \tag{3.33}$$

$$\frac{d\tilde{n}}{dt} = -x\tilde{n} + B\tilde{n}\,\sigma. \tag{3.34}$$

Dies ist ein System von gekoppelten nichtlinearen Differentialgleichungen [Röss 1966, Siegman 1986]. Die Gleichungen sind nichtlinear wegen den Termen, die den Faktor $\tilde{n}\sigma$ enthalten. Beim Term $2\tau_{sp}^{-1}\sigma$ der spontanen Emission wird angenommen, dass

$$\sigma = N_2 - N_1 \approx N_2.$$

Diese Beziehung setzt hohe Populationsinversionen voraus.

Bei *Vernachlässigung der Pumprate*, d. h. $R = 0$, entsprechen die verein-fachten Ratengleichungen (3.33) und (3.34) dem Gleichungssystem des *Volterra-Modells* [Goel et al. 1971, Kneubühl 1997, Volterra 1931, 1937]

$$\frac{dx}{dt} = \alpha_1 x - \lambda_1 xy,$$

$$\frac{dy}{dt} = \alpha_2 y - \lambda_2 xy.$$

Es beschreibt für biologische Populationsschwankungen, periodische chemische Reaktionen, Entstehung von Wirbeln, etc. Dieses Gleichungssystem hat die stationäre Lösung

$$x_{stat} = \alpha_2/\lambda_2; \quad y_{stat} = \alpha_1/\lambda_1.$$

Außerdem existieren nicht-stationäre *periodische Lösungen* dieses nichtlinearen Gleichungssystems. Dabei oszillieren die Variablen um die stationären Werte.

3.4.2 Der stationäre Zustand

Der stationäre Zustand des Zweiniveau-Lasers ist definiert durch die zwei Bedingungen

$$\frac{d\tilde{n}}{dt} = 0; \quad \frac{d\sigma}{dt} = 0.. \tag{3.35}$$

Die entsprechenden Werte für die Populationsinversion σ_{stat} und die Photonendichte $\tilde{n}_{stat}$ sind gemäß (3.34) und (3.33)

$$\sigma_{stat} = \varkappa/B; \tag{3.36}$$

$$\tilde{n}_{stat} = (R/\varkappa) - (1/B\tau_{sp}). \tag{3.37}$$

Die stationäre Leistung der Laserstrahlung hängt also davon ab, wie viele Atome, Ionen oder Moleküle durch den Pumpmechanismus pro Sekunde ins obere Niveau gepumpt werden. Unabhängig von der Pumprate R ergibt sich jedoch immer eine Populationsinversion σ_{stat}, bei der die Verstärkung des aktiven Mediums gerade durch die Verluste kompensiert wird.

Damit $\tilde{n}_{stat} \geq 0$ muss die Pumprate R einen minimalen Wert einnehmen, die sogenannte *Pumpratenschwelle* R_{thr}. Diese ergibt sich aus (3.37)

$$R_{thr} = \varkappa/B\tau_{sp}. \tag{3.38}$$

Als Beispiel betrachten wir einen gepulsten *Rubinlaser*, der in einem einzigen Mode oszilliert:

$$\nu_0 \quad = 4.29 \cdot 10^{14}\,\text{Hz}, \quad \lambda = 0.7\,\mu\text{m},$$

$$A_{21}^{-1} = \tau_{sp} = 3 \cdot 10^{-3}\text{s},$$

$$g(\nu) \quad \simeq \frac{1}{\Delta\nu} = 2 \cdot 10^{-12}\,\text{s homogene Linienbreite,}$$

$$R \quad = 10^{28} \text{ s}^{-1} \text{ m}^{-3} \,,$$

$$\varkappa \quad \simeq 10^8 \text{ s}^{-1} \text{ für Spiegel mit den Reflexionsvermögen}$$

$$R_{\text{sp1}} = R_{\text{sp2}} = 0.99.$$

Daraus resultieren

$$\sigma_{\text{stat}} = \sigma_{\text{thr}} = 2.5 \cdot 10^{22} \text{ m}^{-3} \,,$$
$$\tilde{n}_{\text{stat}} = 10^{20} \text{ Photonen/m}^3 \,,$$
$$R_{\text{thr}} = 8.5 \cdot 10^{24} \text{ s}^{-1}\text{m}^{-3}.$$

Man sieht hier deutlich, dass beim Laser in einem Mode eine extrem hohe Photonendichte erreicht wird. Bei der thermischen Strahlung eines schwarzen Körpers der Temperatur $T = 10^3$ K ergibt sich im Vergleich für einen einzigen Mode mit der gleichen Frequenz $\nu_0 = 4.29 \cdot 10^{14}$ Hz nur $\tilde{n} = 10^{-9}$ Photonen/m^3. Unter Berücksichtigung der sehr zahlreichen Moden innerhalb der gleichen Spektralbreite $\Delta \nu = 0.5 \cdot 10^{12}$ Hz findet man dagegen $\tilde{n} = 10^8$ Photonen/m^3.

3.4.3   Start der Laseroszillation

Wir betrachten einen Laser der mit der konstanten Rate R gepumpt wird und zur Zeit $t = 0$ die Populationsinversion σ_0 und eine geringe Photonendichte $\tilde{n}_0 \approx 0$ aufweist. Wir interessieren uns dabei für die zeitliche Entwicklung der Photonendichte $\tilde{n}(t)$ für Zeiten $0 < t \ll \tau_{\text{sp}}$.

Die Ratengleichung (3.33) hat dann für die Zeiten $0 < t \ll \tau_{\text{sp}}$ die Form

$$\frac{d\sigma}{dt} = -2\tau_{\text{sp}}^{-1}\sigma + 2R. \tag{3.39}$$

Somit ist die Populationsinversion in diesem Zeitbereich etwa σ_0 gemäß

$$\sigma(t) = \sigma_0\, e^{-2t/\tau_{\text{sp}}} + R\tau_{\text{sp}} \left[1 - e^{-2t/\tau_{\text{sp}}}\right] \approx \sigma_0 = \text{const.} \tag{3.40}$$

Dementsprechend lässt sich die Ratengleichung (3.34) der Photonendichte $\tilde{n}(t)$ für die Zeiten $0 < t \ll \tau_{\text{sp}}$ schreiben als

$$\frac{d\tilde{n}}{dt} = + [B\sigma_0 - \varkappa]\, \tilde{n}. \tag{3.41}$$

Diese Gleichung ergibt die Lösung

$$\tilde{n}(t) = \tilde{n}_0 \exp\left[B\sigma_0 - \varkappa\right] t \quad \text{für } 0 < t \ll \tau_{\text{sp}}, \tag{3.42}$$

wobei $\tilde{n}_0$ die anfängliche Photonendichte ist, welche durch die spontane Emission entstanden sind. Die Dichte der Photonen nimmt exponentiell zu, falls der Exponent positiv ist, d. h.

$$\sigma_0 \geq \sigma_{\text{thr}} = \varkappa/B = \sigma_{\text{stat}}. \tag{3.43}$$

Die Schwellenpopulationsinversion σ_{thr} ist somit gleich der stationären Populationsinversion (3.36).

Setzt man die Werte für B gemäß (3.32) und anschließend (2.24) ein, so erhält man die *Schwellenbedingung*

$$\sigma_{thr} = \frac{\varkappa}{B_{21}h\nu g(\nu)} = \frac{8\pi\nu^2\tau_{sp}\varkappa}{g(\nu)c'^3}. \tag{3.44}$$

Dieses Resultat ist in Übereinstimmung mit (3.23), wenn man die dortigen Verluste pro Längeneinheit durch $\varkappa/c'$ ersetzt. Dieses Resultat ist nicht erstaunlich, ist doch die Photonendichte $\tilde{n}$ proportional zur Intensität bzw. u_ν, mit denen man die Schwellenbedingung herleitete. Wird diese Schwellenpopulationsinversion $\sigma_{thr}=\varkappa/B$ erreicht und überschritten, so wächst die Photonendichte $\tilde{n}$ exponentiell an, bis schließlich die Abnahme der Inversion nicht mehr vernachlässigt werden kann. Dann wächst $\tilde{n}$ immer weniger. In der Folge stellen sich die stationären Werte $\tilde{n}_{stat}$ und σ_{stat} gemäß (3.36) und (3.37) ein.

3.4.4 Relaxationsschwingungen

Im idealen kontinuierlichen Betrieb des Lasers entsprechen die Populationsinversion σ und die Photonendichte $\tilde{n}$ den stationären Werten σ_{stat} und $\tilde{n}_{stat}$ gemäß (3.36) und (3.37). Viele kontinuierlich betriebene Laser zeigen jedoch Oszillationen von σ und $\tilde{n}$ um diese stationären Werte aufgrund kleiner externer Störungen und Schwankungen in den Betriebsbedingungen. Diese Oszillationen werden als *Relaxationsschwingungen* [Siegman 1986] bezeichnet. Sie lassen sich anhand der vereinfachten Ratengleichungen (3.33) und (3.34) berechnen. Zu diesem Zweck definieren wir den Pumpfaktor

$$r = R/R_{thr} \tag{3.45}$$

und studieren die Abweichungen der Populationsinversion und Photonendichte von ihren stationären Werten

$$\Delta\sigma(t) = \sigma(t) - \sigma_{stat}, \tag{3.46}$$
$$\Delta\tilde{n}(t) = \tilde{n}(t) - \tilde{n}_{stat}.$$

Für diese soll gelten $|\Delta\sigma(t)| \ll \sigma_{stat}$ und $|\Delta\tilde{n}(t)| \ll \tilde{n}_{stat}$.

Mit diesen Ansätzen erhalten wir aus den vereinfachten Ratengleichungen (3.33) und (3.34) unter Vernachlässigung der Terme $\Delta\sigma(t)\Delta\tilde{n}(t)$ folgende linearisierten Ratengleichungen

$$\frac{d\Delta\sigma}{dt} = -2\varkappa\Delta\tilde{n} - \frac{2R}{\varkappa}B\Delta\sigma, \tag{3.47}$$

$$\frac{d\Delta\tilde{n}}{dt} = \frac{RB\Delta\sigma}{\varkappa} - \frac{\Delta\sigma}{\tau_{sp}}.$$ (3.48)

Dieses Gleichungssystem kann gelöst werden, indem man $d^2\Delta\tilde{n}/dt^2$ berechnet unter Berücksichtigung von (3.47) für $d\Delta\sigma/dt$. So erhält man

$$\frac{d^2\Delta\tilde{n}}{dt^2} + \frac{2RB}{\varkappa}\frac{d\Delta\tilde{n}}{dt} + \left(2RB - \frac{2\varkappa}{\tau_{sp}}\right)\Delta\tilde{n} = 0.$$

Die Einführung des Pumpfaktors r (3.45) ergibt

$$\frac{d^2\Delta\tilde{n}}{dt^2} + \frac{2r}{\tau_{sp}}\frac{d\Delta\tilde{n}}{dt} + \frac{2\varkappa}{\tau_{sp}}(r-1)\Delta\tilde{n} = 0.$$ (3.49)

Dies ist die Differentialgleichung eines gedämpften harmonischen Oszillators mit den Lösungen

$$\Delta\tilde{n}(t) = C_1 e^{\alpha_1 t} + C_2 e^{\alpha_2 t},$$ (3.50)

$$\alpha_1 = -\frac{r}{\tau_{sp}} + i\left[-\left(\frac{r}{\tau_{sp}}\right)^2 + \frac{2\varkappa}{\tau_{sp}}(r-1)\right]^{1/2},$$ (3.51)

$$\alpha_2 = -\frac{r}{\tau_{sp}} - i\left[-\left(\frac{r}{\tau_{sp}}\right)^2 + \frac{2\varkappa}{\tau_{sp}}(r-1)\right]^{1/2},$$ (3.52)

mit den Konstanten C_1 und C_2, welche von den Anfangsbedingungen abhängen.

Falls die Bedingung

$$r^2 \ll 2(r-1)\varkappa\tau_{sp}$$

erfüllt ist, entspricht die Lösung einer *gedämpften Schwingung* mit der Periode

$$T = \frac{2\pi}{\omega_0} = \frac{2\pi}{\left[\frac{2\varkappa}{\tau_{sp}}(r-1)\right]^{1/2}}.$$

Für *Festkörperlaser* ist die obige Bedingung meist erfüllt, da

$$r \approx 2, \varkappa t_{sp} \gg 1.$$

So erhalten wir zum Beispiel für den Nd^{3+}:$CaWO_4$-*Laser* mit

$$\lambda \approx 1.06\ \mu m;\ \tau_{sp} \approx 1.6 \cdot 10^{-4}\ s\ ;\ r \approx 2;$$

$$\varkappa \approx 10^8\ s^{-1}\ \text{für Spiegel mit}\ R_{sp} = 0.99$$

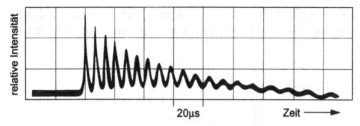

Fig. 3.5   Relaxationsschwingungen des Nd^{3+}:CaWO$_4$-Lasers [Johnson 1966]

die Periode $T \approx 6$ µs. Die Relaxationsschwingung des Nd^{3+}:CaWO$_4$-Lasers ist in Fig. 3.5 illustriert.

Für *Gaslaser* gilt im Normalfall

$$r^2 > 2(r-1) \times \tau_{sp},$$

da $\times \tau_{sp} \approx 1$. In diesem Fall ist die *Dämpfung überkritisch*. Es tritt keine Relaxationsschwingung auf. Zum Beispiel beim *He-Ne-Laser* gilt

$$\lambda \approx 6328 \text{ Å}; \quad \tau_{sp} \approx 10^{-7} \text{ s};$$

$$x \approx 6 \cdot 10^6 \text{ s}^{-1} \text{ für Spiegel mit } R_{sp} = 0.98.$$

3.4.5   Spiking

Beim Einschwingvorgang und bei starken Störungen des kontinuierlich betriebenen Lasers treten anharmonische Schwingungen mit markanten Spitzen auf. Diese werden als *„Spiking"* bezeichnet [Siegman 1986]. Das „Spiking" beim Einschwingen eines Lasers kann anschaulich wie folgt beschrieben werden: Nach dem Einsetzen des Pumpvorgangs baut sich im laseraktiven Material zunächst eine hohe Besetzungsinversion auf, da das Strahlungsfeld im Resonator und damit auch die Zahl der stimulierten Übergänge klein sind. Bei hoher Besetzungsinversion baut sich dann das Strahlungsfeld rapid auf. Das obere Laserniveau wird jetzt so schnell ent-leert, dass die Pumpe nicht mehr genügend rasch Atome, Ionen oder Moleküle anregen kann. Die Populationsinversion sinkt unter den Schwel-lenwert und das Strahlungsfeld fällt zusammen. Die Pumpe kann nun erneut eine hohe Inversion herstellen und ein neuer Zyklus beginnt. Bei relativ geringer Pumpleistung verschwinden die Schwingungen zugunsten einer konstanten Emission. Bei hochintensivem, gepulstem Pumpen ist die durch die hohe Pumpleistung erzeugte Besetzungsinversion so groß, dass das lawinenartig aufgebaute Strahlungsfeld die Populationsinversion so weit unter die Schwellengrenze drückt, dass die Emission zum Erliegen kommt, bis die Pumpe wieder eine hohe Intensität aufgebaut hat. In diesem Fall tritt keine Dämpfung auf. Das „Spiking" eines Festkörperlasers ist illustriert in Fig. 3.6.

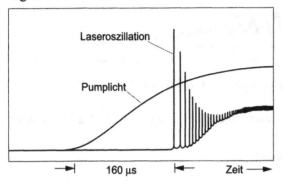

Fig. 3.6   „Spiking" eines Nd:YAG-Lasers [Siegman 1986]

Das „Spiking" wird exakt beschrieben durch die vereinfachten Ratengleichungen (3.33) und (3.34). Im Gegensatz zu den Relaxationsschwingungen genügen dafür jedoch die linearisierten Ratengleichungen (3.47) und (3.48) nicht. Die Lösung der Ratengleichungen (3.33) und (3.34) für große Ab-

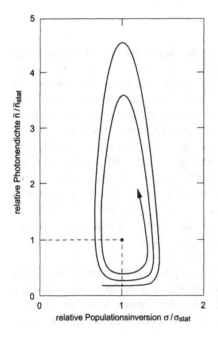

Fig. 3.7
Darstellung des „Spiking" in der
σ - $\tilde{n}$ -Ebene [Siegman 1986]

weichungen $\Delta\sigma$ und $\Delta\tilde{n}$ der Populationsinversion und der Photonendichte von ihren stationären Werten σ_{stat} und $\tilde{n}_{stat}$ ist schwierig. Sie wird meist numerisch durchgeführt unter Benutzung der Differentialgleichung

$$\frac{d\tilde{n}}{d\sigma} = \frac{-\varkappa\tilde{n} + B\tilde{n}\sigma}{-2\tau_{sp}^{-1}\sigma - 2B\tilde{n}\sigma + 2R}, \tag{3.53}$$

welche die Zeit t nicht explizit enthält. Sie wird hergeleitet durch Division von (3.34) durch (3.33). Ausgehend von (3.53) betrachtet man vorerst die Lösungen von (3.33) und (3.34) in der σ-$\tilde{n}$-Ebene (Fig. 3.7). Diese Darstellung gibt Aufschluss über das globale und asymptotische Verhalten der Lösungen.

In Fig. 3.8 zeigen wir als Beispiel eine Lösung, welche den zeitlichen Verlauf der Populationsinversion σ und der Photonendichte $\tilde{n}$ umfasst. Die dafür gewählten Parameter sind: $r = 1300$; $\varkappa = 6.25 \cdot 10^7\ \mathrm{s}^{-1}$; $\tau_{sp} = 2.5 \cdot 10^{-3}$ s.

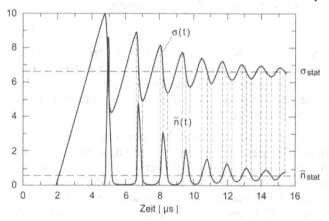

Fig. 3.8   „Spiking" berechnet aus den vereinfachten Ratengleichungen (3.33) und (3.34) [Dunsmuir 1961]

Referenzen zu Kapitel 3

Bracewell, R. N. (2000): The Fourier Transform and its Applications, 3rd ed. McGraw-Hill, Boston

Dunsmuir, R. (1961): J. Electronics & Control **10**, 453

Goel, N. S.: Maitra, S. C.; Montroll, E. W. (1971): Rev. Modern Phys. **43**, 231

Johnson, L. F. (1966): Lasers (ed. A. K. Levine), Vol. 1. Dekker, N. Y.

Kneubühl, F. K. (1994): Repetitorium der Physik, 5. Aufl. Teubner, Stuttgart

Kneubühl, F. K. (1997): Oscillations and Waves. Springer, Berlin

Röss, D. (1966): Laser-Lichtverstärker und -Oszillatoren. Akadem. Verlagsgesellschaft, Frankfurt

Schawlow, A. L.: Townes, C. H. (1958): Phys. Rev. **112**, 1940

Siegman, A. E. (1986): Lasers. University Press, Oxford

Volterra, V. (1931): Leçon sur la théorie mathématique de la lutte pour la vie. Gauthier-Villars, Paris

Volterra, V. (1937): Acta Biotheoret. **3**, 1

Yariv, A. (1991): Optical Electronics. 4th ed. Saunders, Philadelphia

4   Spektrallinien

In Kapitel 3.2 haben wir bereits darauf hingewiesen, dass die *Übergänge zwischen zwei Energieniveaus* E_1 und E_2 in Wirklichkeit nicht als streng monochromatische Spektrallinie mit der *Resonanzfrequenz*

$$\nu_0 = (E_2 - E_1)/h \tag{4.1}$$

erscheint, sondern als *Spektrallinie mit endlicher Linienbreite* $\Delta\nu$. Diese wird im Allgemeinen durch eine in Fig. 3.1 illustrierte *Linienformfunktion* $g(\nu)$ beschrieben, welche die bereits erwähnten Bedingungen (3.5) und (3.6) erfüllt. Im vorliegenden Kapitel sollen die verschiedenen Linienformfunktionen beschrieben und begründet werden.

Sofern alle atomaren oder molekularen Systeme eines absorbierenden oder emittierenden Mediums die gleichen Parameter besitzen, so werden sie die gleiche Resonanzfrequenz ν_0, die gleiche Halbwertsbreite $\Delta\nu$ und die gleiche Linienformfunktion $g(\nu)$ aufweisen. Dann tragen alle Atome oder Moleküle mit gleicher Wahrscheinlichkeit zur Absorption oder Emission von Strahlung bei einer beliebigen Frequenz ν bei. *Prozesse, welche die Lebensdauer eines Zustands* eines atomaren oder molekularen Systems *begrenzen*, wie z. B. *spontane Emission* und *desaktivierende Stöße* [vgl. Allard & Kielkopf 1982] sowie schnelle *statistische Fluktuationen des Niveauabstandes*, z. B. hervorgerufen durch frequenzmodulierende und dadurch phasenändernde *Stöße* oder *Gitterschwingungen*, führen zu einer *gleichartigen Linienverbreiterung* durch jedes einzelne atomare oder molekulare System um eine feste Resonanzfrequenz. Solche Linienverbreiterungen bezeichnet man als *homogen*.

Es existieren jedoch auch Prozesse, die eine *Streuung der Resonanzfrequenzen der einzelnen atomaren oder molekularen Systeme* bewirken. Die dadurch entstehende Linienverbreiterung bezeichnet man als *inhomogen*. Diese Prozesse führen entweder zu einer zeitlich konstanten oder zu einer langsam fluktuierenden Verteilung der Resonanzfrequenzen. Ersteres ist der Fall beim *Stark-Effekt in Festkörpern*, der wegen Inhomogenitäten örtlich variiert, das Letztere beim *Doppler-Effekt* in verdünnten Gasen. Hier ergibt die Maxwellsche Geschwindigkeitsverteilung der Atome oder Moleküle unterschiedliche Doppler-verschobene effektive Resonanzfrequenzen der Einzelteilchen, welche durch geschwindigkeitsbeeinflussende Stöße nur langsam verändert werden.

4.1   Klassisches Modell der homogenen Linienverbreiterung

Eine der Ursachen für die homogene Verbreiterung von Spektrallinien ist die endliche mittlere *Lebensdauer* des die Strahlung emittierenden Zustandes. Diese Lebensdauer entspricht der *Zerfallszeit* τ, englisch „decay time", der Intensität der emittierenden Strahlung. Da diese Intensität proportional zum Quadrat des elektrischen Feldes E der elektromagnetischen Strahlung ist, entspricht dessen Zerfallszeit 2τ. Deshalb kann das elektrische Feld E der vom zerfallenden Zustand ausgesandten Strahlung wie folgt geschrieben werden [vgl. Born 2004]

$$E(t < 0) = 0,$$

$$E(t \geq 0) = E(0) \cos{(2\pi \nu_0 t)} \exp{(-t/2\tau)} \tag{4.2}$$

$$= [E(0)/2] \, [e^{(i2\pi\nu_0 - 1/2\tau)t} + e^{(-i2\pi\nu_0 - 1/2\tau)t}]$$

mit der Resonanzfrequenz ν_0 gemäß (4.1). Die spektrale Verbreiterung dieser Strahlungsemission wird bestimmt durch die *Fourier-Transformierte* von (4.2)

$$E(\nu) = \int\limits_{-\infty}^{\infty} E(t) \, e^{-i2\pi\nu t} dt \tag{4.3}$$

$$= E(0) \frac{i}{4\pi} [\{\nu_0 - \nu + i/4\pi\tau\}^{-1} - \{\nu_0 + \nu - i/4\pi\tau\}^{-1}].$$

Die spektrale Intensität der emittierten Strahlung ist [Kneubühl 1994, 1997]

$$I(\nu) = I \cdot g(\nu) = \frac{1}{Z_0} E(\nu)|^2 \tag{4.4}$$

mit $I = \int\limits_{-\infty}^{+\infty} I(\nu) \, d\nu, \; Z_0 = [\mu_0/\varepsilon_0]^{1/2}.$

Daraus ergibt sich für die Linienformfunktion in der Nähe der Resonanzfrequenz ν_0 die in Fig. 4.1 dargestellte *Lorentz-Funktion* [Kneubühl 1997]

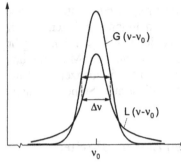

Fig. 4.1
Lorentz-Profil $L(v - v_0)$ und Gauß-Profil
$G(v - v_0)$ mit gleicher Halbwertsbreite Δv

$$g(v \simeq v_0) \simeq L(v - v_0) = \frac{1}{\pi} \frac{\Delta v / 2}{(v - v_0)^2 + (v/2)^2} \tag{4.5}$$

mit
$$L(0) = \frac{2}{\pi \Delta v}$$

und der *Halbwertsbreite* (FWHM)

$$\Delta v = 1/(2\pi\tau). \tag{4.6}$$

Die Halbwertsbreite (4.6) steht in Verbindung zur *Unschärferelation von Heisenberg* [vgl. Kneubühl 1994, Messiah 1981/1985 Schubert & Weber 1993]. Diese besagt, dass bei einem Zustand mit der Lebensdauer τ die Energie E nur bis auf $\Delta E = h/2\pi\tau$ bestimmbar ist. Die Unschärfe Δv der entsprechenden Frequenz ist daher $\Delta v = \Delta E/h = 1/2\pi\tau$.

Nicht nur die *spontane Emission*, sondern auch die *induzierte Absorption und Emission* werden durch die *gleiche* Linienformfunktion $g(v)$ beschrieben. Diese folgt aus grundlegenden quantenmechanischen Betrachtungen [Breene 1981, Shimoda 1991, Svelto 1998, Yariv 1991].

Treten in Zusammenhang mit einer Emission *mehrere unabhängige homogene Verbreiterungen* mit den Lebenszeiten τ_i und den entsprechenden Halbwertsbreiten Δv_i auf, so können die *Halbwertsbreiten addiert* werden

$$\Delta v = \sum_i \Delta v_i = \frac{1}{2\pi} \sum_i \tau_i^{-1}. \tag{4.7}$$

4.2   Natürliche Linienbreite

Eine *homogene Linienverbreiterung*, welche bei jedem Atom oder Molekül unabhängig von seiner Umgebung auftritt, ist die klassische *Strahlungsdämpfung* [Born 2004]. Sie ist gekennzeichnet durch die natürliche Linienbreite Δv_0 und die entsprechende Zerfallszeit τ_{sp} der spontanen Emission. Die klassische Berechnung ergibt

$$\Delta v_0 = 1/2\pi\tau_{sp} = \frac{1}{3\varepsilon_0} \frac{e^2}{c^3 m_e} v_0^2,$$ (4.8)

wobei m_e und $-e$ Masse und elektrische Ladung des Elektrons bedeuten. Setzt man anstelle der Resonanzfrequenz v_0 die Resonanz-Vakuumwellenlänge $\lambda_0 = c/v_0$, so findet man

$$\tau_{sp} \text{ in ns} \simeq 45 \, \lambda_0^2 \text{ in } \mu m.$$ (4.9)

Quantenmechanisch betrachtet entspricht die Strahlungsdämpfung einer Störung des Atoms oder Moleküls durch die Nullpunkts-Schwankungen des elektromagnetischen Feldes, welche im Vakuum immer vorhanden sind. Die quantenmechanische Berechnung der natürlichen Linienbreite ergibt [Louisell 1973, Svelto 1998] für *elektrische Dipolübergänge*

$$\Delta v_0 = 1/2\pi\tau_{sp} = \frac{8\pi|\mu|^2}{3\varepsilon_0 c^3 h} v_0^3,$$ (4.10)

wobei $|\mu|$ das Matrixelement des elektrischen Dipols darstellt [Gasiorowicz 2002]. Grobe Abschätzungen der Matrixelemente von elektrischen und magnetischen Dipolen ergeben

für *elektrische Dipolübergänge*:

$$\tau_{sp} \text{ in ns} \simeq 80 \, \lambda_0^3 \text{ in } \mu m$$ (4.11)

für *magnetische Dipolübergänge*:

$$\tau_{sp} \text{ in ms} \simeq 9 \, \lambda_0^3 \text{ in } \mu m$$

Die Tab. 4.1 zeigt die natürlichen Linienbreiten Δv_0 bekannter Laseremissionen [Herrmann & Wilhelmi 1984].

Tab. 4.1   Natürliche Linienbreiten Δv_0 verschiedener Laseremissionen

Laser	Wellenlänge λ in μm	Linienbreite Δv_0 in Hz	relat. Linienbreite $\Delta v_0 / v_0$
Argonionen	0.4880	$1.1 \cdot 10^8$	$1.1 \cdot 10^{-7}$
Rhodamin 6 G	$\cong 0.6$	$2 \cdot 10^8$	$4 \cdot 10^{-7}$
Helium-Neon	0.6328	$2 \cdot 10^7$	$4 \cdot 10^{-8}$
CO_2	10.6	$4 \cdot 10^2$	$1 \cdot 10^{-12}$

4.3   Verbreiterung durch strahlungsfreie Übergänge

Neben dem in den Kapiteln 2.3 und 4.2 erwähnten Übergang vom angeregten Zustand 2 eines Atoms, Ions oder Moleküls in den Grundzustand 1 unter
spontaner Emission eines Photons mit der Frequenz $v_0 = (E_2 - E_1)/h$ existieren auch *strahlungsfreie Übergänge*. Bei diesen wird die Energiedifferenz
$\Delta E = E_2 - E_1$ auf umliegende Atome, Ionen oder Moleküle in Form von
Translations-, Rotations- oder Vibrationsenergie übertragen.

Strahlungsfreie Übergänge in Gasen sind eine Folge von inelastischen
Stößen, diejenigen in Festkörpern die Auswirkung von Gitterschwingungen.

Die *Linienverbreiterung* Δv_{sf} durch *strahlungsfreie Übergänge* ist verknüpft
mit der sogenannten strahlungsfreien Lebensdauer $\tau_{sf} = 1/2\pi\Delta v_{sf}$. Ihre
Berechnung ist schwierig, da die Art und das Verhalten der Umgebung des
Atoms, Ions oder Moleküls, das für die Laseremission verantwortlich ist,
berücksichtigt werden müssen. Da spontane Emission und strahlungsfreier
Übergang simultan auftreten, kann bei Abwesenheit eines Strahlungsfeldes
die Änderung der Besetzungsdichte N_2 des angeregten Zustandes 2 beschrieben werden durch

$$\mathrm{d}N_2/\mathrm{d}t = - (1/\tau_{tot}) N_2 , \tag{4.12}$$

$$(1/\tau_{tot}) = (1/\tau_{sp}) + (1/\tau_{sf}).$$

Die *Gesamtlebensdauer* τ_{tot} kann durch die Messung des zeitlichen Verhaltens des spontan emittierten Lichtes bestimmt werden. Man bringt zu diesem
Zweck zur Zeit $t = 0$ insgesamt $N_2(0)$ Atome, Ionen oder Moleküle pro
Volumen des betrachteten Mediums in den angeregten Zustand 2. Anschließend verringert sich die Besetzungsdichte $N_2(t > 0)$ des angeregten
Zustandes 2 wegen spontaner Emission und strahlungsfreien Übergängen
gemäß (4.12), d. h. sie nimmt exponentiell ab

$$N_2(t > 0) = N_2(0) \exp (- t/\tau_{tot}). \tag{4.13}$$

Durch spontane Emission erbringt das Volumen V des betrachteten Mediums folgende Strahlungsleistung bei der Resonanzfrequenz v_0

$$P(t) = (1/\tau_{sp}) [VN_2(t)] h v_0 \tag{4.14}$$

$$= (1/\tau_{sp}) [VN_2(0)] h v_0 \exp (- t/\tau_{tot}).$$

Definiert man den *Fluoreszenz-Wirkungsgrad* Φ als Verhältnis zwischen der
Anzahl emittierter Photonen und der Anzahl der in den angeregten Zustand
2 gebrachten Atome, Ionen oder Moleküle, so findet man

$$\Phi = \frac{1}{VN_2(0)} \int_0^\infty \frac{1}{h\nu_0} P(t)\mathrm{d}t = \tau_{\mathrm{tot}} / \tau_{\mathrm{sp}}. \tag{4.15}$$

Somit lassen sich τ_{sp} und τ_{sf} durch Messung der Zeitkonstanten τ_{tot} der gemäß (4.14) exponentiell abklingenden Fluoreszenz-Strahlung bestimmen.

4.4 Druckverbreiterung

Elastische Stöße zwischen Atomen oder Molekülen in einem Gas bewirken ebenfalls eine *homogene Linienverbreiterung*. Da die Anzahl elastischer Stöße der Teilchen in einem Gas und die damit verknüpfte Linienverbreiterung vom Druck abhängen, bezeichnet man diese als *Druckverbreiterung*. Bei einem elastischen Stoß wird das Atom oder Molekül im absorbierenden oder emittierenden Zustand belassen. Dagegen stört der Stoß die relative Phase zwischen dem elektromagnetischen Strahlungsfeld und der atomaren oder molekularen Oszillation.

Eine grobe Abschätzung der Druckverbreiterung lässt sich wie folgt durchführen [Gasiorowicz 2002]:

Man betrachtet ein Atom in Ruhe. Der Wirkungsquerschnitt für einen Stoß mit einem anderen Teilchen sei σ. Das ruhende Atom erfährt nach der Zeit τ_{c} einen Stoß mit dem Teilchen, das sich mit der Geschwindigkeit υ bewegt, vorausgesetzt, dass sich dieses in einem Zylinder mit dem Volumen $\sigma\upsilon$ befindet. Hat man nicht nur ein, sondern n stoßende Teilchen pro Volumen, so beträgt die *Stoßrate*

$$R_{\mathrm{st}} = n\upsilon\sigma. \tag{4.16}$$

Für σ können wir den *klassischen Wirkungsquerschnitt* für zwei sich stoßende Teilchen vom Durchmesser d einsetzen

$$\sigma = \pi d^2. \tag{4.17}$$

R_{st} bestimmt die mittlere Zeit τ_{c}, während der das Atom ungestört mit dem elektromagnetischen Strahlungsfeld wechselwirken kann

$$\tau_{\mathrm{c}} = 1/\pi\Delta\nu_{\mathrm{p}} = R_{\mathrm{st}}^{-1} = (n\upsilon\sigma)^{-1}. \tag{4.18}$$

Hier beschreibt $\Delta\nu_{\mathrm{p}}$ die homogene Druckverbreiterung. Um ihre Abhängigkeit von Druck und Temperatur zu verstehen, betrachtet man die *Geschwindigkeitsverteilung* der kinetischen Gastheorie [Adam & Hittmair 1988, Becker 1985, Kneubühl 1990, Reif 1987]

$$\langle\upsilon\rangle = [8\,kT/\pi m]^{1/2} \tag{4.19}$$

und die *Zustandsgleichung des idealen Gases*

$$p = nkT.\tag{4.20}$$

m ist die Masse der Teilchen, k die Boltzmann-Konstante, p der Druck und T die absolute Temperatur. Setzt man für υ den Wert

$$\upsilon = \langle \upsilon \rangle = \left[\frac{8kT}{\pi m} \right]^{1/2} = \left[\frac{8}{3\pi} \right]^{1/2} \left(\langle \vec{\upsilon}^2 \rangle \right)^{1/2}\tag{4.21}$$

ein, so findet man aus (4.17) bis (4.21) für die *homogene Druckverbreiterung*

$$\Delta \nu_p = 1/\pi \tau_c \simeq (8/\pi)^{1/2} \frac{pd^2}{(mkT)^{1/2}}.\tag{4.22}$$

Somit kann die Druckverbreiterung durch Erniedrigung des Drucks reduziert werden. Eine Abschätzung ergibt für Zimmertemperatur $T = 300$ K

$$\Delta \nu_p \text{ in GHz}/p \text{ in bar} = 0.3 \text{ bis } 2.5.\tag{4.23}$$

Beim CO_2-Laser mit einer Vakuum-Wellenlänge $\lambda = 10.6$ μm gilt

$$\Delta \nu_p \simeq 3 \text{ MHz/hPa}.$$

Wie der Vergleich mit Tab. 4.1 zeigt, ist im Normalfall die Druckverbreiterung $\Delta \nu_p$ *erheblich größer* als die natürliche Linienbreite $\Delta \nu_0$.

Bei einer genaueren Untersuchung [Demtröder 2000] zeigt sich bei der Druckverbreiterung eine *zusätzliche Verschiebung der Resonanzfrequenz* ν_0 als Folge der Verschiebung der Energieniveaus der stoßenden Teilchen durch ihre Wechselwirkung bei der Annäherung.

4.5   Doppler-Verbreiterung

Die bekannteste *inhomogene Linienverbreiterung* betrifft den *Doppler-Effekt* elektromagnetischer Strahlung [z. B. Born 2004, Kneubühl 1994, Svelto 1998]. Der Doppler-Effekt bewirkt, dass ein Beobachter nicht die von einem relativ zu ihm bewegten Atom oder Molekül ausgestrahlte Frequenz ν_0 misst, sondern eine andere Frequenz ν, welche von der Relativbewegung abhängt. Bewegt sich das Atom oder Molekül mit der nicht-relativistischen Geschwindigkeitskomponente $\upsilon_x \ll c$ in Richtung Beobachter, so gilt

$$\nu = \nu_0 [1 + (\upsilon_x/c)].\tag{4.24}$$

Somit lässt sich aus der Differenzfrequenz $(v - v_0)$ die Geschwindigkeit υ_x bestimmen

$$\upsilon_x = \frac{v - v_0}{v_0} c. \tag{4.25}$$

In einem Gas mit der absoluten Temperatur T haben Atome oder Moleküle mit der Masse m eine *Maxwell-Geschwindigkeitsverteilung* [Adam & Hittmair 1988, Becker 1985, Reif 1987], welche in Bezug auf die Geschwindigkeitskomponente υ_x besagt

$$P(\upsilon_x) = \left(\frac{m}{2\pi kT}\right)^{1/2} \exp\left(-\frac{m\upsilon_x^2}{2kT}\right) \tag{4.26}$$

mit $\int_{-\infty}^{+\infty} P(\upsilon_x)\, d\upsilon_x = 1.$

$P(\upsilon_x)\, d\upsilon_x$ ist die Wahrscheinlichkeit dafür, dass ein Atom oder Molekül mit der Masse m eine Geschwindigkeit in der x-Richtung aufweist, welche zwischen υ_x und $\upsilon_x + d\upsilon_x$ liegt.

Da Gl. (4.25) eine eindeutige Verknüpfung zwischen υ_x und v darstellt, bestimmt $P(\upsilon_x)$ auch die Wahrscheinlichkeit $g(v)$ dafür, dass ein Atom oder Molekül des Gases eine Strahlung emittiert oder absorbiert, welche für den Beobachter eine Frequenz zwischen v und $v + dv$ aufweist. $g(v)$ entspricht der Linienformfunktion der Doppler-Verbreiterung

$$g(v) = G(v - v_0)$$
$$= (\pi \ln 2)^{1/2} (2/\pi\Delta v) \exp\left[-\left(\frac{v - v_0}{\Delta v/2}\right)^2 \ln 2\right] \tag{4.27}$$

mit $G(0) = (\pi \ln 2)^{1/2} \dfrac{2}{\pi\Delta v} = (\pi \ln 2)^{1/2} L(0)$

und der *Halbwertsbreite* (FWHM) der Doppler-Verbreiterung

$$\Delta v = \Delta v_D = (8 \ln 2)^{1/2} (kT/mc^2)^{1/2} v_0. \tag{4.28}$$

$G(v - v_0)$ ist die ebenfalls in Fig. 4.1 illustrierte *Gauß-Funktion*, welche eine schmalere Spitze, englisch „peak", und schmalere Flanken, englisch „wings", als die Lorentz-Funktion $L(v - v_0)$ von Gl. (4.5) besitzt.

Die Doppler-Verbreiterung Δv_D von (4.28) ist je nach Druck p und absoluter Temperatur T des Gases größer oder kleiner als die Druckverbreiterung Δv_p von (4.22). Ihre Größenordnung bei Gaslasern zeigt Tabelle 4.2.

Tab. 4.2   Doppler-Verbreiterung $\Delta\nu_0$ von Gaslasern

Laser $T = 300$ K	Wellenlänge λ in μm	Linienbreite $\Delta\nu_0$ in Hz	relat. Linienbreite $\Delta\nu_0 / \nu_0$
Helium-Neon	0.6328	$1.5 \cdot 10^9$	$3.2 \cdot 10^{-6}$
CO_2	10.6	$5.4 \cdot 10^7$	$1.9 \cdot 10^{-6}$

4.6   Kombinierte Verbreiterungen

Normalerweise sind mehrere Verbreiterungsmechanismen gleichzeitig vorhanden. Bei einem *Gaslaser* sind z. B. drei Verbreiterungstypen maßgebend: die natürliche Linienbreite, die Druck- und die Doppler-Verbreiterung. Die natürliche Linienbreite ist meist so gering, dass sie vernachlässigt werden kann. Bei hohem Druck p überwiegt die Druckverbreiterung, bei kleinem die Doppler-Verbreiterung. Die Linienformfunktion ist im ersten Fall eine Lorentz-Funktion, im zweiten eine Gauß-Funktion. In einem Grenzbereich des Drucks p sind beide Verbreiterungsmechanismen gleich stark. Dementsprechend wird die Linienformfunktion kompliziert.

Allgemein berechnet man die totale Linienformfunktion $g_{tot}(\nu)$ von zwei unabhängigen Verbreiterungsprozessen mit den Linienformfunktionen $g_1(\nu)$ und $g_2(\nu)$ durch *Faltung* [Bracewell 2000, Kneubühl 1997], englisch „convolution"

$$g_{tot}(\nu) = G_{tot}(\tilde{\nu}) = \int_{-\infty}^{+\infty} G_1(\nu')G_2(\tilde{\nu} - \nu')d\nu', \text{ wobei } \tilde{\nu} = \nu - \nu_0. \quad (4.29)$$

Überlagert man *zwei unabhängige homogene Linienverbreiterungen*, so erhält man wieder eine *Lorentz-Funktion* als Linienformfunktion mit der neuen Halbwertsbreite

$$\Delta\nu_{tot} = \Delta\nu_1 + \Delta\nu_2. \quad (4.30)$$

Ebenso resultiert die Überlagerung von *zwei unabhängigen inhomogenen Linienverbreiterungen* wieder in einer *Gauß-Funktion* als Linienformfunktion. Die neue Halbwertsbreite $\Delta\nu_{tot}$ berechnet man jedoch nicht mit (4.30), sondern anhand von

$$\Delta\nu_{tot} = [\Delta\nu_1^2 + \Delta\nu_2^2]^{1/2}. \quad (4.31)$$

Eine Kombination von homogenen und inhomogenen Linienverbreiterungen, hervorgerufen durch Phononen und Inhomogenitäten (lokale Felder), findet man bei *Festkörper- und Flüssigkeitslasern*. Dies führt zu Linienverbreiterungen von der Größenordnung $\Delta \nu_{tot} \geq 10^{10}$ Hz und $\Delta \nu_{tot}/\nu_0 \geq 10^{-5}$. Beispiele sind in Tab. 4.3 aufgeführt.

Tab. 4.3   Linienverbreiterungen in Festkörper- und Flüssigkeitslasern für eine Temperatur von T = 300 K [Herrmann & Wilhelmi 1984]

Laser und Wellenlänge λ	dominante Verbreiterung	Abs. Linienbreite $\Delta \nu_{tot}$ in Hz	relat. Linienbreite $\Delta \nu_{tot}/\nu_0$
Rhodamin 6 G 0.6 µm	homogen und inhomogen	$\simeq 1 \cdot 10^{14}$	$1 \cdot 10^{-1}$
Cr^{3+}: Rubin 0.694 µm	homogen	$3.6 \cdot 10^{11}$	$8 \cdot 10^{-4}$
Nd^{3+}: Granat 1.0648 µm	homogen	$2.1 \cdot 10^{11}$	$6 \cdot 10^{-4}$
Nd^{3+}: Glas 1.06 µm	homogen	$1.0 \cdot 10^{13}$	$3 \cdot 10^{-2}$

4.7   Wirkungen starker Laserstrahlung

In den vorangegangenen Kapiteln wurden Linienformen besprochen, welche auf der statistischen Gleichgewichtsverteilung in atomaren oder molekularen Gesamtheiten basieren. Diese Voraussetzung wird von einem thermischen Strahler erfüllt, ebenso von der stimulierten Absorption und Emission von Systemen im thermischen Gleichgewicht, solange dieses von den betreffenden Strahlungsprozessen nicht wesentlich gestört wird. Befassen wir uns jedoch mit atomaren oder molekularen Gesamtheiten unter der *Einwirkung starker Strahlungsfelder*, so müssen wir *Nichtgleichgewichtsverteilungen* in Betracht ziehen, welche *andere Linienformen* als die Gleichgewichtsverteilungen bedingen.

Als Beispiel betrachten wir ein *Gas*, dessen Atome und Moleküle sich ohne Strahlungseinwirkung im Grundzustand 1 befinden. Sie zeigen deshalb keine spontane Emission. Wir bestrahlen nun diese Atome oder Moleküle mit einer schmalbandigen Quelle der Frequenz ν_Q, weshalb ein Teil der Atome oder Moleküle in den angeregten Zustand 2 gebracht wird. Der Übergang vom Zustand 1 in den Zustand 2 mit der Resonanzfrequenz ν_0 ist wegen dem *Doppler-Effekt inhomogen verbreitert*. Bevorzugt gelangen solche Atome oder Moleküle in den Zustand 2, deren Geschwindigkeitskomponente υ_x die Bedingung (4.25) erfüllen. Dies ergibt eine Änderung der durch die inhomogene Doppler-Verbreiterung dominierten Gleichgewichtsverteilung des Grundzustandes 1 sowie eine Population des angeregten Zustandes 2 mit einer Verteilung, welche durch die homogene Verbreiterung, insbesondere die natürliche Linienbreite bestimmt ist. Die entsprechenden Besetzungsdichten $N_1(v)$ und $N_2(v)$ sind in Fig. 4.2 dargestellt. Aufgrund der geschilderten Populations-Verteilung im angeregten Zustand 2 ergibt sich auch eine spontane Emission mit *im Wesentlichen homogener Linienverbreiterung. Die inhomogene Doppler-Verbreiterung ist weitgehend ausgeschaltet.*

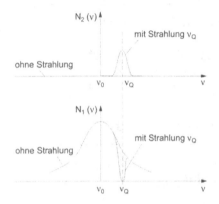

Fig. 4.2
Populationsänderungen durch Strahlungseinwirkung auf inhomogen verbreiterte Gesamtheiten. $N_1(v)$, $N_2(v)$: spektrale Besetzungsdichten

Ein analoges Vorgehen wählt man in der *Sättigungsspektroskopie*, bei der man mit einem starken Laser der Frequenz v_Q die Besetzungszahldifferenz der Atome oder Moleküle im Grundzustand und im angeregten Zustand mit einer zu dieser Frequenz v_Q passenden Geschwindigkeitskomponente v_x infolge von Absorptionsprozessen abbaut. Deshalb misst ein Teststrahl mit der variablen Frequenz v, welcher durch die Probe geschickt wird, in der Umgebung von v_Q eine geringere Absorption.

Die Absorptionslinie wird also nicht gleichmäßig, sondern nur im engen Bereich der homogenen Linienverbreiterung gesättigt. Dies erlaubt, das homogene Linienprofil innerhalb der inhomogen verbreiterten Spektrallinie zu vermessen.

Verwandte Phänomene sind das *„hole burning"* und der *„Lamb dip"* [Lamb 1964, Yariv 1991] in Gaslasern, wie z. B. beim 1.15 µm Helium-Neon-Laser [Szöke & Javan 1963]. Hier wird durch das intensive Laser-Strahlungsfeld mit der Frequenz v die Population der Atome oder Moleküle im angeregten Zustand abgebaut, deren Geschwindigkeitskomponente $\pm v_x$ in Achsenrichtung x des Resonators die Doppler-Bedingung (4.25) erfüllt. Die beiden Vorzeichen $\pm$ entsprechen der in der $(+ x)$- und der in der $(- x)$-Richtung laufenden Welle, welche die stehende Welle im Resonator bilden. Der Effekt „brennt zwei Löcher" in die Population des angeregten Zustandes der Atome oder Moleküle. Oszilliert der Laser mit einer Frequenz ν, die gleich der Resonanzfrequenz ν_0 der Atome oder Moleküle ist, so entsteht in dieser Population *nur ein* „Loch" bei $\upsilon_x = 0$. Deshalb beobachtet man im Verstärkungsprofil des Lasers den „Lamb dip", d. h. die Verstärkung ist bei $\nu = \nu_0$ geringer als in der Umgebung mit $\nu \simeq \nu_0$.

Referenzen zu Kapitel 4

Adam, G.; Hittmair, O. (1988): Wärmetheorie, 3. Aufl. Vieweg, Braunschweig

Allard, N.; Kielkopf, J. (1982): Rev. Mod. Phys. **54**, 1103

Becker, R. (1985): Theorie der Wärme, 3. Aufl. Springer, Berlin

Born, M. (2004): Optik: Ein Lehrbuch der Elektromagnetischen Lichttheorie, 4. Aufl. Springer, Berlin

Bracewell, R. N. (2000): The Fourier Transform and its Applications. 3rd ed. McGraw-Hill, Boston

Breene jr., R. G. (1981): Theories of Spectral Line Shape. John Wiley, N. Y.

Demtröder, W. (2000): Laserspektroskopie, Grundlagen und Techniken: 4. Aufl. Springer, Berlin

Gasiorowicz, S. (2002): Quantenphysik, 8. Aufl. Oldenbourg, München

Herrmann, J.; Wilhelmi, B. (1984): Laser für ultrakurze Lichtimpulse, Akademie Verlag, Berlin

Kneubühl, F. K. (1994): Repetitorium der Physik, 5. Aufl. Teubner, Stuttgart

Kneubühl, F. K. (1997): Oscillations and Waves. Springer, Berlin

Lamb jr., W. E. (1964): Phys. Rev. **134A**, 1429

Louisell, W. H. (1973): Quantum Statistical Properties of Radiation. John Wiley, N. Y.

Messiah, A. (1981/1985): Quantenmechanik, 2 Bde., 2. Aufl. de Gruyter, Berlin

Reif, F. (1987): Statistische Physik und Theorie der Wärme, 3. Aufl. de Gruyter, Berlin

Schubert, M.; Weber, G. (1993): Quantentheorie: Grundlagen und Anwendungen. Spektrum Akademischer Verlag, Heidelberg

Shimoda, A. (1991): Introduction to Laser Physics, 2nd ed. Springer, Berlin

Svelto, O. (1998): Principles of Lasers, 4th ed. Plenum Press, N. Y.

Szöke, A.; Javan A. (1963): Phys. Rev. Letters **10**, 512

Yariv, A. (1991): Optical Electronics, 4th ed. Saunders, Philadelphia

C   Laser-Resonatoren und Wellenleiter

Laser-Resonatoren haben den *Zweck*, das Licht oder andere elektromagnetische Strahlung in einem oder in wenigen Moden zu konzentrieren, damit die Strahlungsdichte darin so groß wird, dass die induzierte Emission gegenüber der spontanen Emission überwiegt. Ein Laser-Resonator muss deshalb für einen oder wenige Moden eine starke *Strahlungs-Rückkopplung* aufweisen, jedoch die Strahlung in den anderen Moden möglichst ohne Rückkopplung nach außen abgeben.

Es werden folgende *Typen von Laser-Resonatoren*, respektive *Strahlungs-Rückkopplungen* besprochen: Spiegel-Resonatoren (Kap. 5), Wellenleiter-Resonatoren (Kap. 6) und Distributed-Feedback-Systeme (Kap. 7). Das Verhalten der Laser-Resonatoren wird beschrieben durch die *Eigenschaften ihrer Moden*, d. h. durch Feldverteilungen, Lage und Abstände der Eigenfrequenzen, Entartungen, Dämpfungen. Für die Beschreibung von Laser-Resonatoren eignen sich *drei Darstellungen der Optik*: Strahlenoptik oder geometrische Optik (Kap. 5.1–5.2), skalare Beugungstheorie (Kap. 5.3–5.5), und die Maxwell-Gleichungen (Kap. 6). Je nach Resonator-Typ und Fragestellung verwendet man die eine oder die andere Darstellung.

5   Spiegel-Resonatoren

5.1   Strahlenoptik

Die Ausbreitung von Licht oder anderer elektromagnetischer Strahlung lässt sich durch *Strahlenoptik* d. h. *geometrische Optik*, unter der *Voraussetzung* beschreiben, dass die Abmessungen d und Krümmungsradien R der betrachteten optischen Elemente viel größer sind als die Wellenlängen λ der elektromagnetischen Strahlung

$$d, R \gg \lambda \tag{5.1}$$

In der Laser-Physik dient die Strahlenoptik vor allem zur Beschreibung der *Spiegel-Resonatoren*. Sie bildet die Grundlage der *Stabilitätskriterien* von Resonatoren (Kap. 5.2).

Die Stabilitätskriterien von Resonatoren werden hergeleitet mit paraxialer Optik. Bei der *paraxialen Optik* oder auch *Gaußschen Optik* beschränkt man sich auf die geometrische Optik von Strahlen, welche sich entlang der geraden Achse eines optischen Systems fortpflanzen mit den *Voraussetzungen*, dass einerseits ihre Abstände r von der optischen Achse viel kleiner als die Durchmesser d der optischen Elemente und andererseits die Neigungen der Strahlen gegenüber der optischen Achse gering sind. Zum Verständnis der paraxialen Optik genügt es, den Verlauf der achsennahen Strahlen beim Durchgang durch die maßgebenden optischen Elemente, wie z. B. dünne Linsen, gekrümmte Spiegel, dielektrische Schichten, zu verfolgen. Dieser Verlauf kann durch zweidimensionale *Matrizen* beschrieben werden [Born & Wolf 1999, Kneubühl 1994, Siegman 1986, Svelto 1998, Thyagarajan & Ghatak 1981, Yariv 1991].

Die *mathematische Definition* des *paraxialen Strahls* ergibt sich aus Fig. 5.1. Ein *Strahl* wird bei *axialsymmetrischen optischen Systemen* beschrieben durch den Abstand $r(z)$ von der Achse am Ort z der Achse. Der Strahl heißt paraxial, wenn seine Neigung gegenüber der Achse so klein ist, dass die entsprechenden Winkelfunktionen sin und tan mit guter Genauigkeit durch ihre Argumente ersetzt werden können, d. h.

$$r'(z) = \frac{dr(z)}{dz} = \tan\alpha \approx \sin\alpha \approx \alpha . \tag{5.2}$$

So gilt z. B. für $\alpha = 8°$

$$\frac{(r' - \sin\alpha)}{r'} \approx 1\% .$$

Ein paraxialer Strahl kann durch einen *Strahlvektor* beschrieben werden unter Benutzung von r und r'. Es gibt zwei Definitionen des Strahlvektors; die eine ist abhängig vom Brechungsindex n der Optik

$$\vec{r}(z) = \begin{pmatrix} r(z) \\ r'(z) \end{pmatrix} \tag{5.3a}$$

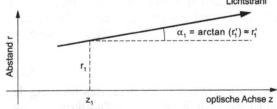

Fig. 5.1   Paraxialer Strahl

und die andere erlaubt eine vom Brechungsindex n der Optik unabhängige Beschreibung

$$\vec{r}*(z) = \begin{pmatrix} r(z) \\ n(z) & r'(z) \end{pmatrix}. \tag{5.3b}$$

Letztere Definition ist unabhängig vom Brechungsindex n, da $n \sin(\alpha)$ gemäß dem Brechungsgesetz konstant ist

$$n_1 \sin \alpha_1 = n_2 \sin \alpha_2 = \text{konst.} \tag{5.4}$$

In der paraxialen Optik können die *optischen Elemente auf der Achse* durch *zweidimensionale Matrizen* M dargestellt werden, welche die Strahlvektoren $\vec{r}$, resp. $\vec{r}*$, an zwei verschiedenen Orten z_1 und z_2 auf der optischen Achse verknüpfen

$$\vec{r}_2 = M\,\vec{r}_1 \quad \text{mit} \quad M = \begin{pmatrix} M_{11} & M_{12} \\ M_{21} & M_{22} \end{pmatrix}. \tag{5.5}$$

Mit dieser Darstellung können paraxiale optische Systeme einfach beschrieben werden. Ein optisches System bestehend aus k nacheinander angeordneten optischen Elementen, welche durch die Matrizen M_i, $i = 1, 2, \ldots k$ dargestellt werden, wird durch das Matrixprodukt

$$M = M_k \ldots M_2 M_1$$

repräsentiert.

Im Folgenden sind einige *Beispiele optischer Elemente* aufgeführt. Dabei verwenden wir die vom Brechungsindex n abhängige Definition (5.3a) der Strahlvektoren.

a) *Ungestörte Fortpflanzung der Strahlen.* Der Strahl breitet sich ungestört aus. Am Ort z_1 beträgt sein Abstand zur optischen Achse r_1 und die Neigung r_1'. Nach dem ungestörten Durchlaufen des Weges von $z = z_1$ bis $z = z_2 = z_1 + L$ beträgt der Abstand von der Achse $r_2 = r_1 + Lr_1'$, während die Neigung α gleich geblieben ist, d. h. $r_2' = r_1'$ gemäß Fig. 5.2. Aus dieser Betrachtung ergibt sich als Darstellung der ungestörten Fortpflanzung der Strahlen längs eines Achsenstücks der Länge L folgende Matrix

$$M = \begin{pmatrix} 1 & L \\ 0 & 1 \end{pmatrix}. \tag{5.6}$$

Aus entsprechenden Überlegungen ergeben sich auch folgende Darstellungen (Fig. 5.3 bis Fig. 5.5):

b) *Brechungsgesetz von Snellius* an einer Grenzfläche zwischen Materialien mit den Brechungsindizes n_1 und n_2

$$M = \begin{pmatrix} 1 & L \\ 0 & n_1/n_2 \end{pmatrix}. \tag{5.7}$$

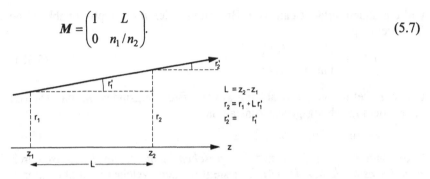

$$L = z_2 - z_1$$
$$r_2 = r_1 + L r_1'$$
$$r_2' = r_1'$$

Fig. 5.2   Ungestörte Fortpflanzung der Strahlen

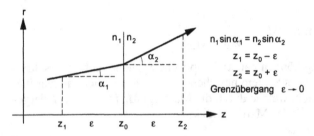

$$n_1 \sin \alpha_1 = n_2 \sin \alpha_2$$
$$z_1 = z_0 - \varepsilon$$
$$z_2 = z_0 + \varepsilon$$
Grenzübergang $\varepsilon \to 0$

Fig. 5.3   Brechungsgesetz von Snellius

c) *Dünne Linse* mit der Brennweite f

$$M = \begin{pmatrix} 1 & 0 \\ -1/f & 1 \end{pmatrix}. \tag{5.8}$$

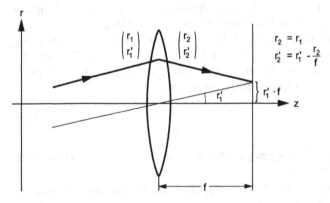

$$r_2 = r_1$$
$$r_2' = r_1' - \frac{r_2}{f}$$

Fig. 5.4   Dünne Linse

d) *Sphärischer Spiegel* mit Krümmungsradius R und Brennweite $f = R/2$
$R > 0$: Spiegel konkav gegen Mittelpunkt
$R < 0$: Spiegel konvex gegen Mittelpunkt

$$M = \begin{pmatrix} 1 & 0 \\ -\dfrac{2}{R} & 1 \end{pmatrix} = \begin{pmatrix} 1 & 0 \\ -\dfrac{1}{f} & 1 \end{pmatrix}. \tag{5.9}$$

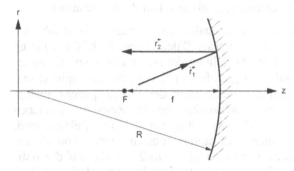

Fig. 5.5   Sphärischer Spiegel

5.2   Stabilitätskriterien für Spiegel-Resonatoren

Ein *Spiegel-Resonator* besteht aus zwei auf der optischen Achse liegenden Spiegel S_1 und S_2. Die Spiegel weisen einen Abstand L auf und haben die Krümmungsradien R_1 und R_2 (Fig. 5.6). Nach Definition sind die Krümmungsradien positiv, d. h. $R_i > 0$, wenn die Spiegel in Bezug auf das Resonatorinnere konkav sind.

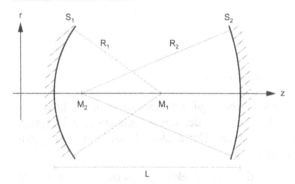

Fig. 5.6   Spiegelresonator: Spiegel S_i, Krümmungsradien R_i, Krümmungsmittelpunkte M_i

Ein Spiegel-Resonator heißt *optisch stabil*, wenn ein paraxialer Lichtstrahl im Resonator auch nach beliebig vielen Reflexionen an den Spiegeln den Resonator nicht verlässt. *Im Rahmen der Strahlenoptik zeigt ein optisch stabiler Resonator keine Strahlenverluste.* Es ist jedoch zu beachten, dass auch ein optisch stabiler Resonator im Allgemeinen *Beugungsverluste* aufweist. Insgesamt haben aber optisch stabile Spiegel-Resonatoren meist geringere Verluste als *optisch instabile*, bei denen Lichtstrahlen nach einer oder mehreren Reflexionen an den Spiegeln aus dem Resonator austreten.

Die Entscheidung, ob ein Spiegel-Resonator optisch stabil oder instabil ist, lässt sich anhand der *Stabilitätskriterien* fällen. Diese Stabilitätskriterien lassen sich mit Hilfe der Matrixdarstellung der *paraxialen Optik* formulieren. In der paraxialen Optik sind gemäß Kap. 5.1 gekrümmte Spiegel und dünne Linsen in Bezug auf die Berechnung des Strahlenganges analog. Somit ist das Verhalten eines Lichtstrahls, der im Resonator zwischen Spiegeln mit den Krümmungsradien R_1 und R_2 hin und her reflektiert wird, dasselbe wie das Verhalten eines Lichtstrahls in einem System von dünnen Linsen mit den Brennweiten $f_1 = R_1/2$ und $f_2 = R_2/2$, welche auf der optischen Achse im Abstand L alternierend hintereinander angeordnet sind (Fig. 5.7). Die Strahlfortpflanzung in diesem System, welches eine *Linsenleitung* darstellt, und in einem Spiegel-Resonator sind äquivalent.

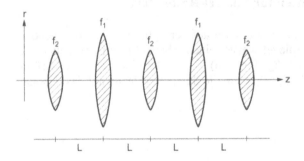

Fig. 5.7   Linsenleitung analog zum Spiegelresonator

Zur *Beurteilung der Stabilität eines Spiegel-Resonators* betrachten wir zunächst den Verlauf eines Lichtstrahls, der einen vollständigen Umgang, engl. „round-trip", im Resonator macht. Der analoge Prozess in der Linsenleitung ist in Fig. 5.8 dargestellt.

Die gesamte Transformation des Strahlvektors $\vec{r}_1 = (r_1, r_1')$ bei einem vollständigen Umgang im Resonator kann durch das Produkt der Matrizen der einzelnen optischen Elemente von Fig. 5.8 dargestellt werden.

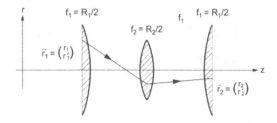

Fig. 5.8   Strahlengang in der Linsenleitung analog zum „round-trip" im Spiegel-Resonator

$$\vec{r}_2 = \begin{pmatrix} 1 & 0 \\ -1/2f_1 & 1 \end{pmatrix}\begin{pmatrix} 1 & L \\ 0 & 1 \end{pmatrix}\begin{pmatrix} 1 & 0 \\ -1/f_2 & 1 \end{pmatrix}\begin{pmatrix} 1 & L \\ 0 & 1 \end{pmatrix}\begin{pmatrix} 1 & 0 \\ -1/2f_1 & 1 \end{pmatrix}\vec{r}_1.$$

| 2.Halblinse | freier | Mittel- | freier | 1.Halblinse | (5.10) |
| rechts | Raum | linse | Raum | links | |

Für die Beschreibung dieser Transformation und der Stabilitätskriterien eignen sich die sogenannten *Resonatorparameter* g_i

$$g_i = 1 - L/R_i = 1 - L/2f_i \text{ mit } i = 1, 2. \tag{5.11}$$

Aus (5.10) und (5.11) ergibt sich für die *Resonatormatrix* M_R folgende Darstellung

$$\vec{r}_2 = M_R\vec{r}_1 \text{ mit } M_R = \begin{pmatrix} (2g_1g_2 - 1) & 2g_2L \\ 2g_1(g_1g_2 - 1)/L & (2g_1g_2 - 1) \end{pmatrix}. \tag{5.12}$$

Die *Moden* oder Eigenschwingungen des Spiegel-Resonators und der analogen Linsenleitung erhält man aus der *Eigenwert-Bedingung*

$$M_R\vec{r}_k = \lambda_k\vec{r}_k \text{ mit } k = a, b, \tag{5.13a}$$

respektive

$$\left[\begin{pmatrix} (2g_1g_2 - 1) & 2g_2L \\ 2g_1(g_1g_2 - 1)/L & (2g_1g_2 - 1) \end{pmatrix} - \begin{pmatrix} \lambda & 0 \\ 0 & \lambda \end{pmatrix}\right]\begin{pmatrix} r_k \\ r'_k \end{pmatrix} = 0. \tag{5.13b}$$

Die *Eigenwerte* λ der Resonatormatrix M_R lassen sich bestimmen durch Nullsetzen der Determinante der Matrix in Gleichung (5.13b)

$$|M_R - \lambda E| = 0 \text{ mit der Einheitsmatrix } E = \begin{pmatrix} 1 & 0 \\ 0 & 1 \end{pmatrix}. \tag{5.14}$$

Die Bedingung (5.14) ergibt die quadratische Gleichung

$$\lambda^2 - 2(2g_1g_2 - 1)\lambda + 1 = 0 \tag{5.15}$$

mit den Lösungen

$$\lambda_{a,b} = (2g_1g_2 - 1) \pm [(2g_1g_2 - 1)^2 - 1]^{1/2}. \tag{5.16}$$

Die Eigenwerte $\lambda_{a,b}$ sind reell oder komplex

Für $|2g_1g_2 - 1| > 1$

sind $\lambda_{a,b} = \exp(\pm\,\theta)$ reell, $\tag{5.17a}$

wobei $\cosh\theta = 2g_1g_2 - 1$,

und für $|2g_1g_2 - 1| \le 1$ $\tag{5.17b}$

sind $\lambda_{a,b} = \exp(\pm\,i\varphi)$ komplex,

wobei $\cos\varphi = 2g_1g_2 - 1$.

Die Eigenvektoren $\vec{r}_a$ und $\vec{r}_b$ von M_R sind definiert durch die Bedingungen

$$M_R\vec{r}_a = \lambda_a\vec{r}_a \quad \text{und} \quad M_R\vec{r}_b = \lambda_b\vec{r}_b. \tag{5.18}$$

Die beiden Eigenvektoren $\vec{r}_a$ und $\vec{r}_b$ bilden eine Basis [Anton 2005, Kowalsky & Michler 2003, Nef 1977]. Dies bedeutet, dass ein beliebiger Strahlvektor $\vec{r}_1$ als Linearkombination dieser beiden Vektoren dargestellt werden kann

$$\vec{r}_1 = C_a\vec{r}_a + C_b\vec{r}_b. \tag{5.19}$$

Nach einem „round trip" des Strahls im Resonator hat der entsprechende Strahlvektor $\vec{r}_2$ die Form

$$\vec{r}_2 = \lambda_a C_a\vec{r}_a + \lambda_a C_b\vec{r}_b. \tag{5.20}$$

Die Fortpflanzung der Lichtstrahlen im Spiegel-Resonator und in der analogen Lichtleitung werden somit im Wesentlichen bestimmt durch die Eigenwerte $\lambda_{a,b}$. Für eine Vielfachreflexion mit n vollständigen Umgängen des Lichtstrahls im Spiegel-Resonator findet folgende Transformation des ursprünglichen Strahlvektors $\vec{r}_1$ statt

$$\vec{r}_{n+1} = M_R^n\vec{r}_1 = \lambda_a^n C_a\vec{r}_a + \lambda_b^n C_b\vec{r}_b. \tag{5.21}$$

Sofern kein Strahl den Resonator verlässt, ist er *stabil*. Diese Bedingung ist erfüllt für

$$|\lambda_a| = |\lambda_b| = 1, \quad \text{d. h. mit (5.17b)} \quad |2g_1g_2 - 1| \le 1.$$

Daraus ergibt sich das *Stabilitätskriterium* für Spiegel-Resonatoren.

$$\boxed{\begin{array}{ll} \text{optisch stabil}: & 0 \le g_1g_2 \le 1 \\ \text{optisch instabil}: & g_1g_2 < 0 \quad \text{oder} \quad g_1g_2 > 1. \end{array}} \tag{5.22}$$

Für die Stabilität eines Spiegel-Resonators maßgebend sind demnach die beiden Strecken $(SM)_i$; $i = 1, 2$, zwischen den Spiegelmittelpunkten S_i und den entsprechenden Krümmungsmittelpunkten M_i:

- Der Resonator ist *stabil*, wenn die beiden Strecken teilweise überlappen.
- Der Resonator ist *instabil*, wenn die beiden Strecken getrennt sind oder wenn die eine Strecke sich innerhalb der anderen befindet.

Diese *Faustregeln* sind illustriert in Fig. 5.9.

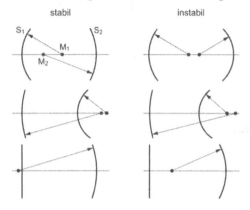

Fig. 5.9   Illustration der Faustregeln betreffend stabile und instabile Spiegel-Resonatoren

Fig. 5.10 präsentiert die *wichtigsten stabilen Resonatoren* und Fig. 5.12 *konfokale instabile Resonatoren*.

1. planar (Fabry-Perot)

$$R_1 = R_2 = \infty$$
$$g_1 = g_2 = 1$$

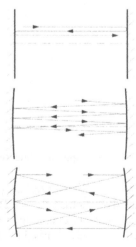

2. schwach konkav

$$R_1 = R_2 = \text{groß}$$
$$g_1 = g_2 \leq 1$$

3. fokal

$$R_1 = R_2 = 2L$$
$$g_1 = g_2 = 1/2$$

4. konfokal

$$R_1 = R_2 = L$$
$$g_1 = g_2 = 0$$

5. fast konzentrisch

$$L/2 < (R_1, R_2) < L$$
$$g_1 = g_2 \approx -1$$

6. sphärisch (konzentrisch)

$$R_1 = R_2 = L/2$$
$$g_1 = g_2 = -1$$

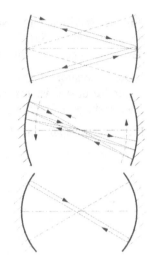

Fig. 5.10   Optisch instabile Resonatoren

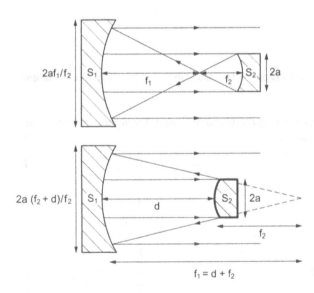

Fig. 5.11   Optisch stabile Resonatoren

Das Stabilitätskriterium (5.22) wird meist dargestellt mit Hilfe des Stabilitätsdiagramms (Fig. 5.12), in dem die stabilen und instabilen Bereiche in der g_1-g_2-Ebene eingetragen sind [Siegman 1986, Svelto 1998, Thyagarajan & Ghatak 1981, Yariv 1991].

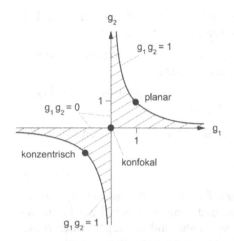

Fig. 5.12
Stabilitätsdiagramm der Spiegel-
Resonatoren

Wegen der relativ geringen Beugungsverluste werden meist optisch stabile Resonatoren verwendet. Optisch instabile Resonatoren kommen da zum Einsatz, wo bei hoher Verstärkung des Lasermediums Probleme der Modenselektion auftreten, z. B. bei den sogenannten 10μm-TEA-CO_2-Lasern (Kap. 12.6.2).

5.3 Prinzipien der skalaren Feldtheorie von Resonatoren

Die wichtigsten *Moden* und ihre *Beugungsverluste* der am häufigsten verwendeten Spiegel-Resonatoren lassen sich in guter Näherung mit *skalaren Feldern*, der Form

$$E(\vec{r},t) = E(\vec{r})e^{i\omega t} \qquad (5.23)$$

unter Berücksichtigung des *Superpositionsprinzips* und des *Prinzips von Huygens* berechnen. Das bei Spiegel-Resonatoren maßgebende Phänomen ist die *Fresnel-Beugung* [Klein & Furtak 1988, Möller 2006].

Das *Superpositionsprinzip* lautet:

„Zwei gleichartige Felder $E_1(\vec{r},t)$ und $E_2(\vec{r},t)$ lassen sich zu einem neuen Feld $E_{1+2}(\vec{r},t)$ addieren"

$$E_1(\vec{r},t) + E_2(\vec{r},t) = E_{1+2}(\vec{r},t) \ . \qquad (5.24)$$

Die entsprechenden Strahlungsintensitäten verhalten sich wie die Betragsquadrate der komplexen Feldamplituden. Dies ist die Grundlage der Interferenz-Erscheinungen in der Optik.

Das *Prinzip von Huygens* erlaubt die Berechnung der Ausbreitung der Felder. Für Wellen im dreidimensionalen Raum postuliert es:

„Eine Welle breitet sich so aus, dass jeder Punkt, den sie erreicht, selbst zum Zentrum einer sich ausbreitenden Kugelwelle wird."

Voraussetzungen für den Ersatz der wirklichen vektoriellen Felder $\vec{E}(\vec{r},t)$ und $\vec{H}(\vec{r},t)$ durch skalare Felder $E(\vec{r},t)$ sind:

a) Der Spiegelabstand L und der Spiegeldurchmesser 2a müssen viel größer sein als die Wellenlänge λ

$$L, a \gg \lambda. \tag{5.25}$$

b) Die wirklichen elektromagnetischen Felder $\vec{E}(\vec{r},t)$ und $\vec{H}(\vec{r},t)$ müssen nahezu senkrecht zur optischen Achse und somit transversal zur Fortpflanzungsrichtung sein. Man beschränkt sich daher auf die sogenannten *transversal elektromagnetischen oder* TEM-*Moden* der Spiegelresonatoren.

c) Die elektromagnetischen Felder $\vec{E}(\vec{r},t)$ und $\vec{H}(\vec{r},t)$ müssen *linear polarisiert* sein.

Ein Maß für den Charakter der Beugungseffekte an Spiegel-Resonatoren ist die *Fresnel-Zahl F* oder *N*

$$F = N = \frac{a^2}{\lambda L}. \tag{5.26}$$

Sie kann wie folgt physikalisch interpretiert werden. Der beugungsbedingte Öffnungswinkel θ eines Lichtstrahls der Wellenlänge λ an einer Blendenöffnung B des Durchmessers $2a$ beträgt [Born 2004; Hecht 2005]

$$\theta \approx \frac{\lambda}{2a}.$$

Somit beträgt entsprechend Fig. 5.13 das Leistungsverhältnis des an einem Spiegel Sp mit dem Durchmesser $2a$ im Abstand L von der Blendenöffnung B reflektierten Lichts zum nicht reflektierten etwa

$$\frac{\pi a^2}{\pi(a + L\theta)^2 - \pi a^2} \approx \frac{a}{2L\theta} = \frac{a^2}{\lambda L} = F.$$

Der Wert der Fresnel-Zahl F bestimmt Beugungs-Typ und -Verlust gemäß folgendem Schema:

F	Beugung	Verlust	
≤ 1	Fraunhofer	groß	(5.27)
≥ 50	Fresnel	klein	

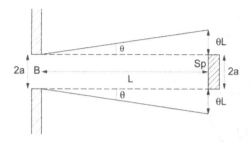

Fig. 5.13
Beugungsbedingte Strahlaufweitung
an einer Blende des Durchmessers $2a$
im Abstand L

Spiegel-Resonatoren mit gleichen Fresnel-Zahlen F haben die gleichen Beugungsverluste unabhängig von a, L und λ.

5.4   Fabry-Perot-Resonator

Als *Fabry-Perot-Resonator* bezeichnet man einen offenen Resonator, bestehend aus zwei sich gegenüber stehenden identischen planparallelen koaxialen Spiegeln gemäß Fig. 5.14. Die Spiegel werden entweder kreisförmig mit dem Radius a oder rechteckig mit den Kantenlängen $2a$ und $2b$ gewählt. Der Spiegelabstand L und die Abmessung a, b sind viel größer als die Wellenlänge λ.

Der Fabry-Perot-Resonator war der *erste gebräuchliche Laserresonator*. Er fand vor allem beim ersten Laser, dem Rubinlaser, Verwendung (vgl. Kap. 15.1). Der Grund dafür war, dass seinerzeit die Wirkungsweise der anderen optischen Resonatoren noch nicht hinreichend bekannt war. Theoretisch hat der Fabry-Perot-Resonator gegenüber anderen Laser-Resonatoren den *Vorteil*, dass der volle Querschnitt des laseraktiven Materials ausgenutzt werden kann. Dafür hat er wesentliche *Nachteile*. So verlangt der Fabry-Perot-Resonator sehr gleichmäßige ebene Spiegel, die außerdem sehr genau parallel sein müssen. Für einen Resonator mit dem Spiegelabstand L = 1 m und dem Intensitäts-Reflexionskoeffizienten R_{sp} = 0.99 der Spiegel müssen die Spiegel auf eine Bogensekunde parallel sein. Dies ist in der Praxis wegen Erschütterungen und thermischen Deformationen der Spiegelhalterung und des Gesamtaufbaus kaum zu erfüllen. Kleinste konvexe Erhebungen auf den Spiegeln lassen die Beugungsverluste im Fabry-Perot-Resonator drastisch ansteigen. Deswegen müssen die Spiegel auf $\lambda/50$ eben sein, was erhebliche Schwierigkeiten bei der Herstellung bereitet. Aus diesen Gründen wurden die Laser sehr bald mit andersartigen Resonatoren ausgerüstet. In theoretischer Hinsicht zeigt der Fabry-Perot-Resonator jedoch Aspekte, welche auch heute für viele Laser-Resonatoren relevant sind.

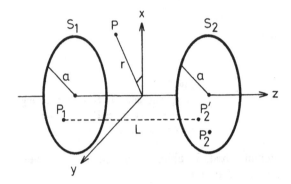

Fig. 5.14 Fabry-Perot-Resonator mit kreisförmigen Spiegeln

Der Vorläufer der für Laser verwendeten Fabry-Perot-Resonatoren ist das am Ende des letzten Jahrhunderts erfundene *Fabry-Perot-Interferometer* [Fabry & Perot 1897–1901], welches in der hochauflösenden Spektrometrie Verwendung findet. In einer speziellen Form entspricht es dem in Fig. 5.14 dargestellten Fabry-Perot-Resonator mit kreisförmigen Spiegeln von unendlichem Radius $a = \infty$. Wegen $L \gg \lambda$ können seine wesentlichen Eigenschaften mit der Theorie skalarer Felder durch Betrachtung von Vielstrahlinterferenz berechnet werden. In der Folge beschränken wir uns auf Eigenschaften, die auch bei den für Laser verwendeten Fabry-Perot-Resonatoren eine Rolle spielen.

Wir betrachten eine *ebene* TEM-*Welle*, welche zwischen den unendlich großen Spiegeln des Fabry-Perot-Interferometers hin- und herläuft. Die hin- und herlaufenden Wellenzüge überlagern sich zu einer *stehenden Welle*. Da auf idealen Spiegeloberflächen die transversalen elektrischen Felder der TEM-Welle null sein müssen, können im Fabry-Perot-Interferometer q Halbwellen auftreten, für die gilt

$$L = q(\lambda/2) \quad \text{mit} \quad q = 1, 2, 3, \dots \tag{5.28}$$

Wegen $L \gg \lambda$ ist q eine große ganze Zahl. Für einen Resonator der Länge $L = 0.5$ m in Luft mit dem Brechungsindex $n = 1$ sowie für eine Wellenlänge $\lambda = 500$ nm gilt $q = 2 \cdot 10^6$. Da im Fabry-Perot-Interferometer mit fester Länge L nur ganz bestimmte Halbwellen mit diskreten Wellenlängen λ_q auftreten können, spricht man von *Resonanzen* und bezeichnet (5.28) als *Resonanzbedingung*. Die den verschiedenen q zugeordneten stehenden Wellen bezeichnet man als *longitudinale Grundmoden* TEM$_{00q}$ und dementsprechend q als *longitudinale Modenzahl*. Die Bedeutung der beiden Nullen im Index wird später erläutert. Ist c' die Phasengeschwindigkeit des Lichts im Medium des Interferometers, so ergeben sich folgende *Resonanzfrequenzen* v_q

$$v_q = q(c'/2L). \tag{5.29}$$

Der *Frequenzabstand* Δv zwischen zwei *benachbarten Grundmoden* $\text{TEM}_{00,q+1}$ und TEM_{00q} ist deshalb

$$\Delta v_{q+1,q} = v_{q+1} - v_q = c'/2L, \tag{5.30}$$

ein Wert der für viele Spiegelresonatoren typisch ist. Mit $L = 0.5$ m findet man für ein Interferometer im Vakuum $\Delta v_{q+1,q} = 6 \cdot 10^8$ Hz.

Beim Durchlaufen eines Interferometers der Länge L erfährt eine TEM_{00q}-Welle die Phasenänderung Φ_q

$$\Phi_q = \pi q = 2\pi L/\lambda_q = k_q L, \tag{5.31}$$

wobei k_q die *Kreiswellenzahl* darstellt. Die Größe $2\pi L/\lambda_q = k_q L$ bezeichnet man auch als *geometrische Phasenänderung*. Sie entspricht der Phasenänderung bei einem Durchlauf durch ein Fabry-Perot-Interferometer der Länge L. Bei Fabry-Perot-Resonatoren mit endlichem Spiegelradius a und anderen Spiegel-Resonatoren ist die geometrische Phasenänderung verschieden von $\Phi_q = \pi q$ wegen Beugungseffekten.

Falls die beiden Spiegel des Fabry-Perot-Interferometers gemäß $a = \infty$ unendlich groß sind, treten keine Beugungsverluste auf. Dies entspricht der unendlich großen Fresnel-Zahl $F = a^2/\lambda L = \infty$ des Fabry-Perot-Interferometers.

Bis jetzt haben wir ideale Spiegel vorausgesetzt, d. h. Intensitäts-Reflexionskoeffizienten $R_{sp} = 1$. Wirkliche Spiegel reflektieren nicht vollständig (vgl. Tab. 5.1). Dementsprechend ist der relative *Intensitätsverlust* $2\bar{\delta}_R$ einer TEM-Welle *bei vollem Umlauf* im Fabry-Perot-Interferometer *bei Reflexion* an den Spiegeln

$$2\bar{\delta}_R = 1 - R_{sp}^2 \simeq 2(1 - R_{sp}) \quad \text{oder} \quad \bar{\delta}_R \simeq 1 - R_{sp}, \tag{5.32}$$

wobei $\bar{\delta}_R$ den relativen *Reflexionsverlust pro Durchgang* gemittelt über einen vollen Umlauf im Fabry-Perot-Interferometer beschreibt.

Sofern die TEM-Welle im Medium des Resonators *schwach absorbiert* wird, existiert ein zusätzlicher relativer Dämpfungsverlust δ_D pro Durchgang

$$\delta_D = 1 - e^{-L\alpha} \simeq L\alpha, \tag{5.33}$$

wobei α die Absorptionskonstante, respektive die Intensitätsabschwächung

Tab. 5.1   Intensitäts-Reflexionskoeffizienten R_{sp} für frisch aufgedampfte Metalle bei senkrechtem Einfall

λ in nm	R_{sp}				Laser
	Al	Ag	Au	Cu	
10 600	0.987	0.995	0,994	0.989	CO_2
3 460	0.981	0.994	0.993	0.986	HBr
1 064	0.956	0.994	0.990	0.986	Nd:YAG
850	0.867	0.992	0.982	0.983	GaAs/GaAlAs
694	0.897	0.989	0.970	0.975	Rubin
632	0.910	0.987	0.965	0.954	He-Ne
514	0.917	0.965	0.572	0.619	Argon
442	0.922	0.947	0.387	0.540	He-Cd
337	0.925	0.633	0.367	0.382	N_2
247	0.920	0.294	0.334	0.374	KrF*

der Welle pro Längeneinheit sowie κ diejenige pro Zeiteinheit gemäß (3.25) darstellt.

Beim Übergang vom Fabry-Perot-Interferometer zum Fabry-Perot-Resonator und anderen Resonatoren müssen noch die relativen *Beugungsverluste* δ_B pro Durchgang berücksichtigt werden. Die Bestimmung von δ_B für die verschiedenen Resonatoren ist eine wesentliche Aufgabe der Resonatortheorie.

Der relative *Gesamtverlust* $\bar{\delta}$ *pro Durchgang* gemittelt über den vollen Umlauf ist die *Summe* aller verschiedenartigen Teilverluste

$$\bar{\delta} = \bar{\delta}_R + \delta_D + \delta_B \qquad (5.34)$$

Der Verlust $\bar{\delta}$ bewirkt eine endliche *Halbwertsbreite* δv einer Resonanz bei der Frequenz v entsprechend

$$\delta v = v/Q = 1/2\pi\tau = (1/2\pi)(c'/L)\bar{\delta} = (c'/2\pi L)\bar{\delta}, \qquad (5.35)$$

wobei Q die *Kreisgüte*, englisch „quality factor" oder „Q factor", der Resonanz bezeichnet, vgl. auch Gleichung (3.27). Vergleicht man den Frequenzabstand $\Delta v_{q+1,q}$ benachbarter Grundmoden (5.30) mit der Halbwertsbreite δv der Resonanz, so findet man

$$\Delta v_{q+1,q}/\delta v = (c'/2L)(2\pi L/c'\bar{\delta}) = \pi/\bar{\delta} = f. \qquad (5.36)$$

In der Theorie der Fabry-Perot-Interferometer bezeichnet man das Verhältnis f als *Finesse*.

Die Feldverteilungen, Resonanzbedingungen und Beugungsverluste der einfachsten Moden von *Fabry-Perot-Resonatoren mit endlich großen kreisförmigen oder rechteckigen Spiegeln* wurden zuerst mit einer digitalen Rechenmaschine aufgrund der skalaren Feldtheorie (vgl. Kap. 5.3), insbesondere mit der Fresnel-Beugung und dem Huygens-Prinzip, approximativ berechnet [Fox & Li 1961]. Im Wesentlichen handelt es sich dabei um die Lösung von linearen homogenen Fredholmschen Integralgleichungen [Smirnow 1991, Smithies 1965]. Kurz danach wurde anhand der strengen Lösung des Problems der Beugung am offenen Ende eines Hohlleiters eine approximative analytische Lösung gefunden [Vainshtein 1962].

Bei den erwähnten Berechnungen am in Fig. 5.14 dargestellten Fabry-Perot-Resonator startet man mit einer axialen TEM-Welle mit einer vorgegebenen Feldverteilung $E_1(P_1)$ auf dem Spiegel S_1 und betrachtet die Feldverteilung $E_2(P_2)$ auf dem Spiegel S_2 nach einem Durchgang der TEM-Welle. Die am Spiegel S_2 reflektierte TEM-Welle erzeugt nach ihrem Rücklauf auf dem Spiegel S_1 die iterierte Feldverteilung $E_1'(P_1)$. Ist die TEM-Welle in Resonanz mit dem Resonator, so bezeichnet man sie als TEM-*Moden*. In diesem Fall erwartet man, dass sich die Feldverteilung $E_1(P_1)$ auf dem Spiegel S_1 nach einem Durchgang der TEM-Welle auf dem Spiegel S_2 reproduziert, abgesehen von Abschwächung und Vorzeichen [Fox & Li 1961]

$$E_2(P_2') = \pm |\gamma|\, E_1(P_1). \tag{5.37}$$

Der Punkt P_2' auf dem Spiegel S_2 wird bestimmt wie in Fig. 5.14 dargestellt. Definiert man mit dem Faktor γ gemäß

$$\gamma = \exp\left[-\left(\delta_B/2 + i\Phi\right)\right] \tag{5.38}$$

mit $\quad \delta_B \simeq 1 - |\gamma|^2 \; \text{für} \; \delta_B \ll 1,$

wobei Φ die *Phasenverschiebung pro Durchgang* und δ_B den relativen *Beugungsverlust pro Durchgang* darstellen, so findet man aus (5.37) die *Resonanzbedingung*

$$\Phi = \Phi_q = \pi q, \tag{5.39}$$

wobei q eine große ganze Zahl entsprechend (5.31) bedeutet. Wegen Beugungseffekten im Fabry-Perot-Resonator mit endlich großen Spiegeln muss die geometrische Phasenverschiebung größer sein als die wirkliche [Fox & Li 1961]

$$2\pi L/\lambda_q > \pi q \quad \text{mit } q \text{ groß, ganz} \tag{5.40}$$

oder $\quad 2\pi L/\lambda_q = \pi q + \Delta\Phi \; \text{mit} \; \Delta\Phi > 0,$

wobei λ_q die *Resonanzwellenlänge* und $\Delta\Phi$ die *Phasendifferenz* zwischen geometrischer und wirklicher Phasenverschiebung darstellt.

Für *Fabry-Perot-Resonatoren mit kreisförmigen Spiegeln* vom Radius $a \neq \infty$ müssen wir zur Beschreibung der Felder Zylinderkoordinaten (r,φ,z) einführen. Die Ebenen der Spiegel S_2 und S_1 sind bestimmt durch $(r,\varphi,z = \pm L/2)$ wobei r und φ beliebig sind. Die *Feldverteilungen* $E_1(P_1)$ der verschiedenen TEM-Moden auf dem Spiegel S_1 lassen sich dann approximativ beschreiben durch [Kleen & Müller 1969, Vainshtein 1962]

$$E_1(P_1) = E_{\ell pq}(r,\varphi,z = -L/2) \tag{5.41}$$

$$\propto \cos(\ell\,\varphi)\, J_\ell \left(\frac{r}{a}\, \frac{u_{\ell,p+1}}{1+(1+\mathrm{i})K/(8\pi F)^{1/2}} \right)$$

mit

$\ell = 0, 1, 2, \ldots;\ p = 0, 1, 2, \ldots;\ q$ ganz, groß;

$K = -\,\zeta(1/2)\,\pi^{-1/2};\ F = a^2/L\lambda;$

$u_{\ell,p+1} = (p + 1)$-te Nullstelle der Bessel-Funktion ℓ-ter Ordnung.

Dabei bedeutet $J_\ell(u)$ die Bessel-Funktion ℓ-ter Ordnung und $\zeta(u)$ die Riemannsche Zetafunktion [Abramowitz & Stegun 1972]. Der imaginäre Anteil des Feldes beruht auf Beugungseffekten. Er verschwindet mit zunehmendem Radius a, weil dann die Fresnel-Zahl F beliebig groß wird.

Bei den TEM$_{\ell pq}$-Moden bezeichnet ℓ die *azimutale* und p die *radiale Modenzahl*. Beide werden auch *transversale* Modenzahlen genannt im Gegensatz zu der *longitudinalen* Modenzahl q. Es ist zu beachten, dass die Feldverteilungen $E_{\ell pq} = E_{\ell p}$ *nicht* von der longitudinalen Modenzahl q abhängen. Fig. 5.15 zeigt die Feldverteilungen $E_{\ell p}$ der einfachsten TEM$_{\ell pq}$-Moden.

Die den Feldverteilungen $E_{\ell pq} = E_{\ell p}$ entsprechenden *Intensitätsverteilungen* $I_{\ell pq} = I_{\ell p}$ sind bestimmt durch die Relation

$$I_{\ell pq} \propto |E_{\ell pq}|^2 . \tag{5.42}$$

Die der Beziehung (5.40) entsprechende *Resonanzbedingung* der Fabry-Perot-Resonatoren mit kreisförmigen Spiegeln vom Radius $a \neq \infty$ ist in guter Näherung [Vainshtain 1962]

$$2L/\lambda_{\ell pq} = (2L/c')\nu_{\ell pq} = q + \pi^{-1}\Delta\Phi_{\ell p}$$

$$= q + \left(\frac{u_{\ell,p+1}}{2\pi\sqrt{F}} \right)^2 \frac{1+\dfrac{2K}{\sqrt{8\pi F}}}{\left[\left(1+\dfrac{K}{\sqrt{8\pi F}} \right)^2 + \dfrac{K^2}{8\pi F} \right]^2} . \tag{5.43}$$

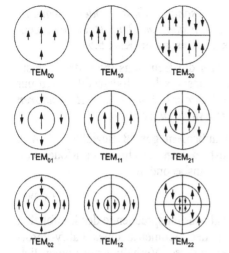

Fig. 5.15
Feldverteilungen $E_{\ell p}$ von TEM$_{\ell pq}$-Moden des Fabry-Perot-Resonators mit kreisförmigen Spiegeln [Fox & Li 1961]

Für *große Fresnel-Zahlen F ≫ 1* gilt demnach

$$2L/\lambda_{\ell pq} = (2L/c')\nu_{\ell pq} \simeq q + \frac{1}{F}\left(\frac{u_{\ell,p+1}}{2\pi}\right)^2.\tag{5.44}$$

Für den *Beugungs-Intensitätsverlust* δ_B pro Durchgang findet man entsprechend [Vainshtain 1962]

$$\delta_{B,\ell pq} = \delta_{B,\ell p} = K\sqrt{2\pi F}\left(\frac{u_{\ell,p+1}}{2\pi F}\right)^2 \frac{1+\dfrac{K}{\sqrt{8\pi F}}}{\left[\left(1+\dfrac{K}{\sqrt{8\pi F}}\right)^2 + \dfrac{K^2}{8\pi F}\right]^2}.\tag{5.45}$$

Auch hier ergibt sich für *große Fresnel-Zahlen F ≫ 1* eine einfache Beziehung

$$\delta_{B,\ell pq} = \delta_{B,\ell p} \simeq F^{-3/2}(u_{\ell,p+1}/2\pi)^2.\tag{5.46}$$

Die beiden Näherungen (5.44) und (5.46) geben wichtige Auskunft über die *Beziehungen zwischen dem Grundmode* TEM$_{00q}$ *und dem nächsthöheren Mode* TEM$_{10q}$. Der *Frequenzabstand* dieser Moden beträgt für $F \gg 1$ im Vergleich zu dem Frequenzabstand der Grundmoden

$$(\nu_{10q} - \nu_{00q})/(\nu_{00,q+1} - \nu_{00q}) \simeq 0.225/F.\tag{5.47}$$

Das bedeutet, dass beim *Fabry-Perot-Resonator diese Moden-Frequenzseparation mit zunehmender Fresnel-Zahl F abnimmt.* Dies steht im Gegensatz zu den Verhältnissen beim konfokalen Resonator (Kap. 5.5).

Aus der Formel (5.45) geht hervor, dass die Beugungs-Intensitätsverluste $\delta_{B,\ell p}$ der TEM$_{\ell pq}$ -Moden mit niederen transversalen Modenzahlen sich nur wenig unterscheiden. Deshalb haben *Laser mit Fabry-Perot-Resonatoren die Neigung, bei kleinsten Störungen den Mode zu wechseln.*

Für große Fresnel-Zahlen $F \gg 1$ gilt außerdem gemäß Beziehung (5.46), dass das Verhältnis der Beugungsverluste δ_B von verschiedenen Moden von der Fresnel-Zahl F nicht beeinflusst wird, insbesondere

$$\delta_{B,10q}/\delta_{B,00q} \simeq 2.53. \tag{5.48}$$

Dieses Verhältnis ist erheblich kleiner als das entsprechende des konfokalen Resonators (Kap. 5.5). Durch Ändern der Geometrie eines Fabry-Perot-Resonators mit hoher Fresnel-Zahl F kann dieses Verhältnis nur unmerklich verändert werden.

Entsprechende Verhältnisse herrschen beim *Fabry-Perot-Interferometer mit endlich großen rechteckigen Spiegeln* der Kantenlängen a und b. Da jedoch die Fabry-Perot-Resonatoren in der heutigen Lasertechnik insgesamt an Bedeutung verloren haben, verweisen wir auf die entsprechenden Referenzen [Fox & Li 1961, Kleen & Müller 1969, Vainshtein 1962].

5.5   Konfokaler Resonator

Der *konfokale Resonator* besteht entsprechend Fig. 5.16 aus zwei sphärischen Hohlspiegeln mit gleichem Krümmungsradius $R_1 = R_2 = L = 2f$. Die Brennpunkte der beiden Spiegel fallen zusammen. Die Moden des konfokalen Resonators werden TEM-Moden genannt, da sie trotz Beugungseffekten in guter Näherung transversale elektromagnetische Wellen darstellen. Ihre Berechnung basiert ebenfalls auf der skalaren Feldtheorie (Kap. 5.3). Der konfokale Resonator wird häufig benutzt, weil er die *geringsten Beugungsverluste* aufweist und am *wenigsten kritisch in der Justierung ist.* Außerdem ist die *transversale Modendiskriminierung* besser als beim planparallelen Resonator. Die vom transversalen Grundmode TEM$_{00}$ abweichenden höheren TEM-Moden haben alle hohe Beugungsverluste und schwingen nur schwer an. Allerdings muss man eine schlechtere Ausnutzung des Laservolumens und damit eine geringere Verstärkung in Kauf nehmen.

Die konfokalen Resonatoren sind in der Praxis meist mit koaxialen kreisförmigen Spiegeln vom Radius a ausgerüstet. In vielen Fällen sorgen jedoch

Brewster-Fenster, schräg gestellte optische Elemente und andere Störfaktoren dafür, dass der Laser in TEM-Moden oszilliert, welche dem konfokalen Resonator mit gleichen koaxialen rechteckigen Spiegeln der Kantenlängen a und b entsprechen. Wir werden daher beide Resonatortypen besprechen. Die TEM_{00q}-*Grundmoden* sind in beiden Fällen gleich. Wegen ihrer besonderen Bedeutung werden wir sie am Schluss dieses Kapitels noch eingehend betrachten.

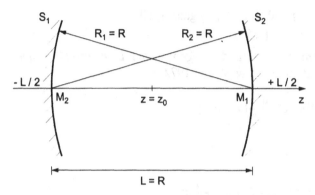

Fig. 5.16   Konfokaler Resonator: Spiegel S_1, S_2, Krümmungsradien $R_i = R$, Krümmungsmittelpunkte M_i, Resonatorlänge $L = R$

Die komplexen skalaren Felder der TEM-Moden der konfokalen Resonatoren können in guter Näherung in analytischer Form dargestellt werden, sowohl für Resonatoren mit rechteckigen Spiegeln [Boyd & Gordon 1961], als auch für solche mit kreisförmigen Spiegeln [Boyd & Kogelnik 1962]. Im Anschluss an die Betrachtungen der Fabry-Perot-Resonatoren mit kreisförmigen Spiegeln im Kap. 5.4 starten wir nun mit der Besprechung der konfokalen Resonatoren mit ebenfalls kreisförmigen Spiegeln.

5.5.1   Konfokale Resonatoren mit kreisförmigen Spiegeln

Zur Beschreibung der Feldverteilung der TEM-Moden auf den Spiegeln sowie im Innern des konfokalen Resonators mit kreisförmigen Spiegeln benutzen wir Zylinderkoordinaten (r, φ, z). Die Mittelpunkte der beiden Spiegel S_1 und S_2, welche den Krümmungsmittelpunkten M_2 und M_1 entsprechen, liegen bei $(0, 0, \pm L/2)$ gemäß Fig. 5.16. Unter dieser Voraussetzung findet man für die skalaren Felder der $TEM_{\ell pq}$-Moden, welche zum Teil auch als $TEM_{p\ell q}$-Moden bezeichnet werden, folgende Darstellung [Boyd & Kogelnik 1962]

$$E_{\ell,\mathrm{pq}}(r,\varphi,z) = E_{\ell,\mathrm{pq}}([R\lambda/2\pi]^{1/2}\,\rho,\varphi,[R/2]Z)$$

$$\propto \cos\ell\varphi\,\frac{(2\rho)^\ell}{(1+Z^2)^{(1+\ell)/2}}L_p^\ell\left(\frac{(2\rho)^2}{1+Z^2}\right)\exp\left\{-\frac{\rho^2}{1+Z^2}\right\} \tag{5.49}$$

$$\cdot\exp -i\left\{\frac{(1+Z)\pi R}{\lambda} + \frac{\rho^2 Z}{1+Z^2} - (\ell+2p+1)\left[\frac{\pi}{2} - \arctan\left(\frac{1-Z}{1+Z}\right)\right]\right\}$$

mit $\ell = 0, 1, 2, \dots;\ p = 0, 1, 2, \dots;\ q$ ganz, groß,

$\rho = (2\pi/R\lambda)^{1/2}\,r;\ Z = (2/R)\,z.$

In dieser Formel bezeichnet $L_\mathrm{p}^\ell(u)$ die *zugeordneten Laguerre-Polynome* [Magnus et al. 1966, Abramowitz & Stegun 1972]

$$L_\mathrm{p}^\ell(u) = (1/\,p!)u^{-\ell}\mathrm{e}^u\,\frac{\mathrm{d}^p}{\mathrm{d}u^p}[u^{p+\ell}\mathrm{e}^{-u}],$$

z. B. $L_0^\ell(u) = 1,$

$L_1^\ell(u) = \ell+1-u,$

$L_2^\ell(u) = \dfrac{1}{2}(\ell+1)(\ell+2) - (\ell+2)u + \dfrac{1}{2}u^2.$

Die den Feldern (5.49) zugeordneten *Intensitätsverteilungen* $I_{\ell \mathrm{pq}}(r,\varphi,z)$ lassen sich mit der Beziehung (5.42) berechnen. Beispiele sind in Fig. 5.17 dargestellt. Die Aufnahmen wurden mit einem Helium-Neon-Laser bei einer Wellenlänge von 1.153 μm gemacht [Röss 1966]. Die mit Asterisks gekennzeichneten Aufnahmen repräsentieren Überlagerungen verschiedener Moden.

Aus Fig. 5.17 geht hervor, dass die *radiale Modenzahl* p die Anzahl Ringe minimaler Intensität, und die *azimutale Modenzahl* ℓ die Anzahl Azimute minimaler Intensität angeben.

Die Phasen der in (5.49) beschriebenen Feldverteilungen führen zu den folgenden *Resonanzbedingungen* für die TEM$_{\ell\mathrm{pq}}$-Moden

$$2L/\lambda_{\ell\mathrm{pq}} = (2L/c')\nu_{\ell\mathrm{pq}} = q + \pi^{-1}\Delta\Phi_{\ell\mathrm{p}} \tag{5.50}$$

$$= q + \frac{1}{2}(\ell+2p+1).$$

Daraus ergibt sich, dass zwei Moden TEM$_{\ell\mathrm{pq}}$ und TEM$_{\ell*\mathrm{p}*\mathrm{q}*}$ die gleiche Resonanzfrequenz aufweisen, wenn

$$\ell+2p+2q = \ell*+2p*+2q*. \tag{5.51}$$

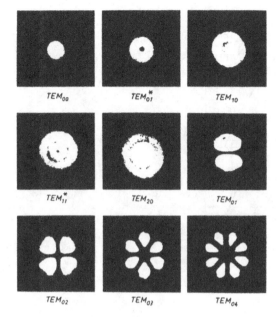

Fig. 5.17 Intensitätsverteilungen von TEM$_{p\ell q}$-Moden eines konfokalen Resonators mit kreisförmigen Spiegeln

Diese *Modenentartung* ist ein erheblicher *Nachteil* des konfokalen Resonators. Zudem ist die *Moden-Separation* unabhängig von der Fresnel-Zahl *F*. Es gilt z. B.

$$\nu_{00,q+1} - \nu_{00q} = \nu_{01q} - \nu_{00q} = 2\,(\nu_{10q} - \nu_{00q}) = (c'/2L). \tag{5.52}$$

Die *Beugungsverluste* δ_B der einfachsten TEM$_{p\ell q}$-Moden des konfokalen Resonators mit runden Spiegeln werden in Fig. 5.18 verglichen mit denjenigen des entsprechenden Fabry-Perot-Resonators [Fox & Li 1961]. Wie zu erwarten, sind für Fresnel-Zahlen *F* > 1 die relativen Beugungs-Intensitätsverluste δ_B des konfokalen Resonators erheblich kleiner als die des Fabry-Perot-Resonators. Dies gilt wegen des radialen exponentiellen Abfalls der Felder des konfokalen Resonators.

Aus Fig. 5.18 kann man folgende Approximationen für die relativen Beugungs-Intensitätsverluste δ_B pro Durchgang in einem konfokalen Resonator mit kreisförmigen Spiegeln der wichtigsten TEM$_{\ell pq}$-Moden für *F* > 1 ablesen

$$\delta_B(\text{TEM})_{00q} \simeq 0.5 \cdot 10^{-3}\,F^{-7.67}, \tag{5.53}$$

$$\delta_B(\text{TEM})_{10q} \simeq \quad 10^{-2}\,F^{-7.67}.$$

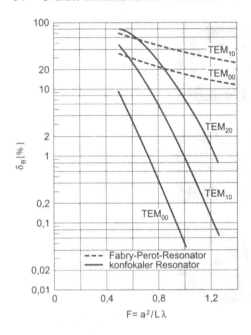

Fig. 5.18 Beugungsverluste δ_B der wichtigsten $TEM_{\ell pq}$-Moden von konfokalem und Fabry-Perot-Resonator als Funktion der Fresnel-Zahl F [Fox & Li 1961, Kleen & Müller 1969]

Daraus lässt sich das Verlustverhältnis zwischen erstem Nebenmode TEM_{10q} und Grundmode TEM_{00q} des konfokalen Resonators mit runden Spiegeln errechnen.

$$\delta_B(TEM_{10q})/\delta_B(TEM_{00q}) \simeq 20 \,. \tag{5.54}$$

Dieses Verhältnis ist etwa 10 mal so groß wie dasjenige des entsprechenden Fabry-Perot-Resonators (5.48), was *für den konfokalen Resonator einen Vorteil* bedeutet.

5.5.2 Konfokale Resonatoren mit rechteckigen Spiegeln

Zur Beschreibung der *Feldverteilungen* der TEM-Moden der konfokalen Resonatoren mit rechteckigen Spiegeln mit den Kantenlängen a und b benutzen wir kartesische Koordinaten (x, y, z). Die Mittelpunkte der Spiegel S_1 und S_2, welche den Krümmungsmittelpunkten M_2 und M_1 entsprechen, befinden sich bei $(0, 0, \pm L/2)$. Die komplexen skalaren Felder $E_{mnq}(x, y, z)$

der TEM$_{mnq}$-Moden der betrachteten Resonatoren lassen sich wie folgt darstellen [Boyd & Gordon 1961]

$$E_{mnq}(x,y,z) = E_{mnq}\left(\sqrt{R\lambda/2\pi}\, X, \sqrt{R\lambda/2\pi}\, Y, [R/2]Z\right)$$

$$\propto \frac{1}{\sqrt{1+Z^2}} H_m\left(X\sqrt{\frac{2}{1+Z^2}}\right) H_n\left(Y\sqrt{\frac{2}{1+Z^2}}\right) \exp\left\{-\frac{X^2+Y^2}{1+Z^2}\right\} \quad (5.55)$$

$$\cdot \exp - i\left\{\frac{(1+Z)\pi\, R}{\lambda} + \frac{(X^2+Y^2)Z}{(1+Z^2)} - (m+n+1)\left[\frac{\pi}{2} - \arctan\left(\frac{1-Z}{1+Z}\right)\right]\right\}$$

mit $m = 0, 1, 2, \ldots$; $n = 0, 1, 2, \ldots$; q ganz, groß;

$X = (2\pi/R\lambda)^{1/2}\, x$; $Y = (2\pi/R\lambda)^{1/2}\, y$; $Z = (2/R)\, z$,

In dieser Formel bezeichnet $H_m(u)$ die *Hermite-Polynome* [Abramowitz & Stegun 1972, Magnus et al. 1966]

$$H_m(u) = (-1)^m \exp(u^2)\, \frac{d^m}{du^m}[\exp(-u^2)],$$

z. B. $H_0(u) = 1$, $H_1(u) = 2u$,

$H_2(u) = 4u^2 - 2$, $H_3(u) = 8u^3 - 12u$.

Die den Feldern (5.55) zugeordneten Intensitätsverteilungen $I_{mnq}(x,y,z)$ lassen sich gemäß der Beziehung (5.42) berechnen. Beispiele sind in Fig. 5.19 dargestellt. Aufnahmetechnik und Umstände entsprechen denjenigen von Fig. 5.17.

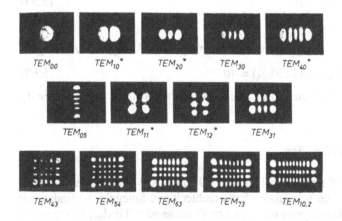

Fig. 5.19 Intensitätsverteilungen von TEM$_{mnq}$-Moden eines konfokalen Resonators mit rechteckigen Spiegeln [Röss 1966]

An Fig. 5.19 erkennt man, dass die *transversalen Modenzahlen* m und n die Anzahl der vertikalen und horizontalen Geraden minimaler Intensität angeben.

Die Phasen der in Gleichung (5.55) angegebenen Felder ergeben folgende *Resonanzbedingungen* für die TEM_{mnq}-Moden

$$2L/\lambda_{mnq} = (2L/c')\, \nu_{mnq} = q + \pi^{-1}\, \Phi_{mn} = q + \frac{1}{2}\,(m + n + 1). \qquad (5.56)$$

Daraus ergibt sich wiederum, dass zwei Moden TEM_{mnq} und $TEM_{m^*n^*q^*}$ dieselbe Resonanzfrequenz aufweisen, wenn

$$m + n + 2q = m^* + n^* + 2q^*. \qquad (5.57)$$

Diese *Modenentartung* existiert also auch für den konfokalen Resonator mit rechteckigen Spiegeln. Ebenso ist die Moden-Separation unabhängig von den Fresnel-Zahlen $F_a = a^2/L\lambda$ und $F_b = b^2/L\lambda$. Wir finden z. B.

$$\nu_{00,q+1} - \nu_{00q} = 2\,(\nu_{10q} - \nu_{00q}) = (c'/2L). \qquad (5.58)$$

Die *Beugungsverluste* des konfokalen Resonators mit rechteckigen Spiegeln sind ebenfalls erheblich niedriger als diejenigen des Fabry-Perot-Resonators. Für einen konfokalen Resonator mit *quadratischen Spiegeln* der Seitenlänge $2a$ ergeben sich für den Grundmode TEM_{00q} und den ersten transversalen Mode TEM_{10q} etwa folgende relativen Beugungs-Intensitätsverluste δ_B pro Durchgang für große Fresnel-Zahlen $F = a^2/L\lambda > 10$ [Boyd & Gordon 1961]

$$\delta_B(TEM_{00q}) \simeq 10^{-4} \quad \cdot F^{-13.3}, \qquad (5.59)$$

$$\delta_B(TEM_{10q}) \simeq 4 \cdot 10^{-3} \cdot F^{-13.3}.$$

Das Verhältnis der Beugungsverluste ist entsprechend obigen Beziehungen

$$\delta_B(TEM_{10q})/\delta_B(TEM_{00q}) \simeq 40. \qquad (5.60)$$

Dies ist in den meisten Fällen auch erheblich günstiger als beim Fabry-Perot-Resonator.

5.5.3   Die Grundmoden

Vergleichen wir die skalaren Felder (5.49) und (5.55) der Moden von konfokalen Resonatoren mit runden bzw. rechteckigen Spiegeln, so finden wir, dass beide Resonatortypen die *gleichen Grundmoden* TEM_{00q} besitzen. Sie sind charakterisiert durch ein besonders einfaches Feld. Die transversale Feldverteilung $E_{00q}(r, \varphi, z = const)$ entspricht einer *Gauß-Funktion*. Der

Strahlverlauf und die Phasenflächen des Grundmodes TEM_{00q} eines konfokalen Resonators sind in Fig. 5.20 dargestellt [Weber & Herziger 1972]. Die Abstände auf der z-Achse sind normiert durch $Z = 2z/R$, wobei $R = L$ Krümmungsradien und Länge des konfokalen Resonators darstellen. Die beiden sphärischen Resonatorspiegel liegen bei $Z = \pm 1$.

Die *Fleckgröße* $W(z)$ eines Grundmodes TEM_{00q} des konfokalen Resonators ist definiert als der Abstand $r=W(z)$ vom entsprechenden Punkt auf der Achse, bei dem das Feld $E_{00q}(r, \varphi, z) = E_{00q}(r, z)$ des Grundmodes auf den 1/e-ten Wert des Feldes $E_{00q}(0, z)$ auf dem Achsenpunkt bei z abgesunken ist, d. h.

$$|E_{00q}(W(z), z)| = (1/e) \, |E_{00q}(0,z)|. \tag{5.61}$$

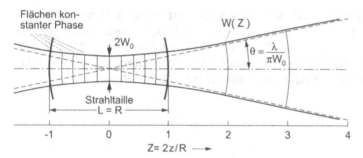

Fig. 5.20 TEM_{00q}-Mode des konfokalen Resonators. Eingezeichnet sind Phasenflächen, Fleckgröße $W(z)$ und Öffnungswinkel 2θ

Mit Hilfe von (5.49) erhalten wir

$$W(z) = W_0 \left\{ 1 + (2z/R)^2 \right\}^{1/2}$$

mit $\quad W(0) = W_0 = (\lambda R/2\pi)^{1/2} \, , \tag{5.62}$

und $\quad W(\pm L/2) = W(\pm R/2) = W_{sp} = 2^{1/2} \, W_0 \, .$

W_0 entspricht dem *Radius der Strahltaille*, W_{sp} ist die *Fleckgröße* auf den beiden Spiegeln.

Das Verhalten des Grundmoden *im Fernfeld*, d. h. in Abständen $|z|$, welche ein Vielfaches der Resonatorlänge L betragen, wird durch den *Öffnungswinkel* 2θ des Strahls beschrieben. Dieser Winkel ist definiert durch

$$\theta = \lim_{z \to \infty} W(z)/z = (2\lambda/\pi L)^{1/2} = \lambda/\pi W_0 \, . \tag{5.63}$$

Für die halben Öffnungswinkel θ_{0p} der kreissymmetrischen TEM_{0pq}-Moden des konfokalen Resonators mit kreisförmigen Spiegeln gilt [nach Kleen & Müller 1969]

$$\theta_{0p} \simeq [1 + 2p]^{1/2} \, \theta_0 \, ,$$

wobei θ_0 den halben Öffnungswinkel der TEM_{00q}-Moden darstellt.

Die *Phasenflächen* der Grundmoden TEM_{00q} definiert durch $\Phi_{00q} = $ konst bilden annähernd Kugelflächen, wie in Fig. 5.20 dargestellt. Der *Krümmungsradius* $R(z)$ der Phasenfläche, welche die Resonatorachse im Punkt z schneidet, ist gegeben durch [Kleen & Müller 1969]

$$R(z) = z \{ 1 + (R/2z)^2 \} \qquad (5.64)$$

$$= z \{ 1 + (\pi W_0^2/\lambda z)^2 \} \, .$$

Der Krümmungsradius R als Funktion von z ist in Fig. 5.21 aufgezeichnet. Die Phasenfläche bei der Strahltaille $z = 0$ bildet wegen $R(0) = \infty$ eine Ebene. Die *Spiegel des konfokalen Resonators* sind bei $z = \pm L/2 = \pm R/2$ im Gegensatz zu den Spiegeln des Fabry-Perot-Resonators *selbst Phasenflächen* mit minimalen Krümmungsradien $R \, (z = \pm R/2) = R$.

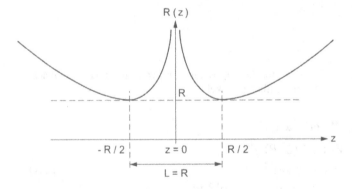

Fig. 5.21 Krümmungsradien $R(z)$ der Phasenflächen der Grundmoden des konfokalen Resonators als Funktion der Schnittpunkte z der Phasenflächen mit den Achsen. Die Spiegel des konfokalen Resonators liegen bei $z = \pm L/2 = \pm R/2$.

5.6   Allgemeine stabile Resonatoren mit sphärischen Spiegeln

Für *stabile* Resonatoren mit beliebigen sphärischen Spiegeln existiert im Rahmen der Theorie skalarer Felder keine exakte Lösung [Boyd & Kogelnik 1962, Kleen & Müller 1969]. Da jedoch die Phasenflächen des konfokalen Resonators gemäß (5.64) annähernd Kugelflächen darstellen, kann jeder Resonator mit sphärischen Spiegeln in die *Phasenflächen des konfokalen Resonators eingebettet* werden (vgl. Fig. 5.22).

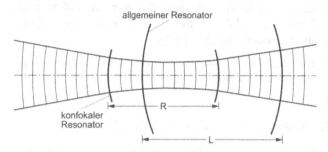

Fig. 5.22 Einbettung des allgemeinen Resonators in die Phasenflächen des konfokalen Resonators

Zur *Bestimmung dieser Einbettung* gehen wir von der Länge L und den Krümmungsradien R_i, $i = 1, 2$ der Spiegel des allgemeinen Resonators aus. Wir müssen nun den Krümmungsradius R des dazugehörigen konfokalen Resonators sowie die Positionen z_i, $i = 1, 2$, der den Spiegeln des allgemeinen Resonators entsprechenden Phasenflächen des konfokalen Resonators berechnen (Fig. 5.23). Diese Größen sind durch folgende drei Gleichungen verknüpft

$$z_2 = L + z_1 \,, \tag{5.65}$$
$$R_i = z_i \{ 1 + (R/2z_i)^2 \} \quad \text{mit } i = 1, 2 \,.$$

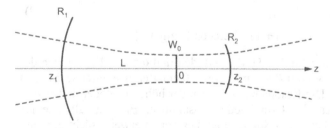

Fig. 5.23 Einbettungsparameter

Die Lösung dieser drei Gleichungen ergibt

$$R^2 = L^2 \, 4g_1g_2 \, (1 - g_1g_2)/(g_1 + g_2 - 2g_1g_2)^2 \,,$$
$$z_1 = -L \, g_2 \, (1 - g_1)/(g_1 + g_2 - 2g_1g_2) \,, \tag{5.66}$$
$$z_2 = L \, g_1 \, (1 - g_2)/(g_1 + g_2 - 2g_1g_2) \,,$$

wobei für stabile Resonatoren gemäß (5.11) und (5.22) gilt

$$0 \leq g_1 g_2 \leq 1 \text{ mit } g_i = 1 - (L/R_i), \ i = 1, 2.$$

Das Stabilitätskriterium (5.22) kann auch gefunden werden, indem man berücksichtigt, dass R eine reelle Zahl ist. Somit muss in der obigen Gleichung (5.66) $R^2 \geq 0$ sein, woraus sofort (5.22) folgt.

Die *Strahltaille* der Grundmoden TEM$_{00q}$ des allgemeinen Resonators liegt bei $z = 0$ (Fig. 5.23) und hat den Radius

$$W_0 = (R\lambda/2\pi)^{1/2} \tag{5.67}$$
$$= (L\lambda/\pi)^{1/2} \, [g_1 g_2 \, (1 - g_1 g_2)]^{1/4} / [g_1 + g_2 - 2g_1 g_2]^{1/2} \, .$$

Der Öffnungswinkel 2θ der Grundmoden TEM$_{00q}$ (5.63) ist bestimmt durch

$$\theta = \lambda/\pi W_0 = (2\lambda/\pi R)^{1/2} \tag{5.68}$$
$$= (\lambda/\pi L)^{1/2} \, [g_1 + g_2 - 2g_1 g_2]^{1/2} / [g_1 g_2 \, (1 - g_1 g_2)]^{1/4} \, .$$

Die *Resonanzbedingungen* der allgemeinen stabilen Resonatoren mit sphärischen Spiegeln lauten

für die TEM$_{\ell pq}$-Moden der kreisförmigen Spiegel

$$2L / \lambda_{\ell pq} = (2L / c') \nu_{\ell pq} \tag{5.69}$$
$$= q + (\ell + 2p + 1)\pi^{-1} \arccos\{(g_1 g_2)^{1/2}\}$$

und für die TEM$_{mnq}$-Moden der rechteckigen Spiegel

$$2L / \lambda_{mnq} = (2L/c') \, \nu_{mnq} \tag{5.70}$$
$$= q + (m + n + 1) \, \pi^{-1} \arccos \{ (g_1 g_2)^{1/2} \} \, .$$

Wie bereits erwähnt, sind die TEM$_{\ell pq}$-Moden und die TEM$_{mnq}$-Moden des konfokalen Resonators mit $R = L$ und $g_1 g_2 = 0$ entartet, wie durch (5.51) und (5.57) beschrieben. Die Resonanzfrequenzen der höheren Moden fallen zum Teil mit denjenigen der Grundmoden zusammen. Bei den allgemeinen Resonatoren mit sphärischen Spiegeln ist dies normalerweise nicht der Fall. Sie zeigen *praktisch keine Entartung der höheren transversalen Moden mit den Grundmoden*. Hier überlagern sich die transversalen Moden als äquidistante Satelliten der linearen Skala der Grundmoden gemäß Fig. 5.24.

Die *Moden-Separation* der longitudinalen Grundmoden TEM$_{00q}$ beträgt wie zuvor

$$\nu_{00,q+1} - \nu_{00q} = c'/(2L), \tag{5.71}$$

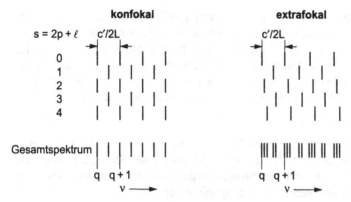

Fig. 5.24 Frequenzspektren der TEM$_{\ell pq}$-Moden der konfokalen Resonatoren mit Entartung und der extrafokalen allgemeinen Resonatoren ohne Entartung

und diejenige des ersten Nebenmode TEM$_{10q}$ vom entsprechenden Grundmode

$$\nu_{10q} - \nu_{00q} = (c'/2L)\, \pi^{-1} \arccos (g_1 g_2)^{1/2} .\qquad (5.72)$$

Beim allgemeinen Resonator ist der Nebenmode TEM$_{10q}$ nicht mit dem Grundmode TEM$_{00,q+1}$ entartet.

Die *Beugungsverluste* δ_B der Moden von *symmetrischen allgemeinen Resonatoren* mit gleichen sphärischen Spiegeln mit Durchmesser $2a$ und Krümmungsradien $R_1 = R_2 = R_s \neq L$ können durch Einführung einer *äquivalenten Fresnel-Zahl* F_0 aus den Beugungsverlusten des konfokalen Resonators ermittelt werden [Kleen & Müller 1969]. Diese äquivalente Fresnel-Zahl F_0 berechnet sich aus folgender Beziehung

$$F_0 = \{\, 1 - g_s{}^2 \}^{1/2}\, F_s = \{2(L/R_S) - (L/R_S)^2\}^{1/2}\, (a^2/L\lambda),\qquad (5.73)$$

wobei F_s die eigentliche Fresnel-Zahl des symmetrischen allgemeinen Resonators darstellt. Die Beugungsverluste δ_B des symmetrischen allgemeinen Resonators sind diejenigen des entsprechenden konfokalen Resonators mit der äquivalenten Fresnel-Zahl F_0. Die Beugungsverluste δ_B der wichtigsten Moden des konfokalen Resonators sind berechnet und tabelliert.

5.7   Strahlqualitätsfaktor M^2

In der Praxis weicht das Laserstrahlprofil oft vom Idealfall des Grundmodes TEM$_{00}$ des Gaußstrahles, der die kleinste Divergenz aufweist, ab. Die Ursache ist meist das Anschwingen höherer transversaler Moden. Zur allgemeinen Charakterisierung von Laserstrahlprofilen wird heute meist die Maßzahl M^2 verwendet. Sie beschreibt die Divergenz oder auch den Taillenradius des Strahles im Vergleich zu den entsprechenden Parametern des TEM_{00}-Modes. So sind sowohl der Taillenradius W_0 als auch der Divergenzwinkel θ eines realen Laserstrahles um den Faktor M gegenüber dem Grundmode vergrößert. Man erhält somit für das *Strahlparameterprodukt*:

$$\theta W_0 = M^2 \, \lambda / \pi. \tag{5.74}$$

Die minimale Beugungsmaßzahl $M^2 = 1$ trifft nur für den idealen TEM_{00}-Mode zu, ansonsten ist $M^2 > 1$. Der M^2-Faktor eines Strahles limitiert die Fokussierung bei vorgegebener Strahldivergenz und damit auch die maximal erreichbare Leistungsdichte im Brennpunkt einer Linse.

Für radial nicht-symmetrische Strahlen, wie z. B. für die Strahlung eines Diodenlasers oder eines Diodenlaserbarrens, kann der Faktor M^2 für die beiden orthogonal zueinander und orthogonal zur Emissionsrichtung stehenden Richtungen in zwei unabhängige Faktoren M_x^2 und M_y^2 aufgeteilt werden.

Aufgrund seiner Definition (5.74) kann der Faktor M^2, auch *Strahlfortpflanzungsfaktor* genannt, durch die Messung der Strahlradiusentwicklung entlang der Fortpflanzungsachse, d. h. durch Ausmessen der sogenannten Strahlkaustik, bestimmt werden gemäß

$$M^2 = \theta W_0 \, \lambda / \pi. \tag{5.75}$$

Es soll noch erwähnt werden, dass sich die Qualität eines Laserstrahles nicht durch eine einzige Zahl M^2 vollständig quantifizieren lässt, sondern dass auch noch andere Parameter – je nach Anwendung – für eine geeignete Charakterisierung wichtig sein können. Immerhin lässt M^2 eine erste Beurteilung zu und ist deshalb weit verbreitet. Von Laseranbietern wird M^2 oft auch direkt mit den sonstigen Laserdaten aufgeführt. Als typische Beispiele seien $M^2 \leq 1.1$ für einen Faserlaser, $M^2 < 1.25$ für einen CO_2-Laser oder auch $M^2 = 1$, d. h. TEM_{00}-Mode, für einen HeNe-Laser genannt.

Referenzen zu Kapitel 5

Abramowitz, M.; Stegun I. A. (1972): Handbook of Mathematical Functions. 10th printing. John Wiley, N. Y.

Anton, H. (2005): Elementary Linear Algebra. 9th ed. John Wiley, N. Y.

Born, M. (2004): Optik: Ein Lehrbuch der Elektromagnetischen Lichttheorie, 4. Aufl. Springer, Berlin

Born, M.; Wolf, E. (1999): Principles of Optics, 7th rev. ed. Pergamon Press, Oxford

Boyd, G. D.; Gordon, J. P. (1961): Bell Syst. Techn. J. **40**, 489

Boyd, G. D.; Kogelnik, H. (1962): Bell Syst. Techn. J. **41**, 1347

Fabry, Ch.; Perot. A. (1897–1901): Ann. Chim. et Phys. (7) **12**, 459; **16**, 119; **22**, 564

Fox, A. G.; Li, T. (1961): Bell Syst. Techn. J. **40**, 453

Hecht, E. (2005): Optik, 4. Aufl. Oldenbourg, München

Kleen, W.; Müller, R. (1969): Laser. Springer, Berlin

Klein, M. V.; Furtak T. E. (1988): Optik. Springer, Berlin

Kneubühl, F. K. (1994): Repetitorium der Physik, 5. Aufl. Teubner, Stuttgart

Kowalsky, H.-J.; Michler, G. O. (2003): Lineare Algebra, 12. Aufl. de Gruyter, Berlin

Magnus, W.; Oberhettinger, F.; Soni, R. P. (1966): Formulas and Theorems for the Special Functions of Mathematical Physics, 3rd ed. Springer, N. Y.

Möller. K. D. (2006): Optics, 2nd ed. Springer, N. Y.

Nef, W. (1977): Lehrbuch der Linearen Algebra. Birkhäuser, Basel

Röss, D. (1966): Laser-Lichtverstärker und Oszillatoren. Akadem. Verlagsges., Frankfurt

Siegman, A. E. (1986): Lasers. Univ. Press, Oxford

Smirnow, W. I. (1991): Lehrgang der höheren Mathematik, 11. Aufl. Hochschulbücher für Mathematik, Berlin

Smithies, F. (1965): Integral Equations, 2nd ed. Univ. Press, Cambridge, UK

Svelto, O. (1998): Principles of Lasers, 4th ed. Plenum Press, N. Y.

Thyagarajan, K.; Ghatak, A. K. (1981): Lasers, Theory and Applications. Plenum Press, N. Y.

Vainshtein, L. A. (1962): Sov. Phys. JETP **17**, 709

Weber, H.; Herziger, G. (1972): Laser-Grundlagen und Anwendungen. Physik-Verlag, Nürnberg

Yariv, A. (1991): Optical Electronics. 4th ed. Saunders, Philadelphia

6 Wellenleiter

Konventionelle optische Laser-Resonatoren (Kap. 5), wie z. B. Fabry-Perot-Resonatoren oder Resonatoren mit sphärischen Spiegeln, zeigen *enorme Beugungsverluste für kleine Fresnel-Zahlen F*, d. h. für

$$F = a^2/L\lambda \le 1. \tag{6.1}$$

Hier bedeutet λ die Wellenlänge der Laserstrahlung, L die Länge des Resonators sowie $2a$ der Durchmesser der Spiegel. Für verschiedene Gas-, Farbstoff- und Halbleiterlaser können derart kleine Fresnel-Zahlen wegen restriktiver physikalischer und technischer Randbedingungen oft nicht vermieden werden. Für konventionelle optische Resonatoren bedingt dies nicht tolerierbare Beugungsverluste. Der Ausweg aus diesem Dilemma sind die *Laser-Wellenleiter*.

Vor der Entdeckung der Laser wurden Wellenleiter praktisch *nur in der Mikrowellentechnik* verwendet [Borgnis & Papas 1958]. Im infraroten und optischen Spektralbereich beschränkte man sich damals auf die rudimentäre Kanalisierung elektromagnetischer Strahlung in Lichtleitern, engl. „light pipes" [Kneubühl & Affolter 1979]. Erst nach der Entwicklung der Gas-, Halbleiter- und Farbstofflaser wurde es notwendig und möglich, eigentliche Wellenleiter auch in diesen Spektralbereichen einzusetzen.

Der Einsatz von *hohlen Wellenleitern in Gaslasern* [Degnan 1976, Kneubühl 1977, Kneubühl & Affolter 1979, Yamanaka 1977] wurde vorerst für den optischen Spektralbereich vorgeschlagen [Marcatili & Schmeltzer 1964]. Bei dieser Gelegenheit wurden die Moden von dielektrischen Hohlleitern sowie deren Verluste approximativ berechnet. Experimentell nachgewiesen wurde jedoch eigentliche Wellenleitung in einem dielektrischen Rohr erstmals mit einem Submillimeterwellen-Laser bei Wellenlängen von 0.337 mm und 0.774 mm [Schwaller et al. 1967]. An diesem Laser wurde demonstriert, dass die experimentell bestimmten Resonanzbedingungen und Verluste der Laser-Moden nicht mit der Theorie der konventionellen Spiegel-Resonatoren [Bergstein & Schachter 1964] übereinstimmen. Darauf wurden die *Wellenleiter-Moden* nochmals berechnet und anschließend experimentell überprüft [Steffen & Kneubühl 1968]. Das Ergebnis stimmte mit früheren Berechnungen überein [Marcatili & Schmeltzer 1964]. Im optischen Spektralbereich wurde ein hohler Wellenleiter erstmals bei einem He-Ne-Laser mit Erfolg verwendet [Smith 1971].

Charakteristisch für die hohlen Wellenleiter der Gaslaser ist das relativ große Verhältnis von 10 bis 50 zwischen Wellenleiter-Innendurchmesser $2a$ und Wellenlänge λ. Man bezeichnet sie daher als *überdimensioniert*, englisch „oversized". Im Gegensatz dazu stehen die Hohlleiter der Mikrowellentechnik, bei denen dieses Verhältnis in den meisten Fällen von der Größenordnung Eins ist.

Wellenleiter-Festkörperlaser, wie z. B. „heterostructure junction" Laser und optisch gepumpte Dünnfilm-Laser, spielen eine wichtige Rolle in der *integrierten Optik*. Die Wellenleiter dieser Laser bestehen aus *dünnen Schichten oder Fasern*, welche einen *höheren Brechungsindex als ihre Umgebung* aufweisen. In diesem Fall bewirkt die *Totalreflexion* der Strahlung an diesen inneren Grenzflächen den Wellenleiter-Effekt. Wegen ihrer Bedeutung wurden die Wellenleiter-Festkörperlaser vielfach beschrieben [Chang et al. 1974, Kogelnik 1975, Panish 1975, Tamir 1975, Taylor & Yariv 1974].

Bei *Farbstofflasern* werden *dünne Kapillaren*, welche mit flüssigen Lösungen des Laser-Farbstoffs gefüllt sind, als Wellenleiter eingesetzt [Wang 1974, Zeidler 1971]. Dabei wird das Material der Kapillaren so gewählt, dass es einen niedrigeren Brechungsindex als die Farbstoff-Füllung aufweist. Auch hier bewirkt die Totalreflexion den Wellenleiter-Effekt. Der Farbstoff in den Kapillaren wird entweder mit einem Laser [Wang 1974, Zeidler 1971] oder mit einer Blitzlicht-Lampe gepumpt [Burlamacchi et al. 1974].

Unter den für die Laser verwendeten Wellenleitern dominieren diejenigen aus dielektrischen Materialien [Marcuse 1991]. Metall-Hohlleiter werden selten eingesetzt [Affolter & Kneubühl 1981, Preiswerk et al. 1984].

6.1 Mikrowellen-Hohlleiter

Elektromagnetische Wellen mit Wellenlängen λ zwischen 1 mm und 30 cm bezeichnet man als *Mikrowellen*. Sie entsprechen Frequenzen ν zwischen 300 GHz und 1 GHz. In der Mikrowellentechnik werden vor allem Wellenleiter in den verschiedensten Formen eingesetzt. Es handelt sich dabei meist um *metallische Hohlleiter* [Atwater 1962, Baden-Fuller 1990, Borgnis & Papas 1958, Marcuvitz 1993, Ramo et al. 1994, Stratton 1941]. Ihre Theorie bildet eine Grundlage für die Laser-Wellenleiter. Die *Berechnung der Wellenfortpflanzung in Mikrowellen-Hohlleitern* basiert auf den *Maxwell-Gleichungen*, d. h. auf der *Theorie der vektoriellen elektromagnetischen Felder*. Weder die geometrische Optik noch die Theorie skalarer Felder, welche zur Berechnung der Spiegel-Resonatoren dienen (Kap. 5), genügen zum Studium der Mikrowellen-Hohlleiter.

6.1.1 Ideale Hohlleiter

Der übliche Mikrowellen-Wellenleiter ist ein *zylindrisches Metallrohr* mit einem Innendurchmesser d = $2a$ von der Größenordnung der Wellenlänge λ (Fig. 6.1). Der Einfachheit halber nehmen wir an, dass

a) die Metallwände *ideale elektrische Leiter* mit einer unendlichen Leitfähigkeit $\sigma = \infty$ sind, und

b) das Innere des Rohres *evakuiert ist*.

Die Voraussetzungen a) und b) bedingen *verlustlose Fortpflanzung* der Mikrowellen im zylindrischen Metallrohr.

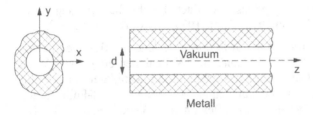

Fig. 6.1   Mikrowellen-Hohlleiter

Unter der Voraussetzung b), dass der Mikrowellen-Hohlleiter *evakuiert* ist, können wir für die elektromagnetischen Kenngrößen der Felder in seinem Inneren schreiben

$$\vec{D} = \varepsilon_0 \vec{E}; \qquad \vec{B} = \mu_0 \vec{H}; \qquad \vec{j} = \vec{0}; \qquad \rho_{e\ell} = 0. \tag{6.2}$$

$\vec{E}$ ist das elektrische Feld, $\vec{D}$ die dielektrische Verschiebung, $\vec{H}$ das magnetische Feld, $\vec{B}$ die magnetische Induktion, $\vec{j}$ die Stromdichte und $\rho_{e\ell}$ die elektrische Ladungsdichte. ε_0 und μ_0 beschreiben die elektrische bzw. magnetische Feldkonstante. Die entsprechenden *Maxwell-Gleichungen* (1.1) und (1.2) sowie die *Wellengleichungen des Vakuums* (1.3) wurden bereits im Kap. 1.1 erläutert.

Die Wellenfortpflanzung in Mikrowellen-Hohlleitern kann aus diesen Gleichungen direkt berechnet werden. Besser ist jedoch der Umweg über die Hertzschen Vektoren $\vec{\Pi}$ und $\vec{\Pi}^*$ [Borgnis & Papas 1958]. Der *elektrische Hertz-Vektor* $\vec{\Pi}$ und der *magnetische Hertz-Vektor* $\vec{\Pi}^*$ sind definiert durch die Beziehungen

$$\vec{E} = \text{rot rot } \vec{\Pi}; \qquad \vec{H} = \varepsilon_0 \text{rot } \dot{\vec{\Pi}}, \quad \text{und} \tag{6.3}$$

$$\vec{E} = -\mu_0 \text{rot} \dot{\vec{\Pi}}^*; \qquad \vec{H} = \text{rot rot } \vec{\Pi}^*.$$

In den obigen sowie in den folgenden Gleichungen ist die zeitliche Ableitung, wie in der Physik üblich, durch einen Punkt gekennzeichnet.

Die Hertz-Vektoren $\vec{\Pi}$ und $\vec{\Pi}^*$ sind durch die Gleichungen (6.3) *nicht eindeutig* bestimmt. Für beliebige differenzierbare Funktionen $U(\vec{r},t)$ und $V(\vec{r},t)$ ergeben $\vec{\Pi}$ und $\vec{\Pi}^*$ die gleichen Felder $\vec{E}$ und $\vec{H}$ wie $(\vec{\Pi} + \text{grad } U)$ und $(\vec{\Pi}^* + \text{grad } V)$. Beide Hertz-Vektoren $\vec{\Pi}$ und $\vec{\Pi}^*$ erfüllen die *Hertz-Wellengleichung* des Vakuums

$$\ddot{\vec{\Pi}} = c^2 \Delta \vec{\Pi} \quad \text{und} \quad \ddot{\vec{\Pi}}^* = c^2 \Delta \vec{\Pi}^*. \tag{6.4}$$

Dies lässt sich anhand der Maxwell-Gleichungen (1.1) und (1.2) sowie den charakteristischen Funktionen (6.2) des Vakuums beweisen. Als Beispiel dient der *Beweis für* $\vec{\Pi}$

$$0 = \text{rot}\,\vec{E} + \mu_0\dot{\vec{H}} = \text{rot rot rot}\,\vec{\Pi} + \mu_0\varepsilon_0\,\text{rot}\,\ddot{\vec{\Pi}}$$

$$= \text{rot}\{\text{grad div}\,\vec{\Pi} - \Delta\vec{\Pi} + c^{-2}\ddot{\vec{\Pi}}\}$$

$$= \text{rot}\{c^{-2}\ddot{\vec{\Pi}} - \Delta\vec{\Pi}\}$$

Somit ist $\vec{\Pi}$ bestimmt bis auf einen Gradienten in der Form $(\vec{\Pi} + \text{grad}\,U)$.

In *Mikrowellen-Hohlleitern* bewegen sich elektromagnetische Wellen längs der Achse in der z-Richtung. Somit entsprechen die Hertz-Vektoren *longitudinalen Wellen in der Achsenrichtung z*

$$\vec{\Pi} = \Phi(x,y)\exp\{i(\omega t - \beta z)\}\vec{e}_z, \tag{6.5}$$

$$\vec{\Pi}^* = \Psi(x,y)\exp\{i(\omega t - \beta z)\}\vec{e}_z.$$

Dabei kennzeichnet ω die *Kreisfrequenz* und β die *Fortpflanzungskonstante*. Die skalaren Felder Φ und Ψ erfüllen folgende *Differentialgleichungen* und *Randbedingungen auf der Innenwand* des Mikrowellen-Hohlleiters

$$\Delta\Phi(x,y) + (\beta_c)^2\,\Phi(x,y) = 0; \quad \Phi(x,y) = 0 \qquad \text{auf Innenwand;}$$

$$\tag{6.6}$$

$$\Delta\Psi(x,y) + (\beta_c^*)^2\,\Psi(x,y) = 0; \quad \frac{\delta}{\delta n}\Psi(x,y) = 0 \quad \text{auf Innenwand;}$$

wobei $\delta/\delta n$ die Differentiation in der Richtung senkrecht zur Innenwand bedeutet. $(\beta_c)^2$ und $(\beta_c^*)^2$ entsprechen $(\omega/c)^2 - \beta^2$.

Die Randbedingungen der Differentialgleichungen (6.6) bestimmen deren Lösungen in Form von *Eigenwerten* für die „*cut-off*"-*Fortpflanzungskonstanten* β_c und β_c^* sowie den entsprechenden *Eigenfunktionen* Φ und Ψ, welche die Feldverteilungen der *Wellenmoden* des Mikrowellen-Hohlleiters bestimmen. Man unterscheidet *zwei Typen* von Wellenmoden. Die *transversal magnetischen* TM- *oder elektrischen E-Moden* sowie die *transversal elektrischen* TE- *oder magnetischen H-Moden*. Diese Bezeichnungen ergeben sich aus den Feldkomponenten der Moden

TM(E)-Moden:

$$E_z = \beta_c^2\,\Phi\exp i(\omega t - \beta z),$$
$$\vec{E}_t = -i\beta\,\text{grad}\,\Phi\exp i(\omega t - \beta z),$$
$$H_z = 0,$$
$$\vec{H}_t = -Z^{-1}[\vec{e}_z \times \vec{E}_t],$$

TE(H)-Moden:

$$E_z = 0,$$
$$\vec{E}_t = -Z[\vec{e}_z \times \vec{H}_t],$$
$$H_z = \beta_c^{*2}\Psi\exp i(\omega t - \beta z),$$
$$\vec{H}_t = -i\beta\,\text{grad}\,\Psi\exp i(\omega t - \beta z),$$

$$\tag{6.7}$$

mit der Wellenimpedanz

$$Z = \beta / \varepsilon_0 \omega.$$

Diese Darstellung der Felder demonstriert, dass die Wellen in Hohlleitern weder mit Strahlenoptik noch mit skalarer Feldtheorie gedeutet werden können.

Die „cut-off"-Fortpflanzungskonstanten β_c und β_c^* bestimmen die *Dispersionsrelation* der Wellenmoden des Hohlleiters, d. h. die Abhängigkeit der Fortpflanzungskonstanten β von der Kreisfrequenz ω. Die Kombination von (6.3) bis (6.6) ergibt

TM(E)-Moden:

$$(\omega/c)^2 = \beta_c^2 + \beta^2, \tag{6.8}$$

TE(H)-Moden:

$$(\omega/c)^2 = \beta_c^{*2} + \beta^2 .$$

Die Dispersionsrelationen (6.8) sind maßgebend für die Fortpflanzung der Wellen in Mikrowellen-Hohlleitern. Sie bestimmen die Beziehungen zwischen folgenden *Kenngrößen der Wellenmoden*

$$\begin{aligned}
\omega &= 2\pi\nu & &\text{Kreisfrequenz,} \\
\omega_c &= c\beta_c & &\text{„cut-off"-Kreisfrequenz,} \\
\lambda &= 2\pi c/\omega & &\text{Wellenlänge im freien Raum,} \\
\lambda_g &= 2\pi/\beta & &\text{Wellenleiter-Wellenlänge,} \\
\lambda_c &= 2\pi/\beta_c & &\text{„cut-off"-Wellenlänge,} \\
\upsilon_{Ph} &= \omega/\beta & &\text{Phasengeschwindigkeit,} \\
\upsilon_{Gr} &= d\omega/d\beta & &\text{Gruppengeschwindigkeit.}
\end{aligned} \tag{6.9}$$

Diese Definitionen ergeben aus (6.8) folgende Relationen

$$\omega^2 = \omega_c^2 + c^2\beta^2; \qquad \upsilon_{Ph}\upsilon_{Gr} = c^2$$

$$\upsilon_{Ph}(\beta) = c(1 + \{\omega_c / \beta_c\}^2)^{1/2}; \quad \upsilon_{Gr}(\omega) = c(1 - [\omega_c / \omega]^2)^{1/2} \tag{6.10}$$

Die wichtigen Beziehungen zwischen Kreisfrequenz, Fortpflanzungskonstanten, Gruppen- und Phasengeschwindigkeit sind in den Fig. 6.2 und 6.3 dargestellt. Die Gruppengeschwindigkeit υ_{Gr} bestimmt den *Energietransport*.

Hier muss erwähnt werden, dass die elektromagnetischen Wellen in einem Hohlleiter die gleichen Dispersions- und Geschwindigkeitsrelationen (6.10) aufweisen wie ein *relativistisches Teilchen* mit der Masse m_0 und der Compton-Wellenlänge $\lambda_{Compton}$, wobei

$$\omega_c = 2\pi m_0 c^2/h; \quad \lambda_c = \lambda_{Compton} = h/m_0 c.$$

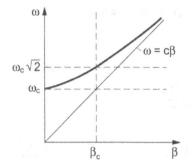

Fig. 6.2   Dispersionsrelation eines Wellenmodes in einem Mikrowellen-Hohlleiter

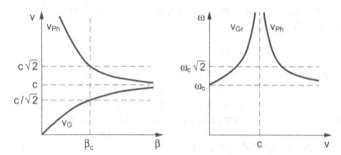

Fig. 6.3   Phasen- und Gruppengeschwindigkeit eines Wellenmodes in einem Mikrowellen-Hohlleiter

Standardtypen von Mikrowellen-Hohlleitern haben einen rechteckigen oder kreisförmigen Querschnitt. Für unsere weiteren Betrachtungen können wir uns auf *Hohlleiter mit kreisförmigem Querschnitt* gemäß Fig. 6.4 beschränken.

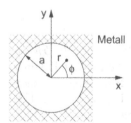

Fig. 6.4
Mikrowellen-Hohlleiter mit kreisförmigem Querschnitt

Für Hohlleiter mit kreisförmigem Querschnitt findet man aus (6.6) die folgenden Bestimmungsgleichungen für die „cut-off"-Fortpflanzungskonstanten β_c^* und β_c^* dargestellt durch $\beta_{\ell p}$ und $\beta_{\ell p}^*$ sowie deren entsprechende Eigenfunktionen $\Phi_{\ell p}$ und $\Psi_{\ell p}$.

TM(E)-Moden:

$$J_\ell\,(a\beta_{\ell p}) = 0; \quad \ell = 0, 1, 2, \dots; \quad p = 1, 2, 3, \dots, \tag{6.11}$$

$$\Phi_{\ell p}(r,\varphi) = (2/\pi(1+\delta_{0\ell}))^{1/2}\,\frac{J_\ell(r\beta_{\ell p})_{\sin}^{\cos}\ell\varphi}{a\beta_{\ell p}J_{\ell+1}(a\beta_{\ell p})},$$

TE(H)-Moden:

$$J_\ell'(a\,\beta_{\ell p}^*) = 0; \quad \ell = 0, 1, 2, \dots; \quad p = 1, 2, 3, \dots, \tag{6.12}$$

$$\Psi_{\ell p}(r,\varphi) = (2/\pi(1+\delta_{0\ell}))^{1/2}\,\frac{J_\ell(r\beta_{\ell p}^*)_{\sin}^{\cos}\ell\varphi}{((a\beta_{\ell p}^*)^2 - \ell^2)^{1/2}J_\ell(a\beta_{\ell p}^*)}.$$

$J_\ell(u)$ ist die Bessel-Funktion ℓ-ter Ordnung [Abramowitz & Stegun 1972] und δ_{mn} das Kronecker Delta mit

$$\delta_{mn} = 0 \quad \text{für} \quad m \neq n; \quad \delta_{mn} = 1 \quad \text{für} \quad m = n.$$

Der *Hauptmode* des Hohlleiters mit der größten „cut-off"-Wellenlänge ist der TE_{11}-Mode, wogegen der TM_{01}-Mode den TM-Mode niedrigster Ordnung darstellt. Weiter ist zu beachten, dass der TM_{11}-Mode mit dem TE_{01}-Mode *entartet* ist. Die entsprechenden „cut-off"-Wellenlängen sind

$$\lambda_c^*(TE_{11}) = 3.41a; \quad \lambda_c(TM_{01}) = 2.61\,a; \tag{6.13}$$

$$\lambda_c^*(TE_{01}) = \lambda_c(TM_{11}) = 1.64a.$$

wobei a dem Innenradius des Hohlleiters entspricht (Fig. 6.4). Fig. 6.5 zeigt die Feldlinien im Querschnitt des Hohlleiters mit kreisförmigem Querschnitt. Alle $TM_{\ell p}$- und $TE_{\ell p}$-Moden sind *zweifach entartet* für $\ell \geq 1$, da ihre φ Abhängigkeit sowohl durch $\cos \ell\varphi$ als auch durch $\sin \ell\varphi$ beschrieben werden kann. Dagegen sind die TM_{0p}- und TE_{0p}-Moden nicht entartet, weil sie wegen $\ell = 0$ nicht von φ abhängen.

6.1.2   Ideale Resonatoren

Aus den Hohlleitern mit kreisförmigem Querschnitt kann man *zylindrische Resonatoren* bilden, indem man sie an ihren Enden mit ebenen Metallplatten abschließt. Ihre *Felder* kann man bestimmen durch Überlagerung von nach links und nach rechts laufenden Wellen der Form (6.11) respektive (6.12). Die *Resonanzbedingung* beruht auf der Phasenbeziehung

$$\beta L = 2\pi L/\lambda_g = \pi q, \quad q = 1, 2, 3, \dots \tag{6.14}$$

oder $L = (\lambda_g/2)\,q,$

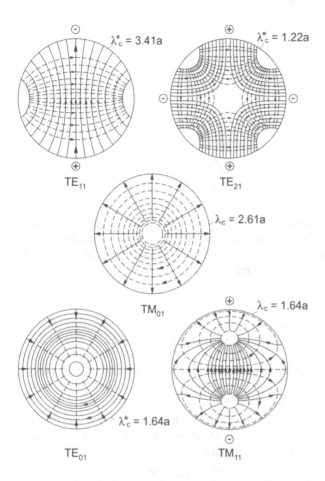

Fig. 6.5 Elektrische —— und magnetische - - - Feldlinien der Wellenmoden niedriger Ordnung im Hohlleiter mit kreisförmigem Querschnitt. Die momentanen Oberflächenladungen sind durch ± angedeutet.

wobei L die Resonatorlänge darstellt. Die Resonanzbedingung kann gemäß (6.8) und (6.10) auch auf folgende Art geschrieben werden

$$2L/\lambda = (2L/c)\, v = \{q^2 + (\beta_c L/\pi)^2\}^{1/2}, \tag{6.15}$$

wobei β_c die „cut-off"-Fortpflanzungskonstante bedeutet. Für feste Resonatorlänge L erhält man folgende Resonanzwellenlängen und *Resonanzfrequenzen* für die $TM_{\ell pq}$- und $TE_{\ell pq}$-Moden des zylindrischen Resonators mit kreisförmigem Querschnitt

$\text{TM}_{\ell pq}$:
$$J_\ell(u_{\ell p}) = 0, \tag{6.16}$$

$$2L / \lambda_{\ell pq} = (2L/c)v_{\ell pq} = \left\{ q^2 + \left(\frac{u_{\ell p} L}{\pi a} \right)^2 \right\}^{1/2},$$

$\text{TE}_{\ell pq}$:
$$\frac{dJ_\ell}{du}(u^*_{\ell pq}) = 0, \tag{6.17}$$

$$2L / \lambda^*_{\ell pq} = (2L/c)v_{\ell pq} = \left\{ q^2 + \left(\frac{u^*_{\ell p} L}{\pi a} \right)^2 \right\}^{1/2}.$$

Die Darstellungen (6.16) und (6.17) der Resonanzbedingungen sind nicht üblich in der Mikrowellentechnik; sie entsprechen jedoch der Formulierung der Resonanzbedingungen von Laser-Resonatoren, wie sie z. B. in Kap. 5 oder im folgenden Kap. 6.2 auftreten.

6.1.3   Reale Hohlleiter

Bis jetzt haben wir Hohlleiter mit ideal elektrisch leitenden Wänden und Vakuum im Innern betrachtet. In Wirklichkeit enthalten die *realen Mikrowellen-Hohlleiter* meist ein dielektrisches verlustbehaftetes Material, das von Wänden aus unmagnetischem Metall mit endlicher Leitfähigkeit umgeben ist. Dies bewirkt *dielektrische Verluste* im Innern des Hohlleiters sowie *Verluste durch den Skin-Effekt* an den metallischen Wänden.

Die *Deutung der Verluste* basiert auf dem Verhalten eines *homogenen isotropen unmagnetischen Mediums* im elektromagnetischen Feld, welches durch folgende Beziehungen bestimmt ist (vgl. (6.2))

$$\vec{D} = \varepsilon\varepsilon_0 \vec{E}; \quad \vec{B} = \mu_0 \vec{H}; \quad \vec{j} = \sigma\vec{E}; \quad \rho_{el} = 0. \tag{6.18}$$

Daraus ergibt sich folgende Formulierung der *Maxwell-Gleichungen*

$$\text{rot } \vec{E} = -\mu_0 \dot{\vec{H}}; \qquad \text{rot } \vec{H} = \sigma\vec{E} + \varepsilon\varepsilon_0 \dot{\vec{E}}; \tag{6.19}$$
$$\text{div } \vec{E} = 0; \qquad \text{div } \vec{H} = 0.$$

Durch Berechnung von rot(rot $\vec{E}$) finden wir ohne Umweg über die Hertz-Vektoren die *Wellengleichung* des elektrischen Feldes $\vec{E}$

$$\Delta\vec{E} = \mu_0\sigma\dot{\vec{E}} + (\varepsilon/c^2)\ddot{\vec{E}}. \tag{6.20}$$

Befindet sich das reale Medium, welches durch diese Wellengleichung beschrieben wird, *in einem Hohlleiter mit ideal elektrisch leitenden Wänden*, so finden wir die *komplexe Dispersionsrelation*

$$\beta^2 + \beta_c^2 = +\varepsilon(\omega/c)^2 - i\sigma\mu_0 c(\omega/c), \tag{6.21}$$

wobei β_c die „cut-off"-Fortpflanzungskonstante kennzeichnet. Der Realteil Re β der Fortpflanzungskonstante β bestimmt die *Wellenleiter-Wellenlänge* λ_g, wogegen der negative Imaginärteil – Im β die *Dämpfungskonstante* α beschreibt

$$\text{Re } \beta = (2\pi/\lambda_g); \qquad -\text{Im } \beta = \alpha = -\frac{1}{2P}\frac{dP}{dz} = \frac{1}{2}\frac{d(\ell n\, P)}{dz}. \qquad (6.22)$$

P entspricht der *Leistung* der Welle im Hohlleiter-Querschnitt an der Stelle z.

Befindet sich ein *verlustarmes Dielektrikum* im Innern des Hohlleiters, dann ist der zweite Term in der Dispersionsrelation (6.21) viel kleiner als der erste. Dies erlaubt folgende Näherungen

$$\varepsilon(\omega/c)^2 \simeq \beta_c^2 + (2\pi/\lambda_g)^2 , \qquad (6.23)$$

$$\alpha_d \quad \simeq -\text{ Im } \beta = \frac{1}{2}\,\omega\mu_0\sigma\,\{\varepsilon(\omega/c)^2 - \beta_c^2\}^{-1/2} .$$

α_d beschreibt den *dielektrischen Verlust* im Hohlleiter mit ideal elektrisch leitenden Wänden. Die erste Gleichung von (6.23) demonstriert, dass die reelle Dispersionsrelation $\lambda_g(\omega)$ eines Hohlleiters in erster Näherung nicht vom dielektrischen Verlust beeinflusst wird.

Der *Skin-Effekt* an den *Metallwänden des Hohlleiters* kann ebenfalls durch die komplexe Dispersionsrelation (6.21) beschrieben werden. Bei der Beschreibung des Eindringens der Mikrowellen in die Metalloberfläche werden keine Wellenleiter-Effekte in Betracht gezogen, d. h. man setzt $\beta_c = 0$. Ebenso kann für Metalle der erste Term auf der rechten Seite von (6.21) für Mikrowellen- und Infrarot-Frequenzen vernachlässigt werden. Dies resultiert in folgenden Gleichungen

$$\text{Re } \beta = 2\pi/\lambda_S; \; -\text{Im } \beta = \alpha_S = 1/\delta_S = (\omega\mu_0\sigma/2)^{1/2} . \qquad (6.24)$$

δ_S bezeichnet die *Eindringtiefe*, englisch „skin depth", α_S den Absorptionskoeffizienten und λ_S die Wellenlänge der elektromagnetischen Welle im Metall.

Auf der Oberfläche einer *ideal elektrisch leitenden Hohlleiterwand* ist das magnetische Feld $\vec{H} = \vec{H}_t$ tangential, dagegen verschwindet die tangentiale Komponente E_t des elektrischen Feldes. Deswegen existiert keine Normalkomponente

$$\vec{S}_n = \vec{E}_t \times \vec{H}_t \qquad (6.25)$$

des *Poynting-Vektors* auf der Hohlleiterwand [Borgnis & Papas 1958]. Somit wird keine Strahlung durch die Hohlleiterwand absorbiert. Im

Gegensatz dazu existiert beim *realen Metall* eine Komponente $\vec{E}_t \neq \vec{0}$ des elektrischen Feldes auf der Oberfläche. Für eine elektromagnetische Welle mit der Zeitabhängigkeit $\exp(i\omega t)$ sind die Amplituden $\vec{E}_{t0}$ und $\vec{H}_{t0}$ der tangentialen Feldkomponenten $\vec{E}_t$ und $\vec{H}_t$ verknüpft durch den Oberflächenwiderstand R_s

$$\vec{E}_{t0} = (1+i)R_s[\vec{H}_{t0} \times \vec{n}], \qquad (6.26)$$

$$R_s = \alpha_s/\sigma = 1/\delta_s\sigma = (\mu_0/2\sigma)^{1/2}\,\omega^{1/2} = (\pi\mu_0 c/\sigma)^{1/2}\,\lambda^{-1/2}.$$

$\vec{n}$ bezeichnet den Einheitsvektor senkrecht zur Wand in Richtung Metall. Der Oberflächenwiderstand R_s steigt mit zunehmender Frequenz ν und mit abnehmender Vakuumwellenlänge λ, wie in Tab. 6.1 illustriert. Er bestimmt den *Leistungsverlust durch den Skin-Effekt* an der Hohlleiter-Wand, indem er gemäß (6.26) eine für die üblichen Metalle zwar kleine, jedoch nicht verschwindende tangentiale Komponente $\vec{E}_t$ des elektrischen Feldes $\vec{E}$ bewirkt. So entsteht nach (6.25) eine Normalkomponente $\vec{S}_n$ des Poynting-Vektors und dementsprechend ein Leistungsverlust des elektromagnetischen Feldes an der Wand durch Absorption

$$P = \frac{1}{2}R_s \int_A \left|\vec{H}_{t0}\right|^2 dA. \qquad (6.27)$$

P ist die *Verlustleistung* auf der Hohlleiterwand und A deren Oberfläche. In guter Näherung entspricht die Amplitude $\vec{H}_{t0}$ der Tangentialkomponente des Magnetfeldes der Welle im Hohlleiter mit ideal elektrisch leitenden Wänden. Somit lässt sich P approximativ berechnen mit Hilfe von (6.27) und den im Abschnitt 6.1.1 beschriebenen Feldern.

Tab. 6.1   Oberflächenwiderstand R_s verschiedener Metalle in Abhängigkeit der Vakuumwellenlänge λ gemäß (6.28)

Metall	R_s[Ohm]	
Gold	5.10	
Silber	4.36	
Kupfer	4.52	$\cdot\lambda[\mu m]^{-1/2}$
Aluminium	5.65	
Messing	≈ 8.70	

Die Dämpfungen α der Moden der metallischen Hohlleiter mit Vakuum im Innern bei rechteckigem und kreisförmigem Querschnitt zeigen als Funktion der Frequenz ν *in den meisten Fällen ein Minimum*. Die Dämpfung α

der Moden niedrigster Ordnung für *Kupfer-Hohlleiter* mit kreisförmigem Querschnitt als Funktion der Frequenz $v = \omega/2\pi$ ist in Fig. 6.6 dargestellt.

Bei niederen Kreisfrequenzen ω ist die Dämpfung α im Hohlleiter hoch, weil man sich der „cut-off"-Kreisfrequenz ω_c nähert. Mit steigender Kreis-

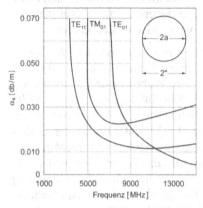

Fig. 6.6
Dämpfung der Moden niedrigster Ordnung durch den Skin-Effekt im Kupfer-Hohlleiter

frequenz ω nimmt die Dämpfung α normalerweise zu wegen dem Skin-Effekt. Hier gilt folgende Approximation

$$\alpha \simeq \alpha_S \propto R_s \propto \omega^{1/2} \propto \lambda^{-1/2} \quad \text{für} \quad \omega \to \infty. \tag{6.28}$$

Die einzigen *Moden, bei denen die Dämpfung α mit steigender Frequenz v abnimmt*, sind die TE_{0p} (H_{0p})-Moden des Hohlleiters mit kreisförmigem Querschnitt. In erster Näherung gilt

$$\alpha \simeq \alpha_S(TE_{0p}) \propto R_s/\omega^2 \propto \omega^{-3/2} \propto \lambda^{3/2} \quad \text{für} \quad \omega \to \infty. \tag{6.29}$$

Der Grund dafür liegt darin, dass die Oberflächenströme dieser Moden rein zirkumferential sind. Leider sind die TE_{0p}-Moden im Hohlleiter mit kreisförmigem Querschnitt nicht die Hauptmoden. Außerdem sind die TE_{0p}-Moden mit den TM_{1p}-Moden entartet, weil die Nullstellen von $dJ_0(u)/du$ und $J_1(u)$ übereinstimmen. Kleine Störungen bewirken daher *Moden-Konversion*, d. h. Übergänge zwischen den TE_{0p}- und den TM_{1p}-Moden.

6.2 Überdimensionierte Hohlleiter

Die Vakuum-Wellenlängen λ von Laserstrahlung sind mit wenigen Ausnahmen kürzer als 1 mm [Rosenbluh et al. 1976]. Für diese Vakuum-Wellenlängen versagen jedoch die in Kap. 6.1 beschriebenen Mikrowellen-Hohlleiter, einerseits wegen starker Skin-Effekt-Absorption an den Hohlleiter-Wänden, andererseits weil die Anforderungen an die Präzision der Hohlleiter praktisch nicht mehr erfüllt werden können. Fehlende Präzision bewirkt Reflexion und Moden-Umwandlungen, englisch „mode conversion", im Hohlleiter. Weiter bedingt die Konstruktion der Laser, welche Strahlung großer Vakuum-Wellenlänge $\lambda \geq 10$ µm emittieren, oft kleine Fresnel-Zahlen $F \leq 1$ gemäß (6.1), sodass die im Kapitel 5 beschriebenen Spiegel-Resonatoren wegen zu großen Beugungsverlusten nicht verwendet werden können.

Der Ausweg aus obigem Dilemma sind die *überdimensionierten Hohlleiter*, englisch „oversized hollow waveguides", deren Durchmesser $2a$ erheblich größer als die Vakuum-Wellenlänge λ ist. Ihre Wände bestehen sowohl aus Dielektrika als auch aus Metall [Adam & Kneubühl 1975, Degnan 1976, Kneubühl & Affolter 1979, Marcatili & Schmeltzer 1964, Preiswerk et al. 1984, Steffen & Kneubühl 1968, Yamanaka 1977]. Unter geeigneten Bedingungen existieren in diesen überdimensionierten Hohlleitern nicht nur im Mikrowellenbereich, sondern auch *in den für die Laser wichtigen infraroten und optischen Bereichen* definierte Moden mit schwacher Dämpfung [Marcatili & Schmeltzer 1964, Steffen & Kneubühl 1968]. Deshalb erstreckt sich der Anwendungsbereich dieser Hohlleiter für Laser etwa von $\lambda = 1$ mm bis $\lambda = 0.5$ µm.

6.2.1   Metallische Hohlleiter und Resonatoren

Zur Einführung betrachten wir den oft bei Submillimeterwellen-Lasern verwendeten *überdimensionierten Hohlleiter mit Metallwänden*. Vorerst nehmen wir an, dass einerseits im Inneren des Hohlleiters Vakuum herrscht und andererseits, dass die Metallwände ideale elektrische Leiter und Reflektoren sind. Im Gegensatz zu den Verhältnissen bei den Mikrowellen-Hohlleitern sollen der charakteristische Durchmesser $2a$, die Wellenlänge λ im freien Raum und die Wellenleiter-Wellenlänge λ_g folgende *zwei Bedingungen* erfüllen:

(I) $2\pi a/\lambda \simeq 50 \gg 1,$

(II) $|\lambda/\lambda_g - 1| = |(\beta\lambda/2\pi) - 1| \ll 1.$ (6.30)

Bedingung (I) bedeutet, dass der charakteristische Durchmesser $2a$ viel größer als die Wellenlänge λ im freien Raum ist.

Bedingung (II) setzt Moden mit $\lambda_g = 2\pi/\beta^2 \simeq \lambda$ und schwacher Dämpfung α voraus.

Die Voraussetzungen (I) und (II) werden im Allgemeinen nur von Moden mit niederer Ordnung und kleinen axialen Feldern von der Größenordnung $\lambda/2\pi a$ im Vergleich zu den transversalen Feldern erfüllt.

Mit der Bedingung (II) können wir die Dispersionsrelation (6.8) des Mikrowellen-Hohlleiters in die folgende Näherung der allgemeinen *Dispersionsrelation* des überdimensionierten Hohlleiters mit Metallwänden umwandeln

$$\lambda_g / \lambda = \omega/c\beta \simeq \left\{1 + \frac{1}{2}(\beta_c \lambda/2\pi)^2\right\}.$$ (6.31)

Dies ergibt für die überdimensionierten Metall-Hohlleiter mit *kreisförmigem Querschnitt* aus (6.11) und (6.12)

TM-Moden:

$$\lambda_g/\lambda \simeq 1 + \frac{1}{2}(u_{\ell p}/\pi)^2 (\lambda/2a)^2,$$

TE-Moden:

$$\lambda_g/\lambda \simeq 1 + \frac{1}{2}(u_{\ell p}^*/\pi)^2 (\lambda/2a)^2,$$ (6.32)

mit $\quad J_\ell(u_{\ell p}) = 0; \quad \dfrac{\mathrm{d}J_\ell}{\mathrm{d}u}(u_{\ell p}^*) = 0.$

$J_\ell(u)$ ist die *Bessel-Funktion* ℓ-ter Ordnung [Abramowitz & Stegun 1972]. Diese Näherungen erfordern einerseits $2\pi a/\lambda \gg 1$ gemäß (6.30 I) und andererseits *Moden niederer Ordnung*, d. h. kleine ℓ und p.

Die obigen Dispersionsrelationen gestatten, die Resonanzbedingungen für *Fabry-Perot-Wellenleiter-Resonatoren* herzuleiten. Diese Resonatoren werden gebildet aus langen überdimensionierten Hohlleitern, welche an den Enden mit zur Achse senkrecht stehenden ebenen Spiegeln abgeschlossen sind. Sie entsprechen langen, überdimensionierten zylindrischen Mikrowellen-Resonatoren, die in Kap. 6.1 beschrieben sind. Für die Fabry-Perot-Wellenleiter-Resonatoren gilt

$$L \gg 2a \gg \lambda$$ (6.33)

wobei L die Länge und $2a$ den typischen Durchmesser darstellt.

Die *Resonanzbedingung* ergibt sich aus (6.14) und (6.31) wie folgt

$$L = (\lambda_g/2)\, q = (\lambda/2)\,(\lambda_g/\lambda)\, q.$$ (6.34)

Auf diese Weise findet man

$$2L/\lambda = (2L/c)\, v \simeq q\left\{1 + \frac{1}{2}(\beta_c \lambda/2\pi)^2\right\},$$ (6.35)

insbesondere für den Resonator mit *kreisförmigem Querschnitt*

TM-Moden:

$$2L/\lambda_{\ell pq} = (2L/c)\ \nu_{\ell pq} \simeq q\left\{1 + \frac{1}{2}(u_{\ell p}/\pi)^2(\lambda/2a)^2\right\},$$

TE-Moden: (6.36)

$$2L/\lambda^*_{\ell pq} = (2L/c)\ \nu^*_{\ell pq} \simeq q\left\{1 + \frac{1}{2}(u^*_{\ell p}/\pi)^2(\lambda/2a)^2\right\}.$$

Die Verhältnisse entsprechen denjenigen der überdimensionierten Metall-Hohlleiter.

Für überdimensionierte Hohlleiter, deren *Wände aus realen Metallen bestehen, treten Leistungsverluste auf.* Der relative Leistungsverlust δ eines Modes pro Hohlleiter-Länge L lässt sich in Übereinstimmung mit (6.28) im Allgemeinen wie folgt darstellen [Kneubühl 1977]

$$\delta \simeq \lambda^{-1/2}a^{-1}L \cdot F_1 \text{ (Metall, Mode} \neq \text{TE}_{0p}) \tag{6.37}$$

mit Ausnahme der TE_{0p}-Moden des überdimensionierten Metall-Hohlleiters mit kreisförmigem Querschnitt, für die gemäß (6.29) gilt

$$\delta \simeq \lambda^{3/2}a^{-3}L \cdot F_2 \text{ (Metall, TE}_{0p}). \tag{6.38}$$

F_1 und F_2 sind Faktoren, welche durch das Metall und den Mode bestimmt sind. In Fig. 6.7 sind die Verluste δ in dB von Resonatoren und Hohlleitern der Länge $L = 1$ m als Funktion des Durchmessers $2a$ für die Wellenlänge $\lambda = 0.337$ mm des HCN-Lasers dargestellt [Kneubühl 1977]. Für die kreisförmigen metallischen und dielektrischen Hohlleiter wurden vor allem die bei kurzen Wellenlängen λ verlustarmen TE_{0p}-Moden berücksichtigt, die leider schwierig anzuregen sind.

6.2.2 Dielektrische Hohlleiter und Resonatoren

Ein zylindrischer Wellenleiter mit ideal elektrisch leitenden Wänden und einem verlustlosen Medium im Innern, bei dem elektromagnetische Energie weder ein- noch austreten kann, bezeichnen wir als *Hohlleiter mit geschlossenem Querschnitt.* Dieser ideale Wellenleiter leitet die elektromagnetische Energie in Form von charakteristischen Moden, welche gekennzeichnet sind durch diskrete positive rein reelle oder rein imaginäre Werte der Fortpflanzungskonstanten β. Diese Moden bilden ein vollständiges orthogonales System. Jedes physikalisch realisierbare Feld kann für jede beliebige Kreisfrequenz ω in diskrete Moden zerlegt werden, welche gemäß (6.10) ein diskretes Spektrum von Fortpflanzungskonstanten β auf-

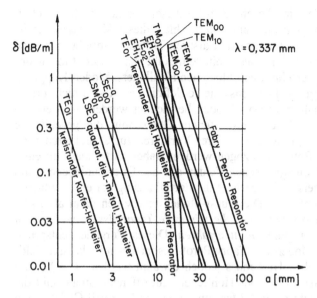

Fig. 6.7   Verluste δ von Moden verschiedener Hohlleiter mit dem Durchmesser a für die Wellenlänge λ = 0.337 mm des HCN-Lasers [Kneubühl 1977].

weisen. Beim rechteckigen idealen Metall-Hohlleiter sind dies die TM_{mn}- und TE_{mn}-Moden.

Im Gegensatz zu den beschriebenen überdimensionierten Metall-Hohlleitern mit ideal reflektierenden Wänden stehen die *überdimensionierten Hohlleiter mit dielektrischen Wänden* [Marcatili & Schmeltzer 1964, Steffen & Kneubühl 1968] oder *mit teilweise dielektrischen und metallischen Wänden* [Adam & Kneubühl 1975]. Wegen Brechung und Absorption an den *dielektrischen Wänden*, welche z. B. aus Glas, Plexiglas, Al_2O_3 oder BeO bestehen, verlieren diese Hohlleiter ständig elektromagnetische Energie. Solche Wellenleiter bezeichnen wir im Folgenden als *Hohlleiter mit offenem Querschnitt*. Als extremes Beispiel sind die in Kapitel 5 besprochenen Spiegel-Resonatoren zu erwähnen. Hohlleiter mit offenem Querschnitt haben streng genommen ein kontinuierliches Moden-Spektrum. Somit ergeben die üblichen Feldberechnungen keinen Hinweis auf diskrete Moden, im Gegensatz zur praktischen Erfahrung. Diese lässt sich durch Einführung des Begriffs der *„leaky“-Moden* [Marcuvitz 1993] oder *Quasi-Moden* [Karbowiak 1964] interpretieren. Zum Verständnis dieser Quasi-Moden betrachten wir vorerst einen Hohlleiter mit geschlossenem Querschnitt und entsprechendem diskreten Moden-Spektrum, bei dem man einen kleinen Teil der Wand durch eine Öffnung, respektive ein Dielektrikum ersetzt, oder bei dem wie bei den in Abschnitt 6.1.3 beschriebenen realen Metall-Hohlleitern die Wand schwach absorbiert. Unter dieser Voraussetzung ist das Moden-Spektrum nicht mehr exakt diskret. Trotzdem spricht man noch von Moden und identifiziert diese mit den exakt definierten Moden des entsprechenden im Querschnitt geschlossenen Hohlleiters. Moden-Kopplung und -Konversion zeigen jedoch, dass die so definierten Moden nicht orthogonal sind und deshalb als Quasi-Moden bezeichnet werden müssten. Da jedoch bei vielen Hohlleitern mit offenem Querschnitt die geschilderte Approximation versagt, muss ein weiteres Verfahren zur Charakterisierung der Quasi-Moden in Betracht gezogen werden. Dabei startet man mit einer Verteilung des elektromagnetischen Feldes auf der Querschnittsebene am Eingang des Hohlleiters und berechnet die Fortpflanzung der elektromagnetischen Welle im Hohlleiter. Die Quasi-Moden erscheinen dann als *Feldverteilungen, welche resonanzähnliche minimale Transmissionsverluste im Hohlleiter mit offenem Querschnitt erfahren.* Dieses Vorgehen entspricht der Berechnung der Moden des Fabry-Perot-Resonators mit skalarer Feldtheorie gemäß Kapitel 5. Hier muss jedoch erwähnt werden, dass bei der Berechnung der Quasi-Moden des Hohlleiters mit offenem Querschnitt die skalare Feldtheorie nicht genügt. Man muss von den Maxwell-Gleichungen ausgehen.

Quasi-Moden von überdimensionierten Hohlleitern mit *Wänden aus verlustfreien Dielektrika* zeigen einen charakteristischen exponentiellen Anstieg des Feldes mit zunehmendem Abstand von der Achse [Adam & Kneubühl 1975, Karbowiak 1964, Marcuse 1991]. Dieser exponentielle Anstieg des Feldes indiziert die Abstrahlung des Hohlleiters. Bei Moden in Hohlleitern mit *Wänden aus verlustbehafteten Dielektrika* zeigt sich ein exponentielles Abklingen sobald die Absorption in den Wänden die Abstrahlung durch die Wände überwiegt [Adam & Kneubühl 1975]. In diesem Fall können die Quasi-Moden wie die wirklichen Moden mit endlichen Feldern beschrieben werden.

Die *überdimensionierten dielektrischen Hohlleiter sind verwandt mit* den im folgenden Kapitel beschriebenen *dielektrischen Wellenleitern* der Faseroptik und der integrierten Optik. Dabei ist zu beachten, dass bei den dielektrischen Wellenleiter die Dielektrizitätskonstante ε, respektive der Brechungsindex n, innen größer ist als außen. Hier basiert die Strahlführung auf der *Totalreflexion.* Beim überdimensionierten Hohlleiter sind die Verhältnisse umgekehrt, d. h. ε und n sind innen kleiner als außen. Die Totalreflexion kommt bei der Strahlführung nicht in Betracht. Maßgebend ist hier die *Reflexion bei streifendem Einfall,* welche *ebenfalls geringe Brechungsverluste* aufweist.

In der Folge betrachten wir *überdimensionierte Hohlleiter mit dielektrischen Wänden* und *Vakuum im Innern*. Für die Dielektrizitätskonstante ε und den Brechungsindex n bedeutet dies

innen: $\varepsilon_i = 1$; $n_i = 1$;   (6.39)

außen: $\varepsilon_a = \varepsilon = n_a^2 = n^2 > 1$.

Als weitere Bedingungen für überdimensionierte dielektrische Hohlleiter und seine Moden gelten die Voraussetzungen (6.30) des überdimensionierten Metall-Hohlleiters.

Zur Illustration der Eigenschaften dielektrischer Hohlleiter betrachten wir vorerst einen Hohlleiter bestehend aus zwei planparallelen Platten [Burke 1970, Krammer 1976, Marcuse 1972, 1991]. Dieser *dielektrische Platten-Hohlleiter*, englisch „hollow-slab waveguide, dielectric planar waveguide", besitzt zwei Typen von Moden, die TE_{m-1}- und die TM_{n-1}-Moden. Unter der Voraussetzung von (6.30 I), dass $\lambda \ll 2\pi a$, erhält man für diese Moden des in Fig. 6.8 illustrierten dielektrischen Platten-Hohlleiters folgende Felder für $|x| \leq a$

für TE_{m-1}-Moden mit $m = 1, 2, 3, 4, \ldots$ (6.40)

$E_x = 0$; $E_y \simeq E_0 \sin[\pi m (a + x)/2a] \exp\{i(\omega t - \beta_m z)\}$; $E_z = 0$,

für TM_{n-1}-Moden mit $n = 1, 2, 3, 4, \ldots$

$E_x \simeq E_0 \sin[\pi n (a + x)/2a] \exp\{i(\omega t - \beta_n z)\}$; $E_y = 0$;

$E_z \simeq 0(\lambda/2a)$.

Für die Fortpflanzungskonstanten findet man mit

$\beta = \mathrm{Re}\,\beta + i\,\mathrm{Im}\,\beta = (2\pi/\lambda_g) - i\alpha,$ (6.41)

für TE_{m-1}-Moden mit $m = 1, 2, 3, 4, \ldots$

$$\beta_m = (2\pi/\lambda)\left(1 - \frac{1}{2}(m\lambda/4a)^2\{1 + i(\lambda/\pi a)[\varepsilon - 1]^{-1/2}\}\right),$$

für TM_{n-1}-Moden mit $n = 1, 2, 3, 4, \ldots$

$$\beta_n = (2\pi/\lambda)\left(1 - \frac{1}{2}(n\lambda/4a)^2\{1 + i(\lambda/\pi a)\varepsilon[\varepsilon - 1]^{-1/2}\}\right).$$

Hier zeigt sich, dass für reelle ε der TE_0-Mode den niedrigsten *Brechungsverlust* aufweist. Ebenso geht aus (6.41) hervor, dass die *Verluste der dielektrischen Hohlleiter niedrig sind, wenn* die Differenz $(\varepsilon - 1) = (n^2 - 1)$ zwischen äußerer und innerer Dielektrizitätskonstanten sowie das Verhältnis $2a/\lambda$ zwischen Durchmesser $2a$ und Wellenlänge λ groß sind.

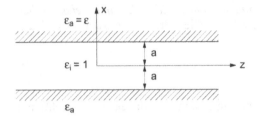

Fig. 6.8
Dielektrischer Platten-Hohlleiter

Die Moden eines *überdimensionierten dielektrischen Hohlleiters mit kreisförmigem Querschnitt,* englisch „circular hollow dielectric waveguide", können hergeleitet werden durch die Betrachtung eines Dielektrikums, in das gemäß Fig. 6.9 ein kreisförmiges zylindrisches Loch mit dem Radius a gebohrt wurde. Der Einfachheit halber nehmen wir an, dass das Loch evakuiert ist. Die Dielektrizitätskonstante des homogenen isotropen Dielektrikums sei $\varepsilon_a = \varepsilon = n^2 > 1$, diejenige des Vakuums im zylindrischen Loch $\varepsilon_i = 1$.

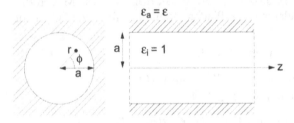

Fig. 6.9   Modell des überdimensionierten dielektrischen Hohlleiters mit kreisförmigem Querschnitt

Die *Feldkomponenten der Moden* der der Fig. 6.9 entsprechenden allgemeinen kreisförmigen zylindrischen Struktur mit beliebigen isotropen Dielektrika innen und außen sind schon lange bekannt [Stratton 1941]. Diese Struktur leitet elektromagnetische Wellen in drei Typen von Moden:

a) transversale zirkulare elektrische Moden TE_{0p}, welche nur Feldkomponenten E_φ, H_r und H_z umfassen,

b) transversale zirkulare magnetische Moden TM_{0p}, welche nur die Feldkomponenten E_r, E_z und H_φ enthalten,

c) Hybrid-Moden $EH_{\ell p}$, $\ell \neq 0$, welche alle elektrischen und magnetischen Feldkomponenten aufweisen.

Für die überdimensionierten runden dielektrischen Hohlleiter (Fig. 6.9) erhält man *approximative Feldkomponenten* der TE_{0p}-, TM_{0p}- und $EH_{\ell p}$-Moden, indem man die Felder im Sinne der Voraussetzung (6.30 I) nach

($\lambda/2\pi a$) entwickelt und Terme zweiter und höherer Ordnung weglässt [Marcatili & Schmeltzer 1964, Steffen und Kneubühl 1968]. Die resultierenden Feldkomponenten der Moden haben folgende Form:

für TE_{0p}-Moden; $p \geq 1$; $J_1(u_{0p}) = 0$: (6.42)

$$E_\varphi \propto J_1(u_{0p}r/a) \qquad\qquad H_\varphi = 0$$
$$E_r = 0 \qquad\qquad\qquad H_r = - Z_0^{-1} E_\phi$$
$$E_z = 0 \qquad\qquad\qquad H_z = 0(\lambda/2\pi a),$$

für TM_{0p}-Moden; $p \geq 1$; $J_1(u_{0p}) = 0$:

$$E_\varphi = 0 \qquad\qquad\qquad H_\varphi = Z_0^{-1} E_r$$
$$E_r \propto J_1(u_{0p}r/a) \qquad\qquad H_r = 0$$
$$E_z = 0(\lambda/2\pi a) \qquad\qquad H_z = 0,$$

für $EH_{\ell p}$-Moden; $\ell \neq 0$; $p \geq 1$; $J_{\ell-1}(u_{\ell p}) = 0$:

$$E_\varphi \propto J_{\ell-1}(u_{\ell p}r/a) \cos(\ell\varphi) \qquad H_\varphi = Z_0^{-1} E_r$$
$$E_r \propto J_{\ell-1}(u_{\ell p}r/a) \sin(\ell\varphi) \qquad H_r = - Z_0^{-1} E_\varphi$$
$$E_z = 0(\lambda/2\pi a) \qquad\qquad H_z = 0$$

Die J_ℓ, wobei $\ell=0$, ±1, ±2, ±3, repräsentieren wiederum *Bessel-Funktionen* [Abramowitz & Stegun 1972]. Eine genauere Darstellung der Feldkomponenten findet man in der Literatur [Marcatili & Schmeltzer 1964]. Die Beschreibung durch (6.42) zeigt jedoch, welche Moden für die Praxis interessant sind. Es sind dies die Moden EH_{11}, TE_{01} und TM_{01}, welche in Fig. 6.10 illustriert sind [Marcatili und Schmeltzer 1964].

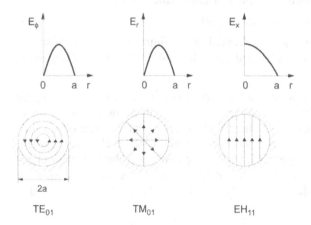

Fig. 6.10 Wichtigste Moden des überdimensionierten kreisförmigen dielektrischen Hohlleiters

Für die *Fortpflanzungskonstanten* $\beta_{\ell p}$ der TE_{0p}-, TM_{0p}- und $EH_{\ell p}$-Moden findet man

$$\beta_{\ell p} \simeq (2\pi/\lambda)\left[1 - \frac{1}{2}\left[\frac{u_{\ell p}\lambda}{2\pi a}\right]^2\left\{1 + i\frac{\bar{n}\lambda}{\pi a}\right\}\right] \tag{6.43}$$

mit $J_{\ell-1}(u_{\ell p}) = 0$

$$\bar{n} = \begin{cases} (\varepsilon-1)^{-1/2} & \text{für} \quad TE_{0p}; \quad \ell = 0 \\ \varepsilon(\varepsilon-1)^{-1/2} & \text{für} \quad TM_{0p}; \quad \ell = 0. \\ \dfrac{1}{2}(\varepsilon+1)(\varepsilon-1)^{-1/2} & \text{für} \quad EH_{\ell p}; \quad \ell \neq 0 \end{cases}$$

Aus dieser Formel erhält man mit $\beta = \text{Re }\beta + i \text{ Im }\beta = 2\pi/\lambda_g - i\alpha$ die reellen *Dispersionsrelationen*

$$\lambda_{g,\ell p}/\lambda \simeq 1 + \frac{1}{2}\left[\frac{u_{\ell p}\lambda}{2\pi a}\right]^2\left\{1 - \text{Im}\left(\frac{\bar{n}\lambda}{\pi a}\right)\right\} \tag{6.44}$$

sowie die Dämpfungskonstanten

$$\alpha = -\text{Im}\beta \simeq \left[\frac{u_{\ell p}}{2\pi}\right]^2 \text{Re}(\bar{n})\lambda^2 a^{-3}. \tag{6.45}$$

Somit sinken die Verluste mit steigender Frequenz. Die letzte Formel ist in Übereinstimmung mit der allgemeinen Darstellung des relativen Leistungs-Verlustes δ pro Länge L, welcher ein Mode in einem überdimensionierten Hohlleiter mit dielektrischen Wänden erleidet [Kneubühl 1977]

$$\delta \simeq \lambda^2 a^{-3} L \cdot F_3[\varepsilon_a(\lambda), \varepsilon_i(\lambda), \text{Mode}]. \tag{6.46}$$

Diese Verluste sind in Fig. 6.7 ebenfalls aufgeführt. F_3 ist ein Faktor, der vom Mode, dem Wandmaterial und dem Medium im Innern des Hohlleiters bestimmt wird.

Auch aus überdimensionierten dielektrischen Hohlleitern mit kreisförmigem Querschnitt können durch Anbringen von Spiegeln an den Enden *Fabry-Perot-Wellenleiter-Resonatoren* hergestellt werden, entsprechend der Resonatoren aus Metall-Hohlleitern, die in Abschnitt 6.2.1 beschrieben wurden. Die einfachsten Resonatoren dieser Art werden bei Submillimeterwellen-Lasern verwendet [Steffen & Kneubühl 1968]. Deren *Resonanzbedingungen* entsprechen (6.35). Man findet für die TE_{0p}-, TM_{0p}- und $EH_{\ell p}$-Moden folgende Resonanzen

$$2L/\lambda_{\ell pq} = (2L/c')v_{\ell pq} \simeq q\left\{1 + \frac{1}{2}\left[\frac{u_{\ell p}\lambda}{2\pi a}\right]^2\left[1 + \text{Im}\left(\frac{\bar{n}\lambda}{\pi a}\right)\right]\right\}, \tag{6.47}$$

wobei $\bar{n}$ in (6.43) definiert ist. Sofern das laseraktive Medium in gut definierten, schmalen Spektrallinien mit fester Frequenz ν und Wellenlänge λ emittiert, wie z. B. bei vielen Submillimeterwellen-Gaslasern, so können die Moden durch Variation der Resonatorlänge L abgestimmt werden. Die Moden oszillieren bei folgenden *Resonanzlängen*

$$L_{\ell pq} = (\lambda/2)q\left\{1 + \frac{1}{2}\left[\frac{u_{\ell p}\lambda}{2\pi a}\right]^2\left[1 + \mathrm{Im}\left(\frac{\bar{n}\lambda}{\pi a}\right)\right]\right\}. \tag{6.48}$$

Diese Methode wird als *Resonator-Interferometrie* [Steffen & Kneubühl 1968] bezeichnet. Sie eignet sich z. B. zum Studium der Emissionen und Moden von Submillimeterwellen-Gaslasern [Affolter & Kneubühl 1981, Preiswerk et al. 1984, Schwaller et al. 1967, Steffen & Kneubühl 1968].

Fig. 6.11 zeigt ein Beispiel eines Resonator-Interferogramms eines Submillimeterwellen-Gaslasers mit kreisförmigem dielektrischem Hohlleiter [Kneubühl & Affolter 1979]. In diesem Fall ist die Halbwertsbreite $\Delta\nu$ der Laseremission geringer als die Halbwertsbreite $\delta\nu$ der Resonatormoden.

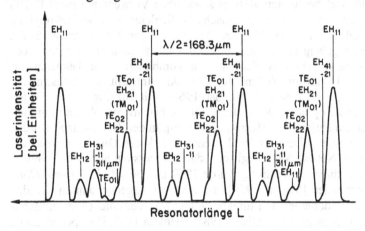

Fig. 6.11 Resonator-Interferogramm der Moden eines HCN-Lasers mit dielektrischem kreisförmigem Hohlleiter [Belland et al. 1975, Kneubühl & Affolter 1979]. Die Moden-Bezeichnungen entsprechen (6.42)

6.3 Dielektrische Wellenleiter und optische Fasern

Ein Charakteristikum der integrierten Optik ist die Lichtleitung längs dielektrischen Filmen, Streifen und Fasern. Diese Art Wellenleitung eignet sich vor allem für Licht und Infrarot, d. h. den Wellenlängenbereich zwischen etwa 0.4 µm und 5 µm. Für elektromagnetische Strahlung mit größeren Wellenlängen sind die in den Kapiteln 6.1 und 6.2 beschriebenen Hohlleiter besser. Bei kürzeren Wellenlängen im Ultraviolett treten starke Absorptionen und Streuungen auf, welche der Anwendung dielektrischer Wellenleiter Grenzen setzen.

Optische dielektrische Wellenleiter wurden bereits zu Beginn dieses Jahrhunderts anlässlich einer Studie der Optik dielektrischer Stäbe in Betracht gezogen [Hondros & Debye 1910]. In der Mikrowellentechnik waren planare dielektrische Wellenleiter schon vor 1960 bekannt [Kapany & Burke 1972], als eingehende Untersuchungen optischer Wellenleitung in Folge der Entdeckung der Laser in Angriff genommen wurden. Erste Resultate über kreisförmige dielektrische Wellenleiter wurden bereits 1961 erzielt [Kapany & Burke 1961, Snitzer & Osterberg 1961]. Kurz darauf wurden auch Wellenleiter-Effekte an planaren Schichten in p-n-Übergängen, englisch „planar layers in p-n junctions", nachgewiesen [Bond et al. 1963, Yariv & Leite 1963]. Ebenso wurden mit Glas-Platten und -Prismen Experimente durchgeführt, welche zeigten, dass es sogar ohne Verwendung eines Lasers möglich ist, bei planaren Filmen optische Wellenleitung sowie Einkopplung von Lichtstrahlen in diese Filme zu bewerkstelligen [Osterberg & Smith 1964]. Ebenso gelang es, die in der Mikrowellentechnik erarbeiteten Konzepte der dielektrischen Wellenleiter zu kombinieren mit Dünnschicht-Technik um Dünnfilm-Wellenleiter für das Infrarot zu konstruieren [Anderson 1965, Anderson & August 1966]. Gleichzeitig wurde vorgeschlagen, planare optische Wellenleiter für die Nachrichtenübermittlung auf große Distanzen einzusetzen [Karbowiak 1966]. In der Zwischenzeit wurden dünne dielektrische Filme als Wellenleiter über kurze Distanzen in datenverarbeitenden Netzwerken, englisch „data processing networks", immer wichtiger. Für diese Anwendung wurde 1969 der Begriff *integrierte Optik* erstmals verwendet [Miller 1969]. In den vergangenen Jahren wurden dielektrische Wellenleiter und integrierte Optik in verschiedenen Publikationen ausführlich dargestellt [Adams 1981, Heinlein 1985, Hunsperger 2002, Kapany & Burke 1972, Kogelnik 1975, Marcuse 1991, Snyder & Love 1983, Yariv 1976]. Im Folgenden versuchen wir die wichtigsten Aspekte dieses aktuellen Themenkreises zu erläutern, ohne uns in technische Details zu verlieren.

6.3.1   Typen und Charakteristiken

Die Haupttypen dielektrischer Wellenleiter sind die *optischen Fasern* [Heinlein 1985], englisch „optical fibres", und *planare Dünnschicht-Wellenleiter*, englisch „planar dielectric waveguides". Sie sind in den Fig. 6.12 und 6.13

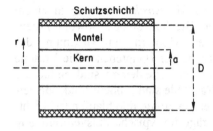

Fig. 6.12
Längsschnitt durch eine optische Faser

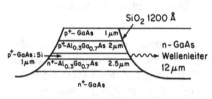

Fig. 6.13 Querschnitt durch eine asymmetrische monolithische Dünnschicht-Wellenleiterstruktur in GaAlAs

illustriert. Bei einer optischen Faser unterscheidet man den axialen *Kern*, englisch „core", mit hohem Brechungsindex und den ihn umgebenden *Mantel*, englisch „cladding", mit niederem Brechungsindex. Bei der Herstellung der Faser wird auf den Mantel zusätzlich eine Kunststoffschicht als Schutz aufgebracht. Der Mantel hat meist den international genormten Durchmesser $D = 125 \mu m$, der Kern den international genormten Radius $a = 25 \mu m$ oder einen Radius a von einigen μm. Bei den planaren Dünnschicht-Wellenleitern unterscheidet man im Aufbau zwischen *asymmetrisch* und *symmetrisch* in Bezug auf die Hauptebene $x = 0$. In der Praxis verwendet man asymmetrische planare Dünnschicht-Wellenleiter häufiger als symmetrische. Letztere haben jedoch den Vorteil, dass man ihre Charakteristika einfacher berechnen und beschreiben kann. Daher werden wir uns auf diese beschränken.

In den dielektrischen Wellenleitern wird die axiale Führung elektromagnetischer Strahlung durch stufenweise oder kontinuierliche Variation des Brechungsindex $n = (\varepsilon)^{1/2}$ senkrecht zur Achsenrichtung erzielt. Der Brechungsindex als Funktion des Abstandes von der Wellenleiterachse wird als *Brechungsindex-Profil* bezeichnet. Bei den *Stufenprofil-Fasern und -Schichten*, englisch „step-index fibers" und „planar slab waveguides", führt man den Lichtstrahl durch *Totalreflexion* an Grenzflächen zwischen Dielektrika mit verschiedenen Brechungsindizes. Bei den *Gradienten-Fasern und -Schichten*, englisch „optical fibres and planar waveguides with graded index profile" erfolgt die Führung durch *Lichtstrahlkrümmung* in einem Dielektrikum mit kontinuierlich variablem Brechungsindex. Sowohl Stufenprofil- als auch Gradienten-Wellenleiter erfordern ein Maximum des Brechungsindex auf der Achse, respektive in der Hauptebene. Die Vorteile der Stufenprofil- gegenüber den Gradienten-Wellenleitern sind einfachere Herstellung und Lichteinkopplung, die Nachteile sind größere Modendispersion und dementsprechend stärkere Verbreiterung durchlaufender Lichtpulse. Bei Standard-*Einmodenfasern* beträgt die typische Pulsverbreiterung pro Bandbreite (in nm) der Quelle und Distanz etwa 17 ps/nm km bei 1.55 μm Wellenlänge.

Die sogenannt vielwelligen optischen Fasern und planaren Dünnschicht-Wellenleiter haben einen Radius a respektive eine Hauptschicht-Dicke $2a$, welche viel größer ist als die Vakuum-Wellenlänge λ des Lichts oder des Infrarot, für die sie geschaffen sind. Vielwellig, englisch *„multimode"*, bedeutet, dass sich viele Wellenmoden gleichzeitig fortpflanzen können. Zur Reduktion der Verbreiterung der Lichtimpulse längs der dielektrischen Leiter etc. werden in letzter Zeit vor allem einwellige, englisch *„monomode"*, optische Fasern und planare Dünnschicht-Wellenleiter entwickelt, in denen sich nur ein Mode ausbreitet. Bei diesen ist der Radius, respektive die Hauptschicht-Dicke $2a$ nur noch von der Größenordnung der Vakuum-Wellenlänge λ des Lichts oder des nahen Infrarot, also wenige μm. Die Dispersion und Lichtimpuls-Verbreiterung dieses einzelnen Modes wird nur noch bestimmt durch die Wellenlängenabhängigkeit des Brechungsindex des Wellenleiter-Materials, d. h. dessen Dispersion. Dabei muss unterschieden werden zwischen der *üblichen Dispersion,* welche den mit der Phasengeschwindigkeit $\upsilon_{Ph} = c' = c/n(\lambda)$ verknüpften Brechungsindex $n(\lambda)$ betrifft, und der *chromatischen Dispersion,* welche sich auf den mit der Gruppengeschwindigkeit υ_{Gr} verknüpften *Gruppen-Brechungsindex $N(\lambda)$* bezieht. Diese beiden Brechungsindizes sind wie folgt definiert und liiert [Kneubühl 1997]

$$n(\lambda) = c/\upsilon_{Ph}(\lambda), \tag{6.49}$$

$$N(\lambda) = c/\upsilon_{Gr}(\lambda) = n(\lambda) - \lambda \frac{d}{d\lambda}\, n(\lambda).$$

Da Lichtimpulse Wellengruppen darstellen [Heinlein 1985, Kneubühl 1997] sind Gruppen-Brechungsindex $N(\lambda)$ und chromatische Dispersion maßgebend für die Lichtimpuls-Verbreiterung. In diesem Zusammenhang darf erwähnt werden, dass beim für optische Fasern häufig verwendeten Quarzglas die chromatische Dispersion bei $\lambda = 1.273$ μm verschwindet, d. h. dass $dN(\lambda)/d\lambda = 0$. Dies wird ersichtlich aus Fig. 6.14, in welcher $n(\lambda)$ und $N(\lambda)$ von reinem Quarzglas dargestellt sind.

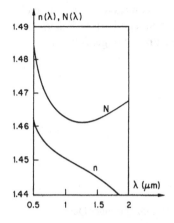

Fig. 6.14
Normaler Brechungsindex $n(\lambda)$ und Gruppen-
Brechungsindex $N(\lambda)$ von reinem Quarzglas als
Funktion der Vakuum-Wellenlänge λ

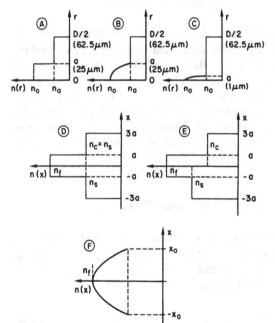

Fig. 6.15 Brechungsindex-Profile wichtiger Typen von dielektrischen Wellenleitern:
A) vielwellige Stufenprofil-Faser, B) vielwellige Gradienten-Faser, C)
einwellige Gradienten-Faser, D) symmetrischer Stufenprofil-Dünnschicht-
Wellenleiter, E) asymmetrischer Stufenprofil-Dünnschicht-Wellenleiter, F)
Gradienten-Dünnschicht-Wellenleiter

In Fig. 6.15 zeigen wir charakteristische Brechungsindex-Profile der wichtigsten Typen dielektrischer Wellenleiter. Bei den Gradienten-Fasern und -Schichten werden parabolische Brechungsindex-Profile angenommen.

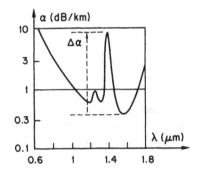

Fig. 6.16
Optische Dämpfung α einer Quarzglasfaser im nahen Infrarot

Bei optischen Fasern der Nachrichtentechnik ist eine technologische Hauptaufgabe, die *optische Dämpfung* α der optischen oder infraroten Nutzleistung möglichst gering zu machen. Als Beispiel ist die optische Dämpfung einer Quarzglas-Faser im nahen Infrarot in Fig. 6.16 dargestellt. Das Minimum der Dämpfung α liegt bei der Wellenlänge $\lambda = 1.55\ \mu m$. Hier wurden mit optimalen Fasern schon Dämpfungen von nur 0.16 dB/km erreicht. Das resonante Dämpfungsmaximum bei der Wellenlänge $\lambda = 1.4\ \mu m$ stammt von OH-Ionen im Quarzglas. Sie liefern bei dieser Wellenlänge einen Beitrag von $\Delta\alpha \simeq 1$ dB/km pro 10^{-9} Molgehalt zur Dämpfung α.

6.3.2   Selbstfokussierung in einer Gradienten-Faser

Die Wirkungsweise von Gradienten-Fasern und -Schichten lässt sich einfach beschreiben anhand der Selbstfokussierung eines paraxialen Lichtstrahls in einer vielwelligen Gradienten-Faser mit *parabolischem Brechungsindex-Profil* $n(r)$, das in Fig. 6.15 B illustriert ist

$$n(r) = n_0\left(1 - \frac{1}{2}\mu^2 r^2\right) \quad \text{für}\ \ r < a \qquad (6.50)$$

mit $\mu^2 = 2\,(n_0 - n_a)/n_0 a^2.$

Wir nehmen an, dass der Lichtstrahl den Kern der Faser nicht verlässt, d. h. dass $r < a$. Der Verlauf des Lichtstrahls lässt sich mit der in Kapitel 5.2 beschriebenen *paraxialen Optik* berechnen. Maßgebend ist die kontinuierliche radiale Brechung des Lichtstrahls hervorgerufen durch den radial kontinuierlich variierenden Brechungsindex $n(r)$. Auch die *kontinuierliche Brechung eines paraxialen Lichtstrahls* lässt sich mit dem *Brechungsgesetz von Snellius* bestimmen. Die Situation ist in Fig. 6.17 dargestellt. Das Gesetz von Snellius lautet dementsprechend

$$n(r(z)) \sin \gamma(z) = n(r(z)) \cos \alpha(z) = c\beta/\omega = \text{const.} \tag{6.51}$$

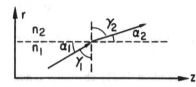

Fig. 6.17
Brechungsgesetz von Snellius angewendet auf optische Fasern

Dabei ist zu beachten, dass das konstante β die *Fortpflanzungskonstante* der axialen elektromagnetischen Welle darstellt, welche dem paraxialen Lichtstrahl entspricht. Unter Berücksichtigung von

$$dr/dz = \tan \alpha(z)$$

lässt sich (6.51) umwandeln in folgende Beziehung

$$n(r(z)) \cdot [1 + (dr/dz)^2]^{-1/2} = c\beta/\omega = \text{const}, \tag{6.52}$$

oder $\quad \dfrac{d}{dz} \{ n(r(z)) \, [1 + (dr/dz)^2]^{-1/2} \} = 0.$

Die paraxiale Optik setzt nach (5.2) voraus, dass $(dr/dz)^2 \ll 1$. Dies ergibt für (6.52)

$$(dr/dz) \{ (dn/dr) - n(d^2r/dz^2) \} = 0. \tag{6.53}$$

Diese Gleichung ergibt für den ersten Faktor $r = \text{const}$, d. h. einen Lichtstrahl parallel zur Achse. Aus dem zweiten Faktor resultiert der für uns maßgebende gekrümmte Lichtstrahl. Durch Verwendung des parabolischen Brechungsindex-Profils $n(r)$ von (6.50) erhalten wir aus (6.53)

$$\left\{ 1 - \frac{1}{2}(\mu r)^2 \right\} \frac{d^2r}{dz^2} + \mu^2 r = 0. \tag{6.54}$$

Für kleine Achsenabstände $r \ll 1/\mu$ reduziert sich diese Differentialgleichung zu

$$\frac{d^2r}{dz^2} + \mu^2 r = 0 \tag{6.55}$$

mit der allgemeinen Lösung

$$r(z) = r_0 \cos(\mu z - \varphi), \tag{6.56}$$

wobei r_0 die Amplitude und φ die Phase darstellt. Der Lichtstrahl folgt somit einer *Wellenlinie* mit der *Wellenlänge* Λ_0, welche für $r \ll 1/\mu$ unabhängig ist von der Amplitude r_0

$$\Lambda_0 = \frac{2\pi}{\mu} = \pi a \left\{ \frac{2n_0}{n_0 - n_a} \right\}^{1/2}. \tag{6.57}$$

Für eine Gradienten-Faser mit $a = 25$ μm und $(n_0 - n_a)/n_0 = 0.7\,\%$ findet man $\Lambda_0 = 1.33$ mm.

Für größere Achsenabstände r findet man [Heinlein 1985] ebenfalls einen wellenförmigen Lichtstrahl, der jedoch eine von der Amplitude r_0 abhängige Wellenlänge Λ aufweist

$$\Lambda = \Lambda_0 \left\{ 1 - 2\frac{n_0 - n_a}{n_0} \left(\frac{r_0}{a} \right)^2 \right\}^{1/2}. \tag{6.58}$$

Wie zu erwarten, geht Λ für kleine r_0 in Λ_0 über.

Der Strahlverlauf in einer Gradienten-Faser der Länge L kann in der paraxialen Optik ebenfalls *mit einer zweidimensionalen Matrix* **M** gemäß Gleichung (5.5) *dargestellt* werden. Für $r \ll 1/\mu$ lautet diese Darstellung

$$\vec{r}_2 = \vec{r}(z = L) = M\vec{r}_1 = M\vec{r}(z = 0) \tag{6.59}$$

mit $$M = \begin{pmatrix} \cos \mu L & (n_0\mu)^{-1}\sin \mu L \\ -n_0\mu \sin \mu L & \cos \mu L \end{pmatrix}.$$

6.3.3   Strahlenoptik des symmetrischen Stufenprofil-Dünnschicht-Wellenleiters

Die Moden von dielektrischen Dünnschicht-Wellenleitern mit Brechungsindex-Stufenprofil entsprechend Fig. 6.15 D und E können anhand der Strahlenoptik diskutiert werden [Mauer & Felsen 1967, Lotsch 1968, Tien 1971]. In diesen Wellenleitern erfolgt die eigentliche Wellenleitung durch interne *Totalreflexion* dank der Bedingung

$$n_f > n_s \geq n_c, \tag{6.60}$$

wobei die Brechungsindizes des Substrats (n_s), des Films (n_f) und der Deckschicht (n_c) gemäß Fig. 6.15 D und E definiert sind. In der Folge beschränken wir uns auf *symmetrische Wellenleiter* mit $n_s = n_c$.

Die Strahlenoptik der Dünnschicht-Wellenleiter wird bestimmt durch das Brechungsgesetz von Snellius einerseits und die Fresnel-Gleichungen andrerseits. Zu diesem Zweck betrachten wir einen Lichtstrahl A der unter dem Einfallswinkel θ aus dem Film mit dem Brechungsindex n_f auf die Grenzfläche zur Deckschicht mit dem kleineren Brechungsindex $n_c = n_s < n_f$ einfällt, wie in Fig. 6.18 illustriert ist. Dieser Lichtstrahl A entspricht einer ebenen Welle mit der Fortpflanzungskonstante $\beta_A = \omega n_f/c$. Für kleine Einfallswinkel θ wird der Lichtstrahl A partiell reflektiert und gebrochen. Der Ausfallwinkel θ^* des gebrochenen Teilstrahls C wird durch das *Brechungsgesetz von Snellius* bestimmt

$$n_f \sin \theta = n_c \sin \theta^* = c\beta/\omega, \tag{6.61}$$

wobei β wie bei (6.51) der Fortpflanzungskonstanten der längs dem Wellenleiter laufenden elektromagnetischen Welle entspricht. Der gebrochene Teilstrahl C entspricht einer ebenen Welle mit der Fortpflanzungskonstanten $\beta_c = \omega n_c/c$, indes der unter dem Einfallswinkel reflektierte Teilstrahl B eine ebene Welle mit der Fortpflanzungskonstanten $\beta_B = \beta_A = \omega n_f/c$ darstellt.

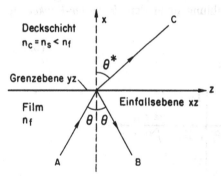

Fig. 6.18
Reflexion und Brechung zwischen zwei dielektrischen Schichten des Dünnschicht-Wellenleiters

Bei der Anwendung der *Fresnel-Gleichungen* muss man unterscheiden zwischen zwei Polarisationsrichtungen der den Lichtstrahlen A, B und C entsprechenden elektromagnetischen Wellen. Bei den TE-*Wellen* steht der elektrische Feldvektor $\vec{E}$ senkrecht auf der Einfallsebene xz und ist deshalb parallel zur Grenzebene yz. Bei den TM-*Wellen* steht dagegen der magnetische Feldvektor $\vec{H}$ senkrecht zur Einfallsebene xz und ist deshalb parallel zur Grenzebene yz.

Wir verzichten hier auf eine ausführliche Diskussion der Fresnel-Gleichungen [Born 2004, Heinlein 1985] und beschränken uns auf die Angabe und Besprechung der komplexen *Reflexionsfaktoren* $r_{TE/TM}$ der elektrischen Feldkomponenten sowie der entsprechenden Phasensprünge $\varphi_{TE/TM}$ an der Grenzebene

$$r_{\mathrm{TE}} = \frac{n_f \cos\theta - n_c \cos\theta^*}{n_f \cos\theta + n_c \cos\theta^*}, \tag{6.62}$$

$$r_{\mathrm{TM}} = \frac{n_f \cos\theta^* - n_c \cos\theta}{n_f \cos\theta^* + n_c \cos\theta},$$

$$\tan\frac{1}{2}\varphi_{\mathrm{TE}} = \frac{n_s^2}{n_f^2}\tan\frac{1}{2}\varphi_{\mathrm{TM}} = \frac{\{n_f^2 \sin^2\theta - n_s^2\}^{1/2}}{n_f \cos\theta}. \tag{6.63}$$

Fig. 6.19 zeigt die komplexen Reflexionsfaktoren $r_{\mathrm{TE/TM}}$ als Funktionen des Einfallswinkels θ und Fig. 6.20 die Abhängigkeit des Phasensprunges φ_{TE} vom Einfallswinkel θ für verschiedene Verhältnisse n_c/n_f. Bei der Reflexion spielen entsprechend Fig. 6.19 zwei Einfallswinkel θ eine wichtige Rolle. *Totalreflexion* mit $|r_{\mathrm{TE/TM}}| = 1$ liegt vor für Einfallswinkel θ, welche größer sind als der *kritische Einfallswinkel* θ_k, der definiert ist durch

$$\sin\theta_k = n_c/n_f < 1. \tag{6.64}$$

Für TM-Wellen tritt vollständige Brechung, d. h. auch *vollständige Transmission* mit $r_{\mathrm{TM}} = 0$ auf bei Einstrahlung unter dem *Brewster-Winkel* θ_B, welcher bestimmt ist durch

$$\tan\theta_B = n_c/n_f < 1. \tag{6.65}$$

Dementsprechend ist θ_B kleiner als θ_k.

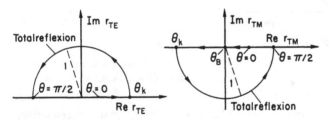

Fig. 6.19 Darstellung der komplexen Reflexionskoeffizienten $r_{\mathrm{TE/TM}}$ als Funktion des Einfallswinkels θ

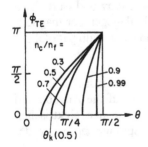

Fig. 6.20
Phasensprung der φ_{TE}-Wellen an der Grenzebene in Abhängigkeit des Einfallswinkels θ und des Verhältnisses n_c/n_f

Der kritische Einfallswinkel θ_k bestimmt beim *symmetrischen Stufenprofil-Dünnschicht-Wellenleiter* die Art der Wellenleitung. Für Einfallswinkel $\theta > \theta_k$ existieren die eigentlichen *geführten Moden*, englisch „guided modes", welche aufgrund der Totalreflexion keine Reflexionsverluste erleiden. Im Gegensatz dazu erhält man für Einfallswinkel $\theta < \theta_k$ die verlustbehafteten Leckmoden, Quasi-Moden oder *Strahlungsmoden*, englisch „leaky modes, quasi modes, radiation modes", welche prinzipiell Strahlungsverluste aufweisen. Die beiden Fälle sind in Fig. 6.21 illustriert und in der folgenden Übersicht zusammengefasst

$\theta_k \le \theta \le \pi/2$: $0 \le \theta \le \theta_k$:

TE- & TM-geführte Moden   TE- & TM-Strahlungsmoden mit
ohne Reflexionsverluste mit   Reflexionsverlusten mit kontinuier-
diskretem Spektrum   lichem Spektrum

Die Strahlungsmoden entsprechen den in Kapitel 6.2 erläuterten Quasi-Moden der Hohlleiter mit offenem Querschnitt und haben deshalb ein *kontinuierliches Spektrum*. Dagegen sind die geführten Moden den bekannten Moden der Hohlleiter mit geschlossenem Querschnitt gleichzusetzen und deshalb durch ein *diskretes Spektrum* gekennzeichnet.

Zur Bestimmung des *diskreten Spektrums der geführten Moden* betrachtet man die ebenen Wellen, welche den in Fig. 6.21A eingezeichneten Zick-Zack-Lichtstrahlen entsprechen. Sie haben Wellenvektoren mit dem Betrag $\omega n_f/c$. Zerlegt man die Wellenvektoren in die Achsenrichtung z und in die transversale Richtung x, so erhält man als Komponenten folgende Fortpflanzungskonstanten

$$\beta = \beta_z = (\omega n_f/c) \sin \theta, \quad \beta_x = (\omega n_f/c) \cos \theta. \qquad (6.66)$$

Dabei bedeutet $\beta = \beta_z$ die eigentliche *Fortpflanzungskonstante der geführten Moden*. Sie ist keiner Beschränkung unterworfen. Dagegen muss die

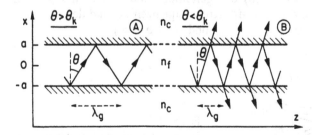

Fig. 6.21 Moden-Typen des symmetrischen Stufenprofil-Dünnschicht-Wellenleiters:
A) geführter Mode, B) Strahlungsmode

transversale Fortpflanzungskonstante β_x eine Umlaufbedingung für jeden vollen Zick-Zack des Lichtstrahls erfüllen. Diese Umlaufbedingung verlangt, dass die Phasenverschiebung der Welle auf jedem Zick-Zack ein Vielfaches von 2π ist. Diese Phasenverschiebung setzt sich zusammen aus der Phasenverschiebung $4a\beta_x$ im Film und den Phasensprüngen $\varphi_{TE/TM}$ bei den beiden Reflexionen. Dies ergibt folgende *Resonanzbedingung*

$$4a\beta_x - 2\varphi_{TE/TM} = 2\pi m; \quad m = 0, 1, 2, \ldots, \tag{6.67}$$

oder $(2a\omega n_f/c)\cos\theta - \varphi_{TE/TM} = \pi m; \quad m = 0, 1, 2, \ldots,$

wobei $2a$ die Dicke des wellenleitenden Films angibt. m ist der Index der geführten Moden. Die den Moden m entsprechenden Dispersionsrelationen $\beta(\omega)$ ergeben sich aus den Beziehungen (6.66) und (6.67)

$$\beta_{mTE/TM}(\omega) = \frac{1}{2a}\{(2a\omega n_f/c)^2 - (\varphi_{TE/TM} + m\pi)^2\}^{1/2}. \tag{6.68}$$

Es ist dabei zu beachten, dass

$$\varphi_{TE/TM} = 0 \text{ für } \theta \leq \theta_k = \arcsin n_c/n_f.$$

Daraus resultieren *„cut-off"-Kreisfrequenzen* ω_m, welche untere Frequenzgrenzen der geführten Moden darstellen

$$\omega_m = \beta_m c/n_c = m\pi c/(2a\{n_f^2 - n_c^2\}^{1/2}) = m\omega_1. \tag{6.69}$$

Daraus geht hervor, dass die TE- und TM-Moden mit $m = 0$ bei beliebig tiefen Kreisfrequenzen existieren. Dies ist *charakteristisch* für die symmetrischen Stufenprofil-Dünnschicht-Wellenleiter. Die Gleichungen (6.68) und (6.69) ergeben folgende *Grenzwerte der Phasengeschwindigkeiten*

$$\upsilon_{Ph} \leq \upsilon_{Ph}(\omega = \omega_m) = c/n_c, \tag{6.70}$$

$$\upsilon_{Ph} > \upsilon_{Ph}(\omega \to \infty) = c/n_f.$$

Die Dispersionsrelationen (6.68) der geführten Moden sind in Fig. 6.22 dargestellt mit Angabe der „cut-off"-Kreisfrequenzen ω_m und der extremen Phasengeschwindigkeiten $\upsilon_{Ph}(\omega = \omega_m)$ und $\upsilon_{Ph}(\omega \to \infty)$.

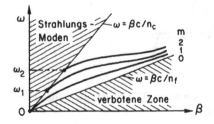

Fig. 6.22
Dispersionsrelationen der geführten Moden m des symmetrischen Stufenprofil-Dünnschicht-Wellenleiters

Die hier beschriebene Theorie zeigt die wesentlichen Eigenschaften der Stufenprofil-Dünnschicht-Wellenleiter obschon sie eine Näherung darstellt. Nicht erwähnt wurde z. B. der sogenannte *Goos-Hänchen-Effekt* [Lotsch 1968, 1971]. Ebenso existiert eine exakte elektrodynamische Theorie des Stufenprofil-Dünnschicht-Wellenleiters basierend auf den Maxwell-Gleichungen. Sie ergibt jedoch keine wesentlichen neuen Erkenntnisse.

6.3.4 Elektrodynamische Theorie des Gradientenprofil-Dünnschicht-Wellenleiters

Die Maxwell-Theorie liefert zuverlässigere Modelle der dielektrischen Wellenleiter als die geometrische Optik. Dies muss jedoch bezahlt werden durch größeren mathematischen Aufwand. Die dielektrischen Wellenleiter lassen sich beschreiben durch die *Maxwell-Gleichungen der inhomogenen isotropen Dielektrika*. Die inhomogenen isotropen Dielektrika lassen sich durch folgende *charakteristische Gleichungen* definieren

$$\vec{D} = n^2 \varepsilon_0 \vec{E}; \quad \vec{B} = \mu_0 \vec{H}; \quad \vec{j} = 0; \quad \rho_{el} = 0 \tag{6.71}$$

mit $n = n(\vec{r}) = \{\varepsilon(\vec{r})\}^{1/2}$.

Maßgebend ist der ortsabhängige Brechungsindex $n(\vec{r})$. Entsprechend (6.71) lauten die *Maxwell-Gleichungen*

$$\text{rot } \vec{E} = -\mu_0 \dot{\vec{H}}; \quad \text{rot } \vec{H} = n^2 \varepsilon_0 \dot{\vec{E}}; \tag{6.72}$$

$$\text{div } (n^2 \vec{E}) = 0; \quad \text{div } \vec{H} = 0. \tag{6.73}$$

Wellenleitung in dielektrischen Wellenleitern kann am besten mit den *Hertz-Vektoren* beschrieben werden, genauso wie die in Kapitel 6.1 beschriebene Wellenleitung in Mikrowellenleitern. Für die TM(E)-Moden verwendet man den *elektrischen Hertz-Vektor* $\vec{\Pi}$, der folgende Beziehungen erfüllt.

TM(E)-Moden:

$$\ddot{\vec{\Pi}} = (c/n)^2 \Delta\vec{\Pi},$$
$$\vec{E} = n^{-2}\text{rot rot } \vec{\Pi}, \tag{6.74}$$
$$\vec{H} = \varepsilon_0 \text{rot } \dot{\vec{\Pi}}.$$

Entsprechend benutzt man für die TE(H)-Moden den *magnetischen Hertz-Vektor* $\vec{\Pi}^*$ bestimmt durch

TE(H)-Moden:

$$\ddot{\vec{\Pi}}^* = (c/n)^2 \Delta\vec{\Pi}^*,$$
$$\vec{E} = -\mu_0 n^{-2}\text{rot } \dot{\vec{\Pi}}^*, \tag{6.75}$$
$$\vec{H} = n^{-2}\text{rot rot } \vec{\Pi}^* - 2n^{-3}[\text{grad } n \times \text{rot } \vec{\Pi}^*].$$

In der folgenden Betrachtung beschränken wir uns auf *planare Dünnschicht-Wellenleiter* mit der Achsenrichtung z und Schichten parallel zur yz-Ebene. In diesem Fall ist der Brechungsindex n nur noch von der x-Koordinate abhängig

$$n = n(\vec{r}) = n(x). \tag{6.76}$$

Unter dieser Voraussetzung sind die Hertz-Vektoren der Wellenmoden von der Form

TM(E)-Moden:

$$\vec{\Pi} = \Phi(x)\exp\{i(\omega t - \beta z)\}\,\vec{e}_z, \tag{6.77}$$

TE(H)-Moden:

$$\vec{\Pi}^* = \Psi(x)\exp\{i(\omega t - \beta z)\}\,\vec{e}_z,$$

wobei $\Phi(x)$ und $\Psi(x)$ die entsprechenden skalaren Wellenfunktionen bezeichnen. Diese erfüllen die folgenden *Wellengleichungen*

TM(E)-Moden:

$$(d^2\Phi/dx^2) + \{(\omega n/c)^2 - \beta^2\}\ \Phi = 0, \tag{6.78}$$

TE(H)-Moden:

$$(d^2\Psi/dx^2) + \{(\omega n/c)^2 - \beta^2\}\ \Psi = 0.$$

Die Feldbedingungen an den zur yz-Ebene parallelen Grenzebenen zwischen den Schichten und am Rand des planaren Dünnschicht-Wellenleiters ergeben, dass nur für bestimmte *diskrete Eigenwerte* β_c^2 und β_c^{*2} des Faktors $\{(\omega n/c)^2 - \beta^2\}$ Lösungen der Gleichungen (6.78) existieren

TM(E)-Moden:

$$(\omega n/c)^2 - \beta^2 = \beta_c^2, \tag{6.79}$$

TE(H)-Moden:

$$(\omega n/c)^2 - \beta^2 = \beta_c^{*2}.$$

Diese Gleichungen repräsentieren die *Dispersionsrelationen* $\beta(\omega)$ mit den „*cut-off*"-*Fortpflanzungskonstanten* β_c und β_c^*.

Die Gleichungen (6.74) bis (6.79) ermöglichen die Berechnung der Wellenleitung auf allen Arten Stufenprofil- und Gradienten-Dünnschicht-Wellenleitern. Es würde jedoch zu weit führen, dies im Detail auszuarbeiten. Wir beschränken uns deshalb auf die Beschreibung der Wellenleitung in einem *Gradienten-Dünnschicht-Wellenleiter mit parabolischem Brechungsindex-Profil* (Fig. 6.15 F) entsprechend (6.50)

$$n^2(x) = n_f^2 \{1- (x/x_0)^2\}, \tag{6.80}$$

$$n(x) \cong n_f \left\{1 - \frac{1}{2}(x/x_0)^2\right\}.$$

Wir nehmen an, dass $x < x_0$, d. h. wir nehmen keine Rücksicht auf die Verhältnisse bei $x \geq x_0$.

Die Wellenleitung in dem so definierten Dünnschicht-Wellenleiter lässt sich sowohl mit dem beschriebenen Formalismus der Hertz-Vektoren, als *auch mit Hilfe der Maxwell-Gleichungen* berechnen. Zu diesem Zweck bestimmt man aus den Maxwell-Gleichungen (6.72) und (6.73) die *Wellengleichungen* für das elektrische und das magnetische Feld

$$\Delta \vec{E} - (n/c)^2 \ddot{\vec{E}} = -2 \operatorname{grad}(\vec{E} \cdot \operatorname{grad}(\ell n\, n)), \tag{6.81}$$

$$\Delta \vec{H} - (n/c)^2 \ddot{\vec{H}} = +2[(\operatorname{rot} \vec{H}) \times \operatorname{grad}(\ell n\, n)].$$

Der für diese Wellengleichungen charakteristische Term grad(ℓn n) hat unter der Voraussetzung (6.80) die Form

$$\operatorname{grad}(\ell n\, n) = n^{-1}(dn/dx)\ \vec{e}_x \tag{6.82}$$

$$\approx -x_0^{-1}(x/x_0)\left\{1 - \frac{1}{2}(x/x_0)^2\right\}^{-1} \vec{e}_x.$$

Bei der Lösung der Wellengleichungen (6.81) muss man zudem die Feldbedingungen für die TM(E)- und TE(H)-Moden berücksichtigen.

TM(E)-Moden:

$$\vec{H} = H_y(x,z,t)\vec{e}_y, \tag{6.83}$$

TE(H)-Moden:

$$\vec{E} = E_y(x,z,t)\vec{e}_y.$$

Aus (6.81) bis (6.83) lassen sich die für die beiden Modentypen maßgebenden Wellengleichungen bestimmen

TM(E)-Moden:

$$\Delta H_y - (n/c)^2 \ddot{H}_y = 2(\partial H y/\partial x)\, n^{-1}\, (dn/dx), \tag{6.84}$$

TE(H)-Moden:

$$\Delta E_y - (n/c)^2 \ddot{E}_y = 0.$$

Daraus folgt, dass sich die TE(H)-*Moden* des Gradienten-Dünnschicht-Wellenleiters mit dem parabolischen Brechungsindex-Profil (6.80) analytisch einfach berechnen lassen. Das elektrische Feld $E_y(x, z, t)$ eines in der z-Richtung laufenden TE(H)-Mode erfüllt folgende *Wellengleichung*

$$d^2E_y(x)/dx^2 + \{(\omega n_f/c)^2\, [1 - (x/x_0)^2] - \beta^2\}\, E_y(x) = 0 \tag{6.85}$$

mit $\quad E_y(x, z, t) = E_y(x) \exp\{i\,(\omega t - \beta z)\}.$

Die Gleichung (6.85) entspricht der zeitunabhängigen Schrödinger-Gleichung der Wellenmechanik des harmonischen Oszillators, deren Lösung bekannt ist [Messiah 1981/1985]. So finden wir

$$\beta^2 = (n_f \omega/c)^2 - (2m + 1)\,(n_f \omega/cx_0), \qquad (6.86)$$

$$E_y \propto H_m(2x/w)\,\exp\,(-x^2/w^2)$$

mit $m = 1, 2, 3, 4, \ldots,$

$$w^2 = 2cx_0/\omega n_f = \lambda x_0/\pi n_f,$$

$$\omega_m = (2m + 1)\,c/n_f x_0,$$

$H_m(u)$ sind die Hermite-Polynome (5.55). $2w$ entspricht dem Strahldurchmesser und ω_m der „cut-off"-Kreisfrequenz des m-ten Modes. Die Dispersionsrelationen $\beta(\omega)$ der einzelnen Moden sind in Fig. 6.23 illustriert.

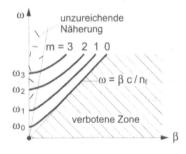

Fig. 6.23
Dispersionsrelationen der Moden des Gradienten-Dünnschicht-Wellenleiters mit parabolischem Brechungsindex-Profil

Bei den in Fig. 6.23 dargestellten Dispersionsrelationen (6.86) ist zu beachten, dass sie für kleine Kreisfrequenzen $\omega \simeq \omega_m$ und dementsprechend kleinen Fortpflanzungskonstanten β nicht realistisch sind, da sie unter diesen Voraussetzungen wegen

$$w(\omega_m) = \{\,2/[2m + 1]\,\}^{1/2}\,x_0$$

von den Verhältnissen bei $x \geq x_0$ mitbestimmt werden. Aus diesem Grund fehlt auch der β-ω-Bereich der Strahlungsmoden, welcher in den in Fig. 6.22 illustrierten Dispersionsrelationen der Moden des Stufenprofil-Dünnschicht-Wellenleiters in Erscheinung tritt. Im Übrigen ist zu beachten, dass die Dispersionsrelationen der TE(H)-Moden ähnlich sind zu denjenigen der TM(E)-Moden, solange die relative Brechungsindex-Änderung $n^{-1}(\mathrm{d}n/\mathrm{d}x)$ des Brechungsindex-Profils $n(x)$ klein ist. Dies lässt sich aus den Wellengleichungen (6.84) entnehmen.

Referenzen zu Kapitel 6

Abramowitz, M.; Stegun, I. A. (1972): Handbook of Mathematical Functions, 10th printing. John Wiley, N. Y.

Adam, B.; Kneubühl, F. K. (1975): Appl. Phys. **8**, 281

Adams, M. J. (1981): An Introduction of Optical Waveguides. John Wiley, N. Y.

Affolter, E.; Kneubühl, F. K. (1981): IEEE J. Quantum Electron. **QE-17**, 1115

Anderson, D. B. (1965): in: Optical and Electrooptical Data Processing (ed. G. Tippet), 221, MIT Press, Cambridge

Anderson, D. B.; August, R. R. (1966): Proc. IEEE **54**, 657

Atwater, H. A. (1962): Introduction to Microwave Theory. McGraw Hill, N. Y.

Baden-Fuller, A. J. (1990): Microwaves, 3rd ed. Pergamon Press, Oxford

Belland, P.; Véron, D.; Whitbourn, L. B. (1975): J. Phys. **D8**, 2113

Bergstein, L.; Schachter, M. (1964): J. Opt. Soc. Am. **54**, 887

Bond, W. L.; Cohen, B. G.; Leite, R. C. C.; Yariv, A. (1963): Appl. Phys. Lett. **2**, 57

Borgnis, F. E.; Papas, Ch. H. (1958): Encyclopedia of Physics, Vol. XVI, 423, Springer, Berlin

Born, M. (2004): Optik: Ein Lehrbuch der Elektromagnetischen Lichttheorie, 4. Aufl. Springer, Berlin

Burke, J. J. (1970): Appl. Opt. **9**, 2444

Burlamacchi, P.; Pratesi, R.; Ronchi, L. (1974): Opto-Electronics **6**, 465

Chang, W. S.; Muller, M. W.; Rosenbaum, F. J. (1974). In: Laser Applications, Vol. 2. (ed. Monte Ross), Academic Press, N. Y.

Degnan, J. J. (1976): Appl. Phys. **11**, 1

Heinlein, W. (1985): Grundlagen der faseroptischen Übertragungstechnik. Teubner, Stuttgart

Hondros, D.; Debye, P. (1910): Annalen der Physik **32**, 465

Hunsperger, R. G. (2002): Integrated Optics: Theory and Technology, 5th ed. Springer, Berlin

Kapany, N. S.; Burke. J. J. (1961): J. Opt. Soc. Am. **51**, 1067

Kapany, N. S.; Burke. J. J. (1972): Optical Waveguides. Academic Press, N. Y.

Karbowiak, A. E . (1964): Proc. IEEE III, 1781

Karbowiak, A. E. (1966): Optical Waveguides in Microwaves. Academic Press, N. Y.

Kneubühl, F. K. (1977): J. Opt. Soc. Am. **67**, 959

Kneubühl, F. K. (1997): Oscillations and Waves. Springer, Berlin

Kneubühl, F. K.; Affolter, E. (1979): Infrared and mmWaves, Vol. 1 (ed. Button, K. J.), Chapter 6. Academic Press, N. Y.

Kogelnik, H. (1975): IEEE Trans. Microwave Theory Tech. **MTT-23**, 2

Kogelnik, H. (1975): Theory of Dielectric Waveguides, in: Integrated Optics (ed. T.Tamir), Chapter 2. Springer, Berlin

Krammer, H. (1976): IEEE J. Quantum Electron. **QE-12**, 505

Lotsch, H. K. V. (1968): Optik **27**, 239; J. Opt. Soc. Am. **58**, 551

Lotsch, H. K. V. (1971): Optik **32**, 116, 189, 299, 553

Marcatili, E. A.; Schmeltzer, R. A. (1964): Bell. Syst. Techn. J. **43**, 1783, 1809

Marcuse, D. (1972): IEEE J. Quantum Electron. **QE-8**, 661

Marcuse, D. (1991): Theory of Optical Dielectric Waveguides, 2nd ed. Academic Press, N. Y.

Marcuvitz, N. (1993): Waveguide Handbook, Peter Peregrinus, London

Mauer, S. J.; Felsen, L. B. (1967): Proc. IEEE **55**, 1718

Messiah, A. (1981/1985): Quantenmechanik, 2 Bde. 2. Aufl. de Gruyter, Berlin

Miller, S. E. (1968): Bell Syst. Tech. J. **48**, 2059

Osterberg, H.; Smith, L. W. (1964): J. Opt. Soc. Am. **54**, 1073

Panish, M. B. (1975): IEEE Trans. Microwave Theory Tech. **MTT-23**, 20

Preiswerk, H. P.; Lubanski, M.; Kneubühl, F. K. (1984): Appl. Phys. **B33**, 115

Ramo, S.; Whinnery, J. R.; van Duzen, Th. (1994): Fields and Waves in Communication Electronics, 3rd ed. John Wiley, N. Y.

Rosenbluh, M.; Temkin, R. J.; Button, K. J. (1976): Appl. Opt. **15**, 2635

Schwaller, P.; Steffen, H.; Moser, J. F.; Kneubühl, F. K. (1967): Appl. Opt. **6**, 827

Smith, P. W. (1971): Appl. Phys. Lett. **19**, 132

Snitzer, E.; Osterberg, H. (1961): J. Opt. Soc. Am. **51**, 499

Snyder. A. W.; Love, J. D. (1983): Optical Waveguide Theory. Chapman and Hall, London

Steffen, H.; Kneubühl, F. K. (1968): IEEE J. Quantum Electron. **QE-4**, 992

Stratton, J. A. (1941): Electromagnetic Theory. McGraw Hill, N. Y.

Tamir, T. (ed.) (1975): Topics Appl. Phys. 7, Integrated Optics. Springer, N. Y.

Taylor, H. F.; Yariv, A. (1974): Proc. IEEE **62**, l044

Tien, P. K. (1971): Appl. Opt. **10**, 2395

Wang, S. (1974): Opt. Commun. **10**, 149

Yamanaka, M. (1977): J. Opt. Soc. Am. **67**, 952

Yariv, A.; Leite, R. C. C. (1963): Appl. Phys. Lett. **2**, 55

Yariv, A. (1976): Introduction to Optical Electronics, 2nd ed., chapter 13. Holt, Rinehart & Winston, N. Y.

Zeidler, G. (1971): J. Appl. Phys. **42**, 884

7   Periodische Laserstrukturen

In konventionellen Lasern wird die Rückkopplung der Strahlung ins laseraktive Medium durch Reflexion an den Resonator-Spiegeln erzielt. Ein
schwerwiegender Nachteil dieser Art Rückkopplung sind die praktisch
gleichen Beugungsverluste aller longitudinalen Grundmoden im Frequenz-

abstand $c/2L$, was oft den Einmoden-Betrieb eines Lasers erschwert oder gar verhindert. Dies ist der Fall bei Farbstoff-, Festkörper- und Gaslasern mit hohem Gasdruck.

Dieses Problem kann oft gelöst werden durch den Ersatz der Resonator-Spiegel durch räumlich *periodische Laserstrukturen*, d. h. Laser mit räumlich periodischem Brechungsindex, Wellenleiterquerschnitt und/oder Verstärkung durch das laseraktive Medium [Kneubühl 1993, 1997]. Dazu benutzt man im Wesentlichen den bekannten *Bragg-Effekt* der Wechselwirkung elektromagnetischer Strahlung mit räumlich periodischen Strukturen. Für monochromatische Röntgenstrahlen fand man, dass sie an den räumlich periodisch angeordneten Atomen und Ionen unter ganz bestimmten Winkeln gestreut wurden, welche durch die sogenannte Bragg-Bedingung definiert sind [Batterman & Cole 1964]. Räumlich periodische Strukturen spielen in diesem Zusammenhang eine wichtige Rolle in der Optik [Alonso & Finn 2000, Bergmann & Schäfer 2004, Born 2004, Klein & Furtak 1988, Möller 2006], Festkörperphysik [Alonso & Finn 2005, Ashcroft & Mermin 2005, Brillouin 1953, Hellwege 1988, Kittel 1983, Kopitzki 2004, Ludwig 1978] und Elektrotechnik [Brillouin 1953, Elachi 1976]. Räumlich periodische Laserstrukturen bewirken, dass die longitudinalen Grundmoden, welche die Bragg-Bedingung exakt oder annähernd erfüllen, erheblich geringere Verluste erleiden als die anderen. Deswegen oszilliert in einer solchen Laserstruktur vor allem der longitudinale Grundmode bei oder nahe den sogenannten *Bragg-Frequenzen*. Dadurch erhält man eine wirksame *Selektion unter den longitudinalen Moden*, die mit anderen Methoden nur schwierig zu bewerkstelligen ist.

Da bei den periodischen Laserstrukturen die optische Rückkopplung nicht an den Oberflächen von Resonatorspiegeln lokalisiert ist, sondern sich über die gesamte Laserstruktur erstreckt, spricht man von *verteilter Rückkopplung*, in Englisch *„distributed feedback"* oder *DFB* [Kneubühl 1993, 1997].

7.1 Typen und Charakteristiken

DFB durch optische Rückkopplung mit einer räumlich periodischen Laserstruktur anstelle von Resonator-Spiegeln wurde erstmals 1971 in einem optisch gepumpten Farbstofflaser erzielt [Kogelnik & Shank 1971]. Bei diesem Laser wurde der Laser-Farbstoff durch optische Interferenz der Pumpstrahlung räumlich periodisch zur stimulierten Emission angeregt. Im Laser entstand derart eine räumliche periodische Verstärkungsmodulation. Diese bewirkte via Bragg-Effekt Modenselektion und schmalbandige Laseremission. Kurz darauf wurde DFB auch in Halbleiterlasern realisiert [Nakamura et al. 1973], später ebenso in Gaslasern [Affolter & Kneubühl 1979, 1981]. Zur Illustration zeigen wir in Fig. 7.1 einen optisch gepumpten DFB 496 μm CH₃F-Laser. Ein DFB-Farbstofflaser ist im Kapitel 13 abgebildet (Fig. 13.12), ein DFB-Halbleiterlaser im Kapitel 14 (Fig. 14.16).

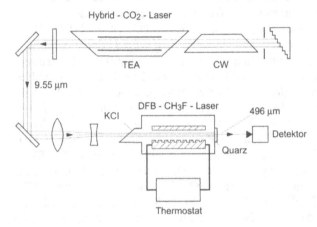

Fig. 7.1   Optisch gepumpter DFB 496 μm CH3F-Laser [Affolter & Kneubühl 1979, 1981]

Die meisten *Theorien* [Kneubühl 1993, 1997] über räumlich periodische Laserstrukturen, d. h. über DFB, basieren auf Störungsrechnungen. Sie gelten nur für schwache, axial periodische Modulationen von Brechungsindex, Wellenleiterquerschnitt, resp. Verstärkung des Lasermediums, wie z. B. die *Theorie der gekoppelten Wellen*, in Englisch *„coupled-wave theory"* [Kneubühl 1993, 1997, Kogelnik & Shank 1972, Marcuse 1972, 1991, Shubert 1974, Wang 1973, 1974a, b, Yariv 1973]. Für Laserstrukturen mit periodischen, stückweise konstanten Brechungsindizes und Verstärkungen eignet sich auch die *Floquet-Matrix-Theorie* [Gnepf & Kneubühl 1984, 1986, Kneubühl 1993, 1997, Yeh et al. 1977, Zwillinger 1997]. Der Vorteil der Floquet-Matrix-Theorie besteht darin, dass sie sowohl auf schwache, als auch auf starke periodische Brechungsindex- und Verstärkungs-Modulationen angewendet werden kann. Das Problem der axial periodischen Laserstrukturen mit starken reinen Brechungsindex- und Verstärkungs-Modulationen sowie mit kombinierten Modulationen konnte mit Hilfe der Floquet-Matrix-Theorie und dem Studium der Floquet-Lösungen von *komplexen Hill-Differentialgleichungen* gelöst werden [Gnepf & Kneubühl 1984, 1986, Kneubühl 1993, 1997]. Diese umfassende Theorie betrifft starke wie auch schwache Rechtecks-, Dreiecks- und

sin-Modulationen und gibt Auskunft über Dispersionsrelationen, Resonanzfrequenzen und Schwellenverstärkungen der DFB-Moden periodischer
Laserstrukturen.

Nicht nur axial periodische, sondern auch *schraubensymmetrische Laserstrukturen* zeigen mit dem Bragg-Effekt verwandte Strahlungsrückkopplung, welche man englisch als *„helical feedback"* oder mit der Abkürzung
„HFB" bezeichnet. Dies wurde erstmals an einem optisch gepumpten
496 μm CH_3F-Laser mit einer metallischen Schraubenmutter als Wellenleiter nachgewiesen [Kneubühl 1993, Preiswerk et al. 1983, 1984] und mit
einer gruppentheoretischen Analyse von Laserstrukturen begründet. HFB
kann auch beobachtet werden in Lasern, die aus einer *Mischung eines Laser-
Farbstoffs und einem cholesterischen flüssigen Kristall* bestehen [Kneubühl
1983, 1993, Preiswerk et al. 1984]. Cholesterische flüssige Kristalle haben
optisch die Symmetrie der symmetrischen Doppelhelix und eignen sich
daher ebenfalls für die dem Bragg-Effekt verwandte Strahlungsrückkopplung. Da die symmetrische Doppelhelix eine Periode gleich der halben
Steigung aufweist, können die erwähnten Laser entweder mit HFB oder
unzureichend mit DFB [Goldberg & Schnur 1974] erklärt werden. Die DFB-
Deutung gibt jedoch keinen Hinweis auf die beobachtete zirkulare Polarisation [Goldberg & Schnur 1974].

DFB-Laser mit Brechungsindex-Modulation wie z. B. DFB-Halbleiter- und
Gaslaser, zeigen bei den Bragg-Frequenzen *Frequenzlücken*, englisch
„frequency gaps" oder „stop bands", in denen keine DFB-Moden auftreten.
Diese Frequenzlücken entsprechen den *Energielücken* in der Bandstruktur
von Halbleitern [Hellwege 1988, Kittel 1983, Kopitzki 2004].

DFB-Moden innerhalb der Frequenzlücke, englisch *„in-gap modes"*, können erzeugt werden durch eine Lücke in der periodischen Laserstruktur, wie
in Fig. 7.2 illustriert. Diese Lücke entspricht einer Störstelle, z. B. einem
Akzeptor oder Donator im Halbleiter, ein „in-gap-mode" somit einem
Störstellenniveau in einem Valenzband des Halbleiters. Die DFB-Moden
innerhalb der Frequenzlücke sind gegenüber den anderen im Vorteil, weil
sie eine stärkere DFB-Strahlungsrückkopplung und eine schmalere Bandbreite aufweisen [Bratman et al. 1983, Denisov & Reznikov 1983, Shubert
1974]. Dies ermöglicht Einmoden-Betrieb von DFB-Halbleiterlasern [Kim
& Fonstad 1979, Shubert 1974]. Eine genaue Untersuchung der DFB-
Moden innerhalb der Frequenzlücke wurde durchgeführt anhand eines
optisch gepumpten 496 μm CH_3F-Lasers mit einem periodischen metallischen Wellenleiter, welcher entsprechend Fig. 7.2 eine variable Lücke
aufwies [Kneubühl 1993, Wildmann et al. 1987].

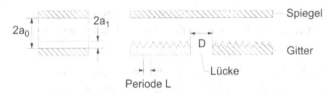

Fig. 7.2   Periodischer Metall-Wellenleiter mit Lücke für DFB-Gaslaser [Wildmann et
al. 1987]. L = Periode, D = Lückenbreite

Im Prinzip können den periodischen Laserstrukturen auch die *„grazing-
incidence"-Laser* zugeordnet werden. Ihr Aufbau ist in Fig. 7.3 dargestellt.
Die ursprünglichen „grazing-incidence"-Laser [Dinev et al. 1980, Littman
1978, Littman & Metcalf 1978, Saikan 1978, Shoshan et al. 1977] sind
Farbstofflaser mit einem Strahlungsrückkopplungs-System, welches aus
einem Beugungsgitter unter streifendem Einfall und einem drehbaren Spiegel zur Abstimmung besteht. Diese Anordnung ermöglicht schmalbandigen
Einmoden-Betrieb des Farbstofflasers ohne Strahlausweitung innerhalb des
Laser-Systems. „Grazing-incidence"-Laser sind verwandt mit DFB-Lasern,
weil sie in *zweiter Ordnung Bragg-Reflexion oder DFB* oszillieren, sobald
das Beugungsgitter und der drehbare Spiegel parallel sind.

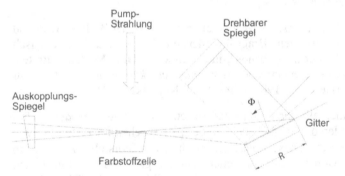

Fig. 7.3   Schema eines „grazing-incidence"-Farbstofflasers

Später wurden auch „grazing-incidence"-Gaslaser gebaut und untersucht
[Wildmann et al. 1987]. Der wichtigste Unterschied zwischen „grazing-
incidence"-Farbstofflasern und -Gaslasern ist die verschiedene Entfernung
zwischen Gitter und Spiegel. Beim Farbstofflaser beträgt sie viele Wellenlängen, beim Gaslaser nur wenige. Deshalb können die Resonanzbedingungen für die Moden des „grazing-incidence"-Farbstofflasers mit *Fraunhofer-
Beugung* berechnet werden, wogegen diejenigen des „grazing-incidence"-
Gaslasers im Prinzip mit *Fresnel-Beugung* bestimmt werden müssten. Man

kann jedoch zur Berechnung der Resonanzbedingungen der Moden des „grazing-incidence"-Gaslasers anstelle der Fresnel-Beugung eine Kombination der Charakteristika konischer Wellenleiter und der Phasenbeziehungen der Moden von DFB-Lasern mit schwachen periodischen Brechungsindex-Modulationen verwenden [Wildmann et al. 1987]. Inzwischen wurden ebenfalls „grazing-incidence"-Halbleiterlaser [Harvey & Myatt 1991] und -Festkörperlaser [Brundage & Yen 1985, Kangas et al. 1989] entwickelt.

Dieses Buch behandelt ausschließlich *Dauerstrich-DFB-Laser*, in Englisch „continuous-wave (cw) DFB laser". Die Theorie dieser Laser ist weit fortgeschritten [Kneubühl 1993]. Im Gegensatz dazu ist die Theorie der *gepulsten DFB-Laser* schwierig und wenig ausgebaut. Das Verhalten von gepulsten DFB-Farbstofflasern wurde ursprünglich mit Hilfe komplizierter, nicht vollkommen befriedigender Ratengleichungen beschrieben [Bor 1980, Bor et al. 1982, Bor & Müller 1986, Kneubühl 1983]. Ein besseres Verständnis der gepulsten DFB-Laser ist jedoch zu erwarten von Theorien [Feng & Kneubühl 1995], welche auf Enveloppengleichungen in Form von nichtlinearen Schrödinger-Gleichungen mit in Achsenrichtung periodischen, komplexen Koeffizienten basieren. Die DFB-Laser-Pulse treten dabei z. T. als solitäre Wellen in Erscheinung.

7.2 Wellengleichung des „distributed feedback" in Dauerstrich-Lasern

Wir betrachten eine axial periodische Laserstruktur mit z als Achsenrichtung. Durch diese Laserstruktur läuft in der Achsenrichtung eine wie $\exp(+i\omega t)$ oszillierende Welle mit der kennzeichnenden elektrischen Feldamplitude E die nur von der Achsenkoordinate z abhängt. Beim Studium des „distributed-feedback" in axial periodischen Laserstrukturen nimmt man an, dass E folgende *charakteristische Wellengleichung* erfüllt [Gnepf & Kneubühl 1986, Kogelnik & Shank 1972]

$$\mathrm{d}^2E/\mathrm{d}z^2 + K^2(\omega, z)\, E = 0 \tag{7.1}$$

mit der *periodischen komplexen Kreiswellenzahl*

$$K(\omega, z) = \omega n(z)\, c^{-1} + i\alpha(z) = K(\omega, z + L), \tag{7.2}$$

wobei $n(z) = n(z + L), \quad \alpha(z) = \alpha(z + L)$.

Dabei nimmt man an, dass weder der *periodische Brechungsindex* $n(z)$ noch die *periodische Verstärkung* $\alpha(z)$ von der Kreisfrequenz ω abhängt.

In Bezug auf die komplexe Kreiswellenzahl $K(\omega, z)$ unterscheidet man folgende *Typen von periodischen Laserstrukturen* und „distributed feedback":

a) Brechungsindex-Modulation ohne Verstärkung, d. h. *passive periodische Wellenleiter-Struktur*

$$K(\omega, z) = \omega n(z)\, c^{-1}, \quad n(z) \neq \text{const}, \quad \alpha = 0 \tag{7.3a}$$

b) reine *Brechungsindex-Modulation*

$$K(\omega, z) = \omega n(z)\, c^{-1} + i\alpha, \quad n(z) \neq \text{const}, \quad \alpha = \text{const} > 0 \tag{7.3b}$$

c) reine *Verstärkungs-Modulation*

$$K(\omega, z) = \omega n c^{-1} + i\alpha(z), \quad n = \text{const} \geq 1, \quad \alpha(z) \neq \text{const} \tag{7.3c}$$

d) *kombinierte Modulation* von Brechungsindex und Verstärkung

$$K(\omega, z) = \omega n(z)\, c^{-1} + i\alpha(z), \quad n(z) \neq \text{const}, \quad \alpha(z) \neq \text{const} \tag{7.3d}$$

Die charakteristische Wellengleichung (7.1) entspricht in der Mathematik der *Hill-Differentialgleichung*. Die Hill-Differentialgleichung (7.1) ist *reell* im Fall der passiven periodischen Wellenleiter-Struktur (7.3a). Die reelle Hill-Differentialgleichung und ihre Lösungen sind wohlbekannt [Magnus & Winkler 2004, McKean & Trubowitz 1976]. Sie entspricht z. B. der *zeitunabhängen Schrödinger-Gleichung mit reellem periodischem Potential* $V(z) = -K^2(z)$ der eindimensionalen Modelle der Festkörper in der Theorie der Energiebänder [Hellwege 1988, Kittel 1983, Kopitzki 2004]. Dagegen ist die Hill-Differentialgleichung (7.1) *komplex* für die aktiven periodischen Laserstrukturen mit komplexem $K(\omega, z)$ gemäß (7.3b, c, d). Über die komplexe Hill-Differentialgleichung ist wenig bekannt [Gnepf & Kneubühl 1986, Kneubühl 1993, 1997, Meiman 1977, Strutt 1934, 1949], sodass die mathematische Analyse des „distributed feedback" unter Umständen Schwierigkeiten bereitet. Deswegen beschränken wir uns bei den folgenden Betrachtungen auf die einfachsten Problemkreise und Methoden.

Man sollte auch wissen, wieweit die charakteristische Wellengleichung (7.1) den *physikalischen Verhältnissen in axialen periodischen Laserstrukturen* entspricht. Dies gilt, sofern die Felder der DFB-Moden der periodischen Laserstrukturen dieselbe Wellengleichung aufweisen. Zur Illustration dieses Problems betrachten wir eine periodische Laserstruktur, welche aus einem inhomogenen isotropen Medium mit der frequenzabhängigen relativen Dielektrizitätskonstanten

$$\varepsilon(\omega, z) = (c/\omega)^2 K^2(\omega, z) = \{n(z) + i(c/\omega)\, \alpha(z)\}^2 \tag{7.4}$$

besteht. Für eine wie exp(+ $i\omega t$) oszillierende Welle ergeben sich folgende *Maxwell-Gleichungen* für die ortsabhängigen elektromagnetischen Feldamplituden

$$\text{rot}\,\vec{H} = +i\mu_0^{-1}\,\omega^{-1}\,K^2(\omega,z)\,\vec{E},$$

$$\text{rot}\,\vec{E} = -i\mu_0\,\omega\vec{H}, \tag{7.5}$$

$$\text{div}\,\{K^2(\omega,z)\,\vec{E}\} = 0,$$

$$\text{div}\,\vec{H} = 0.$$

Diese Gleichungen können durch Bildung von $\text{rot}\,(\text{rot}\,\vec{E})$ und $\text{rot}\,(\text{rot}\,\vec{H})$ in *Wellengleichungen* für $\vec{E}$ und $\vec{H}$ umgeformt werden

$$\Delta\vec{E} + K^2(\omega,z)\vec{E} = -2\,\text{grad}\left\{E_z\frac{\text{d}}{\text{d}z}\ell nK(\omega,z)\right\}, \tag{7.6}$$

$$\Delta\vec{H} + K^2(\omega,z)\,\vec{H} = 2\,[\text{rot}\,\vec{H}\times\text{grad}\,\ell n\,K(\omega,z)].$$

Nimmt man an, dass das durch (7.5) beschriebene Dielektrikum in der transversalen Richtung, d. h. senkrecht zur Achsenrichtung z, keinen Einschränkungen unterworfen ist, so sind $\vec{E}$ und $\vec{H}$ ausschließlich Funktionen von z. Aus (7.6) ergibt sich dann

$$\frac{\text{d}^2}{\text{d}z^2}E_{x,y}(z) + K^2(\omega,z)\,E_{x,y}(z) = 0, \tag{7.7}$$

$$\frac{\text{d}^2}{\text{d}z^2}E_z(z) + K^2(\omega,z)\,E_z(z) = -2\frac{\text{d}}{\text{d}z}\{\Delta(z)\,E_z(z)\},$$

$$\frac{\text{d}^2}{\text{d}z^2}H_{x,y}(z) + K^2(\omega,z)\,H_{x,y}(z) = 2\Delta(z)\,\frac{\text{d}}{\text{d}z}H_{x,y}(z),$$

$$\frac{\text{d}^2}{\text{d}z^2}H_z(z) + K^2(\omega,z)\,H_z(z) = 0$$

mit $\quad\Delta(z) = \dfrac{\text{d}}{\text{d}z}\ell n\,K(\omega,z).$

Daraus geht hervor, dass nur $E_{x,y}(z)$ und $H_z(z)$ die charakteristische Wellengleichung (7.1) erfüllen. Unter speziellen Umständen entsprechen jedoch auch andere Feldkomponenten dieser Wellengleichung.

Für *schwache Modulationen* von Brechungsindex und Verstärkung können die Terme auf der rechten Seite der Gleichungen (7.7) null gesetzt werden. Unter dieser Voraussetzung gilt die charakteristische Wellengleichung (7.1) in erster Näherung sowohl für $\vec{E}(z)$ als auch für $\vec{H}(z)$.

Bei den Lösungen von (7.6) und (7.7) unterscheidet man zwischen *TE(H)-* *und TM(E)-Moden*. Diese sind wie folgt definiert

$$\text{TE(H)-Moden} : E_z = 0; \quad \text{TM(E)-Moden} : H_z = 0. \tag{7.8}$$

Somit entsprechen bei den TE(H)-Moden die Felder $E(z)$ und $H_z(z)$ der charakteristischen Wellengleichung (7.1).

Die hier gemachten Aussagen stimmen im Prinzip auch dann, wenn das durch (7.5) charakterisierte Medium in transversaler Richtung Einschränkungen unterworfen ist. Unter dieser Voraussetzung sind die Felder $\vec{E}$ und $\vec{H}$ nicht nur Funktionen von z, sondern auch von x und y.

Die *Lösungen der charakteristischen Wellengleichung* (7.1) geben Aufschluss über die Eigenschaften der DFB-Moden periodischer Laserstrukturen. Die allgemeinen Lösungen dieser Wellengleichung *ohne Randbedingungen* bestimmen das Verhalten der DFB-Moden in den unendlich langen Laserstrukturen, z. B. deren *Dispersionsrelationen*. Dagegen beschreiben die Lösungen der Wellengleichung (7.1) *mit Randbedingungen* die Charakteristika der DFB-Moden der Laserstrukturen endlicher Länge, insbesondere deren *Resonanzfrequenzen* und *Schwellenverstärkungen*.

Die Wellengleichung (7.1) wird mit *Methoden* gelöst, welche dem Typus der periodischen Modulation von Brechungsindex und Verstärkung angepasst sind. Somit bestimmt $K(\omega, z)$ die Wahl der Lösungsmethode. Die *Theorie der gekoppelten Wellen* [Kneubühl 1993, 1997, Kogelnik & Shank 1972, Marcuse 1972, 1991, Shubert 1974, Streifer et al. 1975, Wang 1973, 1974a, b, Yariv 1973] eignet sich als Näherungsverfahren für schwache harmonische Modulationen. Dagegen ist die mit der Vierpol-Theorie [Feldtkeller 1953] der Elektrotechnik verwandte *Floquet-Matrix-Theorie* [Brillouin 1953, Gnepf & Kneubühl 1986, Kneubühl 1993, 1997, Yeh et al. 1977] exakt und sowohl auf schwache als auch auf starke Modulationen anwendbar. Sie ist jedoch weitgehend auf Rechteck- und Stufen-Modulationen beschränkt. Umfassendere Theorien sind komplexer [Gnepf & Kneubühl 1986, Kneubühl 1993].

7.3   Floquet-Matrix-Theorie

Wir starten mit der Matrix-Theorie der DFB-Moden von periodischen Laserstrukturen, weil sie im Gegensatz zur Theorie der gekoppelten Wellen die exakte analytische Lösung der charakteristischen Wellengleichung (7.1) gestattet. Sie ist praktisch beschränkt auf Rechteck- und Stufen-Modulationen von Brechungsindex und Verstärkung. In diesem Zusammenhang ist zu erwähnen, dass die Lösungen der Wellengleichung (7.1), d. h. der Hill-Differentialgleichung für *reelle* Rechteck- und Stufen-Modulationen schon früh in Mechanik [Meissner 1918], Elektrotechnik [Brillouin 1946] und Festkörperphysik [Brillouin 1953, Kronig & Penney 1931] studiert wurden.

Zur Einführung der Konzepte der Floquet-Matrix-Theorie betrachten wir vorerst die einfachste Wellengleichung vom Typus (7.1)

$$d^2 E(z)/dz^2 + K^2(\omega)\, E(z) = 0 \quad \text{mit} \quad K(\omega) = n\omega/c + i\alpha. \tag{7.9}$$

Weil $K(\omega)$ unabhängig von z ist, stellt dies die *Wellengleichung der harmonischen Welle* dar. Die zwei unabhängigen Lösungen dieser Wellengleichung sind

$$E(z) = E_{\pm} \exp\left(\pm\, i\beta z\right) \quad \text{mit} \quad \beta = K(\omega) = n\omega/c + i\alpha. \tag{7.10}$$

Berücksichtigt man die harmonische Oszillation der durch die charakteristischen Gleichungen (7.1) und (7.9) beschriebenen Wellen, so ergeben die beiden Lösungen (7.10) *zwei sich entgegenlaufende harmonische Wellen* gemäß

$$E(z,\, t) = E_{-} \exp i(\omega t - \beta z) + E_{+} \exp i(\omega t + \beta z). \tag{7.11}$$

E_{-} ist die Amplitude der nach rechts laufenden, E_{+} diejenige der nach links laufenden Welle. β ist die Fortpflanzungskonstante dieser Wellen. Dementsprechend repräsentiert $\beta = K(\omega)$ in (7.10) deren *komplexe Dispersionsrelation*.

Die Lösungen der Wellengleichung (7.9) lassen sich auch mit Hilfe von *Randbedingungen* anstelle der Amplituden E_{+} und E_{-} beschreiben. Dazu verwenden wir die üblichen Abkürzungen $E'(z) = dE(z)/dz$, $E''(z) = d^2 E(z)/dz^2$ etc. Wir starten mit $E(0)$ und $E'(0)$ als Randbedingungen bei $z = 0$. Uns interessiert das Feld $E(L)$ und dessen Gradienten $E'(L)$ bei $z = L$. Der Zusammenhang zwischen den Kenngrößen $E(0)$, $E'(0)$ für $z = 0$ und $E(L)$, $E'(L)$ für $z = L$ lässt sich durch eine *Floquet-Matrix A* darstellen

$$\begin{pmatrix} E(L) \\ E'(L) \end{pmatrix} = A \begin{pmatrix} E(0) \\ E'(0) \end{pmatrix} \tag{7.12}$$

mit
$$A = \begin{pmatrix} A_{11} & A_{12} \\ A_{21} & A_{22} \end{pmatrix} = \begin{pmatrix} \cos K(\omega)L & +K^{-1}(\omega)\sin K(\omega)L \\ -K(\omega)\sin K(\omega)L & \cos K(\omega)L \end{pmatrix}.$$

Diese Matrix A ist *unimodular*, d. h. ihre Determinante ist Eins

$$\det A = 1. \tag{7.13}$$

Wichtig für die Floquet-Matrix-Theorie der periodischen Laserstrukturen ist die Tatsache, dass die *Eigenwerte* Λ_A der Matrix A die DFB-Moden und deren Fortpflanzungskonstanten β bestimmen [Brillouin 1953]

$$\Lambda_A = \exp\,(\pm\,i\beta L). \tag{7.14}$$

Die Fortpflanzungskonstanten lassen sich somit aus der *Spur* der Matrix A berechnen

$$\frac{1}{2}\,\text{spur}\,A = \frac{1}{2}\,\{\exp\,(+\,i\beta L) + \exp\,(-\,i\beta L)\} = \cos\beta L. \tag{7.15}$$

Verwendet man diese Formel für die durch (7.12) beschriebene Matrix A, welche der Wellengleichung (7.9) der harmonischen Welle entspricht, so findet man

$$\cos\,\beta L = \cos K(\omega)\,L$$

oder $\qquad\qquad \beta = \pm\,K(\omega) + \dfrac{2\pi}{L}\,m\,;\quad m = 0,\pm\,1,\pm\,2,\,... \tag{7.16}$

Für $m = 0$ ist diese Dispersionsrelation identisch mit derjenigen von (7.10). Wichtig ist, dass auch die Dispersionsrelationen (7.16) für $m \neq 0$ sinnvoll sein können. Sie haben dann eine Bedeutung, wenn die homogene Laser-struktur, welche durch die Wellengleichung (7.9) charakterisiert wird, eine *extrem schwache periodische Störung des Brechungsindexes oder der Verstärkung* mit der Periode L aufweist. Jede periodische Störung der Laser-struktur mit der Periode L bewirkt eine *periodische Dispersionsrelation* $\beta\,(\omega)$ mit der Periode $\Delta\beta = 2\pi/L$. Diese in der Fortpflanzungskonstante β periodischen Bereiche der Dispersionsrelation $\beta\,(\omega)$ bezeichnet man in der Festkörperphysik [Bethe & Sommerfeld 1967, Hellwege 1988, Kittel 1983, Kopitzki 2004] als *Brillouin-Zonen* [Brillouin 1931]. Fig. 7.4 illustriert diese Verhältnisse für

$$\text{Re}\,\beta = \pm\,\text{Re}\,K(\omega) + \frac{2\pi}{L}\,m = \pm\,n\omega/c + \frac{2\pi}{L}\,m \tag{7.17}$$

entsprechend Gleichung (7.16). Fig. 7.4 demonstriert, dass alle durch $m = 0$, ± 1, ± 2, ... gekennzeichneten Zweige der Dispersionsrelation (7.16) die *gleiche Gruppengeschwindigkeit* $\upsilon_{Gr} = d\omega/d\beta$, jedoch *verschiedene Phasen-geschwindigkeiten* $\upsilon_{Ph} = \omega/\beta$ aufweisen. Dies ist typisch für Dispersions-relationen periodischer Strukturen. Ferner ist zu beachten, dass sich periodi-sche Störungen in Form von *Bragg- und „distributed feedback"-Effekten vor allem an den Schnittpunkten der verschiedenen Zweige der Dispersions-relation* auswirken. Diese Schnittpunkte entsprechen der *Bragg-Bedingung*

$$\text{Re}\,\beta = r\pi/L\,;\quad r = 0,\pm 1,\pm 2,\,..., \tag{7.18}$$

wobei r die *Ordnung des Bragg- oder DFB-Effektes* darstellt.

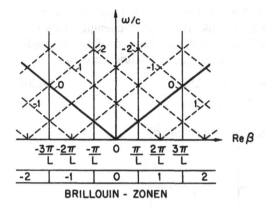

Fig. 7.4   Dispersionsrelationen der DFB-Moden von Laserstrukturen mit extrem schwacher Modulation

Zum Studium der DFB-Moden von *periodischen Laserstrukturen* mit der Floquet-Matrix-Theorie stellt man diese durch eine *Kette von Vierpolen,* englisch „four terminals" oder „two ports", dar (Fig. 7.5). Die Ein- und Ausgänge dieser Vierpole sind das elektrische Feld E und dessen Ableitung E' anstelle der Spannung V und des Stroms I der elektrischen Vierpole [Feldtkeller 1976]. Die Kenngrößen E und E' am Eingang des N-ten Vierpols bei $z = NL$; $N = 0, \pm 1, \pm 2, \ldots$ sind mit den entsprechenden Kenngrößen am Ausgang bei $z = (N + 1)\,L$ durch eine Matrix A entsprechend (7.12) verknüpft

$$\begin{pmatrix} E((N+1)L) \\ E'((N+1)L) \end{pmatrix} = \begin{pmatrix} E_{N+1} \\ E'_{N+1} \end{pmatrix} = A \begin{pmatrix} E_N \\ E'_N \end{pmatrix} = A \begin{pmatrix} E(NL) \\ E'(NL) \end{pmatrix}. \tag{7.19}$$

Zur Bestimmung der *Dispersionsrelationen* der DFB-Moden, welche Wellen in der unbegrenzten Laserstruktur betreffen, betrachtet man eine *unendliche* Kette von Vierpolen wie in Fig. 7.5 illustriert. Hingegen beschränkt man sich bei der Berechnung der *Resonanzfrequenzen* und *Schwellenverstärkungen,* englisch „threshold gains", der DFB-Moden auf eine endliche Kette von Vierpolen entsprechend der Anzahl Perioden M der Laserstruktur.

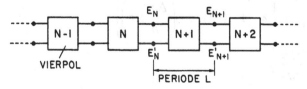

Fig. 7.5   Unendliche Kette von Vierpolen

Zum Verständnis der Eigenschaften der periodischen Laserstrukturen diskutieren wir nun die Lösungen der charakteristischen Wellengleichung (7.1) für die in Fig. 7.6 dargestellte *Rechtecks-Modulation* von Brechungsindex und Verstärkung, welche durch folgendes $K(\omega, z)$ beschrieben wird

$$0 \quad \leq z < L/2: K(\omega, z) = K_1 = K - \Delta K, \tag{7.20}$$
$$L/2 \leq z < L: \quad K(\omega, z) = K_2 = K + \Delta K,$$

mit $\quad K = n\omega/c + i\alpha \;$ und $\; \Delta K = \dfrac{1}{2}\{\Delta n\omega/c + i\Delta\alpha\}.$

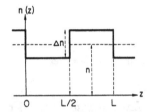 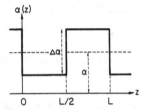

Fig. 7.6   Rechtecks-Modulation von Brechungsindex und Verstärkung

Die entsprechende Matrix A lautet

$$A = A_2 A_1 = \prod_{j=1}^{2}\begin{pmatrix} \cos(K_j L/2) & +K_j^{-1}\sin(K_j L/2) \\ -K_j \sin(K_j L/2) & \cos(K_j L/2) \end{pmatrix}. \tag{7.21}$$

Für die Rechtecks-Modulation ergibt sich aus (7.15) folgende *Dispersionsrelation*

$$\cos \beta L = \frac{K^2 \cos KL - \Delta K^2 \cos \Delta KL}{K^2 - \Delta K^2}. \tag{7.22}$$

Für *schwache Rechtecks-Modulationen* geht diese Dispersionsrelation über in die Beziehung

$$(\beta - \beta_r)^2 \simeq \{n\omega/c + i\alpha - k_r\}^2 - \left\{\frac{n}{2}(\Delta\omega_r/c)\right\}^2 \tag{7.23}$$

mit $\quad \left\{\dfrac{n}{2}(\Delta\omega_r/c)\right\}^2 = \dfrac{1}{2}\varkappa_r^2\left\{1 - (-1)^r \cos\!\left(\dfrac{\Delta n}{2n}\pi\, r\right)\right\}.$

$$\varkappa_r = 2\left\{\frac{\Delta n}{2nL} + \frac{i\Delta\alpha}{2\pi\, r}\right\},$$

$$\beta_r \simeq k_r \simeq r\pi/L; \; r = 1, 2, 3, \ldots$$

Dabei bedeuten r die Ordnung des Bragg- oder DFB-Effektes, $\Delta\omega_r$ die *Frequenzlücke,* englisch „frequency gap", und $\varkappa_r$ die *Kopplungskonstante.* Die approximative Dispersionsrelation (7.23) entspricht derjenigen, welche mit der Theorie der gekoppelten Wellen (Kap. 7.4) gewonnen wird.

Die Frequenzlücke $\Delta\omega_r$ wird bei passiven periodischen Strukturen mit $\alpha = \Delta\alpha = 0$ bei $\beta = \beta_r \simeq r\pi/L$ beobachtet. Dann gilt

$$\omega(\beta_r) = \omega_r \pm \frac{1}{2}\Delta\omega_r \ \text{mit} \ \omega_r = r\,(c/n)\,(\pi/L). \tag{7.24}$$

wobei ω_r die *Bragg-Kreisfrequenz darstellt.* Aus (7.23) geht hervor, dass für schwache Brechungsindex-Modulationen mit kleinem Δn die Frequenzlücke $\Delta\omega_r$ bei allen geraden Ordnungen mit $r = 2, 4, 6 \ldots$ des Bragg-Effektes in erster Näherung verschwindet. Ebenso verschwindet die Frequenzlücke $\Delta\omega_r$ für

$$\cos\frac{\Delta n}{2n}\pi r = (-1)^r. \tag{7.25}$$

Fig. 7.7 zeigt Lage und Größe der Frequenzlücken $\Delta\omega_r$ für den Bragg-Effekt erster bis dritter Ordnung r als Funktion der Rechtecks-Modulation $\Delta n/2n$ des Brechungsindexes berechnet aus (7.22) für $\alpha = \Delta\alpha = 0$.

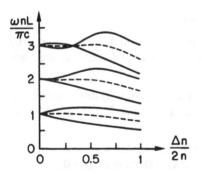

Fig. 7.7
Bandstruktur der Rechtecks-Modulation $\Delta n/2n$ des Brechungsindex. Aufgezeichnet sind Lage und Größe der Frequenzlücken $\Delta\omega_r$ als Funktion von $\Delta n/2n$ sowie die Mitten der Frequenzlücken

Die Formeln (7.22) und (7.23) gestatten, die *Dispersionsrelationen* für alle in (7.3) definierten Modulationstypen zu berechnen, d. h. für reine Brechungsindex-, reine Verstärkungs- und Kombinations-Modulationen. In Fig. 7.8 sind die Dispersionsrelationen, d. h. Re $L\beta$ und Im $L\beta$ als Funktionen der normierten Frequenz $c^{-1}nL\omega$, für die reine Brechungsindex-Modulation ($\Delta\alpha = 0$), ohne ($\alpha = 0$) und mit ($\alpha > 0$) Verstärkung gemeinsam mit reiner schwacher ($\Delta\alpha \geq 0$) und starker ($\Delta\alpha > 0$) Verstärkungs-Modulation ($\Delta n = 0$) aufgezeichnet.

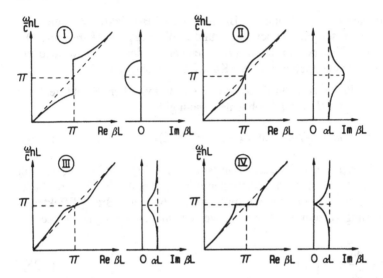

Fig. 7.8   Dispersionsrelationen für die erste Ordnung Bragg- oder DFB-Effekt für I) reine Brechungsindex-Modulation ohne Verstärkung, II) reine Brechungsindex-Modulation mit Verstärkung, III) schwache reine Verstärkungs-Modulation, IV) starke reine Verstärkungs-Modulation

Fig. 7.8 zeigt folgende wichtige Phänomene:

A) Die Frequenzlücken $\Delta\omega_r$ passiver periodischer Strukturen ($\alpha = \Delta\alpha = 0$) werden durch die Verstärkung ($\alpha > 0$) in periodischen Laserstrukturen geschlossen.

B) Bei reiner Brechungsindex-Modulation ($\Delta n \neq 0$; $\Delta\alpha = 0$) mit Verstärkung ($\alpha > 0$) treten anstelle der Frequenzlücken $\Delta\omega_r$ Maxima der Verstärkung Im $\beta > 0$.

C) Bei reinen Verstärkungs-Modulationen ($\Delta n = 0$; $\Delta\alpha \neq 0$; $\alpha > 0$) treten anstelle der Frequenzlücken $\Delta\omega_r$ Minima der Verstärkung Im $\beta > 0$.

D) Bei starker reiner Verstärkungs-Modulation ($\Delta n = 0$; $\Delta\alpha \gg 0$; $\alpha \gg 0$) entstehen Lücken im Realteil Re β der Fortpflanzungskonstanten β. Dies bedeutet, dass zu jeder Bragg-Frequenz ω_r ein kontinuierlicher Bereich von Wellenleiter-Wellenlängen $\lambda_g = 2\pi/\text{Re }\beta$, englisch „guide wavelengths", gehört.

Bei Kombinations-Modulationen gemäß (7.3d) werden die Frequenzlücken $\Delta\omega_r$ entsprechend A) geschlossen und an ihre Stellen treten Maxima und Minima der Verstärkung Im $\beta > 0$.

Die Floquet-Matrix-Theorie ermöglicht auch die Berechnung der *Resonanzfrequenzen* ω_q und die entsprechende *Schwellenverstärkungen* α_q der DFB-Moden. Diese werden mitbestimmt durch die Länge R, respektive die Anzahl M der Perioden der periodischen Laserstruktur. Zu diesem Zweck betrachtet man die *endliche Kette von M Vierpolen*, welche in Fig. 7.9 illustriert ist.

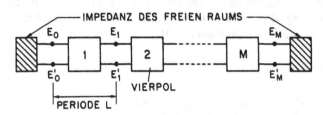

Fig. 7.9   Endliche Kette von Vierpolen abgeschlossen durch die Impedanz des freien Raums

Die Kenngrößen E_0, E_0' am Anfang der Vierpol-Kette sind mit den Kenngrößen E_M, E_M' an deren Ende verknüpft durch die *m-te Potenz der Matrix* A von (7.21)

$$\begin{pmatrix} E_M \\ E_M' \end{pmatrix} = A^M \begin{pmatrix} E_0 \\ E_0' \end{pmatrix} \qquad (7.26)$$

$$A^M = \begin{pmatrix} A_{11}U_{M-1} - U_{M-2} & A_{12}U_{M-1} \\ A_{21}U_{M-1} & A_{22}U_{M-1} - U_{M-2} \end{pmatrix}.$$

Dabei bedeuten A_{ik} die *von der Kreisfrequenz ω abhängigen* Matrixelemente von A und

$$U_M = U_M (\cos \beta L) = (\sin \beta L)^{-1} \sin (M+1) \beta L$$

mit $\cos \beta L = \dfrac{1}{2}$ spur A

gemäß (7.15). Die U_M sind die *Tschebyschew-Polynome zweiter Art* [Abramowitz & Stegun 1972]

$$U_M(u) = \{1 - u^2\}^{-1/2} \sin \{(M+1) \arccos u\}; \qquad (7.27)$$
$$M = 0, \pm 1, \pm 2, \ldots$$

Wir nehmen an, dass die endliche periodische Laserstruktur der Länge $R = ML$ sich in Vakuum befindet. Deswegen schließen wir die entsprechende Kette aus M Vierpolen an den Enden mit der *Impedanz des freien Raums* ab [Feldtkeller 1976]. Dies entspricht

$$E_0 / E_0' = - ic/\omega, \quad E_M / E_M' = + ic/\omega. \qquad (7.28)$$

Die Gleichungen (7.26) und (7.28) bilden insgesamt ein homogenes lineares Gleichungssystem mit den vier Unbekannten E_0, E_0', E_M, E_M'. Damit eine von null verschiedene, nicht triviale Lösung dieses Gleichungssystems existiert, muss seine Determinante verschwinden. Dies ergibt die Bedingung

$$U_{M-1}[c^{-2}\omega^2 A_{12} - A_{21} - ic^{-1}\omega(A_{11} + A_{22})] + 2ic^{-1}\omega U_{M-2} = 0. \qquad (7.29)$$

Die Kombination dieser Beziehung mit der Dispersionsrelation (7.22) liefert die *Resonanzbedingung* der DFB-Moden endlicher periodischer Laserstrukturen mit der Rechtecks-Modulation (7.20)

$$T_{2M}\left(\frac{1}{2}(A_{11} + A_{22})\right) \qquad (7.30)$$

$$\frac{(c^{-2}\omega^2 A_{12} - A_{21})^2 - c^{-2}\omega^2[(A_{11} + A_{22})^2 - 4]}{(c^{-2}\omega^2 A_{12} - A_{21})^2 + c^{-2}\omega^2[(A_{11} + A_{22})^2 - 4]},$$

wobei T_{2M} die *Tschebyschew-Polynome erster Art* bezeichnet [Abramowitz & Stegun 1972]. Diese sind wie folgt definiert

$$T_{2M}(\cos \beta L) = \cos 2M\beta L, \text{ oder} \qquad (7.31)$$

$$T_N(u) = \cos \{N \arccos u\} \text{ mit } N = 0, \pm 1, \pm 2, \ldots$$

Die Resonanzfrequenzen ω_q und Schwellenverstärkungen α_q sind Lösungen der Gleichungen (7.22), (7.29) und (7.30). Leider bietet die Lösung dieser Gleichungen sowohl analytisch als auch numerisch erhebliche Schwierigkeiten. Deswegen musste ein Ausweg gesucht werden. Dieser wurde gefunden in der *Fabry-Perot-Näherung* [Gnepf & Kneubühl 1986, Kneubühl 1993]. Diese Näherung basiert auf der Umlauf-Bedingung, englisch „round-trip condition", für periodische Fabry-Perot-Systeme. Diese lautet

$$ML \operatorname{Re}\beta = 2\pi ML/\lambda_g = \pi N + \varphi \text{ mit } N = 0, 1, 2, \ldots \qquad (7.32)$$

Die Modenzahl N kann durch die DFB-Modenzahl q ersetzt werden, wenn man die Bragg-Bedingung $\beta_r = r\pi/L$, $r = 1, 2, \ldots$ aus (7.23) berücksichtigt

$$ML (\operatorname{Re} \beta - \beta_r) = \pi (N - rM) + \varphi = \pi q + \varphi,$$

$$ML \operatorname{Re} \beta = \pi (rM + q) + \varphi \qquad (7.33)$$

oder $\quad ML = (\lambda_g/2)(rM + q + \pi^{-1}\varphi), \quad q = 0, \pm 1, \pm 2, \ldots$

Die *approximative Resonanzbedingung* lässt sich bei periodischen Laserstrukturen mit großer Periodenzahl M verwenden zur Bestimmung der Resonanzkreisfrequenzen ω_q der DFB-Moden. Zu diesem Zweck formt man (7.33) um in die Beziehung

$$\operatorname{Re}\beta (L/\pi) \simeq r + M^{-1}q + M^{-1}(\varphi/\pi), \quad q = 0, \pm 1, \pm 2, \ldots \qquad (7.34)$$

und setzt diese in die Dispersionsrelationen (7.22) und (7.23) ein. Dies kann auch graphisch entsprechend Fig. 7.10 durchgeführt werden. Mit den so ermittelten Resonanzkreisfrequenzen ω_q kann man anschließend die dazugehörigen Schwellenverstärkungen α_q aus (7.29) und (7.30) oder mit einem hier nicht beschriebenen Verfahren [Gnepf & Kneubühl 1986, Kneubühl 1993] berechnen.

Die beschriebenen Rechenverfahren gestatten, die Resonanzkreisfrequenzen ω_q und Schwellenverstärkungen α_q der DFB-Moden periodischer Laserstrukturen für viele Arten Modulationen von Brechungsindex und Verstärkung zu bestimmen. Bei der Interpretation der Resultate ist wichtig zu wissen, dass diejenigen DFB-*Moden zuerst anschwingen, welche die kleinste Schwellenverstärkung* α_q *aufweisen*. Dies bewirkt die DFB-*Selektion der longitudinalen Grundmoden*, d. h. den durch q gekennzeichneten DFB-Moden.

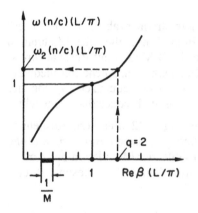

Fig. 7.10
Graphische Bestimmung der Resonanzkreisfrequenz ω_2 des DFB-Mode $q = 2$ aus der Dispersionsrelation Re $\beta(\omega)$ mit $\varphi = 0$

In den folgenden drei Figuren zeigen wir als Illustration der Resultate der oben beschriebenen Rechenverfahren die *Resonanzkreisfrequenzen* ω_q und *Schwellenverstärkungen* α_q für wachsende reine Brechungsindex-, reine Verstärkungs- und Kombinations-Modulationen [Gnepf & Kneubühl 1986, Kneubühl 1993]. Die Resultate für die Rechtecks-Modulationen gemäß (7.20) und für harmonische, d. h. cos-Modulationen sind nicht wesentlich verschieden. Schließlich ist auf eventuelle Unterschiede dieser Resultate zu den Ergebnissen der Theorie der gekoppelten Wellen hinzuweisen [Kogelnik & Shank 1972], welche als Näherungsverfahren ein zum Teil unvollständiges Bild der Verhältnisse ergibt.

Fig. 7.11 zeigt ω_q und α_q für reine *Brechungsindex-Modulation* bei wachsendem Δn. Bei fehlender Modulation mit $\Delta n = 0$ entsprechen die DFB-Moden

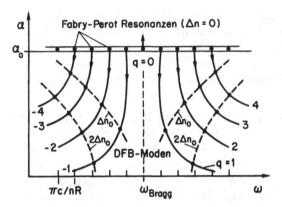

Fig. 7.11   Resonanzkreisfrequenzen ω_q und Schwellenverstärkungen α_q der reinen Brechungsindex-Modulation ($\Delta\alpha = 0$) für wachsendes Δn

den Fabry-Perot-Resonanzen mit dem Kreisfrequenzabstand $\Delta\omega = \pi c/nR$ und gleicher Schwellenverstärkung α_0. Beim Einschalten der Modulation sinken die Schwellenverstärkungen α_q der DFB-Moden mit Resonanzkreisfrequenzen ω_q nahe bei der Bragg-Kreisfrequenz, d. h. solche mit niederem $|q|$. Gleichzeitig entfernen sich die Resonanzkreisfrequenzen ω_q von der Bragg-Kreisfrequenz, sodass eine charakteristische Frequenzlücke entsteht.

Die *reine Verstärkungs-Modulation* ist in Fig. 7.12 illustriert. Ausgehend von den Fabry-Perot-Resonanzen mit Frequenzabstand $\Delta\omega = \pi c/nR$ und gleicher Schwellenverstärkung α_0 im Fall fehlender Modulation mit $\Delta\alpha = 0$ nähern sich beim Einschalten der Modulation ($\Delta\alpha \neq 0$) die Resonanzkreis-

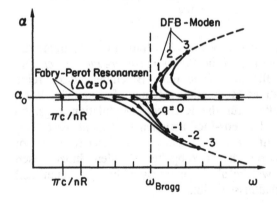

Fig. 7.12   Resonanzkreisfrequenzen ω_q und Schwellenverstärkung α_q der reinen Verstärkungs-Modulation ($\Delta n = 0$) für wachsendes $\Delta\alpha$

frequenzen ω_q der Bragg-Kreisfrequenz. Die Schwellenverstärkung α_q der DFB-Moden mit negativem q und Resonanzkreisfrequenzen ω_q unterhalb der Bragg-Kreisfrequenz sinken, die α_q der DFB-Moden mit positivem q und Resonanzkreisfrequenzen ω_q größer als die Bragg-Kreisfrequenzen steigen. So entstehen zwei Moden-Bündel, eines für $q < 0$, das andere für $q > 0$. Wichtig ist nur das Bündel der DFB-Moden mit negativem q und $\alpha_q < \alpha_0$, welche als erste bei eng zusammenliegenden Resonanzkreisfrequenzen ω_q angeregt werden. Diese schmalbandige Oszillation wurde beim ersten DFB-Laser [Kogelnik & Shank 1971], der im wesentlichen Verstärkungsmodulation aufwies, beobachtet und unglücklich interpretiert.

Schließlich zeigt Fig. 7.13 die ω_q und α_q für *Kombinations-Modulation* mit etwa gleich starken Brechungsindex- und Verstärkungs-Variationen. Das Verhalten der Resonanzkreisfrequenzen ω_q und Schwellenverstärkungen α_q bei der Kombinations-Modulation ist kompliziert, doch sind die Phänomene meist ähnlich wie bei der besprochenen reinen Verstärkungs-Modulation.

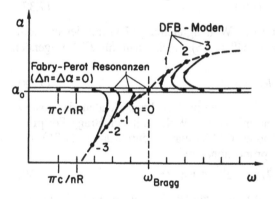

Fig. 7.13   Resonanzkreisfrequenzen ω_q und Schwellenverstärkungên α_q einer Kombinations-Modulation für wachsende Δn und $\Delta \alpha$ gleicher Größenordnung

7.4   Theorie der gekoppelten Wellen

Die Theorie der gekoppelten Wellen, englisch „coupled-wave theory" ist ein Verfahren zur *approximativen Lösung* der charakteristischen Wellengleichung (7.1) der periodischen Laserstrukturen [Brillouin 1953, Kneubühl 1993, 1997, Kogelnik & Shank 1972, Marcuse 1972, 1991, Shubert 1974, Streifer et al. 1975, Wang 1973, 1974a, b, Yariv 1973]. Sie ist mehr oder weniger beschränkt auf *schwache harmonische Modulationen*. Unter dieser Voraussetzung geht allgemein die komplexe Hill-Differentialgleichung (7.1) über in eine *komplexe Mathieu-Differentialgleichung* [Abramowitz & Stegun 1972, Morse 1930, Strutt 1932]. Die Theorie der gekoppelten Wellen startet mit folgendem Ansatz

$$K(\omega, z) = K(\omega, z + L)$$
$$= \{n\omega/c + i\alpha\} + \{\Delta n\omega/c + i\Delta\alpha\} \cos 2\pi z/L \qquad (7.35)$$

mit　$|\Delta n| \ll n$ und $|\alpha|, |\Delta\alpha| \ll n\omega/c$.

Daraus ergibt sich für $K^2(\omega, z)$ die Näherung

$$K^2(\omega, z) \approx n^2(\omega/c)^2 + i\alpha 2n\omega/c + \qquad (7.36)$$
$$+ (n\omega/c) \{\Delta n\omega/c + i\Delta\alpha\} 2 \cos 2\pi z/L .$$

Bei der Theorie der gekoppelten Wellen konzentriert man sich meistens auf *Bragg- und DFB-Effekte erster Ordnung*. Bragg-Fortpflanzungskonstante β_B und Bragg-Kreisfrequenz ω_B sind daher definiert als

$$\beta_B = \pi/L; \quad \omega_B = (c/n)(\pi/L). \qquad (7.37)$$

Zur Lösung der charakteristischen Wellengleichung (7.1) mit der harmonischen Modulation $K^2(\omega, z)$ gemäß (7.36) macht man für $E(z)$ folgenden Ansatz

$$E(z) = E_-(z)\, e^{-i\beta_B z} + E_+(z)\, e^{+i\beta_B z}. \qquad (7.38)$$

Das negative Vorzeichen entspricht einer nach rechts laufenden, das positive einer nach links laufenden harmonischen Welle mit der Bragg-Fortpflanzungskonstante β_B. Die harmonische Modulation durch das in (7.36) definierte periodische $K(\omega, z)$ ist proportional zu

$$2 \cos 2\pi z/L = 2 \cos 2\beta_B z = e^{+i2\beta_B z} + e^{-i2\beta_B z} \qquad (7.39)$$

und *koppelt daher die* in (7.38) dargestellten *beiden nach links und nach rechts laufenden Wellen* mit der Fortpflanzungskonstanten β_B. Diese Kopplung bewirkt eine Änderung der beiden Amplituden E_+ und E_- längs der periodischen Laserstruktur, d. h. beide sind Funktionen von z. Die Energie einer dieser Wellen wird durch die Kopplung auf die andere übertragen und vice versa.

Zur Berechnung der ortsabhängigen Amplituden $E_+(z)$ und $E_-(z)$ setzen wir voraus, dass ihre zweiten Ableitungen $d^2 E_\pm(z)/d^2 z$ vernachlässigbar sind. Durch Kombination von (7.1), (7.36) und (7.38) findet man das *Gleichungssystem der gekoppelten Wellen*

$$\frac{d}{dz}\begin{pmatrix} E_-(z) \\ E_+(z) \end{pmatrix} \cong \begin{pmatrix} -i[\Delta\omega(n/c) + i\alpha] & -i\varkappa \\ +i\varkappa & +i[\Delta\omega(n/c) + i\alpha] \end{pmatrix}\begin{pmatrix} E_-(z) \\ E_+(z) \end{pmatrix} \quad (7.40)$$

mit $\Delta\omega = (\omega - \omega_B)$,

$\qquad 2\varkappa = [(\Delta n/n)(\pi/L) + i\Delta\alpha]$.

Hier bezeichnet $\varkappa$ die *Kopplungskonstante*.

Die Eigenwerte $i\Delta\beta$ der Matrix, welche das Gleichungssystem (7.40) charakterisiert, berechnet sich aus folgender Gleichung

$$\det\begin{pmatrix} -i[\Delta\omega(n/c)+i\alpha+\Delta\beta] & -i\varkappa \\ +i\varkappa & +i[\Delta\omega(n/c)+i\alpha-\Delta\beta] \end{pmatrix} = 0$$

oder $\{\Delta\omega(n/c) + i\alpha\}^2 = \varkappa^2 + \Delta\beta^2$ \hfill (7.41)

mit $\Delta\beta = \beta - \beta_B$; $\Delta\omega = \omega - \omega_B$.

$\Delta\beta$ bestimmt einerseits die Abweichung der Fortpflanzungskonstanten β von β_B, andererseits die Periode $\Omega = 2\pi/\mathrm{Re}\Delta\beta$ der Modulation der Amplituden $E_\pm(z)$ durch die Kopplung. (7.41) repräsentiert die *Dispersionsrelation* in der Umgebung des Bragg- oder DFB-Effektes erster Ordnung, d. h. in der Nähe der Bragg-Fortpflanzungskonstanten $\beta_B = \pi/L$ und der Bragg-Kreisfrequenz ω_B. Diese Dispersionsrelation (7.41) entspricht der approximativen Dispersionsrelation (7.23) der Matrixtheorie. Auch sie ergibt für reine Brechungsindex-Modulation ($\Delta\alpha = 0$) ohne Verstärkung ($\alpha = 0$) eine *Frequenzlücke*

$$\omega(\beta_B) = \omega_B \pm (\Delta\omega_B/2) \text{ mit } \Delta\omega_B = 2(c/n)\,\varkappa, \hfill (7.42)$$

welche der Frequenzlücke $\Delta\omega_1$ der Matrix-Theorie gemäß (7.24) und Fig. 7.9 entspricht.

Die Dispersionsrelation (7.41) gilt für die unendliche periodische Laserstruktur. Dagegen werden die *Resonanzkreisfrequenzen* ω_q und *Schwellenverstärkungen* α_q durch die endliche Länge $R = ML$ und die Bedingungen an den Rändern der Laserstruktur mitbestimmt. M ist wie in Kapitel 7.3 die Anzahl Perioden der Laserstruktur und L die Periode. Hier wollen wir der Einfachheit halber annehmen, dass sich die Laserstruktur von $z = -R/2 = -ML/2$ bis $z = +R/2 = +ML/2$ erstreckt, und dass außerdem gilt [Kogelnik & Shank 1972]

$$E_-(-ML/2) = E_+(+ML/2) = 0. \hfill (7.43)$$

In der Literatur werden auch allgemeine Randbedingungen diskutiert [Streifer et al. 1975]. Die Randbedingungen (7.43) ergeben folgende Ortsabhängigkeit der Amplituden

$$E_-(z) = E_0 \sin \Delta\beta \{z + (ML/2)\}, \hfill (7.44)$$

$$E_+(z) = \pm E_0 \sin \Delta\beta \{z - (ML/2)\}.$$

Setzt man (7.44) im Gleichungssystem (7.40) der gekoppelten Wellen ein, so findet man mit $u = \Delta\beta ML/2$

$$\Delta\beta \sin u - i\left[\Delta\omega(n/c) + i\alpha\right]\cos u = \pm \, i\varkappa \cos u, \tag{7.45}$$
$$-\Delta\beta \cos u - i\left[\Delta\omega(n/c) + i\alpha\right]\sin u = \mp \, i\varkappa \sin u.$$

Die Kombination dieser beiden Gleichungen ergibt

$$\Delta\beta - \left[\Delta\omega(n/c) + i\alpha\right] = \pm \, \varkappa e^{+i2u}, \tag{7.46}$$
$$\Delta\beta + \left[\Delta\omega(n/c) + i\alpha\right] = \mp \, \varkappa e^{-i2u}.$$

Durch Addieren und Umformen der Gleichungen (7.46) erhält man die *Resonanzbedingung* zur Bestimmung des $\Delta\beta_q$ des q-ten DFB-Moden [Kogelnik & Shank 1972, Gl. 18]

$$\cos(2\Delta\beta_q ML) = 1 + 2(\Delta\beta_q/\varkappa)^2. \tag{7.47}$$

Die *Resonanzkreisfrequenz* $\Delta\omega_q$ und die *Schwellenverstärkung* α_q des q-ten DFB-*Moden* bestimmt man anhand des $\Delta\beta_q$ mit Hilfe der folgenden Beziehung, welche man aus den beiden Gleichungen (7.46) durch Subtraktion herleitet

$$\Delta\omega_q(n/c) + i\alpha_q = \mp \, \varkappa \cos(\Delta\beta_q ML) \tag{7.48}$$
$$= -i\Delta\beta_q \cot(\Delta\beta_q ML).$$

Da man die Resonanzbedingung (7.47) nicht analytisch lösen kann, sucht man *Näherungslösungen*, welche unter speziellen Verhältnissen gültig sind. Bekannt sind zwei Approximationen, eine für hohe, die andere für niedere Verstärkungen α.

a) Bei *hohen Verstärkungen* mit $\alpha \gg \varkappa$ ergibt sich aus der Dispersionsrelation (7.41)

$$\Delta\beta \simeq \Delta\omega(n/c) + i\alpha \quad \text{für} \quad \alpha \gg \varkappa. \tag{7.49}$$

Setzt man diese Näherung in die zweite Gleichung (7.46) ein, so erhält man

$$\alpha - i\Delta\omega(n/c) = \pm \, |\varkappa/2| e^{+\alpha ML} e^{-i[\Delta\omega(n/c)ML - \varphi_\varkappa - (\pi/2)]} \tag{7.50}$$

mit
$$\varkappa = |\varkappa| e^{i\varphi_\varkappa}.$$

$\varphi_\varkappa$ ist die Phase der Kopplungskonstanten $\varkappa$. In der Nähe der Bragg-Kreisfrequenz ω_B, d. h. für $\Delta\omega \ll \alpha c/n$, lässt sich aus (7.50) die folgende *Phasenbeziehung* herleiten

$$\Delta\omega_q(n/c)ML - \varphi_\varkappa - (\pi/2) = (q-1)\pi \quad \text{mit} \quad q = 0, \pm 1, \pm 2. \tag{7.51}$$

Diese Phasenbeziehung bestimmt die erlaubten Werte $\Delta\omega_q$ von $\Delta\omega$ und somit die *Resonanzkreisfrequenzen* ω_q und *Resonanzwellenlängen* λ_q der DFB-*Moden*

$$(nR/\pi c)\omega_q = M + q - 1/2 + \varphi_x/\pi \quad \text{mit} \quad q = 0, \pm 1, \pm 2, \ldots \quad (7.52)$$

und $\qquad\qquad R = (\lambda_q/2)\,[M + q - 1/2 + \varphi_x/\pi].$

Setzt man $M + q = r = 1, 2, 3, 4, \ldots$, so entspricht die zweite Formel abgesehen von der Phasenkorrektur der Resonanzbedingung eines Fabry-Perot-Resonators der Länge R. Für reine Brechungsindex-Modulation ist $\varphi_x = 0$, für reine Verstärkungs-Modulation $\varphi_x = \pi/2$. Somit liegt bei der Verstärkungs-Modulation der DFB-Mode mit $q = 0$ genau auf der Bragg-Kreisfrequenz ω_B. Die DFB-Moden mit Kreisfrequenzen ω_q in der Nähe der Bragg-Kreisfrequenz ω_B sind demnach durch kleine Werte von $|q|$ gekennzeichnet. Die *Schwellenverstärkungen* α_q lassen sich durch die Betrachtung der absoluten Beträge aus der Gleichung (7.50) ermitteln

$$\alpha_q^2 + \Delta\omega_q^2\,(n/c)^2 = |x/2|^2\,e^{+2\alpha_q ML}. \quad (7.53)$$

In der Nähe der Bragg-Kreisfrequenz ω_B, d. h. für kleine $|q|$ und $\Delta\omega_q \ll \alpha c/n$, lässt sich diese Gleichung (7.53) approximieren durch

$$\alpha_q \simeq \frac{(n/c)^2\,\Delta\omega_q^2}{2\alpha(\alpha ML - 1)} \quad \text{mit} \quad \alpha = |x/2|\,e^{\alpha ML}. \quad (7.54)$$

Diese Näherung zeigt, dass die *Schwellenverstärkung* α_q *nahe der Bragg-Kreisfrequenz* ω_B *und für kleine* $|q|$ *ein Minimum hat*, vorausgesetzt, dass

$$\alpha_0 LM \simeq \alpha LM > 1. \quad (7.55)$$

Für reine *Brechungsindex- und Verstärkungs-Modulationen bei hoher Verstärkung* sind die Resonanzkreisfrequenzen und die entsprechenden Schwellenverstärkungen in Fig. 7.14 dargestellt. Hier muss erwähnt werden, dass es sich dabei um Grenzfälle handelt.

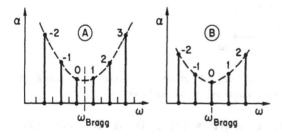

Fig. 7.14 Resonanzkreisfrequenzen ω_q und Schwellenverstärkungen α_q der reinen Brechungsindex(A)- und Verstärkungs(B)-Modulationen mit hoher Verstärkung

b) Zur Bestimmung der Resonanzkreisfrequenzen ω_q und der Schwellenverstärkungen α_q der DFB-Moden von periodischen Lasersystemen mit *niederen Verstärkungen* $\alpha_q \ll |\varkappa|$ benutzt man die Resonanzbedingung (7.47). Für *reine Brechungsindex-Modulationen* mit $\Delta\alpha = 0$ ergibt diese Gleichung für die $\Delta\beta_q$ in erster Näherung die Resonanzbedingung

$$\Delta\beta_q ML \simeq \pi q \, [1 + i(\varkappa ML)^{-1}] \tag{7.56}$$

mit $\qquad q = 0, \pm 1, \pm 2, \ldots; \quad \varkappa = (\Delta n/2n)\,(\pi/L)$.

Mit Hilfe von (7.56) lassen sich ω_q und α_q aus (7.41) und (7.48) bestimmen

$$\omega_q \approx \omega_B \pm (\Delta\omega_B/2)\cosh\left(\frac{\pi q}{\varkappa ML}\right), \tag{7.57}$$

$$\alpha_q ML \approx \left(\frac{\pi q}{\varkappa ML}\right)^2.$$

Dieses Ergebnis zeigt, dass bei reiner Brechungsindex-Modulation mit schwacher Verstärkung $\alpha \ll \varkappa$ *keine* DFB-*Moden innerhalb der Kreisfrequenzlücke* $\Delta\omega_B$ liegen. Zusätzlich lässt sich erkennen, dass die DFB-Moden nahe an den Rändern der Frequenzlücke $\Delta\omega_B$ die kleinsten Schwellenverstärkungen aufweisen. Diese Situation ist in Fig. 7.15 dargestellt. Demnach sollten die DFB-Moden am Rande der Frequenzlücke, d. h. diejenigen mit den kleinsten $|q|$, am stärksten oszillieren und die höchste Strahlungsleistung aufweisen. Dies ist ein Kennzeichen der linearen DFB-Theorien.

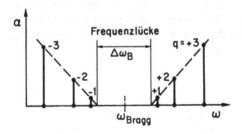

Fig. 7.15   Resonanzkreisfrequenzen ω_q und Schwellenverstärkungen α_q der reinen Brechungsindex-Modulationen mit niederer Verstärkung

Sowohl bei DFB-Halbleiterlasern [Haus 1975, Hill & Watanabe 1975, Szczepanski 1988] als auch bei DFB- und HFB-Gaslasern [Arnesson et al. 1989] treten jedoch Phänomene auf, welche auf eine *nichtlineare Verstärkung im Lasermedium* hinweisen. Dabei wird eine *Sättigung* der Verstärkung α für hohe Strahlungsintensitäten I beobachtet, welche oft wie folgt approximiert wird

$$\alpha(\vec{r}) = \frac{\alpha_0(\vec{r})}{1+[I(\vec{r})/I_S]},$$

wobei $\alpha_0(\vec{r})$ die Kleinsignalverstärkung γ gemäß (3.15) und $I(\vec{r})$ die Intensität am Ort $\vec{r}$ des Lasermediums bedeuten. I_S bezeichnet man als Sättigungsintensität.

Für DFB-Laser mit schwachen periodischen Brechungsindex-Modulationen ($|\varkappa|R < 1$) bewirkt die nichtlineare Verstärkung eine Verschiebung der Resonanzfrequenzen ν_q der DFB-Moden q [Hill & Watanabe 1975]. Dagegen hat sie bei starker Modulation ($|\varkappa|R \gg 1$), wie sie in DFB- und HFB-Gaslasern auftreten, praktisch keinen Einfluss auf die Resonanzfrequenzen ν_q. Jedoch beeinflusst sie die Laserstrahlungsleistung P in den verschiedenen DFB- oder HFB-Moden q [Arnesson et al. 1989]. Anstatt höchster Strahlungsleistung P in den Moden $|q| = 1$ am Rande der Frequenzlücke zeigen diese Laser ein Strahlungsleistungs-Maximum für die Moden $|q| = q_{max} > 1$ gemäß Fig. 7.16.

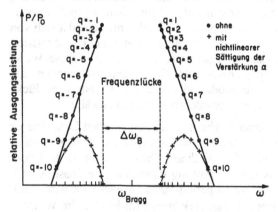

Fig. 7.16 Wirkung der nichtlinearen Verstärkung auf die Strahlungsleistung der Moden von DFB- und HFB-Lasern [Arnesson et al. 1989]

7.5 Strukturen mit Lücken

Am Ende des vorangehenden Kapitels 7.4 haben wir bemerkt, dass bei periodischen Laserstrukturen mit reiner Brechungsindex-Modulation ($\Delta\alpha = 0$) und niederer Verstärkung ($\alpha \ll \varkappa$) keine DFB-Moden innerhalb der Kreisfrequenzlücke $\Delta\omega_B$ auftreten. Dieses Phänomen wird durch Gleichung

(7.57) und Fig. 7.15 beschrieben. Wie in Kapitel 7.1 erwähnt, kann man DFB-*Moden innerhalb der Kreisfrequenzlücke* $\Delta\omega_B$ erzeugen, indem man eine *Lücke in die periodische Laserstruktur* einbaut. Eine solche Lücke der Länge D in der periodischen Wellenleiterstruktur eines DFB-Gaslasers ist in Fig. 7.2 illustriert. Wir haben bereits darauf hingewiesen, dass die DFB-Moden innerhalb der Kreisfrequenzlücke deshalb wichtig sind, weil sie im Vergleich zu denjenigen außerhalb eine stärkere DFB-Strahlungsrückkopplung und eine schmälere Bandbreite aufweisen [Bratman et al. 1983, Denisov & Reznikov 1983, Kim & Fonstad 1979, Shubert 1974, Wildmann et al. 1987]. Aus diesem Grund sind sie bei Halbleiterlasern von Interesse.

Die *theoretische Untersuchung* der Wirkung einer Lücke in einer periodischen Laserstruktur kann sowohl mit der Floquet-Matrix-Theorie (Kap. 7.3) als auch mit der Theorie der gekoppelten Wellen (Kap. 7.4) durchgeführt werden.

In der *Floquet-Matrix-Theorie* beschreibt man die periodische Laserstruktur durch eine Kette von Vierpolen, welche durch die Matrix A von Gleichung (7.12) gekennzeichnet sind. Diese Kette ist in den Fig. 7.5 und Fig. 7.9 abgebildet. Die Lücke in der periodischen Laserstruktur wird in dieser Theorie berücksichtigt durch Einschieben eines zusätzlichen Vierpols, welcher sich von den anderen untereinander identischen Vierpolen unterscheidet. Die Matrix A_D dieses zusätzlichen Vierpols unterscheidet sich von der Matrix A der übrigen identischen Vierpole der Kette und charakterisiert die Transmissionseigenschaften der Lücke der Länge D. Auf diese Weise können die Resonanzkreisfrequenzen und Schwellenverstärkungen der durch die Lücke bedingten DFB-Moden innerhalb der Kreisfrequenzlücke berechnet werden. Dieses Verfahren wurde jedoch selten gewählt.

Bis jetzt wurde die Wirkung einer Lücke in einer periodischen Laserstruktur fast ausschließlich anhand der *Theorie der gekoppelten Wellen* studiert [Shubert 1974, Wildmann et al. 1987]. In dieser Theorie kann man die Lücke durch eine entsprechende *Phasenverschiebung* darstellen. Die Phase $\Delta\beta_q ML$ des q-ten DFB-Modes der ungestörten periodischen Laserstruktur wird durch die Lücke um einen Phasensprung $\Delta\varphi_D$ verkleinert. Im Fall der im vorangehenden Kapitel 7.4 beschriebenen Laserstruktur mit harmonischer *reiner Brechungsindex-Modulation* ($\Delta n \neq 0$, $\Delta\alpha = 0$) *und niederer Verstärkung* ($\alpha \ll \varkappa$) können wir z. B. annehmen, dass in der Lücke der Länge D die Brechungsindex-Modulation, die Verstärkung und ihre Modulation wegfallen. Dann wird der Phasensprung φ_D beschrieben durch die Beziehung

$$\varphi_D = \beta D = \omega(n/c)D = 2\pi(D/\lambda_g) \text{ mit } \lambda_g = 2\pi c/\omega n \qquad (7.58)$$

für $\Delta n = \alpha = \Delta\alpha = 0$,

wobei λ_g die Wellenleiter-Wellenlänge der Lücke darstellt.

Dieser Phasensprung φ_D muss in die Resonanzbedingung (7.56) der ungestörten periodischen Laserstruktur eingebaut werden. Dadurch wird die Phase $\Delta\beta_q$ in Gleichung (7.56) umgewandelt in

$$\Delta\beta_q^* ML - \varphi_D \simeq \pi q\,[1 + i(\varkappa ML)^{-1}] \tag{7.59}$$

mit $\qquad\qquad q = 0, \pm 1, \pm 2, \ldots;\quad \varkappa = (\Delta n/2n)\,(\pi/L).$

Die entsprechenden *Resonanzkreisfrequenzen* ω_q^* und *Schwellenverstärkungen* α_q^* findet man durch Einsetzen dieser modifizierten Phase $\Delta\beta_q^* ML$ in (7.48). Dies ergibt anstelle von (7.57)

$$\omega_q^*(D) = \omega_q^*(D + \lambda_g/2) = \omega_B \pm (\Delta\omega_B/2)\cos\varphi_D \cosh\!\left(\frac{\pi q}{\varkappa ML}\right), \tag{7.60}$$

$$\alpha_q^*(D) = \alpha_q^*(D + \lambda_g/2) = \left| \varkappa \sin\varphi_D \sinh\!\left(\frac{\pi q}{\varkappa ML}\right)\right|.$$

Dieses Resultat zeigt, dass wegen $|\cos\varphi_D| \leq 1$ die durch die Lücke modifizierten DFB-Moden im Allgemeinen zum Teil *innerhalb der Kreisfrequenzlücke* $\Delta\omega_B$ liegen. Dies ist in Fig. 7.17 illustriert.

ω_q^* und α_q^* sind *periodisch in D* mit der Periode $\lambda_g/2$. Für $D = 0$ sind die Resonanzkreisfrequenzen $\omega_q^*(0)$ und ω_q von (7.57) identisch. Dagegen unterscheidet sich α_q^* von α_q aus (7.57), weil zur Berechnung von α_q eine höhere Näherung verwendet wurde.

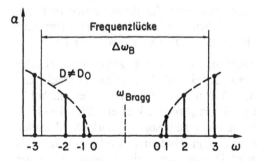

Fig. 7.17   Resonanzkreisfrequenzen ω_q^* und Schwellenverstärkungen α_q^* der durch eine Lücke der Länge D erzeugten „in-gap" DFB-Moden

Schließlich ist von Interesse, unter welchen Bedingungen die durch die Lücke bedingten DFB-Moden exakt mit der *Bragg-Kreisfrequenz* ω_B oszillieren. Diese Bedingungen lassen sich ebenfalls aus (7.60) herleiten. Das Resultat ist

$$\omega_q^*(D_0) = \omega_B,$$

$$\alpha_q^*(D_0) = \varkappa \sinh\left(\frac{\pi q}{\varkappa\, ML}\right), \hspace{2cm} (7.61)$$

$$D_0 = (\lambda_g/2)\left(p + \frac{1}{2}\right); \quad p = 0, \pm 1, \pm 2, \ldots,$$

$$\lambda_g = 2\pi c/n\omega_B.$$

Dieses Resultat wurde an einem DFB-Gaslaser experimentell bestätigt [Wildmann et al. 1987]. In diesem Fall oszillieren alle DFB-Moden mit unterschiedlichem q bei der Bragg-Kreisfrequenz ω_B. Sie sind *entartet*. Deswegen ist die Resonanz bei der Bragg-Kreisfrequenz ω_B für $D = D_0$ besonders stark.

7.6   Helix-Laserstrukturen

Nicht nur periodische Laserstrukturen zeigen eine dem Bragg-Effekt verwandte frequenzselektive Strahlungsrückkopplung, sondern auch Helix-Laserstrukturen mit der Symmetrie einer Schraube. Diese Rückkopplung unterscheidet sich jedoch vom „distributed feedback" oder DFB der periodischen Strukturen, indem ihre Resonanzbedingungen oft von den bekannten Bragg-Bedingungen etwas abweichen [Preiswerk et al. 1984]. Unter diesen Umständen fehlen in den Dispersionsrelationen verschiedener Helix-Strukturen die für die periodischen Strukturen charakteristischen Brillouin-Zonen, welche in Kapitel 7.3 beschrieben wurden. Man spricht dann nicht von „distributed feedback", sondern von *„helical feedback"* oder HFB.

Aufgrund einer Symmetriebetrachtung, d. h. einer gruppentheoretischen Analyse von Laserstrukturen, wurde der eigentliche „helical feedback" erstmals an einem optisch gepumpten 496 μm CH_3F-Laser mit einem hohlen Metallgewinde als Wellenleiter realisiert [Preiswerk et al. 1983, 1984]. Es zeigte sich, dass diese Art Rückkopplung eine besonders starke Modenselektion bewirkt. Bemerkenswert ist, dass zehn Jahre zuvor ein Laser anhand der eigentlichen „distributed feedback"-Theorie [Kogelnik & Shank 1972] konzipiert und realisiert wurde, der außer „distributed feedback" auch „helical feedback" aufweist. Es handelt sich um einen Laser [Goldberg & Schnur 1974], der aus einem cholesterischen flüssigen Kristall [de Gennes 1995] und einem Laserfarbstoff aufgebaut ist. Der Farbstoff wirkt als laseraktives Medium und der cholesterische flüssige Kristall als Helix-Wellenleiter. An diesem Laser wurde eine für „helical feedback" charakteristische zirkulare Polarisation der Emission beobachtet [Goldberg & Schnur 1974].

Wie erwähnt, basiert die Theorie des „helical feedback" weitgehend auf Gruppentheorie. Zur Einführung in „helical feedback" beschreiben wir den erwähnten *Laser aus Laserfarbstoff und cholesterischem flüssigem Kristall* mit der *Theorie der gekoppelten Wellen* [Kneubühl 1983, 1993]. Wegen der *Schraubensymmetrie* dieses Lasers müssen wir die charakteristische skalare Wellengleichung (7.1) der periodischen Laserstrukturen durch eine *vektorielle Wellengleichung* ersetzen

$$\frac{d^2}{dz^2}\vec{E} + K^2(\omega, z)\vec{E} = \vec{0},\tag{7.62}$$

wobei wir wieder annehmen, dass das Feld wie exp($+i\omega t$) oszilliert. Wesentlich bei dieser Wellengleichung ist, dass $K(\omega, z)$ und $K^2(\omega, z)$ *Tensoren* oder *Matrizen* darstellen. Für den diskutierten Laser gilt in guter Näherung

$$K(\omega, z) = K\left(\omega, z + \frac{S}{2}\right)$$

$$= \{(\omega n / c) + i\alpha\}E + \{(\omega n / c)(\Delta n / n)\}M(z)\tag{7.63}$$

mit den Matrizen

$$M(z) = M\left(z + \frac{S}{2}\right) = \begin{pmatrix} \cos(4\pi z/S) & \sin(4\pi z/S) & 0 \\ \sin(4\pi z/S) & -\cos(4\pi z/S) & 0 \\ 0 & 0 & 1 \end{pmatrix},$$

und $\quad M^2(z) = E = \begin{pmatrix} 1 & 0 & 0 \\ 0 & 1 & 0 \\ 0 & 0 & 1 \end{pmatrix}$,

wobei n den mittleren Brechungsindex, Δn die Anisotropie des Brechungsindex und S die Steigung der durch den cholesterischen flüssigen Kristall bestimmten optischen Wellenleiter bedeutet. Die konstante Verstärkung α repräsentiert den Laserfarbstoff. Somit charakterisiert (7.63) eine *reine Brechungsindex-Modulation* mit Helix-Symmetrie. Für cholesterische flüssige Kristalle typische Werte von $(\Delta n / n)$ sind von der Größenordnung 5 %.

Weil cholesterische flüssige Kristalle als optische Wellenleiter die *Symmetrie der symmetrischen Doppelhelix* [Kneubühl 1993, Preiswerk et al. 1984] aufweisen, enthalten sie *eine Periode L = S/2 entsprechend der halben Steigung S*. Diese Periode L erscheint in der Matrix $M(z)$ und dementsprechend in $K(\omega, z)$.

Maßgebend für die Wellengleichung (7.62) ist das Quadrat der Matrix $K(\omega, z)$. Für kleine Werte von Δn und α findet man

$$K^2 (\omega, z) = K^2 (\omega, z + L) = k_0^2 \, E + k_1^2 \, M(z) \tag{7.64}$$

mit $k_0^2 = \eta^{-2} (\omega n/c)^2 + 2i(\omega n/c) \, \alpha, \quad k_1^2 = 2(\omega n/c)^2 \, (\Delta n/n),$

$$L = S/2 = \pi/\beta_{\mathrm{B}}, \quad \eta = [1 + (\Delta n/n)^2]^{-1/2} \simeq 1,$$

$n \gg \Delta n$ sowie $n \gg (c/\omega)\alpha.$

Ohne Verstärkung ($\alpha = 0$) entspricht $K^2(\omega, z)$ dem Ansatz, welcher in der Optik der cholesterischen flüssigen Kristalle gemacht wird [de Gennes 1995]. β_{B} bezeichnet die *Bragg-Fortpflanzungskonstante* zur Periode L.

Die Lösung der charakteristischen Wellengleichung (7.62) oder Helix-Laserstrukturen mit dem Tensor $K^2(\omega, z)$ gemäß (7.64) erfolgt mit der *Theorie der gekoppelten Wellen*. Im Folgenden soll gezeigt werden, dass die *Dispersionsrelation* des Lasers aus Laserfarbstoff und cholesterischem flüssigen Kristall der Dispersionsrelation (7.41) von periodischen Laserstrukturen mit schwachen Brechungsindex-Modulationen entspricht. Da man zu diesem Zweck in der z-Richtung laufende, transversale Wellen betrachtet, müssen nur die transversalen Komponenten E_{x} und E_{y} des elektrischen Feldes in der Wellengleichung (7.62) berücksichtigt werden. E_{z} fällt außer Betracht. Ersetzt man die Komponenten E_{x} und E_{y} durch die komplexen Felder

$$E_\pm(z) = E_{\mathrm{x}}(z) \pm iE_{\mathrm{y}}(z), \tag{7.65}$$

so lässt sich das durch (7.62) und (7.64) definierte Gleichungssystem umformen in folgende Gleichungen

$$-\frac{\mathrm{d}^2}{\mathrm{d}z^2} E_+(z) = k_0^2 \, E_+(z) + k_1^2 \, \mathrm{e}^{i2\beta_{\mathrm{B}}z}E_-(z),$$

$$-\frac{\mathrm{d}^2}{\mathrm{d}z^2} E_-(z) = k_1^2 \, \mathrm{e}^{-i2\beta_{\mathrm{B}}z}E_+(z) + k_0^2 \, E_-(z). \tag{7.66}$$

In diesen Gleichungen *koppelt* k_1^2 die beiden Komponenten $E_\pm(z)$, welche Wellen entsprechen. Deshalb löst man das Gleichungssystem (7.66) durch den Ansatz

$$E_\pm(z) = E_\pm^0 \, \mathrm{e}^{-i\Delta\beta z}\mathrm{e}^{\pm i\beta_{\mathrm{B}}z}. \tag{7.67}$$

Das negative Vorzeichen steht für eine nach rechts laufende Welle, das positive für eine nach links laufende. $\Delta\beta$ bestimmt die Periode $\Omega = 2\pi/\Delta\beta$ der durch die Kopplung bedingten Modulation der Wellen. Einsetzen von (7.67) in (7.66) resultiert in folgenden homogenen linearen Gleichungen für die Amplituden $E_\pm^0$

$$\{(\beta_{\mathrm{B}} - \Delta\beta)^2 - k_0^2\}E_+^0 - k_1^2 E_-^0 = 0,$$

$$-k_1^2 E_+^0 + \{(\beta_{\mathrm{B}} + \Delta\beta)^2 - k_0^2\}E_-^0 = 0. \tag{7.68}$$

Damit von null verschiedene Lösungen für die Amplituden E^0 existieren, muss die Determinante dieses Gleichungssystems verschwinden. Diese Forderung ergibt die *Dispersionsrelation*

$$(\Delta\beta)^4 - 2\Delta\beta^2[k_0^2 + \beta_B^2] + [k_0^2 - \beta_B^2]^2 = k_1^4. \tag{7.69}$$

Hier ist zu beachten, dass k_0 und k_1 gemäß (7.64) Funktionen der Kreisfrequenz ω sind. Somit bestimmt (7.69) den Zusammenhang zwischen der Fortpflanzungskonstanten $\beta = \beta_B + \Delta\beta$ und ω.

Vernachlässigt man bei dem durch (7.64) definierten k_0 die Verstärkung α, so repräsentiert (7.69) die *optische Dispersionsrelation des reinen cholesterischen flüssigen Kristalls* [de Gennes 1995], die in Fig. 7.18 dargestellt ist. Auch sie zeigt eine *Kreisfrequenzlücke* $\Delta\omega_B$ bei der *Bragg-Bedingung* $\beta = \beta_B$. Wichtig sind dabei folgende Kreisfrequenzen

$$\omega_B = (\pi c/\eta n L) = (c/\eta n)\,\beta_B, \tag{7.70}$$

$$\omega_\pm = [1 \mp (\Delta n/n)]^{-1}\,(\pi c/nL),$$

$$\Delta\omega_B = \omega_+ - \omega_- \simeq 2\eta^{+3}(\Delta n/n)\,\omega_B.$$

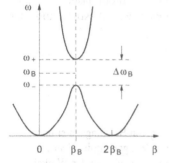

Fig. 7.18
Optische Dispersionsrelation eines cholesterischen flüssigen Kristalls

Die *Dispersionsrelation des Lasers aus Laserfarbstoff und cholesterischem flüssigen Kristall* zeigt mit $\alpha \neq 0$ *bei der Bragg-Bedingung* $\beta \simeq \beta_B$ die *typische Form der Dispersionsrelation* (7.41) *einer periodischen Laserstruktur mit schwacher Brechungsindex-Modulation* [Kneubühl 1983, 1993]

$$\{\Delta\omega(\eta n/c) + i\eta^{-1}\alpha\}^2 \simeq \eta^{-4}\beta_B^2\,(\Delta n/n)^2 + \Delta\beta^2 \tag{7.71}$$

mit $\Delta\beta = \beta - \beta_B$ und $\Delta\omega = \omega - \omega_B$.

Diese Formel wurde aus (7.69) hergeleitet unter der Annahme, dass $|\Delta\omega| \ll \omega_B$, $|\Delta\beta| \ll \beta_B$. Sie demonstriert, dass Helix-Laserstrukturen ebenfalls Strahlungsrückkopplungen aufweisen, die *mit dem Bragg-Effekt verwandt* sind.

7.7   „Grazing-incidence"-Laser

Wie in Kapitel 7.1 erwähnt, sind die in Fig. 7.3 schematisch dargestellten „grazing-incidence"-Laser verwandt mit den periodischen Laserstrukturen. Diese Verwandtschaft wurde [Wildmann et al. 1987] anhand eines optisch gepumpten 496 µm CH_3F-Lasers mit einem Wellenleiter in „grazing-incidence"-Anordnung theoretisch und experimentell überprüft. Von praktischer Bedeutung sind die „grazing-incidence"-Farbstofflaser [Dinev et al. 1980, Littman 1978, Littman & Metcalf 1978, Saikan 1978, Shoshan et al. 1977]. Fig. 7.3 zeigt, dass die Wellenlänge λ der Emission der „grazing-incidence"-Laser durch Rotation des drehbaren ebenen Spiegels abgestimmt werden kann, während das Beugungsgitter unter streifendem Einfall fixiert bleibt. Im Gegensatz zu anderen Farbstofflasern, bei denen die Wellenlängen-Abstimmung mit einem Beugungsgitter in der bekannten Littrow-Anordnung [Kneubühl 1969] bewerkstelligt wird, benötigen die „grazing-incidence"-Farbstofflaser *keine Strahlaufweitung*. Dies ergibt in der Praxis erhebliche Vorteile, wie z. B. kein teures achromatisches Teleskop, billiges schmales Beugungsgitter, einfache Abstimmung und kompakte Konstruktion. Halbleiterlaser mit externer Kavität, englisch „external cavity diode laser (ECDL)", benutzen u. a. ebenfalls eine *Littman-Anordnung* zur Abstimmung der Emissionswellenlänge (s. Kap. 14.2.6).

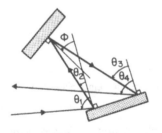

Fig. 7.19
Littman-Anordnung von Beugungsgitter und drehbarem Spiegel des „grazing-incidence"-Lasers mit Angabe der maßgebenden Winkel φ und θ_k

Um das *Konzept* der „grazing-incidence"-Laser zu verstehen, betrachtet man den Durchgang eines Lichtstrahls durch die entsprechende in Fig. 7.19 illustrierte Anordnung. Dabei ist zu bemerken, dass der Abstand des drehbaren Spiegels vom Beugungsgitter viele Wellenlängen λ beträgt, sodass man mit *Fraunhofer-Beugung* rechnen kann. Die maßgebenden Gleichungen für die Beugung am Gitter der Anordnung von Fig. 7.19 lauten [Born 2004, Born & Wolf 1999, Kneubühl 1969]

$$m\lambda = L\,(\sin\,\theta_1 + \sin\,\theta_2); \quad m'\lambda = L\,(\sin\,\theta_3 + \sin\,\theta_4) \qquad (7.72)$$

mit $\theta_2 + \theta_3 = 2\varphi; \quad m, m' = 0, \pm1, \pm2, \ldots$

L ist die Periode des Beugungsgitters, m und m' kennzeichnen die Ordnungen der Beugung. Die Laser-Wellenlänge λ_L wird bestimmt durch die Forderung, dass θ_1 und θ_4 gleich sind. Verlangt man zusätzlich optimales Funktionieren der „grazing-incidence"-Anordnung durch die Bedingung, dass die Beugungsordnungen m und m' identisch sind, so findet man die *Resonanzbedingung* für die Laser-Wellenlänge λ_L

$$\lambda_L = (L/m)\,(\sin\theta_0 + \sin\varphi) \tag{7.73}$$

mit $\quad \theta_0 = \theta_1 = \theta_4;\quad \varphi = \theta_2 = \theta_3;\quad m = m' = 0, \pm1, \pm2, \dots$

Nehmen wir an, dass der drehbare Spiegel und das Beugungsgitter parallel sind ($\varphi = 0$), so finden wir für einen Lichtstrahl, der parallel zum Spiegel und zum Gitter ($\theta_0 = \pi/2$) einfällt, die Resonanzbedingung

$$L = m\lambda_L = 2m\,(\lambda_L/2) \tag{7.74}$$

für $\quad \varphi = 0;\quad \theta_0 = \pi/2;\quad m = 0, \pm1, \pm2, \dots$

Die für (7.74) geltenden Voraussetzungen $\varphi = 0$ und $\theta_0 = \pi/2$ ergeben eine Anordnung von Spiegel und Gitter, welche einem periodischen Wellenleiter eines „distributed-feedback"-Lasers entspricht. Gemäß der Resonanzbedingung (7.74) repräsentiert die m-te Beugungsordnung beim „grazing-incidence"-Laser die $2m$-te Ordnung Bragg-Effekt beim „distributed-feedback"-Laser [Wildmann et al. 1987].

Bei der optimalen Konstruktion des „grazing-incidence"-Lasers ist die *Linienbreite* $\delta\lambda_L$ der Resonanz (7.73) gegeben durch das *Auflösungsvermögen*

$$R_G = \lambda_L/\delta\lambda_L = (\pi/2)\,M\,|m| \tag{7.75}$$

mit $\quad m = 0, \pm1, \pm2, \dots,$

wobei M die Anzahl der effektiv benutzten Gitterperioden L angibt. Dieses Auflösungsvermögen R_G entspricht demjenigen aller Beugungsgitter [Born 2004, Born & Wolf 1999, Kneubühl 1969].

Referenzen zu Kapitel 7

Abramowitz, M.; Stegun, I. A. (1972): Handbook of Mathematical Functions, 10th printing. John Wiley, N. Y.

Affolter, E.; Kneubühl, F. K. (1979): Phys. Lett. **74A**, 407

Affolter, E.; Kneubühl, F. K. (1981): IEEE J. Quantum Electron. **QE-17**, 1115

Alonso, M.; Finn, E. J. (2005): Quantenphysik und statische Physik, 4. Aufl. Oldenbourg, München

Alonso, M.; Finn, E. J. (2000): Physik, 3. Aufl. Oldenbourg, München

Arnesson. J.; Cui, D.; Gnepf, S.; Kneubühl, F. K. (1989): Appl. Phys. **B49**, 1; Opt. Comm. **70**, 421

Ashcroft. N. W.; Mermin, N. D. (2005): Solid State Physics. 31st print. Brooks/Cole, South Melbourne

Batterman, B. W.; Cole, H. (1964): Rev. Mod. Phys. **36**, 681

Bergmann, L.; Schaefer, C. (2004): Lehrbuch der Experimentalphysik, Bd. III, Optik, 10. Aufl. de Gruyter, Berlin

Bethe, H.; Sommerfeld, A. (1967): Elektronentheorie der Metalle. Springer, Berlin

Bor, Z. (1980): IEEE J. Quantum Electron. **QE-16**, 517

Bor, Z.; Racz, B.; Schäfer, F. B. (1982): Appl. Phys. **B27**, 9 & 77

Bor, Z.; Müller, A. (1986): IEEE J. Quantum Electron. **QE-22**, 1524

Born, M. (2004): Optik: Ein Lehrbuch der Elektromagnetischen Lichttheorie, 4. Aufl. Springer, Berlin

Born, M.; Wolf, E. (1999): Principles of Optics, 7th rev. ed.. Pergamon Press, Oxford

Bratman, V. L.; Denisov, G. G.; Ginsburg, N. S.; Petelin, M. I. (1983): IEEE J. Quantum Electron. **QE-19**, 282

Brillouin, L. (1931): Die Quantenstatistik und ihre Anwendung auf die Elektronentheorie der Metalle. Springer, Berlin

Brillouin, L. (1953): Wave Propagation in Periodic Structures, 2nd ed. Dover Publications, N. Y.

Brundage, R. T.; Yen, W. M. (1985): Applied Optics **24**, 3687

de Gennes, P. G. (1995): The physics of liquid crystals, 2nd ed. Clarendon, Oxford

Denisov, G. G.; Reznikow, M. G. (1983): Soviet Phys.: Radio Phys. Quant. El. **25**, 407

Dinev, S. G.; Koprinkov, I. G.; Stamenov; K. V.; Stankov, K. A. (1980): Opt. Comm. **32**, 313

Elachi, C. (1976): Proc. IEEE **64**, 1666

Feldtkeller, R. (1976): Einführung in die Vierpoltheorie der elektrischen Nachrichtentechnik, 8. Aufl., Hirzel, Stuttgart

Feng, J.; Kneubühl, F. K. (1995): Advanced Electromagnetism: Foundations Theory and Applications, **Ch. 5**, 411–463. World Scientific, Singapore

Gnepf, S.; Kneubühl, F. K. (1984): Int. J. IR and mmWaves **5**, 667

Gnepf, S.; Kneubühl, F. K. (1986): Infrared and Millimeter Waves (ed. K. J. Button), Vol. 16, chapter 2. Academic Press, N. Y.

Goldberg, L. S.; Schnur, J. M. (1974): Tunable International-Feedback Liquid Crystal-Dye Laser, US Patent 3.771.065 (9. 8. 72), CA 80, 21324a

Harvey, K. C.; Myatt, C. J. (1991): Optics Letters **16**, 910

Haus, H. A. (1975): Appl. Opt. **14**, 2650

Hellwege, K. H. (1988): Einführung in die Festkörperphysik, 3. Aufl., Springer, Berlin

Hill, K. O.; Watanabe, A. (1975): Appl. Opt. **14**, 950

Kangas, K. W.; Lowenthal, D. D.; Muller III, C. H. (1989): Optics Letters **14**, 21

Kim, S. H.; Fonstad, C. G. (1979): IEEE J. Quantum Electron. **QE-15**, 1405

Kittel, Ch. (1983): Einführung in die Festkörperphysik, 6. Aufl., Oldenbourg, München

Klein, V. M.; Furtak, T. E. (1988): Optik. Springer, Berlin

Kneubühl, F. K. (1969): Appl. Optics **8**, 505

Kneubühl, F. K. (1983): Infrared Phys. **23**, 115

Kneubühl, F. K. (1993): Theories on Distributed Feedback Lasers. Harwood Acad. Publ., Chur

Kneubühl, F. K. (1997): Oscillations and Waves. Springer, Berlin

Kogelnik, H.; Shank, C. V. (1971): Appl. Phys. Lett. **18**, 152

Kogelnik, H.; Shank, C. V. (1972): J. Appl. Phys. **43**, 2327

Kopitzki, K. (2004): Einführung in die Festkörperphysik, 5. Aufl., Teubner, Stuttgart

Kronig, R. L.; Penney, W. G. (1931): Proc. Roy.-Soc. London, Ser. A **130**, 499

Littman, M. G. (1978): Opt. Lett. **3**, 138

Littman, M. G.; Metcalf, H. J. (1978): Appl. Opt. **17**, 2224

Ludwig, W. (1978): Festkörperphysik I & II, 2. Aufl., Akademische Verlagsges., Frankfurt a/M

Magnus, W.; Winkler, S. (2004): Hill's Equation, corr. republ., Dover Publications, Mineola, N. Y.

Marcuse, D. (1972): IEEE J. Quantum Electron. **QE-8**, 661

Marcuse, D. (1991): Theory of Dielectric Optical Waveguides, 2nd ed. Academic Press, Boston

McKean, H. P.; Trubowitz, E. (1976): Comm. pure appl. Math. **XXIX**, 143

Meiman, N. N. (1977): J. Math. Phys. **18**, 834

Meissner, E. (1918): Schweizerische Bauzeitung, **72**, 95

Möller, K. D. (2006): Optics, 2nd ed. Springer, New York

Morse, P. M. (1930): Phys. Rev. **35**, 1310

Nakamura, N.; Yariv, A.; Yen, H. W. (1973): Appl. Phys. Lett. **22**, 515

Preiswerk, H. P.; Lubanski, M.; Gnepf, S.; Kneubühl, F. K. (1983): IEEE J. Quantum Electron. **QE-19**, 1452

Preiswerk, H. P.; Lubanski, M.; Kneubühl, F. K. (1984): Appl. Phys. **B33**, 115

Saikan, S. (1978): Appl. Phys. **17**, 41

Shoshan, I.; Danon, N. N.; Oppenheim, U. P. (1977): J. Appl. Phys. **48**, 4495

Shubert. R. (1974): J. Appl. Phys. **45**, 209

Streifer, W.; Burnham, R. D.; Scifres, D. R. (1975): IEEE J. Quantum Electron. **QE-11**, 154

Strutt, M. J. O. (1932): Lamésche, Matthieusche und verwandte Funktionen in Physik und Technik. Ergebnisse der Mathematik und ihrer Grenzgebiete, **1**, Heft 3

Strutt, M. J. O. (1934): Nieuw Arch. Wisk. **18**, 31

Strutt, M. J. O. (1949): Proc. Roy. Soc. Edinburgh, **62**, 278

Szczepanski, P. (1988): IEEE J. Quantum Electron. **QE-27**, 1248; J. Appl. Phys. **63**, 4854

Wang, S. (1973): J. Appl. Phys. **44**, 767

Wang, S. (1974a): IEEE J. Quantum Electron. **QE-10**, 413

Wang, S. (1974b): Wave Electron. **1**, 31

Wildmann, D.; Gnepf, S.; Kneubühl, F. K. (1987): Appl. Phys. **B42**, 129

Yariv, A. (1973): IEEE J. Quantum Electron. **QE-9**, 919

Yeh, P.; Yariv, A.; Hong, Chi-Shain (1977): J. Opt. Soc. Am. **67**, 423

Zwillinger, D. (1997): Handbook of Differential Equations, 3rd ed. Academic Press, San Diego

8   Moden-Selektion

In Spiegelresonatoren unterscheiden sich die verschiedenen *longitudinalen Moden* TEM_{00q} ($q \gg 1$) und meistens auch die *transversalen Moden* $\text{TEM}_{p\ell q}$ ($q \gg 1$, $p\ell \neq \infty$) oder TEM_{mnq} ($q \gg 1$, $mn \neq \infty$) in ihrer Frequenz (vgl. Kap. 5). Der *Frequenzabstand* $\Delta v_{q+1,q}$ benachbarter longitudinaler Moden beträgt $c/2L$, wobei L die Resonatorlänge bedeutet. Für $L = 10$ cm wird $\Delta v_{q+1,q} = 1{,}5$ GHz, für $L = 1$ m ist $\Delta v_{q+1,q} = 150$ MHz. Der Frequenzabstand höherer transversaler Moden $\text{TEM}_{p\ell q}$ oder TEM_{mnq} vom Grundmode TEM_{00q} ist von derselben Größenordnung. Die *Linienbreite* der Verstärkung eines laseraktiven Mediums ist demgegenüber meist erheblich größer. Sie beträgt beispielsweise für Gaslaser aufgrund der Doppler- bzw. Druckverbreiterung (vgl. Kap. 4.5 bzw. 4.4) einige GHz im optischen Bereich, für Farbstofflaser (vgl. Kap. 13) oder Festkörperlaser (vgl. Kap. 15) ist sie beträchtlich größer. Aus diesem Grunde liegen meist viele Moden innerhalb des Verstärkungsprofiles des Lasermediums, wie Fig. 8.1 zeigt.

Die Verluste $\alpha(v)$ können innerhalb eines engen Frequenzbereiches als konstant angenommen werden. Somit ist auch die in Fig. 8.1 eingezeichnete *Schwellenverstärkung* γ_{thr} (vgl. Gl. (3.21)) unabhängig von der Frequenz v. Alle Resonatormoden mit einer Verstärkung $\gamma > \gamma_{\text{thr}}$ können prinzipiell anschwingen. Allerdings muss hier zwischen inhomogen und homogen ver-

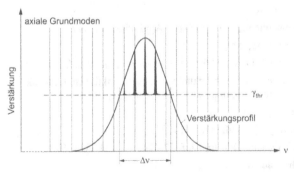

Fig. 8.1
Longitudinale Moden innerhalb des Verstärkungsprofils des Lasermediums

breiterter Verstärkung differenziert werden (vgl. Kap. 8.2). Der zeitliche Verlauf der Laseremission hängt von den Amplituden, Frequenzen und Phasen der angeregten Moden ab. Statistische Phasenfluktuationen bewirken eine zeitlich unkontrollierte Emission.

8.1 Transversale Modenselektion

Höhere transversale Moden $TEM_{p\ell q}$ mit p und/oder $\ell \neq 0$ haben nicht nur höhere Frequenzen als die entsprechenden Grundmoden TEM_{00q}, sondern sie weisen auch ausgedehntere Feldquerschnitte und daher größere *Beugungsverluste* auf (vgl. Kap. 5). Der Laserbetrieb im TEM_{00}-Mode ist daher relativ einfach zu erreichen. In Fig. 8.2 ist das Verhältnis der Beugungsverluste des TEM_{10}- und des TEM_{00}-Modes für Resonatoren mit identischen, sphärischen Spiegeln mit Krümmungsradius R in Abhängigkeit von der Fresnelzahl $F = a^2/(\lambda L)$ und des Resonatorparameters $g = 1 - L/R$ dargestellt.

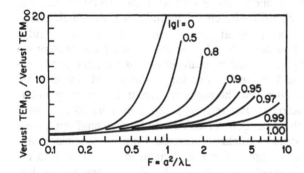

Fig. 8.2   Verhältnis der Beugungsverluste transversaler Moden [Li 1965]

Wie aus der Figur ersichtlich, ist der konfokale Resonator ($g = 0$) am günstigsten in Bezug auf eine transversale Modenselektion, denn der nächsthöhere TEM_{10}-Mode weist bereits wesentlich höhere Beugungsverluste auf verglichen mit dem TEM_{00}-Mode. Am ungünstigsten in dieser Hinsicht ist der Fabry-Perot-Resonator ($g = 1$), wie in Gl. (5.48) gezeigt wurde.

Für die meisten Laseranwendungen wird der Betrieb im TEM_{00q}-Mode gefordert. Dies ist beispielsweise für die Lasermaterialbearbeitung wegen der besseren Fokussierbarkeit von Bedeutung. Die Unterschiede in den Beugungsverlusten der einzelnen transversalen Moden werden zur Erfüllung dieser Forderung meist auf eine der folgenden zwei Arten ausgenützt:

a) Die Einführung einer *Lochblende* an eine Stelle der Resonatorachse bewirkt eine zusätzliche Dämpfung für die ausgedehnteren, höheren transversalen Moden. Der Lochdurchmesser ist dem Strahlengang des TEM_{00}-Modes anzupassen. Bei dieser einfachen Methode ist aber auch eine leichte Erhöhung der Verluste für den TEM_{00}-Mode unvermeidlich.

b) Bei Verwendung eines *instabilen* Resonators (vgl. Kap. 5.2) kann ebenfalls eine transversale Modenselektion erhalten werden, weil nur der Grundmode relativ kleine Verluste aufweist. Allerdings hat der Ausgangsstrahl einen ringförmigen Querschnitt, was nicht immer günstig ist. Instabile Resonatoren werden in Hochleistungslasern, hauptsächlich im IR-Spektralbereich verwendet, z. B. in TEA-CO_2-Lasern (vgl. Kap. 12.6.2).

8.2   Longitudinale Modenselektion

8.2.1   Prinzip

Wenn man Lasertätigkeit in einem einzigen transversalen Mode erreicht hat, kann der Laser immer noch auf zahlreichen longitudinalen Moden gleichzeitig oszillieren. Da sich diese in ihrem Feldquerschnitt nicht unterscheiden sondern nur in ihrer Frequenz, ist der *Monomodenbetrieb* wesentlich schwieriger und aufwendiger in seiner Realisierung als im Falle der transversalen Moden. Für das Verständnis der longitudinalen Modenselektion muss zwischen inhomogener und homogener Linienverbreiterung unterschieden werden (vgl. Kap. 4). Bei rein *inhomogenem* Verstärkungsprofil besteht kein „Wettbewerb" unter den verschiedenen Moden, englisch „mode competition". Dies ist darauf zurückzuführen, dass die im Resonator hin- und herlaufende Strahlung immer nur mit derjenigen Gruppe der laseraktiven Spezies in Wechselwirkung steht, die bei der entsprechenden Resonanzfrequenz zum Verstärkungsprofil beiträgt. Bei intensiver Strahlung tritt aufgrund der Sättigung das Phänomen des „hole burning" auf (vgl. Kap. 4.7). Da die einzelnen Resonatormoden verschiedene Molekülgruppen für die Verstärkung benützen, kann der Laser auf allen Moden, die sich innerhalb des Verstärkungsprofils oberhalb der Schwellenverstärkung γ_{thr} befinden, simultan oszillieren (vgl. Fig. 8.1).

Anders präsentiert sich die Situation bei einem *homogenen* Verstärkungsprofil. In diesem Fall ist die Strahlung des einen Resonatormodes, welcher aufgrund seiner maximalen Verstärkung zunächst oszilliert, in Wechselwirkung mit *allen* Molekülen, die zum Verstärkungsprofil beitragen. Eine Sättigung bewirkt eine gesamthafte Reduktion der Verstärkung, d. h. es findet kein „hole burning" im Frequenzraum statt. Man hat „mode competition" mit dem Resultat, dass der Laser weiterhin auf dem ursprünglichen Resonatormode oszilliert, weil bei dessen Frequenz die Netto-Verstärkung, d. h. Verstärkung minus die Resonatorverluste, nach wie vor größer ist als für die Nachbarmoden. Aufgrund dieser Überlegung würde man für ein Lasermedium mit homogenem Verstärkungsprofil automatisch Monomodenbetrieb erwarten. Trotzdem beobachtet man auch in diesem Fall wie beim inhomogenen Linienprofil simultane Laseroszillation von mehreren Moden. Dieses Phänomen kann aufgrund des *räumlichen* „hole burning" verstanden werden [Tang et al. 1963], wie es in Fig. 8.3 dargestellt ist.

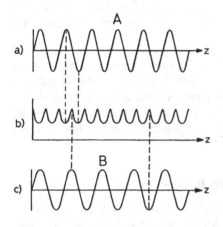

Fig. 8.3
Räumliches „hole burning":
 a) Elektrische Feldstärke eines longitudinalen Modes A,
 b) Räumliche Verstärkungsmodulation aufgrund der Sättigung durch Mode A,
 c) Elektrische Feldstärke des benachbarten Modes B
[Smith 1972]

Da im üblichen Laserresonator die Moden stehenden Wellen entsprechen, wird ein einzelner Mode, z. B. Mode A in Fig. 8.3, nicht die Verstärkung des ganzen Volumens des laseraktiven Mediums sättigen. Die ungesättigten räumlichen Bereiche in den Knoten der elektrischen Feldstärke (vgl. Fig. 8.3b), können für einen benachbarten Mode mit leicht verschiedener Frequenz, z. B. Mode B in Fig. 8.3c, innerhalb des homogenen Verstärkungsprofils genügend Verstärkung liefern, sodass dieser Mode ebenfalls oszillieren kann.

Um *Monomodenbetrieb* eines Lasers zu erhalten, sind folglich sowohl bei inhomogen wie homogen verbreitertem Verstärkungsprofil des aktiven Mediums spezielle Maßnahmen zur *longitudinalen Modenselektion* erforderlich. Dafür gibt es grundsätzlich zwei Möglichkeiten. Entweder kann der Modenabstand $c/(2L)$ größer als die Halbwertsbreite des Verstärkungsprofils gemacht werden oder die Verstärkung eines bzw. die Verluste für alle anderen Moden können so stark erhöht werden, dass nur noch dieser eine Mode oszilliert.

8.2.2   Reduktion der Resonatorlänge

Eine Reduktion der Resonatorlänge L bewirkt eine Vergrößerung des longitudinalen Modenabstandes $c/(2L)$. Es kann damit oft erreicht werden, dass nur noch ein longitudinaler Mode eine Nettoverstärkung erfährt. Allerdings muss auch ein Verlust an Laserleistung in Kauf genommen werden. Für einen He-Ne-Laser mit einer typischen Dopplerbreite $\Delta \nu_D$ der Verstärkung von 1,5 GHz muss L auf rund 10 cm reduziert werden. Die Einstimmung des oszillierenden Modes auf das Zentrum des Verstärkungsprofils wird durch eine Feinabstimmung der Resonatorlänge L erreicht. Da $\Delta \nu/\nu \simeq 3.5 \cdot 10^{-6}$, muss $\Delta L/L$ auf rund $3.5 \cdot 10^{-7}$ stabil gehalten werden, damit sich die Frequenz des oszillierenden Modes um max. 10 % aus der Linienmitte verlagert.

Es soll hier noch erwähnt werden, dass auch die umgekehrte Situation bestehen kann wie beispielsweise bei Submillimeterwellen-Gaslasern (vgl. Kap. 12.8). In jenem Fall beträgt die Dopplerbreite $\Delta \nu_D$ des Verstärkungsprofils nur 1 bis 2 MHz und ist somit wesentlich kleiner als der Modenabstand $c/2L$. Die Länge L muss daher abgestimmt werden, um überhaupt Laseremission zu erhalten.

8.2.3   Interferometer innerhalb des Resonators

Diese Methoden basieren auf der Einführung *frequenzabhängiger Verluste*, sodass im günstigsten Fall nur ein Mode die Schwellenverstärkung überschreitet. Aufgrund der höheren Effizienz und Selektivität werden die Interferometer meist innerhalb des Resonators angebracht. Fig. 8.4 zeigt eine Anzahl verschiedener Möglichkeiten.

Für einen optimalen Monomodenbetrieb sollten die Bereiche minimaler Verluste möglichst schmal und die entsprechenden Verluste möglichst klein sein (vgl. Fig. 8.4B). Von den dargestellten Konfigurationen sollen nur die beiden am meisten benützten kurz diskutiert werden.

a) *Resonator mit verkipptem Fabry-Perot-Etalon.* Planparallele Platten aus durchsichtigem Material, z. B. Quarzglas, mit verspiegelten Oberflächen, werden Etalons genannt. Ein solches Etalon weist frequenzabhängige, periodische *Transmissionsmaxima* bzw. Verlustminima auf (vgl. Fig. 8.4iii). Der Frequenzabstand $\Delta \nu_{max}$ benachbarter Transmissionsmaxima ist gegeben durch [Hecht 2005, Klein & Furtak 1988]

$$\Delta \nu_{max} = \frac{c}{2d(n^2 - \sin^2 \theta)^{1/2}},$$ (8.1)

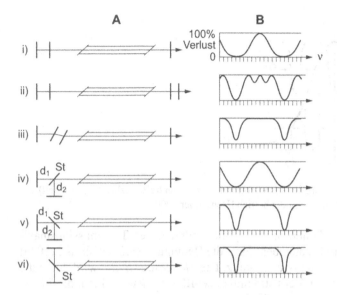

Fig. 8.4   Verschiedene Interferometer-Anordnungen zur longitudinalen Modenselektion.
Kolonne A: Geometrische Konfiguration (St: Strahlteiler).
Kolonne B: Verluste (0 bis 100 %) pro Umlauf im Resonator mit idealen optischen Elementen. Die Modenfrequenzen im Abstand $c/(2L)$ für die entsprechenden Resonatoren mit einem einfachen Endreflektor sind ebenfalls angedeutet.
i) Fabry-Perot (FP)-Reflektor [Kleinmann & Kisliuk 1962]; ii) Mehrfach FP-Reflektor; iii) FP-Etalon [Collins & White 1963, Manger & Rhote 1963]; iv) Michelson [Kolomnikov et al. 1967]; v) Fox-Smith [Smith 1965]; vi) Modifiziertes Fox-Smith

wobei c die Lichtgeschwindigkeit, d die Dicke (≈ 1 cm) und n der Brechungsindex des Etalons und θ der Neigungswinkel der Etalonnormalen gegenüber der Resonatorachse bedeuten. Die Etalondicke d wird so gewählt, dass der Abstand $\Delta\nu_{max}$ größer als die halbe Breite $|\nu_1 - \nu_2|/2$ des Verstärkungsprofils über der Schwellenverstärkung inkl. Etalon ist (vgl. Fig. 8.5).

Mit Hilfe des einstellbaren Winkels θ wird erreicht, dass die Frequenz ν_{max} bzw. die Wellenlänge λ_{max} eines Transmissionsmaximums mit derjenigen eines Resonatormodes zusammenfällt gemäß

$$\lambda_{max} = \frac{2d}{m} (n^2 - \sin^2 \theta)^{1/2} = 2L/q, \tag{8.2}$$

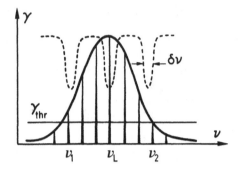

Fig. 8.5   Verstärkungsprofil, Resonatormoden und spektrale Verluste (gestrichelt) des Etalons für Monomodenbetrieb [Demtröder 2000]

wobei die ganzen Zahlen m und q die Ordnung des Transmissionsmaximums bzw. des Modes angeben. Falls die Bedingung (8.2) erfüllt ist, erfährt nur der Mode q eine Nettoverstärkung. Die *Modenselektivität* wird durch die spektrale Breite δv der Verlustminima beeinflusst. δv wird durch die *Finesse f* des Etalons bestimmt gemäß

$$f = \Delta v_{max}/\delta v = \pi R_{sp}^{1/2} / (1 - R_{sp}), \qquad (8.3)$$

wobei R_{sp} den Intensitäts-Reflexionskoeffizienten der verspiegelten Oberflächen bezeichnet. Folglich lässt sich δv mit Hilfe von R_{sp} kontrollieren. Monomodenbetrieb mit gekipptem Etalon wurde mit verschiedenen Lasertypen demonstriert. Es muss allerdings eine leichte Reduktion der Laserleistung in Kauf genommen werden (vgl. Fig. 8.4iii, Kolonne B).

b) *Fox-Smith-Interferometer*. Beim Fox-Smith-Interferometer handelt es sich gemäß Fig. 8.4v ähnlich wie beim Michelson-Interferometer (vgl. Fig. 8.4iv) um zwei *gekoppelte Resonatoren* mit den Längen $L_1 + d_1$ bzw. $d_1 + d_2$, wobei L_1 die Distanz zwischen dem rechten Auskopplungsspiegel und dem Strahlteiler St, d_1 und d_2 die Distanzen der anderen Resonatorspiegel zu St sind. Die Verlustminima weisen in dieser Konfiguration einen Frequenzabstand Δv_{max} auf, der gegeben ist durch

$$\Delta v_{max} = c/[2\,(d_1 + d_2)]. \qquad (8.4)$$

Durch Verringerung der Abstände d_1 und d_2 kann ebenfalls ohne Einschränkung des aktiven Volumens Δv_{max} größer als die halbe Breite des Verstärkungsprofils gemacht werden. Laseroszillation kann nur erhalten werden, falls die beiden gekoppelten Resonatoren in Resonanz sind. Dazu muss gelten

$$(L_1 + d_1)/r = (d_1 + d_2)/s, \qquad (8.5)$$

wobei r und s die Ordnung des entsprechenden Resonatormodes bedeutet. Die Resonanzbedingung kann durch eine Feinabstimmung des einen Abstandes, z. B. d_2, mit einem Piezoelement erfüllt werden. Durch Erhöhung des Reflexionsvermögens des Strahlteilers können die Bereiche niedriger Verluste eng begrenzt und damit die Selektivität verbessert werden, allerdings bei gleichzeitiger Erhöhung der minimalen Verluste. Das Fox-Smith-Interferometer wird in verschiedenen Modifikationen erfolgreich zur Modenselektion verwendet.

8.2.4 Sättigbarer Absorber im Resonator

Eine andere Methode, Monomodenbetrieb des Lasers zu erzwingen, besteht darin, einen geeigneten, selektiv sättigbaren Absorber, z. B. eine Gaszelle, in den Resonator einzuführen (vgl. auch Kap. 9 und 10). Diese Technik wurde 1968 vorgeschlagen [Chebotayev et al. 1968, Lee et al. 1968]. Der benötigte Absorber muss eine inhomogen verbreiterte Absorptionslinie bei der Laserwellenlänge aufweisen. Außerdem muss dessen Absorption durch optisches Pumpen mit monochromatischem Licht in einem schmalen Spektralbereich gesättigt werden können. Dies bezeichnet man als „hole burning" (Kap. 4.7). In Fig. 8.6 hat der bei der Frequenz ν_s oszillierende Mode die Absorption des Absorbers gesättigt, d. h. dessen Transmission T in einem engen Frequenzband auf $T = 1$ erhöht.

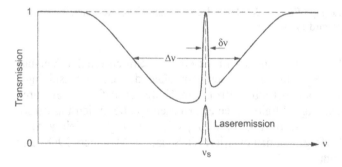

Fig. 8.6   Selektive Sättigung eines resonanten Absorbers zur Modenselektion

Falls die Breite $\delta\nu$ des in das inhomogene Absorptionsprofil gebrannten Loches genügend schmal ist und falls der bei der Frequenz ν_s oszillierende Mode die Absorption gesättigt hat bevor andere Moden anschwingen, dann ist nur dieser eine Mode weiter schwingungsfähig. Der erfolgreiche Einsatz dieser Methode hängt von der Auswahl geeigneter Absorber ab.

8.2.5 Hybrid-Laser

Eine andere Möglichkeit zur Modenselektion bietet eine Hybridkonfiguration, die als CO_2-Hybrid-Laser [Gondhalekar et al. 1973] bekannt ist. Ein solcher Laser besteht aus einem TEA-Entladungsteil (vgl. Kap. 12.6.2) und einem kontinuierlich angeregten Niederdruckteil, die beide im selben Resonator hintereinander angeordnet sind.

Der letztere Teil weist im Vergleich zum Hochdrucksegment ein schmales, hauptsächlich Doppler-verbreitertes Verstärkungsprofil auf, dessen Breite vergleichbar mit dem Modenabstand $c/2L$ ist. Die Überlappung der beiden Profile ergibt die in Fig. 8.7 dargestellte Situation.

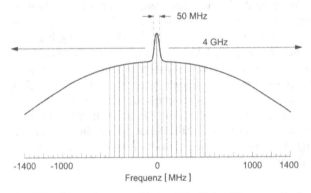

Fig. 8.7   Verstärkungsprofil des CO_2-Hybrid-Lasers mit eingezeichneten Resonatormoden [Girard 1974]

Es ist klar ersichtlich, dass nur ein Mode eine wesentlich erhöhte Verstärkung erfährt. Das Resultat sind Laserpulse ohne das übliche „spiking", welches bei Multimodenbetrieb auftritt. Ein ähnlicher Effekt kann durch Injektion schmalbandiger Strahlung einer externen Quelle in den Laserresonator, englisch „injection-locking" bzw. „injection-seeding", erzielt werden, wie bereits 1968 erfolgreich demonstriert [DeShazer & Maunders 1968] und heute oft angewandt.

8.2.6 Ringresonator

Wie in Kapitel 8.2.1 erwähnt, tritt in einem Lasermedium mit rein homogen verbreitertem Verstärkungsprofil Multimodenoszillation einzig wegen des Effektes des räumlichen „hole burning" auf. In solchen Medien, z. B. in Farbstofflasern (vgl. Kap. 13.3.5) oder in Farbzentrenlasern (vgl. Kap. 15.5) besteht deshalb eine wichtige Voraussetzung zur Erreichung des Monomodenbetriebs darin, das räumliche „hole burning" zu unterdrücken. Dies lässt sich durch Verwendung eines Ringresonators erzielen [Marowsky 1974]. Im Gegensatz zum linearen Resonator kann sich in einem Ringresonator (vgl. Fig. 13.11) eine fortlaufende Welle ausbilden, sodass sich Monomodenbetrieb einfacher und mit geringeren Verlusten durch wellenlängenselektive Elemente erreichen lässt. Allerdings sind sowohl der Resonatoraufbau wie auch dessen Justierung aufwendiger als bei den üblichen Resonatoren.

8.2.7 Distributed Feedback (DFB)

Wie in Kapitel 7 über periodische Laserstrukturen erwähnt, sind die Verluste und folglich die Schwellenverstärkungen benachbarter DFB-Moden im Gegensatz zu den longitudinalen Moden der konventionellen Resonatoren stark unterschiedlich. Auf dieser Tatsache beruht der Monomodenbetrieb von DFB-, HFB- oder „Grazing incidence"-Lasern.

8.2.8 Weitere Methoden

Es existieren noch zahlreiche spezielle Möglichkeiten zur longitudinalen Modenselektion. Dafür wird jedoch auf die umfangreiche Fachliteraur verwiesen [Baird & Hanes 1974, Demtröder 2000, Smith 1972, 1976].

Referenzen zu Kapitel 8

Baird, K. M.; Hanes, G. R. (1974): Reports on Progr. Phys. **37**, 927

Chebotayev, V. P.; Beterov, I. M.; Lisitsyn, V. N. (1968): IEEE J. **QE-4**, 788

Collins, S. A.; White, G. R. (1963): Lasers and Applications (ed. W. S. C. Chang), p. 96. Ohio State Univ. Press, Columbus, Ohio

Demtröder, W. (2000): Laserspektroskopie: Grundlagen und Techniken, 4. Aufl., Springer, Berlin

DeShazer, L. G.; Maunders, E. A. (1968): IEEE J. **QE-4**, 642

Girard, A. (1974): Opt. Comm. **11**, 346

Gondhalekar, A.; Holzhauer, E.; Heckenberg, N. R. (1973): Phys. Lett. **46A**, 229

Hecht, E. (2005): Optik, 4. Aufl., Oldenbourg, München

Klein, M. V.; Furtak, T. E. (1988): Optik. Springer, Berlin

Kleinmann, D. A.; Kisliuk, P. P. (1962): Bell Syst. Tech. J. **41**, 453

Kolomnikov, Yu. D.; Lisitsyn, V. N.; Chebotayev, V. P. (1967): Opt. Spectrosc. (USSR) **22**, 449

Lee, P. H.; Schoefer, P. B.; Barker, W. B. (1968): Appl. Phys. Lett. **13**, 373

Li, T. (1965): Bell Syst. Tech. J. **44**, 917

Manger, H.; Rothe, H. (1963): Phys. Lett. **7**, 330

Marowsky, G. (1974): IEEE J. **QE-10**, 832

Smith, P. W. (1965): IEEE J. **QE-1**, 343

Smith, P. W. (1972): Proc. IEEE **60**, 422

Smith, P. W. (1976): Lasers, Vol. 4 (ed. A. K. Levine & A. J. DeMaria), chapter 2. Marcel Dekker, N. Y.

Tang, C. L.; Statz, H.; deMars, G. (1963): J. Appl. Phys. **34**, 2289

D   Laserpulse

9   Q-Switch

Laser dienen nicht nur als Quellen möglichst monochromatischer elektromagnetischer Strahlung im kontinuierlichen Betrieb, englisch „continuous wave" oder „cw", sondern auch zur Erzeugung von Strahlung möglichst hoher Intensität im Pulsbetrieb. Seit der Entwicklung der ersten Laser ist man im Hinblick auf verschiedene Anwendungen bestrebt, möglichst hohe Ausgangsleistungen zu erzielen. Dies betrifft den Einsatz von gepulsten Lasern sowohl in der nichtlinearen Optik, als auch zur Induzierung von chemischen Reaktionen, zur Entfernungsmessung, zur Materialbearbeitung, insbesondere Bohren, zur Plasmadiagnostik sowie zur Plasmaerzeugung und Auslösung thermonuklearer Reaktionen in der Erforschung der Laser-Fusion.

Im Bestreben nach möglichst hohen Spitzenleistungen von gepulsten Lasern ist zu beachten, dass die maximale Spitzenleistung bestimmt wird durch die Pulsdauer und die Pumpenergie, welche vor und während des Laserpulses aufgewendet wird. Die Pulsspitzenleistung kann daher erhöht werden durch Verkürzung der *Pulsdauer* und Erniedrigung der *Repetitionsfrequenz oder -rate* der Laserpulse.

9.1   Prinzip

Eine der einfachsten und erfolgreichsten Methoden zur Erzielung intensiver Laserpulse, welche schon kurz nach der Erfindung des Lasers vorgeschlagen wurde [Hellwarth 1961] ist der „Q-switch" oder die *Kreisgüte-Modulation*. Die nach diesem Prinzip konstruierten Laser bezeichnet man auch als gütegesteuert, gütegeschaltet oder als *Riesenpuls-Laser*.

Die Methode des „Q-switch" beruht auf folgenden Überlegungen. Denken wir uns als Beispiel einen Pumppuls von 100 µs Dauer, dessen Energie im Prinzip ausreicht, alle am Laserprozess beteiligten Atome in den angeregten Zustand zu bringen, so wird bei genügender Pumpleistung der Laser nach etwa 1 µs anschwingen und einen Laserpuls von ebenfalls etwa 100 µs

Dauer und relativ kleiner Leistung abgeben. Um eine größere Ausgangsleistung bei geringerer Pulsdauer zu erzielen, liegt es nahe, den Laser erst dann anschwingen zu lassen, wenn mit dem gegebenen Pumppuls die maximal mögliche Besetzungsinversion erreicht ist, d. h. nach etwa 100 µs. Beim „Q-switch" bringt man daher am Laser einen Schalter an, welcher die Strahlungsrückkopplung durch den Laser-Resonator erst in dem Moment einschaltet, wo die Besetzungsinversion, erzeugt durch den Pumppuls, das Maximum erreicht hat. Dieser Zeitpunkt hängt von der Leistung und der Dauer des Pumppulses sowie der Lebensdauer des oberen Laserniveaus ab. Die beschriebene Einrichtung schaltet somit die Kreisgüte des Resonators, englisch „Q-factor", von einem niederen Wert auf einen hohen, daher der Name „Q-switch". Die mit „Q-switch" erreichbare Leistung und Dauer des Laserpulses sind durch die vorhandene Besetzungsinversion und die Schaltzeit des Schalters bestimmt. Der „Q-switch" kann mit verschiedenen *optischen Schaltern* realisiert werden, zum Beispiel mit *rotierenden Spiegeln oder Prismen, elektrisch gesteuerter Kerr- und Pockels-Zellen.* Genauere Angaben werden im Kapitel 9.3 gemacht.

9.2   Modell

Die Theorie des „Q-switch" [Haken 1970, Hellwarth 1966, Lengyel 1966] ist den Umständen entsprechend einfach, wenn man sich auf ein Modell beschränkt, das mit Ratengleichungen beschrieben werden kann. Dabei muss beachtet werden, dass beim „Q-switch" nicht nur die Pumprate $R(t)$, sondern auch die Kreisgüte $Q(t)$ und dementsprechend die Verlustkonstante $\varkappa(t)$ zeitabhängig sind, oder genauer, sich sprunghaft ändern.

Bei unserem *Modell* starten wir mit den *Ratengleichungen* entsprechend (3.33) und (3.34)

$$d\sigma/dt = 2R(t) - 2B\sigma\tilde{n}, \qquad (9.1)$$

$$d\tilde{n}/dt = -\varkappa(t)\tilde{n} + B\sigma\tilde{n}, \qquad (9.2)$$

wobei die auftretenden Symbole den Definitionen des Kapitels 3 entsprechen. Insbesondere bedeutet σ die *Populationsinversion* und $\tilde{n}$ die *Photonendichte*. Da wir einen *gepulsten Laser* in Betracht ziehen, nehmen wir an, dass das Pumpen beim Einsatz des Laserpulses unterbrochen wird, unabhängig davon, ob es sich um einen Laser mit oder ohne „Q-switch" handelt. Den zeitlichen Verlauf der *Pumprate* $R(t)$ approximieren wir daher durch den Ansatz

$$R(t) = R > 0 \quad \text{für } t < 0, \qquad (9.3)$$

$$R(t) = 0 \qquad \text{für } t \geq 0.$$

a) Vorerst betrachten wir einen *Laser ohne „Q-switch"*. Kreisgüte Q und Verlustkonstante $\varkappa$ sind daher konstant

$$Q(t)=Q_2 \gg 1; \quad \varkappa(t)=\varkappa_2 \simeq 0. \tag{9.4}$$

Knapp vor dem Abschalten der Pumpe bei $t \leq 0$ ist der Laser ungefähr im stationären Zustand, entsprechend (3.36) und (3.37) gekennzeichnet durch

$$\sigma(0) \simeq \sigma_{\text{stat}} = \varkappa_2/B = \sigma_0, \tag{9.5}$$

$$\tilde{n}(0) \simeq \tilde{n}_{\text{stat}} = R/\varkappa_2. \tag{9.6}$$

Knapp nach dem Abschalten der Pumpe bei $t \geq 0$ finden wir für die Populationsinversion $\sigma(t)$

$$\frac{d\sigma}{dt} = -2B\tilde{n}\sigma \simeq -2B\tilde{n}_{\text{stat}}\,\sigma_{\text{stat}} = -2R, \tag{9.7}$$

oder $\quad \sigma(t) \simeq \sigma_{\text{stat}} - 2Rt,$

und für die Photonendichte $\tilde{n}(t)$

$$d\tilde{n}/\tilde{n} = (-\varkappa_2 + B\sigma)\,dt = -2BRt\,dt \tag{9.8}$$

oder $\quad \tilde{n}(t) \simeq \tilde{n}_{\text{stat}} e^{-BRt^2} < \tilde{n}_{\text{stat}}.$

Das bedeutet, dass die Populationsinversion $\sigma(t)$ und die Photonendichte $\tilde{n}(t)$ nach dem Abschalten der Pumpe wie erwartet abnehmen. Dies ist in Fig. 9.1 illustriert.

b) Andere Verhältnisse ergeben sich bei einem *Laser mit „Q-switch"*. Kreisgüte $Q(t)$ und Verlustkonstante $\varkappa(t)$ verhalten sich approximativ wie

$$Q(t) = Q_1 \simeq 1; \quad \varkappa(t) = \varkappa_1 \gg \varkappa_2 \quad \text{für } t < 0 \tag{9.9}$$

$$Q(t) = Q_2 \gg 1; \quad \varkappa(t) = \varkappa_2 \simeq 0 \quad \text{für } t \geq 0$$

Der Zustand des Lasers knapp vor dem „Q-switch" bei $t \leq 0$ wird beschrieben durch

$$\sigma(0) = \sigma_Q \simeq \frac{\varkappa_1}{B} = \frac{\varkappa_1}{\varkappa_2}\sigma_0 \gg \sigma_0, \tag{9.10}$$

$$\tilde{n}(0) = \tilde{n}_Q \simeq \frac{R}{\varkappa_1} = \frac{\varkappa_2}{\varkappa_1}\tilde{n}_{\text{stat}} \ll \tilde{n}_{\text{stat}}. \tag{9.11}$$

Demnach ist beim Laser mit „Q-switch" die Populationsinversion $\sigma(0)$ vor dem Einsatz des Laserpulses erheblich größer als die stationäre Populationsinversion σ_0, welche der Laser ohne „Q-switch" erreicht. Dies geschieht durch Niedrighalten der Photonendichte $\tilde{n}(0)$, sodass vor dem

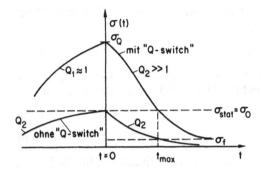

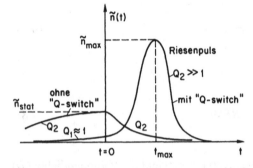

Fig. 9.1   Verlauf der Populationsinversion $\sigma(t)$ und der Photonendichte $\tilde{n}(t)$ bei einem gepulsten Laser mit und ohne „Q-switch"

„Q-switch" möglichst wenig stimulierte Emissionen die Populationsinversion vermindern.

Knapp nach dem „Q-switch" bei $t \geq 0$ ergeben sich folgende Verhältnisse für die Populationsinversion $\sigma(t)$

$$\frac{d\sigma}{dt} \simeq -2B\sigma_Q \tilde{n}_Q = -2R \tag{9.12}$$

oder $\sigma(t) \simeq \sigma_Q - 2Rt,$

und für die Photonendichte $\tilde{n}(t)$

$$d\tilde{n}/\tilde{n} = -x_2\, dt + B\sigma_Q dt \simeq x_1\, dt \tag{9.13}$$

oder $\tilde{n}(t) \simeq \tilde{n}_Q\, e^{x_1 t} > \tilde{n}_Q.$

Somit steigt die Photonendichte $\tilde{n}(t)$ unmittelbar nach dem „Q-switch" exponentiell an.

Allgemein gilt nach dem „Q-switch" für $t > 0$ eine feste Beziehung [Haken 1970] zwischen der Populationsinversion $\sigma(t)$ und der Photonendichte $\tilde{n}(t)$

$$2\mathrm{d}\tilde{n} = \left(\frac{\sigma_{\text{stat}}}{\sigma} - 1\right)\mathrm{d}\sigma \tag{9.14}$$

oder $\quad 2(\tilde{n} - \tilde{n}_Q) = (\sigma_Q - \sigma) - \sigma_{\text{stat}}\left(\ell n \frac{\sigma_Q}{\sigma}\right).$

Beziehung (9.14) wird als *Formel von Haken* bezeichnet. Der Verlauf von $\sigma(t)$ und $\tilde{n}(t)$ für Laser mit „Q-switch" ist ebenfalls in Fig. 9.1 dargestellt.

Die *maximale Photonendichte* $\tilde{n}_{\text{max}}$, die vom „Q-switch"-Laser erreicht wird, erhält man aus der Bedingung

$$\frac{\mathrm{d}\tilde{n}}{\mathrm{d}t} = (-\varkappa_2 + B\sigma)\,\tilde{n} = 0.$$

Dies ergibt

$$\sigma = \frac{\varkappa_2}{B} = \sigma_{\text{stat}}. \tag{9.15}$$

und $\quad \tilde{n}_{\text{max}} \frac{1}{2}\sigma_Q\left(1 - \frac{\varkappa_2}{\varkappa_1} + \frac{\varkappa_2}{\varkappa_1}\ell n \frac{\varkappa_2}{\varkappa_1}\right).$

Daraus lässt sich direkt die *Spitzenleistung* P_{max} des Laserpulses eines „Q-switch" Lasers herleiten

$$P_{\text{max}} = \tilde{n}_{\text{max}}h\nu\varkappa_2 \approx \frac{h\nu\varkappa_2}{2}\sigma_Q. \tag{9.16}$$

Die Spitzenleistung P_{max} wird demnach beeinflusst durch die Verlustrate $\varkappa_2$ des Resonators, welche durch das Maß der Auskopplung bestimmt ist.

In der Nähe des Laserpuls-Maximums mit der maximalen Photonendichte $\tilde{n}_{\text{max}}$ ändert sich die Photonendichte $\tilde{n}(t)$ wie eine Gauß-Kurve mit der *Pulsbreite* Δt

$$\tilde{n}(t) = \tilde{n}_{\text{max}}\exp\left(-\left[\frac{t - t_{\text{max}}}{\Delta t/2}\right]^2\right) \tag{9.17}$$

mit $\quad \tilde{n}(t_{\text{max}}) = \tilde{n}_{\text{max}}; \quad \displaystyle\int_0^\infty \tilde{n}(t)\mathrm{d}t = \frac{1}{2}\pi^{1/2}\tilde{n}_{\text{max}}\Delta t.$

Für Zeiten $t \gg t_{\text{max}}$ verschwindet die Photonendichte $\tilde{n}(t)$, jedoch bleibt dann gemäß der Formel von Haken (9.14) eine *Restinversion* σ_f übrig

$$\frac{\sigma_f}{\sigma_Q} \simeq \exp\left(\frac{\sigma_f - \sigma_G}{\sigma_{\text{stat}}}\right). \tag{9.18}$$

Diese Verhältnisse sind in Fig. 9.2 illustriert. Aus dieser graphischen Darstellung kann die in (9.17) definierte Pulsbreite näherungsweise errechnet werden

$$\frac{\sigma_f - \sigma_Q}{\Delta t} = \frac{d\sigma}{dt} = -2B\tilde{n}\,\sigma = -2B\tilde{n}_{max}\sigma_{stat} = -2\varkappa_2\tilde{n}_{max} \qquad (9.19)$$

oder $\quad \Delta t = \dfrac{\sigma_Q - \sigma_f}{2\varkappa_2\tilde{n}_{max}}.$

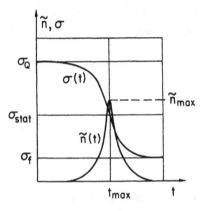

Fig. 9.2
Zeitlicher Verlauf der Populationsinversion $\sigma(t)$ und der Photonendichte $\tilde{n}(t)$ des beschriebenen Modells eines „Q-switch" Lasers

Zur Erläuterung unseres Modells ermitteln wir zum Schluss die Daten eines „Q-switch"-Rubinlasers

Rubinstab: $\quad Cr^{3+} : A\ell_2O_3,\ V = A \cdot \ell \simeq 1\ cm^2 \cdot 10\ cm = 10\ cm^3$

Emission: $\quad \lambda = 6943\ \text{Å},\ \nu = 4.3 \cdot 10^{14}\ Hz,\ h\nu = 2.8 \cdot 10^{-19}\ J$

Resonator: $\quad \varkappa_2 \simeq 5 \cdot 10^8\ s^{-1};$ Pumpe: $\sigma_{stat} \simeq 5 \cdot 10^{17}\ cm^{-3}$

„Q-switch": $\quad \sigma_Q \simeq 5 \cdot \sigma_{stat} \simeq 2.5 \cdot 10^{18}\ cm^{-3}$

Laserpuls: $\quad \tilde{n}_{max} = 1.3 \cdot 10^{19}$ Photonen, $\Delta t \simeq 2\text{ns},\ P_{max} \simeq 1.8\ GW$

Man erreicht also mit „Q-switch" Pulsdauern von wenigen ns, Spitzenleistungen von GW und Pulsenergien von J.

9.3 Realisierung

Die Dauer und Intensität der mit der Methode des „Q-switch" erzeugten Laserpulse hängen sowohl vom Zeitpunkt der Öffnung des Schalters wie auch von dessen Schaltzeit ab. Der günstigste Zeitpunkt zur Schalteröffnung ist beim Erreichen der maximalen Inversion des aktiven Mediums gegeben. Die Schaltzeit selbst sollte möglichst kurz sein. Unter diesen Bedingungen wird ein intensiver kurzer Laserpuls erzeugt. Ist die Schalter-öffnungszeit langsam, so entsteht eine Serie von Pulsen mit reduzierter Spitzenleistung. Im Laufe der Zeit wurden verschiedene Schaltertypen vorgeschlagen, deren charakteristische Schaltzeiten in Tab. 9.1 enthalten sind.

Tab. 9.1   Schalter mit typischen Schaltzeiten für Q-switch

Schaltertyp	Schaltzeit
Rotierende Blende im Resonator	$\geq$ 10 µs
Drehspiegel oder -prisma	$\leq$ 1 µs
Elektrooptische Schalter	$\leq$ 10 ns
Akustooptische Schalter	$\leq$ 50 ns
Sättigbare Absorber	$\simeq$ 1 ns

9.3.1   Mechanische Schalter

Die *rotierende Blende* im Resonator als Schaltelement wurde bald nach der Idee des „Q-switch" [Hellwarth 1961] eingeführt [Collins & Kisliuk 1962]. Allerdings sind die erreichbaren Schaltzeiten selbst bei Fokussierung des Laserstrahls auf eine kleine Blendenöffnung relativ groß [Röss 1966], sodass dieser Schaltertyp keine praktische Bedeutung erlangt hat.

Eine wirkungsvollere Methode besteht darin, den einen *Resonatorspiegel* um eine Achse senkrecht zur Resonatorachse zu *rotieren*. Zwecks einfacherer Justierung wird oft ein *Drehprisma* anstelle eines Drehspiegels verwendet [Koechner 2006]. Laserbetrieb ist nur innerhalb weniger Bogenminuten bezüglich der exakten Ausrichtung der Resonatorspiegel möglich. Der rotierende Reflektor wird derart mit der Laserpumpquelle synchronisiert, dass er zur Zeit maximaler Inversion parallel zum festen Resonatorspiegel steht.

Um das Auslösen von Mehrfachpulsen zu vermeiden, sind Rotationsgeschwindigkeiten von $\geq 2 \cdot 10^4$ Umdrehungen pro Minute erforderlich. Erreichbare Laserpulsdauern liegen bei 50 bis 100 ns mit Spitzenleistungen im MW-Bereich. Dies entspricht einer 20- bis 50-fachen Steigerung verglichen mit dem Betrieb ohne „Q-switch".

9.3.2   Elektrooptische Schalter

Das Prinzip der elektrooptischen Schalter basiert auf einem elektrooptischen Effekt, entweder auf dem Pockels- oder auf dem Kerreffekt [Born & Wolf 1999].

i) *Pockelseffekt* (linearer elektrooptischer Effekt)

Gewisse Kristalle, z. B. Kaliumdihydrogenphosphat (KDP), werden beim Anlegen eines elektrischen Feldes doppelbrechend, d. h. die Brechungsindizes n parallel bzw. senkrecht zum Feldvektor $\vec{E}$ werden verschieden. Es gilt

$$n(\| \vec{E}) - n (\perp \vec{E}) = aV, \tag{9.20}$$

wobei a eine Konstante und V die angelegte Spannung bedeuten. Typische Spannungen sind 1 bis 5 kV.

ii) *Kerreffekt* (quadratischer elektrooptischer Effekt)

In Flüssigkeiten, deren Moleküle anisotrop sind, z. B. Nitrobenzol ($C_6H_5NO_2$), erfolgt beim Anlegen eines elektrischen Feldes eine Ausrichtung der Moleküle. Die Flüssigkeit wird doppelbrechend und für die entsprechenden Brechungsindizes gilt

$$n(\| \vec{E}) - n (\perp \vec{E}) = bV^2, \tag{9.21}$$

wobei b eine Konstante und V die an die Flüssigkeitszelle angelegte Spannung bedeuten. Typische Spannungen liegen bei 10 bis 20 kV.

Mit einem derartigen Element lässt sich in Kombination mit einem *Polarisator* ein sehr wirkungsvoller Schalter aufbauen [Koechner 2006]. Ein typischer Aufbau ist in Fig. 9.3 dargestellt.

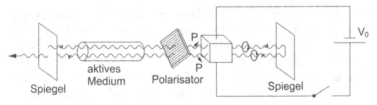

Fig. 9.3   „Q-Switch" mit elektrooptischem Schalter

Der Polarisator wird so eingesetzt, dass die vom aktiven Lasermedium ausgehende elektromagnetische Welle linear und unter 45° zum angelegten Feldvektor $\vec{E}$ der Pockels- bzw. Kerrzelle polarisiert ist. Die angelegte Spannung V_0 und die Länge der doppelbrechenden Zelle sind so gewählt, dass die linear polarisierte Strahlung bei einmaligem Durchgang durch die Zelle zirkular polarisiert wird. Beim zweiten Durchgang durch die Zelle nach der Reflexion am Resonatorspiegel wird die Strahlung wieder linear polarisiert. Die Polarisation P ist jedoch um 90° gegenüber der ursprünglichen Richtung gedreht. Diese Strahlung wird daher vom Polarisator blockiert, d. h. der Schalter ist geschlossen. Der Schalter kann durch Abschalten der Spannung wieder geöffnet werden, weil dann die induzierte Doppelbrechung wieder verschwindet, d. h.

$$V = V_0 : Q = 0, \text{ gesperrt} \qquad (9.22)$$

$$V = 0 \quad : Q \geq 1, \text{ offen}$$

Trotz höheren Spannungen werden Kerrzellen gegenüber Pockelszellen oft bevorzugt, weil selbst bei hohen Laserintensitäten keine Probleme mit Zerstörung auftreten, wie dies bei Verwendung von Kristallen der Fall sein kann. Mit Kerrzellen geschaltete Rubinlaser mit einigen cm^3 aktivem Volumen liefern Laserpulse mit Pulsdauern von 10 bis 30 ns und Spitzenleistungen bis 50 MW.

9.3.3 Akustooptische Schalter

Ein akustooptischer Schalter oder Modulator besteht aus einem für die Laserstrahlung transparenten optischen Material, in welchem eine Ultraschallwelle mit Hilfe eines piezoelektrischen Kristalls erzeugt wird. Aufgrund des *photoelastischen Effektes* [Gordon 1966] werden im Material durch die Ultraschallwelle lokale Änderungen des Brechungsindexes induziert. Die Periode des dadurch entstehenden Phasengitters ist identisch mit der akustischen Wellenlänge und die Amplitude ist proportional zur Schallamplitude. Wird ein derartiges akustooptisches Element in einen Laserresonator eingesetzt, so verlässt ein Teil der elektromagnetischen Welle den Resonator durch Beugung am Phasengitter (vgl. Fig. 9.4).

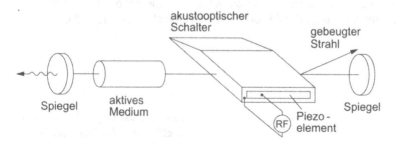

Fig. 9.4   „Q-switch" mit akustooptischem Schalter

Falls die Schallamplitude bzw. die Piezospannung genügend groß ist, reichen diese Zusatzverluste aus, um die Laseroszillation zu verhindern. Durch Abschalten der Piezospannung wird der Laserresonator sofort wieder in den Zustand hoher Güte versetzt und ein Riesenpuls wird emittiert [Chesler et al. 1970, Koechner 2006].

9.3.4   Sättigbare Absorber

Ein sättigbarer Absorber (vgl. auch Kap. 10) kann als *passiver Schalter* eingesetzt werden, bei dem der Schaltzeitpunkt nicht von außen vorgegeben, sondern durch die Strahlungsintensität selbst bestimmt wird. Ein derartiges Schaltelement stellt die einfachste Methode für „Q-switch" dar [Koechner 2006] und wurde bereits 1964 erfolgreich angewandt [Kafalas et al. 1964, Soffer 1964, Sorokin et al. 1964]. Ein derartiges Schaltelement besteht aus einer Zelle, welche einen geeigneten sättigbaren Absorber enthält, meist eine Farbstofflösung, welcher bei der Laserwellenlänge absorbiert. Ein solcher Absorber weist einen von der Intensität I abhängigen Absorptionskoeffizienten α auf gemäß

$$\alpha(I) = \frac{\alpha_0}{1 + I / I_\mathrm{s}}, \tag{9.23}$$

wobei $\alpha_0 = \alpha\,(I \simeq 0)$ die Anfangsabsorption und I_s die Sättigungsintensität darstellen. Gl. (9.23) gilt für ein Zweiniveausystem und eine homogen verbreiterte Absorptionslinie. I_s ist gegeben durch

$$I_\mathrm{s} = h\nu/(2\sigma(\nu)\,\tau), \tag{9.24}$$

wo ν die Frequenz, $\sigma(\nu)$ den Absorptionsquerschnitt des Überganges und τ die Lebensdauer des oberen Niveaus bedeuten. Die Werte für σ sind sehr hoch, typisch 10^{-16} cm^2, was in relativ niedrigen Sättigungsintensitäten I_s von $\simeq 10^5$–10^7 W/cm^2 resultiert. Bei $I = I_\mathrm{s}$ ist die Absorption auf die Hälfte gesunken. Bei sehr hohen Intensitäten I sind die Besetzungen der beiden Niveaus annähernd gleich. Dadurch wird die Absorption null, bzw. die Transmission eins, d. h. der Absorber ist ausgebleicht (vgl. Fig. 9.5).

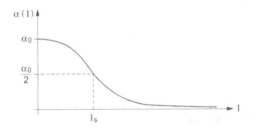

Fig. 9.5
Intensitätsabhängiger Absorptionskoeffizient $\alpha(I)$ eines sättigbaren Absorbers

Die Funktionsweise des sättigbaren Absorbers als Schalter ist aus Fig. 9.6 ersichtlich.

Die Anfangsabsorption bzw. -transmission für $I \simeq 0$ des sättigbaren Absorbers wird, z. B. durch entsprechende Konzentration der Farbstofflösung, so gewählt, dass der Laserresonator im Zeitpunkt maximaler Inversion im aktiven Lasermedium gerade die Schwelle erreicht. Unter dem Einfluss steigender Photonenzahl im Resonator wächst die Transmission T des sättigbaren Absorbers innert ns von T_0 $(I{\approx}0) \ll 1$ auf $T \simeq 1$ an, d. h. der Schalter ist geöffnet. Nach der Relaxationszeit τ, welche zwischen 1µs und 1ps liegt, kehren die Absorbermoleküle wieder in den Grundzustand zurück und können somit wieder absorbieren. Falls noch genügend Intensität im Resonator vorhanden ist, kann sich ein zweiter und evtl. noch weitere Laserpulse ausbilden. Damit nur ein einziger Riesenpuls erzeugt wird, muss die Anfangsabsorption so groß gewählt werden, dass die restliche Intensität für eine zweite Schalteröffnung nicht mehr ausreicht.

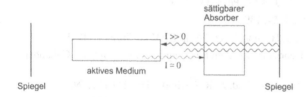

Fig. 9.6   „Q-switch" mit sättigbarem Absorber

Obwohl sättigbare Absorber als *passive Schaltelemente* Vorteile aufweisen, sind doch auch einige Nachteile zu erwähnen. So ist es nicht immer einfach, geeignete sättigbare Absorber für verschiedene Laser zu finden. Die Probleme betreffen hauptsächlich den Absorptionsbereich, die Sättigungsintensität, die Relaxationszeit τ und die Empfindlichkeit gegenüber UV-Strahlung, z. B. von einer Blitzlampe. Wegen der zu erreichenden Sättigungsintensität können sättigbare Absorber meist nur in gepulsten Lasern eingesetzt werden. Tab. 9.2 zeigt die wichtigsten Daten einiger sättigbarer Absorber für Festkörperlaser. Für Blitzlampen- und Diodenlaser-gepumpte Nd:YAG und andere Nd-dotierte Lasermedien (s. Kap. 15.2) haben sich in neuerer Zeit Cr^{4+}-YAG-Kristalle als sättigbare Absorber für den „Q-switch" Betrieb durchgesetzt. Sie zeichnen sich durch eine einfache Handhabung und eine hohe Zerstörungsschwelle von > 500 MW/cm^2 aus. Im 10 µm Wellenlängenbereich der CO_2-Laser können gewisse Gase als sättigbare Absorber für „Q-switch" eingesetzt werden, z. B. Schwefelhexafluorid (SF_6) oder Difluorchlormethan.

Tab. 9.2   Sättigbarer Absorber für Festkörperlaser

Laser	Sättigbarer Absorber	σ in cm^2	τ	I_S in W/cm^2
Rubin	DDI	10^{-15}	14 ps	$2 \cdot 10^7$
($\lambda = 694.3$ nm)	Kryptocyanin	$8 \cdot 10^{-16}$	10 ns	$5 \cdot 10^6$
	Phtalocyanin	10^{-15}	0.5 µs	10^5
Nd:YAG	Eastman Kodak			
Nd:Glas	Nr. 9740/9860	$5.7 \cdot 10^{-16}$	8.3 ps	$5 \cdot 10^7$
($\lambda = 1064$ nm)	Cr^{4+}:YAG	–	–	–

Referenzen zu Kapitel 9

Born, M.; Wolf, E. (1999): Principles of Optics, 7th rev. ed. Pergamon Press, Oxford

Chesler, R. B.; Karr, M. A.; Geusic, J. E. (1970): Proc. IEEE **58**, 1899

Collins, R. J.; Kisliuk, P. (1962): J. Appl. Phys. **33**, 2009

Gordon, E. I. (1966): Proc. IEEE **54**, 1391

Haken, H. (1970): Laser Theory, Handbuch der Physik XXV/2c. Springer, Berlin

Hellwarth, R. W. (1961): Advances in Quantum Electronics (ed. J. R. Singer). Columbia Univ. Press, N. Y.

Hellwarth, R. W. (1966): Lasers, Vol. 1 (ed. A. K. Levine). Marcel Dekker, N. Y.

Kafalas, P.; Masters, J. I.; Murray, E. M. E. (1964): J. Appl. Phys. **35**, 2349

Koechner, W. (2006): Solid-State Laser Engineering. Springer Series in Optical Sciences, Vol. 1, 6th ed. Springer, N. Y.

Lengyel, B. A. (1966): Introduction to Laser Physics. Wiley, N. Y.

Röss, D. (1966): Laser-Lichtverstärker und Oszillatoren, Technisch-Physikalische Sammlung, Band 4. Akademische Verlagsges. Frankfurt a. M.

Soffer, B. H. (1964): J. Appl. Phys. **35**, 2551

Sorokin, P. P.; Luzzi, J. J.; Lankard, J. R.; Pettit, G. D. (1964): IBM J. Res. Div. **8**, 182

10 Ultrakurze Laserpulse

Als ultrakurz bezeichnet man Laserpulse mit einer Dauer im ps- oder fs-Bereich [Diels & Rudolph 2006, Keller 1997, 2004, Koechner 2006]. Wenige Jahre nach der Realisierung des Rubinlasers wurden erstmals ps-Pulse durch passive Modenkopplung eines Riesenpuls-Rubinlasers erzeugt [Mocker & Collins 1965], wenig später folgte der Nd:Glas-Laser [De Maria et al. 1966]. Seither wurden die Techniken zur Erzeugung ultrakurzer

Laserpulse weiter entwickelt, sodass es heute möglich ist, Bandbreiten-begrenzte Pulsdauern sowohl von gepulsten wie auch von cw Lasern zu erhalten. Die kürzesten Pulsdauern betragen für Farbstofflaser mit nachfolgender Pulskompression ca. 6 fs bei 620 nm Wellenlänge [Fork et al. 1987]. Für Festkörperlaser wurden 6.5 fs bei ca. 800 nm Wellenlänge erreicht [Jung et al. 1997, Keller et al. 1996], etwas später konnten Pulsdauern unter 6 fs erzeugt werden [Sutter et al. 1999, Morgner et al. 1999]. Eine solche Pulsdauer entspricht weniger als 2 optischen Zyklen. Der verwendete Festkörperlaser ist ein Ti:Saphir-Laser, welcher mit einer Kerr-Linsen-Modenkopplung (KLM = Kerr-lens mode coupling) und einem breibandigen sättigbaren Halbleiter-Absorber-Spiegel (SESAM = semiconductor saturable absorber mirror) ausgerüstet wurde (s. Kap. 10.2.2). Diese Pulsdauern werden direkt aus dem Laser, d. h. ohne nachfolgende Pulskompression gemessen. Noch kürzere Pulse von 4.5 fs bzw. 3.8 fs Dauer wurden durch die Kompression von 20 fs-Pulsen eines Ti:Saphir-Lasers in einer gasgefüllten hohlen Silikatfaser [Nisoli et al. 1997] bzw. durch eine adaptive Kompression [Schenkel et al. 2003] produziert.

Die rapide Entwicklung auf dem Gebiet der ultrakurzen Laserpulse hat neue Bereiche der Physik, Chemie und Biologie experimentell zugänglich gemacht [Diels & Rudolph 2006, Jesse 2005, Kaiser 1988, Manz & Wöste 1995, Zewail 1994]. Beispiele sind die Femtosekunden-Spektroskopie, ultraschnelle Prozesse in Atomen, Molekülen und Festkörpern, photobiologische Reaktionen inklusive Photosynthese.

Ein allgemeingültiges Maß R für Laserpulse ist die Pulslänge s gemessen in Wellenlängen λ

$$s = R\lambda. \tag{10.1}$$

Damit verknüpft sind die Pulsdauer τ und die Trägerfrequenz ν

$$\tau = s/c = R/\nu \text{ mit } \nu = c/\lambda, \tag{10.2}$$

wobei c die Lichtgeschwindigkeit darstellt. Gemäß der Fourier-Transformation bestimmt die Dauer τ eines Pulses seine spektrale Breite $\Delta\nu$

$$\Delta\nu = 1/\tau. \tag{10.3}$$

Die Kombination von (10.2) und (10.3) zeigt, dass R auch das maximale spektrale Auflösungsvermögen der Spektroskopie mit Laserpulsen von der Dauer τ und der Trägerfrequenz ν repräsentiert.

$$R = \nu/\Delta\nu. \tag{10.4}$$

Als Illustration dient der Vergleich der 6.5-fs-Pulse des bereits erwähnten Ti:Saphir-Lasers [Jung et al. 1997, Keller et al. 1996] mit den entsprechenden fiktiven Pulsen der 10 μm CO_2- und 337 μm HCN-Laser in Tab. 10.1.

Diese drei Pulse sind gekennzeichnet durch $R = 2.44$. Die Tab. 10.1 demonstriert, dass die fiktiven Pulse erheblich kürzer sind als die tatsächlich von diesen Gaslasern produzierten Pulse.

Tab. 10.1   Laserpulse mir $R = 2.44$

Laser	λ	$\tau(R = 2.44)$	$s(R = 2.44)$
Ti:Saphir	800 nm	6.5 fs	1.95 µm
CO_2	10 µm	81.3 fs	24.4 µm
HCN	337 µm	2.74 ps	0.82 mm

10.1   Prinzip der Modenkopplung

Wie in Kapitel 9 besprochen, lassen sich mit „Q-switch"-Techniken Pulsdauern im ns-Bereich erzielen. Zur Erzeugung von ultrakurzen Laserpulsen wird allgemein die im Folgenden diskutierte Methode der *Modensynchronisation oder Modenkopplung,* englisch „mode-locking", verwendet [Smith et al. 1974].

Wie in Kapitel 8 diskutiert, können in einem Laser mit relativ großer Bandbreite des Laserüberganges, d. h. breitem Verstärkungsprofil, zahlreiche longitudinale Resonatormoden simultan oszillieren. Um Monomodenbetrieb zu erzielen, müssen deshalb spezielle Maßnahmen ergriffen werden. Eine andere Situation entsteht, wenn verschiedene Moden mit gleicher Amplitude E_0 und einer *festen Phasenbeziehung* untereinander simultan oszillieren. Die totale elektrische Feldamplitude $E_{tot}(t)$ der elektromagnetischen Welle als Funktion der Zeit t kann dann als Summe über die einzelnen Moden geschrieben werden. Für den Fall von $2n+1$ aufeinanderfolgenden Moden erhält man

$$E(t) = \sum_{q=-n}^{n} E_0 \exp \left\{ 2\pi i \left[(v_0 + q\Delta v_{q,q+1}) \, t + q\varphi \right] \right\}, \qquad (10.5)$$

wobei v_0 die Frequenz des zentralen Modes und φ die konstante Phasendifferenz

$$\varphi_{q+1} - \varphi_q = \varphi \qquad (10.6)$$

benachbarter Moden bedeutet. Dabei wurde einfachheitshalber die Phase des zentralen Modes gleich null gesetzt. Der Frequenzabstand $\Delta v_{q,q+1}$ benachbarter longitudinaler Moden beträgt gemäß Gl. (5.30)

$$\Delta v_{q,q+1} = c/2L \tag{10.7}$$

wobei L die Resonatorlänge darstellt.

Die Summation in (10.5) lässt sich analytisch ausführen und man erhält für $2n+1$ simultan oszillierende Moden identischer Amplitude E_0 und konstanter Phasendifferenz φ

$$E(t) = A(t) \exp (2\pi i\, v_0 t) \tag{10.8}$$

mit $\quad A(t) = E_0\, \dfrac{\sin[(2n+1)(2\pi\Delta v_{q,q+1}t + \varphi)/2]}{\sin[(2\pi\Delta v_{q,q+1}t + \varphi)/2]}.$ $\hfill$ (10.9)

$E(t)$ verhält sich folglich wie eine sinusförmige Trägerwelle bei der Trägerfrequenz v_0 mit einer zeitabhängigen Amplitude $A(t)$ gemäß (10.9). Die entsprechende Laserleistung $P(t)$ ist proportional zu $A^2(t)$, wie in Fig. 10.1 illustriert.

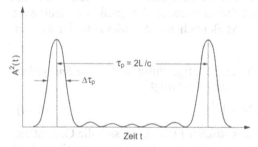

Fig. 10.1 Zeitliches Verhalten der Intensität für den Fall von 7 Moden mit synchronisierten Phasen und identischen Amplituden

Als Resultat der Phasenkopplungsbedingung (10.6) interferieren die Moden im Resonator und die Laserstrahlung wird in Form kurzer Pulse der Dauer $\Delta \tau_p$ im Zeitabstand $\tau_p = 2L/c$ emittiert. Die Pulsmaxima ergeben sich zu denjenigen Zeitpunkten t_m, in denen der Nenner in (10.9) verschwindet, d. h. in denen alle Moden einen maximalen Beitrag zur Feldstärke geben. Es folgt daraus

$$(2\pi\Delta v_{q,q+1}t_m + \varphi)/2 = m\pi. \tag{10.10}$$

Hieraus ergibt sich für den Zeitabstand τ_p unter Berücksichtigung von (10.7)

$$\tau_p = t_{m+1} - t_m = 1/\Delta v_{q,q+1} = 2L/c. \tag{10.11}$$

Diese Zeit entspricht der Umlaufzeit im Resonator. Das Oszillationsverhalten des Lasers kann folglich dargestellt werden als ein einzelner Puls, welcher im Resonator hin- und herläuft. Die *Halbwertsbreite* $\Delta \tau_p$ der Pulse kann ebenfalls aus (10.9) abgeschätzt werden.

Das Resultat ist

$$\Delta \tau_P \cong \frac{1}{(2n+1)\Delta \nu_{q,q+1}}. \qquad (10.12)$$

Bei starkem Pumpen können alle Moden innerhalb der Linienbreite $\Delta \nu$ des Laserüberganges anschwingen, sodass

$$\Delta \tau_p \simeq 1/\Delta \nu. \qquad (10.13)$$

Es können folglich umso kürzere Laserpulse erzeugt werden, je größer die spektrale Linienbreite $\Delta \nu$ des Überganges und für je mehr Moden die Schwellenverstärkung überschritten wird. Die Pulsdauer $\Delta \tau_p$ ist also *band-breitebegrenzt*. Die Linienbreite $\Delta \nu$ des Laserüberganges, d. h. die Breite des Verstärkungsprofils, ist durch das Lasermedium gegeben. Dies bedeutet, dass mit typischen Gaslasern (vgl. Kap. 12) keine Pulsdauern unter ca. 0.1 ns erzeugt werden können. Für Festkörperlaser (vgl. Kap. 15) und Farbstofflaser (vgl. Kap. 13) mit den entsprechenden großen Linienbreiten können, hingegen Pulsdauern im fs-Bereich mit der Methode der Moden-kopplung produziert werden.

Außer der *kurzen Pulsdauer* können derartige Pulse auch *hohe Spitzenleis-tungen* P_{max} aufweisen. Aus (10.8) und (10.9) folgt

$$P_{max} \text{ proportional zu } (2n+1)^2 A^2. \qquad (10.14)$$

Dies ist im Gegensatz zum Fall statistischer Phasen, wo sich die Gesamtleis-tung aus der Summe der Leistungen in den einzelnen Moden zu $(2n+1)\,A^2$ ergibt. Die Spitzenleistung ist somit bei Modensynchronisation um den Faktor $(2n+1)$ erhöht, was z. B. bei einem Farbstofflaser einen Faktor von 10^3 bis 10^4 ausmachen kann. Gleichzeitig wird die Durchschnittsleistung durch die Modenkopplung kaum beeinflusst.

Abschließend soll erwähnt werden, dass die Eigenschaften eines ultrakurzen Laserpulses durch Gl. (10.9) stark *idealisiert* beschrieben werden [Diels & Rudolph 2006, Herrmann & Wilhelmi 1984, Svelto 1998]. So ist beispiels-weise die Pulsdauer $\Delta \tau_p$ für den Fall eines bandbreitebegrenzten Pulses mit der spektralen Breite $\Delta \nu$ des Laserüberganges allgemein durch die Bezie-hung $\Delta \tau_p = k/\Delta \nu$ gegeben, wobei k ein numerischer Faktor von der Größen-ordnung Eins ist, welcher von der speziellen Form des Linienprofils ab-hängt. Für ein Gaußprofil anstelle des in der obigen Herleitung angenom-menen Rechteckprofils, bei dem alle Moden eine identische Feldamplitude E_0 aufwiesen, gilt $k = 2\ln 2/\pi \simeq 0{,}441$. Bandbreitebegrenzte Pulsdauern stellen eine untere Grenze dar, die bei von der Beziehung (10.6) abweichen-den Bedingungen für Modenkopplung stark überschritten werden kann.

10.2 Methoden der Modenkopplung

Aufgrund des in Kapitel 10.1 diskutierten Prinzips der Modenkopplung bzw. Modensynchronisation stellt sich die Aufgabe, in einem laseraktiven Medium mit einem breiten Verstärkungsprofil möglichst viele Moden mit *konstanter Phasendifferenz* zur Generation zu bringen. Hierzu gibt es verschiedene Methoden, von denen sich die gebräuchlichsten in drei Kategorien einteilen lassen:

a) aktive Modenkopplung mit einem aktiven, extern gesteuerten Modulator.
b) passive Modenkopplung mit Hilfe eines optisch nichtlinearen Elementes.
c) Modenkopplung durch synchrones Pumpen.

10.2.1 Aktive Modenkopplung

Eine Modenkopplung kann in einem Laser durch eine Nichtlinearität des aktiven Mediums von selbst zustande kommen, englisch „self-mode-locking". Meistens muss eine Modenkopplung aber erzwungen werden. Bei der Methode der *aktiven* Modenkopplung wird ein *Modulator* verwendet, der in den Resonator in die Nähe des einen Resonatorspiegels gebracht wird. Dieser Modulator wird durch ein externes Signal so gesteuert, dass die Verluste oder beispielsweise die optische Weglänge im Resonator mit einer Frequenz δv sinusförmig moduliert werden, welche mit dem Frequenzabstand $\Delta v_{q,q+1}$ der longitudinalen Resonatormoden identisch ist. Diese Verlustmodulation bewirkt zunächst eine *Amplitudenmodulation* (AM) mit der Frequenz δv des Feldes des zuerst anschwingenden Modes mit maximaler Verstärkung bei der Frequenz v_0. Dadurch werden Seitenbänder bei den Frequenzen $v_0 \pm \delta v$ der benachbarten Moden induziert, welche dadurch ihrerseits eine Amplitudenmodulation erfahren etc. Dieser Prozess setzt sich fort, bis alle longitudinalen Moden innerhalb des Verstärkungsprofils miteinander gekoppelt bzw. synchronisiert sind.

Im Zeitraum entspricht der Modulationsfrequenz δv die Periode $T = 2L/c$, welche identisch zur Umlaufzeit im Resonator ist. Somit trifft die im Resonator hin- und herlaufende elektromagnetische Welle immer den selben Modulationszyklus an, d. h. alle Teile der Strahlung erleiden einen Verlust außer demjenigen, welcher den Modulator just in dem Moment passiert, in dem der Verlust annähernd null ist (vgl. Fig. 10.2).

Als Folge davon konzentriert sich die Strahlung in kurzen Pulsen innerhalb der Zeitbereiche minimalster Modulationsverluste. Eine ähnliche Situation tritt ein, wenn statt der Resonatorverluste die optische Weglänge des Resonators, z. B. via Brechungsindex n, moduliert wird. Dadurch werden die entsprechenden *Frequenzen* der Resonatormoden moduliert (FM). Dies hat zur Folge, dass die Laserpulse entweder bei einem Minimum von $n(t)$ (Fig. 10.2b, ausgezogene Linien), oder bei einem Maximum von $n(t)$ (Fig. 10.2b, gestrichelte Linien) auftreten, nämlich dort, wo die entsprechenden zeitlichen Frequenzmodulationen verschwindend klein sind. Für detaillierte theoretische Betrachtungen der aktiven Modenkopplung muss zwischen Medien mit inhomogener Verbreiterung [Harris & McDuff 1965] und solchen mit homogener Verbreiterung [Herrmann & Wilhelmi 1984, Kuizenga & Siegman 1970] unterschieden werden.

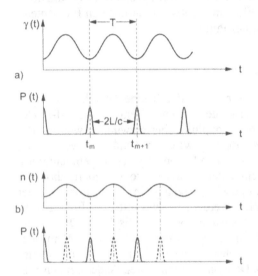

Fig. 10.2   Zeitliche Lage der Laserimpulse $P(t)$ bzgl. Modulationszyklus bei aktiver Modenkopplung: a) Verlustmodulation $\gamma(t)$, b) Modulation des Brechungsindexes $n(t)$ [Svelto 1998]

Aktive Modenkopplung kann sowohl bei gepulsten wie auch bei kontinuierlichen Lasern angewandt werden. In beiden Fällen werden *elektrooptische* und *akustooptische Modulatoren* benützt. Als elektrooptische Modulatoren werden Pockelszellen, in einer ähnlichen Anordnung wie in Kap. 9.3.2 beschrieben, eingesetzt. Die akustooptischen Modulatoren unterscheiden sich von den in gütegeschalteten Lasern (vgl. Kap. 9.3.3) verwendeten dadurch, dass anstelle einer laufenden eine stehende akustische Welle im optischen Element erzeugt wird durch Wahl einer entsprechenden Geometrie des Modulators. Das induzierte periodische Beugungsgitter ergibt eine Verlustmodulation, und zwar bei der doppelten Frequenz der Schallerzeugung. Modenkopplung wird daher erreicht, wenn der Modulator möglichst nahe bei einem Resonatorspiegel platziert und mit der Kreisfrequenz $2\omega = 2\pi(c/2L)$ oszilliert, was der Frequenz $f = c/4L$ des Piezoelementes entspricht.

Die erste aktive Modenkopplung wurde mit Hilfe eines akustooptischen Verlustmodulators bei einem cw He-Ne-Laser realisiert [Harris & Targ 1964]. Die erste aktive Modenkopplung eines Nd:YAG-Lasers folgte 1966 [DiDomenico et al. 1966]. Heute können mit Nd:YAG-Lasern *Pulsdauern* von *unter* 50 ps erzeugt werden. Diese Lasertypen sind daher für das synchrone Pumpen (vgl. Kap. 10.2.3) von Farbzentrenlasern (vgl. Kap. 15.5) bzw. von Farbstofflasern (vgl. Kap. 13) von Bedeutung. Auch in Edelgasionen-Lasern (vgl. Kap. 12.3) wurde die aktive Modenkopplung erfolgreich eingeführt, erstmals 1965 [Crowell 1965, DeMaria & Stetser 1965]. Mit akustooptischer Modulation können kontinuierliche Pulszüge mit Einzelpulsdauern von weniger als 100 ps, Pulsleistungen von 200 bis 300 W und Durchschnittsleistungen von über 1 W produziert werden.

10.2.2 Passive Modenkopplung

Bei der wirkungsvollen Methode der *passiven Modensynchronisation* wird ein *sättigbarer Absorber* (vgl. Kap. 9) in den Laserresonator eingeführt. Dies führt wie die aktive Modenkopplung ebenfalls zu einer zeitlichen Modulation der Resonatorverluste, allerdings mit dem wesentlichen Unterschied, dass das System selbst den Zeitpunkt bestimmt, zu dem die Verluste minimal sind. Die durch einen sättigbaren Absorber induzierte Verlustmodulation ist auf dessen intensitätsabhängige Absorption zurückzuführen. Die zeitabhängige Intensität in einem Laserresonator bei der simultanen Oszillation vieler Moden bewirkt in einem geeigneten sättigbaren Absorber automatisch eine zeitliche Verlustmodulation.

Die Technik der passiven Modenkopplung wird hauptsächlich auf Festkörper- und Farbstofflaser angewandt. Diese Systeme unterscheiden sich wesentlich im Pulsformungsprozess, weil beim Farbstofflaser im Gegensatz zum Festkörperlaser die Relaxationszeit des aktiven Mediums von der Größenordnung der Umlaufzeit im Resonator ist. Beim Farbstofflaser kommt es durch die kombinierte Wirkung von sättigbarem Absorber, welcher einen Abbau der Vorderflanke zur Folge hat, sowie des Verstärkers, der einen Abbau der Hinterflanke bewirkt, zur Bildung eines ultrakurzen Pulses. Notwendig hierzu ist, dass der Absorptionsquerschnitt des Absorbers größer als derjenige des verstärkenden Mediums ist und dass die Besetzungsinversion nach einem Umlauf des Pulses noch nicht vollständig wieder aufgebaut ist. Beim Festkörperlaser ist die Relaxationszeit des Verstärkers viel größer als die Resonatorumlaufzeit. Die Wirkungsweise des sättigbaren Absorbers kann in diesem Fall anhand des sog. *Fluktuationsmodells* [Fleck 1970, Kriukov & Letokhov 1972] qualitativ verstanden werden, wonach durch die nichtlineare Wirkung des Absorbers nur die intensivste Fluktuationsspitze aus dem anfänglichen Photonenrauschen im Resonator selektiv verstärkt wird. Für detaillierte theoretische Untersuchungen wird auf die Spezialliteratur verwiesen [Diels &Rudolph 2006, Herrmann & Wilhelmi 1984].

Die passive Modenkopplung eines *Farbstofflasers* mit Hilfe eines flüssigen sättigbaren Absorbers wurde 1968 erstmals realisiert [Schmidt & Schäfer 1968]. Oft wird dabei die Küvette mit dem sättigbaren Absorber in der üblichen Anordnung (vgl. Kap. 13.3) in direkten Kontakt mit dem vollreflektierenden Resonatorspiegel gebracht. Die Länge der Absorberküvette beträgt im Extremfall nur ca. 200 µm. Dadurch überlagern sich die reflektierte Vorder- und die einlaufende Hinterflanke des Pulses innerhalb des Absorbers, was eine Sättigung bei tieferen Intensitäten erlaubt. Außerdem wird die Bildung von Mehrfachpulsen unterdrückt. Passive Modenkopplung kann sowohl in gepulsten wie auch in cw-Farbstofflasern angewandt werden, wobei im ersten Fall ein Pulszug mit einer Einhüllenden von der Dauer des gesamten Laserpulses, im zweiten Fall ein kontinuierlicher Pulszug resultiert. Bei geeigneter Kombination von Laserfarbstoff und sättigbarem Absorber können ultrakurze Laserpulse mit abstimmbarer Wellenlänge erzeugt werden (vgl. Tab. 10.2).

Tab. 10.2   Abstimmbereiche und Pulsdauern für Farbstofflaser mit passiver Modenkopplung am Beispiel von Rhodamin 6G & B [nach Bradley 1984]

Laserfarbstoff	Pumpe	Sättigbarer Absorber	Abstimmbereich in nm	Pulsdauer
Rhodamin 6G	Blitz	DQOCI	575 bis 600	1.5 bis 3 ps
	Blitz	DODCI	600 bis 625	2 bis 3 ps
	cw	DQOCI	580 bis 613	0.6 bis 2 ps
	cw	DODCI	592 bis 617	0.3 bis 1.5 ps
Rhodamin B	Blitz	DQTCI	605 bis 630	3 bis 4 ps
	Blitz	DODCI	615 bis 645	2 bis 3 ps
	cw	DODCI	610 bis 630	3 bis 4 ps
	cw	DQOCI	600 bis 620	4 bis 5 ps

Verschiedene modifizierte Anordnungen wie Kombination von Absorber und Farbstoff in einem einzigen Jet, Verwendung eines Ringresonators mit gegenläufigen Pulsen (CPM = colliding-pulse mode-locking) wurden im Laufe der Zeit vorgeschlagen [Diels & Rudolph 2006, Herrmann & Wilhelmi 1984]. Damit ließ sich erstmals der fs-*Zeitbereich* erschließen.

Ursprünglich wurden zur passiven Modenkopplung in *Festkörperlasern* ebenfalls *flüssige sättigbare Absorber* verwendet. Wie bei den Farbstofflasern wird bei den Festkörperlasern der sättigbare Absorber in direkten Kontakt mit dem Endreflektor gebracht.

Als sättigbare Absorber finden unter anderen die in Tab. 9.2 aufgeführten Typen Verwendung. Die Relaxationszeit τ des Absorbers bestimmt im Wesentlichen die minimal erreichbare Pulsdauer. Zur Erzeugung eines reproduzierbaren modengekoppelten Pulszuges hoher Pulsqualität, insbesondere ohne Nebenpulse, ist eine sorgfältige Optimierung der einzelnen Komponenten des Laseraufbaus erforderlich. Dies betrifft hauptsächlich den sättigbaren Absorber in Bezug auf Farbstofftyp, Lösungsmittel, Konzentration und Küvettendicke, aber auch die vollständige Beseitigung von Reflexionen durch optische Komponenten innerhalb und außerhalb des Resonators.

Die durch Kombinationen von flüssigen sättigbaren Absorbern mit Festkörperlasern erreichbaren Pulsdauern sind zwar länger als die mit Farbstofflasern erzielten, dafür lassen sich 10^2- bis 10^3-fach höhere Pulsenergien erzielen (vgl. Tab. 10.3).

Tab. 10.3 Typische Daten von Einzelpulsen von Festkörperlasern mit passiver Modenkopplung

Laser	Pulsdauer	Pulsenergie	Spitzenintensität
Rubin	10 bis 30 ps	0.1 bis 1 mJ	> 100 MW/cm^2
Nd:YAG	20 bis 40 ps	10 bis 50 mJ	> 1 GW/cm^2
Nd:Glas	2 bis 20 ps	10 bis 50 mJ	> 10 GW/cm^2

Die kürzeren Pulsdauern von Nd:Glas- im Vergleich zu denen von Nd:YAG-Lasern lassen sich mit der größeren Breite Δv des Verstärkungsprofils erklären. In den meisten Anwendungen wird nicht ein Pulszug aus zahlreichen ultrakurzen Pulsen, sondern ein ps-*Einzelpuls* benötigt. Dies wird erreicht durch Abtrennung und Weiterverstärkung eines möglichst guten Einzelpulses aus dem Pulszug mit Hilfe von geeigneten Schaltelementen [z. B. Diels & Rudolph 2006, Herrmann & Wilhelmi 1984, Kachen & Kusilka 1970, Koechner 2006].

In neuerer Zeit werden fs-Pulse mit Lasersystemen erzeugt, welche *ausschließlich Festkörper-Komponenten* enthalten [Jung et al. 1997, Keller 1997, 2004]. Die Entwicklung derartiger Systeme wurde initiiert durch die Realisierung des Dauerstrich-Ti:Saphir-Lasers [Moulton 1982, 1986], der in Kap. 15 beschrieben wird. Sein für Festkörperlaser ungewöhnlich breites Verstärkungsprofil von ca. 660 nm bis 1100 nm Wellenlänge ermöglicht die Erzeugung von fs-Pulsen. Ti:Saphir absorbiert bei Wellenlängen unter 560 nm, weshalb dieses Material nicht direkt mit Dioden-Lasern optisch gepumpt werden kann. In Hinblick darauf sucht man zur Zeit neue breitbandige Materialien, wie z. B. Cr:LiSAF [Chai et al. 1992, Keller 1997, Payne et al. 1989], welche dies ermöglichen.

Ausgehend vom Ti:Saphir-Laser wurden eine Reihe von *neuen passiven Modenkopplungs-Methoden* zur Erzeugung von fs-Laserpulsen entwickelt mit dem Erfolg, dass Festkörper-Lasersysteme die Farbstofflaser als Quellen von fs-Pulsen verdrängen. Beispiele solcher Modenkopplungs-Verfahren sind folgende:

Die *Kerr-Linsen-Modenkopplung* beruht auf der Selbstfokussierung eines Laserstrahls in einem nichtlinearen Kerr-Medium [Kneubühl 1997], das bewirkt, dass er mit hoher Intensität eine Lochblende mit geringer Abschwächung passiert als mit niederer [Keller 1994, Spence et al. 1991]. Wie in Fig. 10.3 illustriert, werden so bei einem Laserpuls die beiden Flanken mit niedriger Intensität abgeschnitten. Dadurch wird er verkürzt. Der

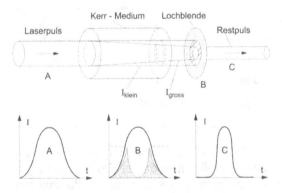

Fig. 10.3   Kerr-Linsen Modenkopplung

Kerr-Effekt repräsentiert eine Nichtlinearität mit einer Reaktionszeit im fs-Bereich und einer geringen Wellenlängenabhängigkeit. Somit ist er prädestiniert zur Erzeugung von fs-Pulsen.

Zur passiven Modenkopplung in Kurzpuls-Festkörperlasern können auch *Halbleiter* wie z. B. GaAs, AlAs, AlGaAs *als sättigbare Absorber* eingesetzt werden [Keller 1994]. Sie haben den Vorteil, dass die Ausnützung ihrer Nichtlinearität keine Justierung erfordert und die Größe ihrer Energielücke und ihre Nichtlinearität nach Wunsch fabriziert werden können. Andererseits muss ihre Sättigungsintensität genügend hoch sein, damit die Absorption nicht bereits im Dauerstrich-Betrieb des Festkörperlasers ausgebleicht wird. Diese Anforderung kann z. B. erfüllt werden durch einen sättigbaren *Halbleiter-Absorber in einem antiresonanten Fabry-Perot* (A-FPSA = antiresonant Fabry-Perot saturable absorber), bei welchem der sättigbare Halbleiter-Absorber in einem antiresonanten Fabry-Perot-Resonator integriert ist [Keller 1994, Keller et al. 1992]. In Antiresonanz ist die Intensität innerhalb des Fabry-Perot-Resonators immer geringer als die einfallende Intensität. Dies erhöht die für den Laser maßgebende Sättigungs-Intensität. Zudem ist die Antiresonanz eines Fabry-Perot breitbandig, was für Ultrakurzpuls-Laser wichtig ist. A-FPSA wurde erfolgreich eingesetzt zur Erzeugung von Pulsen von einigen ps bis unter 100 fs Dauer durch Modenkopplung in Festkörperlasern wie z.B Nd:YLF, Nd:YAG, Nd:Glas.

Ein anderes Verfahren zur Modenkopplung in Ultrakurzpuls-Lasern beruht auf sättigbaren Absorbern in Form von *nicht-linearen Halbleiter-Spiegeln* (NLM = nonlinear mirror, SESAM = semiconductor saturable absorber mirror), welche häufig MQW-Strukturen (multi quantum wells) enthalten. Solche Absorber werden sowohl auf Farbstofflaser [Bi et al. 1992] als auch auf Festkörperlaser [Jung et al. 1997, Keller et al. 1992, 1996] angewendet. Eine Kombination eines Ti:Saphir-Lasers mit KLM und SESAM ergab Pulse von nur 6.5 fs Dauer.

10.2.3 Synchrones Pumpen

Statt durch eine periodische Modulation der Verluste kann Modenkopplung auch durch eine periodische *Modulation der Verstärkung* erzielt werden. Dies kann durch synchrones Pumpen des Lasers durch den modengekoppelten Pulszug eines anderen Lasers realisiert werden. Falls die Resonatorlänge L des Lasers bis auf wenige µm gleich oder ein Vielfaches derjenigen des Pumplasers ist, dann ist unter bestimmten Bedingungen die Verstärkung moduliert mit einer Modulationsperiode entsprechend der Resonatorumlaufzeit $2L/c$. Dazu muss die Relaxationszeit der Besetzungsinversion im gepumpten Laser schnell genug sein, d. h. von der Größenordnung $2L/c$, sodass die entsprechende Verstärkung genügend moduliert werden kann. Analog zur Verlustmodulation bildet sich in den Zeitbereichen maximaler Verstärkung ein kurzer Puls heraus, der um einen Faktor 10^2 bis 10^3 mal kürzer als die Pumppulse sein kann, wie in Fig. 10.4 am Beispiel eines mit einem Ar^+-Laser synchron gepumpten Farbstofflasers gezeigt ist.

Theoretische Untersuchungen über synchron gepumpte Laser nahmen 1975 ihren Anfang [Yasa & Teschke 1975] und wurden in der Folge weiterentwickelt [Diels & Rudolph 2006, Herrmann & Wilhelmi 1984].

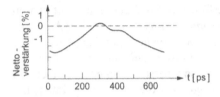

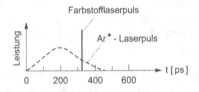

Fig. 10.4
Zeitlicher Verlauf der Nettoverstärkung (oben) und der Leistungen des Pumplasers und synchron gepumpten Farbstofflasers (unten) [nach Herrmann & Wilhelmi 1984]

Die Methode des synchronen Pumpens wird heute oft für Farbstoff- und Farbzentrenlaser benützt, für welche die Bedingung der kurzen Lebensdauer des oberen Laserniveaus von wenigen ns erfüllt ist. Während anfänglich die erreichte Pulsdauer noch in der Größenordnung der Pumppulse lag [Bradley & Durrant 1968], gelang es erst später, durch exakter erfüllte experimentelle Bedingungen in den sub-ps-Bereich vorzustoßen [Heritage & Jain 1978]. Für das synchrone Pumpen werden üblicherweise aktiv modengekoppelte Edelgasionen-Laser oder frequenzverdoppelte Neodymlaser als Pumplaser benützt. Diese liefern einen kontinuierlichen, stabilen Zug kurzer Pulse mit Einzelpulsdauern von 100 bis 300 ps und einer mittleren Leistung von 0.1 bis 1 W.

Die Pulsfolgefrequenz des Pumplasers ist durch die Modulationsfrequenz des aktiven Modulators (vgl. Kap. 10.2.1) gegeben. Die optimale Länge des synchron gepumpten Lasers muss mit einer Genauigkeit von ca. 10^{-7} auf diese Frequenz abgestimmt und stabil gehalten, bzw. geregelt werden können. Unter günstigen Betriebsbedingungen lassen sich mit synchron gepumpten, auch kommerziell angebotenen Farbstofflasern [Forrest 1987] Pulsdauern bis zu rund 0.1 ps realisieren. Der Vorteil gegenüber den passiv modengekoppelten Systemen (vgl. Kap. 10.2.2) liegt im größeren Abstimmbereich zwischen rund 420 nm und 1 µm, der nicht durch die zusätzliche spektrale Absorptionsbande des sättigbaren Absorbers eingeschränkt wird.

Eine zusätzliche Modifikation synchron gepumpter Laser ist der sog. „*cavity dumper*", der anstelle des Auskopplungsspiegels eingesetzt wird. Dieser besteht beispielsweise aus einem akustooptischen Modulator (vgl. Kap. 9.3.3), welcher den Puls beim n-ten Umlauf aus dem Resonator hinauslenkt, während die Strahlung bei den übrigen Umläufen im Resonator verbleibt. Dies bewirkt eine Energiespeicherung. Die Pulsenergie und -leistung kann um mehr als eine Größenordnung gesteigert werden bei einer einstellbaren Pulsfolgefrequenz zwischen 0 Hz und einigen MHz, allerdings auf Kosten einer Pulsverlängerung auf einige ps.

Abschließend soll erwähnt werden, dass die Methode des synchronen Pumpens auch auf *Halbleiterlaser* anwendbar ist, einerseits durch synchrones optisches Pumpen, z. B. mit Hilfe eines Farbstofflasers, andererseits durch eine Modulation des Injektionsstromes [Hochstrasser et al. 1980].

10.3 Kompression kurzer Laserpulse

Der zeitliche Verlauf vorgegebener Laserpulse kann durch jede *nichtlineare optische* Wechselwirkung verändert werden. Insbesondere kann eine zusätzliche Verkürzung der Pulsdauer auf dieser Basis realisiert werden, wie im Folgenden anhand der *Faser-Gitter-Kompression* (fibre-grating compression) [Gomes et al. 1988] illustriert werden soll. Es braucht hierzu Pulse mit monoton anwachsender, englisch „positive chirp", oder monoton abfallender, englisch „negative chirp", Zentralfrequenz [Kneubühl 1997]. Diese können aus ultrakurzen, bandbreitebegrenzten Pulsen erzeugt werden, indem man sie durch verlustfreie Materialien mit einem von der Intensität I abhängigen Brechungsindex $n(I)$, z. B. durch eine Glasfaser, schickt [Diels & Rudolph 2006, Golovchenko et al. 1988, Gomes et al. 1988].

Durch „*self-phase modulation*" [Diels & Rudolph 2006] resultiert ein „chirp" und zugleich eine spektrale Verbreiterung. Nachfolgend werden diese phasenmodulierten Pulse komprimiert, indem sie durch ein optisches System mit Dispersion geführt werden. Bei Pulsen mit positivem „chirp" wird zu diesem Zweck meist ein Gitterpaar verwendet (vgl. Fig. 10.5), das eine negative Krümmung der Dispersionskurve $\beta(\omega)$, d. h. $d^2\beta / d\omega^2 < 0$ bei $\omega = \omega_{Laser}$, aufweist [Treacy 1968, 1969]. Die kurzwellige Pulsrückflanke holt dadurch die Pulsvorderflanke ein. Unter optimalen Bedingungen resultiert daraus ein bandbreitebegrenzter Puls, welcher aufgrund der vorherigen spektralen Aufweitung kürzer ist als der ursprüngliche Puls.

Fig. 10.5 Kompression eines Pulses mit positivem „chirp" [nach Treacy 1969]

Ausgehend von 40fs-Pulsen eines modengekoppelten Farbstoff-Ringlasers konnten mit Pulskompression Pulse von 8 fs [Knox et al. 1985] bzw. von 6 fs Dauer [Fork et al. 1986] erzeugt werden.

Wie am Anfang des Kap. 10 erwähnt, wurden 20 fs-Pulse eines 800 nm Ti:Saphir-Lasers durch Kompression in einer gasgefüllten hohlen optischen Faser in Pulse von nur 4.5 fs Dauer umgewandelt [Nisoli et al. 1997].

In geeigneten Fasern können sowohl die Erzeugung des „chirp" als auch die Pulskompression simultan stattfinden. Ein Beispiel ist der *Solitonlaser* [Mollenauer 1985] auf der Basis des Farbzentrenlasers, welcher in Kap. 15.5 beschrieben wird.

In neuester Zeit werden auch Versuche mittels Transmission von fs-Laserpulsen durch transparente Gase durchgeführt. Durch den optischen Kerr-Effekt erfolgt eine Selbstfokussierung des Laserstrahles durch die Plasmabildung via Multiphotonenprozess aber gleichzeitig auch eine Defokussierung. Dies führt zur Bildung eines sogenannten *Filaments*. Die Selbstphasenmodulation in einem derartigen Filament liefert die gewünschte spektrale Verbreiterung des einfallenden Pulses. So wurden mit einer zweistufigen Filamentation beispielsweise aus ursprünglich 34 fs Pulsen eines Ti:Saphir-Lasers Pulse von 5.1 fs erzeugt [Guandalini et al. 2006].

In den letzten Jahren wuchs das Interesse von noch kürzeren Pulsen im *Attosekundenbereich* (as, 10^{-18} s) stark an, hauptsächlich wegen der einzigartigen Möglichkeit, zeitaufgelöste Spektroskopie auf einer as-Zeitskala durchzuführen [Hentschel et al. 2001]. Solche Pulsdauern werden im extremen ultravioletten (XUV) Spektralbereich indirekt über die Erzeugung von höheren Harmonischen von optischen Frequenzen produziert. So konnten kürzlich Pulsdauern von einigen hundert Attosekunden erzeugt werden [Baltuka et al. 2003].

10.4 Infrarot-Gaslaser

Wie in Kapitel 10.1 erwähnt, eignet sich die Methode der Modenkopplung zur Erzeugung ultrakurzer Pulse in typischen *Gaslasern* nicht wegen der begrenzten Bandbreite des Laserüberganges. Eine Möglichkeit besteht darin, den ursprünglichen Laserpuls außerhalb des Resonators mit Hilfe eines *Plasmaschalters* gefolgt von einem geeigneten *Spektralfilter* um Größenordnungen zu verkürzen [Kälin et al. 1992, Kesselring et al. 1993, Scherrer & Kneubühl 1992, 1993, Yablanovitch 1975, Yablanovitch & Goldhar 1974]. Im Plasmaschalter wird ein Plasma erzeugt, das bei genügender Dichte die Transmission des Laserstrahls blockiert. Die so erreichten Schaltzeiten liegen im ps-Bereich. Das abrupte Abschneiden eines Laserpulses entspricht einer Amplitudenmodulation, welche im Frequenzbereich Seitenbänder erzeugt. Das nachgeschaltete Spektralfilter transmittiert die Seitenbänder, unterdrückt aber die zentrale Laserfrequenz. Im Zeitraum bewirkt das Spektralfilter eine Differentiation. Daraus resultiert ein ps-Laserpuls. Diese Methode wird erfolgreich auf CO_2-Laser angewandt, wobei als Spektralfilter resonant absorbierendes, heißes CO_2-Gas [Kälin et al. 1992, Kesselring et al. 1993, Yablanovitch 1975, Yablanovitch & Goldhar 1974] oder Ferninfrarotlaseraktive molekulare Gase [Scherrer & Kneubühl 1992, 1993] verwendet werden. Durch den Prozess des sogenannten *„optical free induction decay"* (OFID) [Brewer & Shoemaker 1972] kann so eine Pulsdauer von ca. 30 ps erreicht werden [Kälin et al. 1992, Kwok 1985, Kwok & Yablanovitch 1977, Sheik & Kwok 1985].

Die Erzeugung von noch wesentlich kürzeren CO_2-Laserpulsen von nur 130 fs Dauer, was bei 10 μm Wellenlänge rund 4 optischen Zyklen entspricht, ist ebenfalls möglich [Rolland & Corkum 1986]. Die Technik besteht darin, einen Halbleiter simultan mit einem TEA-CO_2-Laserpuls (vgl. Kap. 12.6.2) von rund 100 ns Dauer und einem 70 fs Puls eines „collidingpulse mode-locked" Farbstofflasers (vgl. Kap. 10.2.2) zu bestrahlen. Das durch den sichtbaren Laserstrahl erzeugte Plasma an der Halbleiteroberfläche induziert eine für die CO_2-Laserstrahlung reflektierende Oberfläche. Das Plasma entsteht in einigen fs und zerfällt in einigen ns. Durch die Kombination von zwei Halbleiterelementen, wobei bei einem die IR-Reflexion eingeschaltet und beim anderen die IR-Transmission abgeschaltet wird, kann aus einem 10 μm TEA-CO_2-Laserpuls ein sub-ps 10 μm Puls herausgeschnitten werden.

Referenzen zu Kapitel 10

Baltuka, A.; Udem, Th.; Uiberacker, M.; Hentschel, M.; Goulielmakis, E.; Gohle, Ch.; Holzwarth, R.; Yakovlev, V.S.; Scrinzi, A.; Hänsch, T.W.; Krausz, F. (2003): Nature **421**, 611

Bi, J. Q.; Hodel, W.; Beaud, P.; Schütz, J.; Weber, H. P.; Proctor, M.; Dupertuis, M.A.; Morier-Genoud, F.; Reinhart, F. K. (1992): Opt. Comm. **89**, 245

Bradley, D. J. (1994): Ultrashort Light Pulses. 2nd ed. Topics in Applied Physics, Vol. 18 (ed. S. L. Shapiro), chapter 2. Springer, Berlin

Bradley, D. J.; Durrant, A. J. F. (1968): Phys. Lett. **27A**, 73

Brewer, R. G.; Shoemaker, R. L. (1972): Phys. Rev. **A6**, 2001

Chai, B. H. T.; Lefaucheur, J.-L.; Stalder, M.; Bass, M. (1992): Opt. Lett. **17**, 1584

Crowell, M. H. (1965): IEEE J. **QE-1**, 12

DeMaria, A. J.; Stetser, D. A (1965): Appl. Phys. Lett. **7**, 71

DeMaria, A .J.; Stetser, D. A.; Heynau, H. (1966): Appl. Phys. Lett. **8**, 174

Diels, J.-C.; Rudolph, W. (2006): Ultrashort Laser Pulse Phenomena, 2nd ed. Acad. Press, Burlington

DiDomenico, M.; Geusic, J. E.; Marcos, H. M.; Smith, R. G. (1966): Appl. Phys. Lett. **8**, 180

Fleck, J. A. (1970): Phys. Rev. **B1**, 84

Fork, R. L.; Brito Cruz, C. H.; Becker, P. C.; Shank, C. V. (1987): Opt. Lett. **12**, 483

Forrest, G. T. (1987): Laser Focus, May 1987, p. 40

Golovchenko, E. A.; Dianov, E. M.; Mamyshev, P. V.; Prokhorov, A. M. (1988): Optical and Quantum Electronics **20**, 343

Gomes, A. S. L.; Gouveia-Neto, A. S.; Taylor, J. R. (1988): Optical and Quantum Electronics **20**, 95

Guandalini, A.; Eckle, P.; Anscombe, M.; Schlup, P.; Biegert, J.; Keller U. (2006): J. Phys. B: At. Mol. Opt. Phys. **39**, 5257

Harris, S. E.; Targ, R. (1964): Appl. Phys. Lett. **5**, 202

Harris, S. E.; McDuff, O. P. (1965): IEEE J. **QE-1**, 245

Hentschel, M.; Kienberger, R.; Spielmann, Ch.; Reider, G.A.; Milosevic, N.; Brabec, T.; Corkum, P; Heinzmann, U.; Drescher, M.; Krausz, F. (2001): Nature **414**, 511

Heritage, J.; Jain, R. (1978): Appl. Phys. Lett. **32**, 101

Herrmann, J.; Wilhelmi, B. (1984): Laser für ultrakurze Lichtimpulse. Physik-Verlag, Weinheim; Akademie-Verlag, Berlin

Hochstrasser, R. M.; Kaiser, W.; Shank, C. V, eds. (1980): Picosecond Phenomena II. Springer Series in Chemical Physics, Vol. 14. Springer, Berlin

Jesse, K. (2005): Femtosekundenlaser. Springer, Berlin

Jung, I. D.; Kärtner, F. X.; Matuschek, N.; Sutter, D. H.; Morier-Genoud, F.; Shi, Z.; Scheuer, V.; Tilsch, M.; Tschudi, T.; Keller, U. (1997); Appl. Phys. **B65**, 137

Kachen, G. J.; Kusilka, J. O. (1970): IEEE J. **QE-6**, 84

Kälin, A. W.; Kesselring, R.; Cao, H.; Kneubühl, F. K. (1992): Infrared Phys. **33**, 73

Kaiser, W., ed. (1988): Ultrashort Laser Pulses and Applications. Topics in Applied Physics, Vol. 60. Springer, Berlin

Keller, U. (1994): Appl. Phys. **B58**, 347

Keller, U., ed. (1997): Special issue: Ultrashort Pulse Generation. Appl. Phys. **B65**, 113

Keller, U. (2004): Ultrafast Solid State Lasers. Progress in Optics, ed. E. Wolf, Vol. 46, 1-115

Keller, U.; Miller, D. A. B.; Boyd, G. D.; Chiu, T. H.; Ferguson, J. F.; Asom, M. T. (1992): Opt. Lett. **17**, 505

Keller, U.; Weingarten, K. J.; Kärtner, F. X.; Kopf, D.; Braun, B.; Jung, I. D.; Fluck, R.; Hönniger, C.; Matuschek, N.; Aus der Au, J. (1996): IEEE J. Selected Topics in Quant. Electr. **2**, 435

Kesselring, R.; Kälin, A. W.: Schötzau, H. J.; Kneubühl, F. K. (1993): IEEE J. Quant. Electr. **29**, 997

Kneubühl, F. K. (1997): Oscillations and Waves. Springer, Berlin

Knox, W. H.; Fork, R. L.; Downer, M. C.; Stolen, R. H.; Shank, C. V.; Valdmanis, J.A. (1985): Appl. Phys. Lett. **46**, 1120

Koechner, W. (2006): Solid State Laser Engineering, Series in Optical Sciences, Vol. 1, 6th ed., Sprinter, N. Y.

Kriukov, P. G.; Letokhov, V. S. (1972): IEEE J. **QE-8**, 766

Kuizenga, D. J.; Siegman, A. E. (1970): IEEE J. **QE-6**, 694

Kwok, H. S. (1985): Infrared Physics **25**, 53

Kwok, H. S.; Yablonovitch, E. (1977): Appl. Phys. Lett. **30**, 158

Manz, J.; Wöste, L., eds. (1995): Femtosecond Chemistry. VCH Verlagsges., Weinheim

Mocker, H. W.; Collins, R. J. (1965): Appl. Phys. Lett. **7**, 270

Mollenauer, B. F. (1985): Laser Handbook **4**, (ed. M. L. Stitch; M. Bass) ch. 2

Morgner, U.; Kärtner, F.X.; Cho, S.H.; Chen, Y.; Haus, H.A.; Fujimoto, J.G.; Ippen, E.P; Scheuer, V.; Angelow, G.; Tschudi, T. (1999): Opt. Lett. **24**, 920

Moulton, P. F. (1982): Opt. News, Nov./Dec., 9

Moulton, P. F. (1986): J. Opt. Soc. Am. **B3**, 125

Nisoli, N.; Stagira, S.; De Silvestri, S.; Svelto, O.; Sartania, S.; Cheng, Z.; Lenzner, M.; Spielmann, Ch.; Krausz, F. (1997): Appl. Phys. **B65**, 189

Payne, S. A.; Chase, L. L.; Smith, L. K.; Kway, W. L.; Newkirk, H. (1989): J. Appl. Phys. **66**, 1051

Rolland, C.; Corkum, P. B. (1986): J. Opt. Soc. Am. **B3**, 1625

Schenkel, B.; Biegert, J.; Keller, U.; Vozzi, C.; Nisoli, M.; Sansone, G.; Stagira, S.; De Silvestri, S.; Svelto, O. (2003): Opt. Lett. **28**, 1987

Scherrer, D. P.; Kneubühl, F. K. (1992): Infrared Physics **33**, 67

Scherrer, D. P.; Kneubühl, F. K. (1993): Infrared Physics **34**, 227

Schmidt, W.; Schäfer, F. P. (1968): Phys. Lett. **26A**, 558

Sheik-bahaei, M.; Kwok, H. S. (1985): Appl. Opt. **24**, 666

Smith, P. W.; Duguay, M. A.; Ippen, E. P. (1974): Progress in Quantum Electronics, Vol. 3 (ed. J. Sanders; K. W. Stevens). Pergamon, Oxford

Sutter, D. H.; Steinmeyer, G.; Gallmann, L.; Matuschek, N.; Morier-Genoud, F.; Keller, U. ; Scheuer, V. ; Angelow, G. ; Tschudi, T. (1999): Opt. Lett. **24**, 631

Svelto, O. (1998): Principles of Lasers, 4th ed., chapter 8.6. Plenum Press, N. Y.

Treacy, E. B. (1968): Phys. Lett. **28A**, 34

Treacy, E. B. (1969): IEEE J. **QE-5**, 454

Yablanovitch, E. (1975): IEEE J. **QE-11**, 789

Yablanovitch, E.; Goldhar, J. (1974): Appl. Phys. Lett. **25**, 580

Yasa, Z. A.; Teschke, O. (1975): Opt. Comm. **15**, 169

Zewail, A.H. (1994): Femtochemistry. World Scientific, Singapore

11   Instabilitäten und Chaos

Instabilitäten der Strahlungsemission wurden bereits am ersten Laser, dem Rubinlaser [Maiman 1960] beobachtet. Der Rubinlaser zeigte eine irreguläre, mit Rauschen und Pulsen begleitete Emission selbst unter quasi-stationären Betriebsbedingungen. Lange Zeit kümmerten sich die Theoretiker wenig um dieses Phänomen, da die rapide Entwicklung und die vielfältige Anwendung der Laser eine Reihe anderer Probleme zum Studium anbot. Heute ist jedoch großes Interesse an diesem und verwandten Phänomenen vorhanden, da in den letzten Jahren wesentliche mathematische Entdeckungen über *Instabilitäten und chaotisches Verhalten* von dynamischen Systemen gemacht wurden [Bai-Lin 1984, Bergé et al. 1988, Cvitanovic 1989, Guckenheimer & Holmes 1990, Iooss & Joseph 1990, Kneubühl 1997, Plaschko & Brod 1995, Poston & Steward 1981, Reitmann 1996, Schuster 1984, Thom 1977, 1989, Tu 1994, Verhulst 2000].

Von den deterministischen dynamischen Systemen, welche durch exakte Differential- oder Iterationsgleichungen definiert sind, erwartet man eigentlich ein reguläres, geordnetes Verhalten. Poincaré fand jedoch bereits Ende des neunzehnten Jahrhunderts [Poincaré 1892], dass dies allgemein nicht gilt. Nichtlineare derartige Systeme zeigen unter Umständen Instabilitäten und Chaos, welches *deterministisch* genannt wird. Dass selbst einfach erscheinende, nichtlineare elektronische Systeme Instabilitäten und chaotisches Verhalten zeigen, beweist der harmonisch angetriebene Toda-Oszillator [Kurz & Lauterborn 1988, Lauterborn & Meyer-Ilse 1986], welcher durch folgende Differentialgleichung definiert ist

$$d^2x/dt^2 + r(dx/dt) + [\exp(x) - 1] = a \cos \omega t. \tag{11.1}$$

Daraus erhält man durch eine einfache Variablen-Transformation ein System von drei gekoppelten, zum Teil nichtlinearen Differentialgleichungen erster Ordnung

$$dX/dt = Y,$$

$$dY/dt = -rY + [1 - \exp(X)] + a \cos Z, \tag{11.2}$$

$$dZ/dt = \omega.$$

Dieses Differentialgleichungssystem ist dreidimensional. Es erfüllt somit die für das Auftreten von Chaos notwendige Bedingung, dass ein derartiges Differentialgleichungssystem mindestens die Dimension drei aufweist.

Deterministisches Chaos wird vom stationären Zustand über endlich viele verschiedene Routen mit charakteristischen Instabilitäten erreicht. Dies wird in den verschiedensten Forschungsbereichen beobachtet und studiert. Außer Laseremissionen sind z. B. zu erwähnen Strömungen von Flüssigkeiten und Gasen, chemische Reaktionen, nichtlineare und supraleitende elektronische Elemente sowie Phänomene der Ökonomie und Ökologie.

Der Anstoß zu den modernen vielfältigen Studien der Instabilitäten und des deterministischen Chaos gab Lorenz 1963 mit einer theoretischen Untersuchung der Dynamik der Erdatmosphäre, wobei er demonstrierte, dass ein einfaches System von drei gekoppelten, nichtlinearen Differentialgleichungen erster Ordnung für bestimmte Parameterbereiche chaotische Lösungen aufweist [Lorenz 1963]. Dies für das sogenannte *Lorenz-Modell* charakteristische System von drei Differentialgleichungen lautet [Sparrow 1982]

$$dX/dt = -\sigma X + \sigma Y,$$

$$dY/dt = -Y + rX - XZ, \tag{11.3}$$

$$dZ/dt = -bZ + XY.$$

Später wurde bewiesen [Haken 1975], dass entsprechende Gleichungen gelten für das *Maxwell-Bloch-Modell* eines *Zweiniveau-Lasers* im Einmoden-Betrieb mit homogen verbreitertem (vgl. Kap. 4) Verstärkungsprofil. Diese Arbeit ist grundlegend für das heutige Verständnis der *nichtlinearen Dynamik der Laser* [Haken 1983, 1984, 1985, Harrison & Biswas 1985, Lugiato & Narducci 1985, Meystre & Sargent 1990, Weiss et al. 1995].

11.1   Kriterium für Chaos

Um zu entscheiden, ob ein Laser oder ein anderes dynamisches System sich chaotisch verhält, benötigt man ein Kriterium für Chaos. Dazu eignet sich gemäß Erfahrung das Konzept des *Lyapunov-Exponenten*. Dazu fasst man die zeitabhängigen Variablen $X(t)$, $Y(t)$, $Z(t)$,... des zu untersuchenden Systems von gekoppelten nichtlinearen Differentialgleichungen, wie zum Beispiel (11.2) oder (11.3), zu einem Vektor $\vec{R}(t) = \{X(t),\ Y(t),\ Z(t),\ ...\}$ zusammen. Die Anfangsbedingungen des Systems zur Zeit $t = 0$ werden durch den Vektor $\vec{R}(0)$ dargestellt, die entsprechende Lösung durch die Trajektorie $\vec{R}(t)$ mit der Zeit t als Kurvenparameter. Zwei Trajektorien $\vec{R}_1(t)$ und $\vec{R}_2(t)$ bezeichnet man als zur Zeit t benachbart, wenn ihr Abstand

$$\left|\Delta\vec{R}(t)\right| = \left|\vec{R}_2(t) - \vec{R}_1(t)\right| \tag{11.4}$$

klein ist. Chaos herrscht dann, wenn eine nicht abzählbare Menge von zur Zeit $t = 0$ benachbarter Trajektorien mit der Zeit t exponentiell auseinanderläuft, d. h. wenn für große Zeiten t gilt

$$\left|\Delta\vec{R}(t)\right| = \left|\Delta\vec{R}(0)\right|\exp(\Lambda + \lambda t) \text{ mit } \lambda > 0 \text{ für } t \gg 0, \tag{11.5}$$

oder genauer

$$\lim_{t\to\infty}[t^{-1}\ell n\,|\,\Delta\vec{R}(t)\,|] = \lambda > 0. \tag{11.6}$$

λ bezeichnet den Lyapunov-Exponenten.

11.2   Bifurkationen

Beim Übergang vom stationärem zum chaotischen Verhalten erfahren dynamische Systeme, wie z. B. Laser, meistens mehrere *strukturelle Instabilitäten* in Form von *Bifurkationen*. Dabei entstehen, verschwinden oder vertauschen sich stabile und instabile stationäre Gleichgewichtszustände.

Dynamische Systeme sind gekennzeichnet durch einen oder mehrere Systemparameter. Als Illustration eignen sich einfache *eindimensionale Systeme* mit einem einzigen Systemparameter, welche durch die Differentialgleichung

$$\dot{x} = u(x,\ \mu) = -\,U_x(x,\ \mu) \tag{11.7}$$

beschrieben werden [Kneubühl 1997]. In dieser Gleichung bedeuten μ den Systemparameter, $U(x,\ \mu)$ das Potential und der Index x die partielle Ableitung nach x. Stationäre Gleichgewichtszustände $x_S(\mu)$ bei festem μ sind bestimmt durch

$$0 = u(x_S, \mu) = - U_x(x_S, \mu). \tag{11.8}$$

Über Stabilität und Instabilität des stationären Gleichgewichtszustandes $x_S(\mu)$ entscheidet die partielle Ableitung von $u(x, \mu)$ nach x

$$u_x(x_S, \mu) = -U_{xx}(x_S, \mu) \begin{cases} < 0 & \text{stabil} \\ > 0 & \text{instabil} \end{cases}. \tag{11.9}$$

Strukturelle Instabilitäten in der Form von Bifurkationen erscheinen in den *Bifurkationspunkten* μ_B, welche definiert sind durch

$$u_x(x_S, \mu_B) = - U_{xx}(x_S, \mu_B) = 0. \tag{11.10}$$

Es existieren sehr verschiedene *Bifurkationstypen*. Beispiele sind die Sattel-Knoten-Bifurkation, die transkritische Bifurkation, die Heugabel-Bifurkation und die Hopf-Bifurkation [Guckenheimer & Holmes 1990, Kneubühl 1997, Plaschko & Brod 1995, Reitmann 1996, Verhulst 2000].

Von Interesse bezüglich Laser ist die *Heugabel-Bifurkation*, englisch „pitch-fork bifurcation". Sie wird in folgender normierter Form dargestellt

$$\dot{x} = u(x, \mu) = \mu x - x^3$$

mit $\quad U(x, \mu) = - \dfrac{\mu}{2} x^2 + \dfrac{1}{4} x^4. \tag{11.11}$

Ihre Gleichgewichtszustände sind

für $\mu < 0$: $\quad x_{S1}(\mu) = 0 \qquad$ stabil,

für $\mu > 0$: $\quad x_{S1}(\mu) = 0 \qquad$ instabil,

$$x_{S2}(\mu) = + \mu^{1/2} \qquad \text{stabil}, \tag{11.12}$$

$$x_{S3}(\mu) = - \mu^{1/2} \qquad \text{stabil}.$$

Die Bifurkation erfolgt im Bifurkationspunkt $\mu = \mu_B = 0$. Für den negativen Systemparameter $\mu < 0$ existiert eine stabile Gleichgewichtslage, welche beim Bifurkationspunkt $\mu = \mu_B = 0$ instabil wird. Simultan bilden sich zusätzlich zwei stabile Gleichgewichtslagen. Dieses Phänomen ist illustriert im *Bifurkationsdiagramm* (siehe Fig. 11.1), welches die Gleichgewichtslagen x_{S1-3} als Funktionen des Systemparameters μ darstellt.

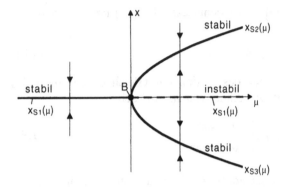

Fig. 11.1   Bifurkationsdiagramm der Heugabel-Bifurkation

11.3   Wege zum Chaos

Die verschiedenen Wege oder Routen vom stationären Zustand zum deterministischen Chaos lassen sich weitgehend experimentell mit Lasern demonstrieren. Folgende Wege zum Chaos müssen in Bezug auf Laser erwähnt werden:

a) Das historische *Landau-Hopf-Modell* [Landau 1944, Landau & Lifschitz 1993, Reitmann 1996, Schuster 1984] beschreibt den Übergang von einer laminaren Strömung zur Turbulenz, d. h. zum Chaos. Hier treten mit zunehmendem Systemparameter μ, wie zum Beispiel der Strömungsgeschwindigkeit υ, immer mehr Oszillationen mit verschiedenen Kreisfrequenzen ω_1, ω_2, ω_3, … auf. Die Turbulenz oder das Chaos ist in diesem Fall charakterisiert durch eine unendliche Anzahl Oszillationen mit Kreisfrequenzen ω_k, welche zueinander in einem irrationalen Verhältnis stehen. Das Landau-Hopf-Modell wurde aufgegeben, unter anderem deshalb, weil Experimente zeigen, dass Strömungen bereits nach dem Auftreten von wenigen Oszillationen mit verschiedenen Kreisfrequenzen ω_k turbulent werden.

b) Das neuere *Modell von Newhouse, Ruelle und Takens* [Newhouse et al. 1978, Ruelle & Takens 1971] fordert, dass Chaos bereits nach Oszillationen mit zwei Kreisfrequenzen ω_1 und ω_2 in irrationalem Verhältnis auftritt. Diese Forderung basiert auf Voraussetzungen über dynamische Systeme, die wahrscheinlich in vielen realen Fällen nicht zutreffen. In der Praxis erscheinen meistens mehr als zwei, jedoch nur endlich viele verschiedene Kreisfrequenzen ω_k vor dem Chaos.

Eine Verwandtschaft zu den Modellen a) und b) zeigt das Phänomen der *induzierten Moden-Aufspaltung*, englisch „mode-splitting", in Lasern mit inhomogen verbreitertem Verstärkungsprofil (vgl. Kap. 4). Die in Fig. 11.2 illustrierte Route zum Chaos führt über die Oszillationsschwelle und zwei Modenaufspaltungen, welche der in 11.2 besprochenen *Heugabel-Bifurkation* entsprechen.

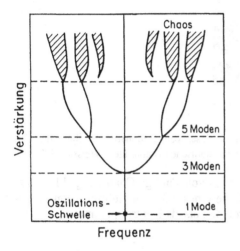

Fig. 11.2
Die Route eines Lasers zum Chaos über Moden-Aufspaltung [Minden & Casperson 1985]

c) Eine andere bekannte Route zum Chaos führt über eine Folge von *Perioden-Verdoppelungen*, d. h. einer Sequenz von *subharmonischen Oszillationen*. Diese Perioden-Verdoppelungen, welche der in 11.2 beschriebenen Heugabelbifurkation entsprechen, erfolgen bei charakteristischen Werten μ_m des ansteigenden Systemparameters μ. In vielen Systemen erfüllen diese das Gesetz

$$\lim_{m \to \infty} (\mu_{m+1} - \mu_m) / (\mu_{m+2} - \mu_{m+1}) = \delta = 4.6692016... , \qquad (11.13)$$

wobei δ als *Feigenbaum-Konstante* bezeichnet wird. Fig. 11.3 zeigt die Route über die Bildung von subharmonischen Instabilitäten zum Chaos in einem von einem 10.78 μm NO_2-Laser-gepumpten 81.5 μm NH_3-Ringlaser mit der Resonatorabstimmung als Kontrollparameter μ.

d) Die *intermittierende Route* [Manneville & Pomeau 1979] zeigt ein charakteristisches Verhalten des Signals als Funktion der Zeit. Dieses verhält sich zeitweise völlig regulär, dazwischen jedoch chaotisch. Die Zeitintervalle regulären und chaotischen Verhaltens sind statistisch verteilt. Mit Zunahme des Kontrollparameters vermehren sich die Zeitintervalle chaoti-

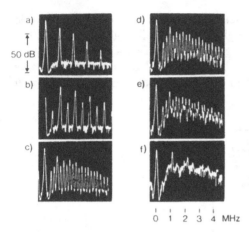

Fig. 11.3 Übergang des 81.5 μm NH₃-Ringlaser vom stationären oszillierenden Zustand a) zum Chaos f) über subharmonische Instabilitäten [Weiss et al. 1985]

schen Verhaltens bis zum Übergang ins vollständige Chaos. Fig. 11.4 zeigt
als Beispiel die intermittierende Route eines 3.39 μm Helium-Neon-Lasers
mit dem Kippwinkel eines Resonatorspiegels als Kontrollparameter μ.

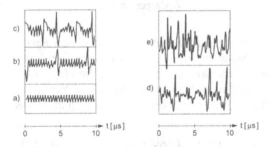

Fig. 11.4 Intermittierende Route eines 3.39 μm Helium-Neon-Lasers vom stationären
oszillierenden Zustand a) zum Chaos e) [Weiss et al. 1983]

Referenzen zu Kapitel 11

Bai-Lin, Hao (1984): Chaos. World Scientific, Singapur

Bergé, P.; Pomeau, Y.; Vidal, Ch. (1998): L'Ordre dans le Chaos. 5e ed. Hermann, Paris

Cvitanovic, P. (1989): Universality in Chaos, 2nd ed. Hilger, Bristol

Guckenheimer, J.; Holmes, P. (1990): Nonlinear Oscillations, Dynamical Systems, and
Bifurcations of Vector Fields. 3rd ed. Springer, Berlin

Haken, H. (1975): Phys. Lett. **53A**, 77

Haken, H. (1983): Synergetics, 3rd. ed. Springer, Berlin

Haken, H. (1984): Laser Theory. Springer, Berlin

Haken, H. (1986): Light, Vol. 2. Laser Light Dynamics, 2nd print. North-Holland, Amsterdam

Harrison, R. G.; Biswas, D. J. (1985): Progress in Quantum Electronics **10**, 147

Iooss, G.; Joseph, D. D. (1990): Elementary Stability and Bifurcation Theory. 2nd ed. Springer, N. Y.

Kneubühl, F. K. (1997): Oscillation and Waves. Springer, Berlin

Kurz, T.; Lauterborn, W. (1988): Phys. Rev. **A37**, 1029

Landau, L. D. (1944): C. R. Dokl. Akad. Sci. USSR **44**, 311

Landau, L. D.; Lifschitz, E. M. (1993): Fluid Mechanics. 2nd ed. Pergamon, Oxford

Lauterborn, W. Meyer-Ilse, W. (1986): Physik in unserer Zeit **17**, 177

Lorenz, E. N. (1963): J. Atmos. Sci. **20**, 130

Lugiato, L. A.; Narducci, L. M., eds. (1985): Instabilities in Active Optical Media. J. Opt. Soc. **B2**, Heft 1

Maiman, T. H. (1960): Nature **187**, 493

Manneville, P.; Pomeau, Y. (1979): Phys. Lett. **75A**, 1

Meystre P.; Sargent III, M. (1999): Elements of Quantum Optics. 3rd ed. Springer, Berlin

Minden, M. L.; Casperson, L. W. (1985): J. Opt. Soc. Am. **B2**, 120

Newhouse, S.; Ruelle, D.; Takens, F. (1978): Comm. Math. Phys. **64**, 35

Plaschko, P.; Brod, K. (1995): Nichtlineare Dynamik Bifurkation und chaotische Systeme. Vieweg, Wiesbaden

Poincaré, H. (1892-1899): Les Methodes Nouvelles de la Mechanique Céleste. 3 Vols. Gauthier-Villars, Paris

Poston, T.; Stewart, I. (1981): Catastrophe Theory and its Applications. Pitman, Boston

Reitmann, V. (1996): Reguläre und chaotische Dynamik. Teubner, Stuttgart

Ruelle, D.; Takens, F. (1971): Comm. Math. Phys. **20**, 167; **23**, 343

Schuster, H. G. (1984): Deterministic Chaos: an Introduction. Physik-Verlag, Weinheim

Sparrow, C. T. (1982): The Lorenz Equations. Springer, N. Y.

Thom, R. (1977): Stabilité Structurelle et Morphogénèse. 2e ed. InterEditions, Paris

Thom, R. (1989): Structural Stability and Morphogenesis. Addison-Wesley, Redwood City

Tu, P. N. V. (1994): Dynamical Systems. 2nd ed. Springer, Berlin

Verhulst, F. (2000): Nonlinear Differential Equations and Dynamical Systems. 2nd ed. Springer, Berlin

Weiss, C. O.; Godone, A.; Olafson, A. (1983): Phys. Rev. **28**, 892

Weiss, C. O.; Klische W.; Ering, P. S.; Cooper, M. (1985): Opt. Comm. **52**, 405

Weiss, C. O.; Hübner, U.; Abraham, N. B.; Tang, D. (1995): Infrared Phys. Technol. **36**, 489

E   Lasertypen

In dieser Sektion werden einige der am meisten verbreiteten Lasertypen mit ihren charakteristischen Daten vorgestellt. Sie sollen stellvertretend für viele weitere Laser gelten, die heute existieren. Auch bald 50 Jahre nach der Entdeckung des ersten Lasers ist die Entwicklung neuer Laserquellen und die Verbesserung bestehender Systeme keineswegs abgeschlossen. Dieser Aspekt muss auch bei einigen der gegebenen Laserdaten, die schnell überholt sein können, berücksichtigt werden.

Folgende Laserkategorien werden behandelt: Gaslaser (Kap. 12), Farbstofflaser (Kap. 13), Halbleiterlaser (Kap. 14), Festkörperlaser (Kap. 15), chemische Laser (Kap. 16), „Free electron"-Laser (Kap. 17).

12 Gaslaser (gas laser)

Bei dieser Laserkategorie liegt das aktive Medium in *gas- oder dampfförmiger* Phase vor. Die meisten Gase, insbesondere Edelgase, eignen sich als Lasermedium. Jedes von ihnen liefert mehrere Laserübergänge. So sind z. B. von Ne über 180 Laserlinien bekannt. Die *Emissionsbereiche* erstrecken sich vom UV bis in den Submillimeterwellenbereich. Die Gaslaser umfassen *Neutralatom-* (z. B. He-Ne, Metalldampf), *Ionen-* (z. B. Ar$^+$), *Molekül-* (z. B. CO_2) und *Excimerlaser* (z. B. KrF). Gaslaser besitzen eine Reihe von Eigenschaften, die sie für Anwendungen in Industrie und Forschung besonders geeignet machen.

Die Anregung des aktiven Mediums in einem Gaslaser geschieht gewöhnlich durch eine *elektrische Entladung*. Es gibt allerdings auch Gaslaser, bei denen die Anregung durch *optisches Pumpen* mit einem anderen Laser, durch eine *gasdynamische Expansion* oder durch *chemisches Pumpen* erfolgt. In einer elektrischen Gasentladung werden freie Elektronen und Ionen produziert. Diese Ladungsträger gewinnen durch die Beschleunigung im elektrischen Feld der Gasentladung kinetische Energie. Dabei ist die Bewegung der Ionen im Allgemeinen unwichtig, da nur die freien Elektronen zur Anregung der Gasatome, -ionen oder -moleküle beitragen. Kontinuierliche Gaslaser werden normalerweise mit einer Niederdruckentladung betrieben, weil bei höherem Druck keine kontinuierliche Entladung aufrechterhalten werden kann. In einer Niederdruckentladung stellt sich näherungsweise eine Maxwell-Boltzmann-Geschwindigkeitsverteilung für die Elektronen mit einer entsprechenden Elektronentemperatur T_e ein.

Die für den Pumpmechanismus verwendeten kontinuierlichen *Gasentladungen* können grob in zwei Typen eingeteilt werden:

a) normale Niederdruckentladung mit Stromdichten $j < 0.1$ A/cm^2, Elektronentemperaturen $T_e < 500$K. Dies ist der Entladungstyp, wie er von den Leuchtstoffröhren her bekannt ist und beispielsweise in einem He-Ne-Laser verwendet wird.

b) Niederdruck-Bogenentladung mit Stromdichten $j > 10$A/cm^2, $T_e > 3000$ K. Dieser Entladungstyp wird für Ionenlaser verwendet (z. B. Ar$^+$-Laser), da nur bei hohen Stromdichten und Temperaturen der notwendige Ionisierungsgrad erreicht werden kann.

Die in der Entladung gewonnene kinetische Energie der Elektronen kann durch inelastische Stöße auf andere Gasteilchen übertragen werden und so diese in höhere Niveaus anregen. Man unterscheidet zwei Arten der Gasanregung durch Elektronenstöße, nämlich Stöße erster und zweiter Art:

i) Stöße 1. Art. In diesem Fall erfolgt die Anregung direkt durch den Elektronenstoß gemäß

$$e + X \rightarrow X^* + e$$

wobei X das Atom, Ion oder Molekül im Grundzustand und X^* dasjenige im angeregten Zustand bedeuten. Diese Anregungsart tritt auf, wenn das Gas nur aus einer Spezies X besteht, wie z. B. beim Ar$^+$-Laser.

ii) Stöße 2. Art. Falls das Gas aus zwei (oder mehr) Spezies A und B besteht, wie z. B. beim He-Ne-Laser, kann die Anregung auch durch Kollision zwischen den Partnern A und B via resonante Energieübertragung erfolgen gemäß Fig. 12.1.

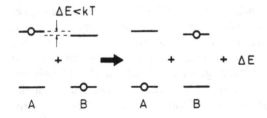

Fig. 12.1   Prinzip des Stoßes 2. Art

Bei Fig. 12.1 wird angenommen, dass das Atom A in einem angeregten Zustand mit einem Atom B im Grundzustand zusammenstößt. Falls die Energiedifferenz ΔE zwischen den angeregten Niveaus von A und B kleiner als die thermische Energie kT ist, gibt es eine gewisse Wahrscheinlichkeit, dass sich das Atom A nach dem Zusammenstoß im Grundzustand und das Atom B im angeregten Zustand befindet, d. h.

$$A^* + B \rightarrow A + B^* + \Delta E.$$

Dieser Anregungsprozess ist vor allem dann von Bedeutung, wenn das angeregte Niveau von A einen metastabilen Zustand darstellt entsprechend einem verbotenen Übergang, sodass das durch Elektronenstoß angeregte Niveaus von A ein Energiereservoir zur Anregung der Atome B darstellt.

Wenn sich das Atom einmal in einem angeregten Zustand befindet, so kann es durch verschiedene Prozesse zu tieferen Energiezuständen (inkl. Grundzustand) zerfallen:

i) Stoß mit einem Elektron, bei dem das Atom seine Anregungsenergie dem Elektron übergibt (Stoß zweiter Art),

ii) Stoß mit anderen Atomen,

iii) Stoß mit der Rohrwand,

iv) spontane Emission,

v) stimulierte Emission.

Beim Prozess iv) muss berücksichtigt werden, dass ein spontan emittiertes Photon von einem andern Atom absorbiert werden kann. Dieses Phänomen des „resonant trapping of radiation" führt zu einer Abnahme der effektiven Rate der spontanen Emission [Holstein 1947].

Die oben diskutierten Prozesse der Anregung und des Zerfalles führen bei einem gegebenen Entladungsstrom im Gas zu einer bestimmten Verteilung der Besetzungsdichten in den verschiedenen Energieniveaus. Aufgrund der großen Anzahl der beteiligten Prozesse ist es in einem Gaslaser schwieriger, eine *Besetzungsinversion* zwischen zwei Niveaus zu erzielen als in einem Festkörperlaser.

Während Stoßprozesse erster Art nicht a priori eine selektive Anregung des oberen Laserniveaus ermöglichen, außer bei entsprechend unterschiedlichen Stoßquerschnitten, kann im Falle von Stoßprozessen zweiter Art eine bevorzugte Anregung des oberen Niveaus durch die Optimierung der Partialdrücke der beteiligten Stoßpartner erreicht werden. Generell lässt sich sagen, dass eine Besetzungsinversion zwischen zwei gegebenen Niveaus erreicht werden kann wenn entweder

i) die Anregungsrate für das obere Laserniveau größer ist als für das untere Niveau und/oder

ii) die Lebensdauer des oberen Laserniveaus τ_2 länger ist als diejenige des unteren Niveaus τ_1, d. h.

$$\tau_2 > \tau_1. \tag{12.1}$$

Diese letztere Forderung ist eine notwendige Bedingung für einen kontinuierlichen (cw) Laserbetrieb, während ein gepulster Laserbetrieb auch stattfinden kann, wenn nur Bedingung i) erfüllt ist. In diesem Falle bleibt die Laseraktivität bestehen bis die zunehmende Besetzung des unteren Laserniveaus die Besetzungsinversion aufhebt. Aus diesem Grund nennt man solche Laser „self-terminating".

Diese allgemeinen Bemerkungen werden in der folgenden Beschreibung von ausgewählten Lasertypen konkretisiert.

12.1 Helium-Neon-Laser (He-Ne-Laser)

12.1.1 Energieniveauschema und Laserprinzip

Der He-Ne-Laser ist der typische Vertreter der *Neutralatom*-Gaslaser [Bridges 1979, Luhs et al. 1986]. Er war sowohl der erste kontinuierliche Laser als auch der erste Gaslaser der Geschichte. Seine Wellenlänge lag bei 1.15 μm im IR [Javan et al. 1961]. Heute ist der He-Ne-Laser, vor allem dank der sichtbaren Emissionslinie bei 632.8 nm [White & Ridgen 1962], weit verbreitet. Die Lasertätigkeit des He-Ne-Systems kann anhand des folgenden Energieniveauschemas erklärt werden. Für die Niveaubezeichnung wurde statt der Racah-Notation [Racah 1942] die einfache, heute häufig verwendete Paschen-Notation benützt [Luhs et al. 1986]. Bei dieser Notation werden die Niveaus durchnummeriert, und zwar beginnen die *s*-Gruppen mit 1, die *p*-Gruppen mit 2, die *d*-Gruppen mit 3, etc.

Fig. 12.2 zeigt die Energieniveaus von He und Ne, die für die Laserprozesse relevant sind. Lasertätigkeit geschieht zwischen Energieniveaus von Ne, während He nur zur Unterstützung des Pumpprozesses beigemischt wird. In einem Gasgemisch, welches typisch 1 mbar He und 0.1 mbar Ne enthält, wird eine *dc*-(oder *rf*-) Entladung gezündet. Die energiereichen Entladungselektronen regen die He Atome in verschiedene angeregte Zustände an. In der Zerfallskaskade sammeln sich die He Atome in den metastabilen Zuständen 2^3S und 2^1S mit Lebensdauern von 10^{-4} s und $5 \cdot 10^{-6}$ s. Da diese langlebigen 2^3S- und 2^1S-Zustände von He beinahe mit den 2s- und 3s-

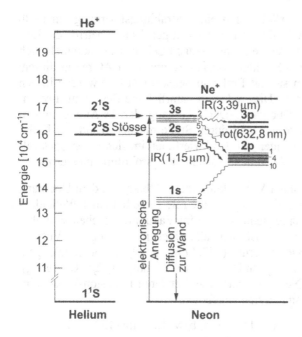

Fig. 12.2   He-Ne-Energieniveauschema mit den dominanten Übergängen

Zuständen von Ne koinzidieren, können Ne Atome in diese angeregten Zustände durch Stöße zweiter Art (s. Fig. 12.1) angeregt werden. Die Energiedifferenz ΔE, z. B. $\Delta E \simeq 400$ cm^{-1} im Falle des $2s$-Niveaus, wird dabei in kinetische Energie der Atome nach dem Stoß umgewandelt. Diese *resonante Energieübertragung* von He auf Ne ist der Hauptpumpmechanismus im He-Ne-System, obwohl auch direkte Elektron-Ne-Stöße zum Pumpen beitragen. Gemäß obigen Ausführungen können in den $2s$- und $3s$-Niveaus von Neon Besetzungen aufgebaut werden. Sie sind somit gute Kandidaten für obere Niveaus von Laserübergängen. In Frage kommen jedoch nur Übergänge zu p-Zuständen aufgrund von Auswahlregeln für elektrische Dipolübergänge. Hinzu kommt, dass die Lebensdauer der p-Zustände ($\tau_p \simeq 10$ ns) um eine Größenordnung kleiner ist als diejenige s-Zustände ($\tau_s \simeq 100$ ns). Somit ist die Bedingung für eine cw-Laseraktivität (Gl. 12.1) für folgende Übergänge erfüllt:

a) Sichtbare Emissionen
Oberes Laserniveau: eines der Ne $3s$-Niveaus.
Unteres Laserniveau: eines der Ne $2p$-Niveaus.

Das untere Laserniveau zerfällt durch einen Strahlungsübergang innerhalb 10 ns in den langlebigen $1s$-Zustand. Ein wichtiger Aspekt betrifft die Entleerung dieses $1s$-Niveaus. Wegen seiner langen Lebensdauer sammeln sich die vom $2p$-Zustand durch Strahlungszerfall kommenden Atome in diesem Zustand. Dort kollidieren sie mit Entladungselektronen und werden in den $2p$-Zustand zurück angeregt. Dies reduziert natürlich die Besetzungsinversion $3s$-$2p$ auf dem Laserübergang. Der Übergang der $1s$-Atome in den Grundzustand geschieht vorwiegend durch Stöße mit der Wand des Entladungsrohres. Die Verstärkungen auf den Laserlinien im sichtbaren Spektralbereich nehmen daher mit abnehmendem Entladungsrohrdurchmesser zu.

Die Emission mit der größten Verstärkung im Sichtbaren ist dem Übergang $3s_2$-$2p_4$ zuzuordnen. Es ist dies die bekannte rote Linie bei einer Wellenlänge 632.8 nm in Luft, entsprechend 633 nm im Vakuum. Daneben sind aber noch mehrere andere Emissionslinien, allerdings mit geringerer Verstärkung, bekannt, insbesondere grün (543.3 nm, $3s_2$-$2p_{10}$-Übergang), gelb (594.1 nm, $3s_2$-$2p_8$-Übergang) und orange (611.8 nm, $3s_2$-$2p_6$-Übergang). Heute werden auch He-Ne-Laser mit diesen letzteren Emissionslinien, einzeln oder abstimmbar, kommerziell angeboten.

b) IR-*Emissionen* bei 1.15 µm (1152.3 nm) bzw. 1.52 µm (1523.1 nm)
Oberes Laserniveau: eines der Ne-$2s$-Niveaus
Unteres Laserniveau: eines der Ne-$2p$-Niveaus

Das untere Laserniveau der 1.15 µm Linie ($2s_2$-$2p_4$) ist dasselbe wie bei der 632.8 nm-Laseremission. Damit spielt wieder die Entleerung des Ne-$1s$-Niveaus durch Wandstöße eine zentrale Rolle und somit nimmt die Verstärkung auf dieser Linie ebenfalls mit abnehmendem Rohrdurchmesser zu. Heute existieren auch kommerzielle He-Ne-Laser, die bei der IR-Wellenlänge von 1523.1 nm emittieren, wenn auch mit geringerer Ausgangsleistung. Diese Emissionslinie entspricht dem $2s_2$-$2p_1$-Übergang im Ne.

c) IR-*Emission* bei 3.39 µm (3391.3 nm)
Oberes Laserniveau: Ne $3s_2$
Unteres Laserniveau: Ne $3p_4$

Das obere Niveau ist somit dasselbe wie bei der 632.8 nm-Emission. Das Bemerkenswerte an diesem Laserübergang ist die beachtliche *Kleinsignalverstärkung*, d. h. die Verstärkung bei einfachem Durchgang durch das Medium bei kleinem Eingangssignal, von ca. 40 db/m. Diese große Verstärkung γ hat zwei wesentliche Gründe:

i) γ prop. v_0^{-3}, da γ prop. $v_0^{-2} \Delta v^{-1}$ (3.15) und $\Delta v = \Delta v_D$ prop. v_0 (4.28)

ii) kurze Lebensdauer des unteren Laserniveaus $3p$. Folglich kann eine große Besetzungsinversion aufgebaut werden.

Aufgrund der hohen Verstärkung der 3.39 μm-Emission würde der Laser normalerweise 3.39 μm-Strahlung emittieren und nicht 632.8 nm. In den 632.8 nm-He-Ne-Lasern wird das Anschwingen der 3.39 μm-Oszillation verhindert, entweder durch entsprechende Wahl des Reflexionsvermögens der Resonatorspiegel oder durch Glas- bzw. Quarz-Brewsterfenster, welche 3.39 μm-Strahlung stark absorbieren, nicht aber 632.8 nm-Strahlung. Dadurch steigt die in (3.38) definierte Pumpratenschwelle R_{thr} für 3.39 μm-Emission über diejenige für 632.8 nm-Emission.

12.1.2 Konstruktion

In Fig. 12.3 ist die heutige Konstruktion eines He-Ne-Lasers gezeigt. Das Laserrohr ist normalerweise in ein zylindrisches Metallgehäuse eingebaut. Die Gasentladung wird meist mit Hilfe eines externen Speisegerätes betrieben, es gibt aber auch He-Ne-Laser mit eingebautem Netzgerät.

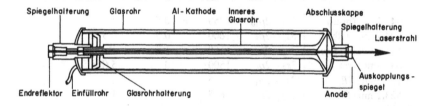

Fig. 12.3   Typischer Aufbau eines He-Ne-Lasers

Im Gasentladungsrohr ist oft ein *Brewsterfenster* angebracht mit dem Brewsterwinkel $\theta_B = \arctan n = 56.5°$ für Kronglas und $\lambda = 632.8$ nm. Elektromagnetische Strahlung mit dem $\vec{E}$-Vektor in der Zeichenebene erfährt somit keine Reflexionsverluste. Solche Verluste für senkrecht zur Zeichenebene polarisierten Lichtes genügen, um dessen Anschwingen im Oszillator zu verhindern. Die Laserstrahlung ist somit als Folge des Brewsterfensters linear polarisiert in der Zeichenebene. Die beiden Enden des Entladungsrohres sind direkt mit den Resonatorspiegeln in „hardseal"-Technik abgeschlossen. Dies ergibt erhöhte Betriebsdauern von typisch 20000 Stunden. Bei *abstimmbaren* He-Ne-Lasern dient ein Littrowprisma oder ein doppelbrechendes Filter [Bloom 1974] als Abstimmelement.

Für den *Betrieb* müssen nebst den optischen Daten der Resonatorspiegel vor allem drei weitere Parameter optimiert werden:

i) Produkt aus totalem Gasdruck p und Rohrdurchmesser D: $pD = 4.8$ bis 5.3 mbar mm.

ii) Mischungsverhältnis He:Ne, z. B. He:Ne = 5:1 für 632.8 nm Wellenlänge bzw. He:Ne $\simeq$ 9:1 für 1.15 µm.

iii) Entladungsstromdichte, wichtig für 3.39 µm- und 632.8 nm-Emissionen.

12.1.3 Laserdaten

Tab. 12.1 zeigt einige typische Daten von kommerziellen He-Ne-Lasern. Die Verstärkungsbreite Δv des jeweiligen Überganges ist im Wesentlichen durch die Dopplerbreite Δv_D (4.28) gegeben, die erheblich größer als die natürliche Linienbreite ist. Die Kleinsignalverstärkung γ bezieht sich auf eine typische Inversion σ von $3 \cdot 10^9$ cm^{-3}.

Tab. 12.1   Einige typische He-Ne-Laserdaten

Wellenlänge	Übergang	Δv in MHz	γ in %/m	Ausgangsleistung in mW
543.3 nm (grün)	$3s_2 - 2p_{10}$	1750	0.5	1
594.1 nm (gelb)	$3s_2 - 2p_8$	1600	0.5	0.5
611.8 nm (orange)	$3s_2 - 2p_6$	1550	1.7	1
632.8 nm (rot)	$3s_2 - 2p_4$	1500	10	5 (bis 50)
1 152.3 nm (IR)	$2s_2 - 2p_4$	825		1
1 523.1 nm (IR)	$2s_2 - 2p_1$	625		1
3 391.3 nm (IR)	$3s_2 - 3p_4$	280	10^4	10

Der theoretisch maximale *Wirkungsgrad* η_{max}, d. h. der Quantenwirkungsgrad, ergibt sich aus dem Energieniveauschema als Quotient der Photonenenergie und der nötigen Anregungsenergie zu ca. 10 % für die 632.8 nm-Emission. Der effektive Wirkungsgrad, definiert als Quotient aus optischer Leistung und elektrischer Eingangsleistung, beträgt dagegen nur typisch 0.1 %. Der Grund liegt unter anderem im ziemlich ineffizienten Anregungsmechanismus mit energetisch hochliegenden oberen Laserniveaus.

12.1.4 Anwendungen

He-Ne-Laser sind weit verbreitet, vor allem auch wegen der Emissionslinien im sichtbaren Spektralbereich. Die vielseitigen Anwendungen reichen von Justierarbeiten, Messtechnik [Sona 1972], Holographie [Gabor 1972, Viénot 1972, Hariharan 2002], Interferometrie und optische Inspektion [Schumann et al. 1985, Hugenschmidt 2007] über Strichcodeleser bis zu Anwendungen in Biologie und Medizin [Hillenkamp et al. 1980].

In den letzten Jahren haben allerdings die im Sichtbaren emittierenden Diodenlaser (s. Kap. 14) dank ihrer kompakten Größe und längeren Lebensdauer die He-Ne-Laser teilweise verdrängt. Die guten Kohärenzeigenschaften der He-Ne-Laser werden jedoch von den Diodenlasern nicht erreicht, weshalb die He-Ne-Laser in verschiedenen Bereichen auch in Zukunft weiterhin Verwendung finden werden.

12.2 Kupfer- und Golddampflaser

12.2.1 Energieniveauschema und Laserprinzip

Neben dem He-Ne-Laser als typischem Vertreter der Neutralgaslaser sollen hier noch zwei weitere Typen dieser Laserkategorie vorgestellt werden. Es handelt sich dabei um *Metalldampflaser*, bei denen das aktive Medium in Form von Kupfer-(Cu)- bzw. Gold-(Au)-Neutralatomen vorliegt [Bridges 1979]. Über den ersten Kupferdampflaser wurde 1966 [Walter et al. 1966], über den ersten Golddampflaser zwei Jahre später berichtet [Walter 1968]. Diese beiden Laser haben nicht zuletzt dank ihres guten Wirkungsgrades, z. B. 1 % für den Kupferdampflaser, eine gewisse Bedeutung erlangt und werden kommerziell angeboten. In einem Plasmarohr wird das aktive Medium durch Erhitzen in einer elektrischen Entladung gebildet. Der für den *Laserbetrieb* optimale Temperaturbereich ist relativ eng und beträgt 1480°C bis 1530°C für Cu bzw. 1590°C bis 1640°C für Au. Zusätzlich wird Neon als Puffergas im Durchfluss beigemischt. Das entsprechende *Energieniveauschema* für Cu und Au ist in Fig. 12.4 dargestellt. Die Besetzung der oberen Laserniveaus erfolgt durch Elektronenstoßanregung von Metallatomen im Grundzustand. Da die unteren Laserniveaus eine lange Lebensdauer gegenüber Relaxation haben, ist die eingangs Kapitel 12 erwähnte Bedingung für kontinuierlichen Laserbetrieb (Gl. (12.1)) nicht erfüllt, d. h. die Laser sind „self-terminating". Diese Laser können daher nur *gepulst* betrieben werden mit genügend langen Zeitintervallen zwischen den Pulsen, um die unteren Laserniveaus genügend zu entleeren. Aus diesem Grund sind bei kleinen Pulsrepetitionsfrequenzen von 3 kHz die Pulsenergien relativ hoch (~10 mJ) und die Pulsdauern relativ lang (~ 50 ns). Bei einer Repetitionsfrequenz von 20 kHz sinken die Pulsenergien auf ~0.5 mJ und die Pulsdauern auf ~ 20 ns. Die Emissionswellenlängen liegen im sichtbaren und UV-Spektralbereich mit Durchschnittsleistungen bis 60 W. Die *Kleinsignalverstärkung* ist ca. 10^3 mal größer als für einen Argonionenlaser, was einen höheren Auskopplungsgrad

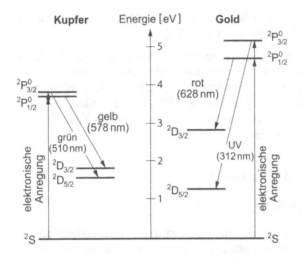

Fig. 12.4   Energieniveauschemata für Kupfer und Gold [Errey 1983]

erlaubt. Außerdem ist der Laserstrahldurchmesser ungewöhnlich groß, typisch > 20 mm, weil die Ausgangsleistung direkt vom Plasmavolumen abhängt.

12.2.2 Konstruktion

Der für einen Metalldampflaser typische Aufbau ist in Fig. 12.5 gezeigt. Die Entladung im Metalldampf findet zwischen zwei Elektroden statt, welche an den Enden eines thermisch isolierten Keramikrohres angebracht sind. Die durch die gepulste Entladung produzierte Wärme erhöht die Temperatur des Entladungsrohres genügend, um die Metallfüllung entlang der Rohrwand zu verdampfen. Die Metallfüllung in diesen Lasertypen muss nach einer typischen Betriebsdauer von rund 300 h ausgewechselt werden, wobei das Gold zum größten Teil wiederverwendet werden kann.

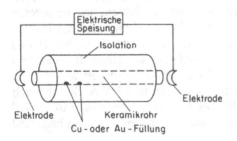

Fig. 12.5
Schematischer Aufbau eines
Metalldampflasers

12.2.3 Laserdaten

In Tabelle 12.2 sind weitere typische Daten von kommerziellen Kupfer- und Golddampflasern zusammengestellt.

Tab. 12.2   Charakteristische Daten von Kupfer- und Golddampflasern

Parameter	Lasertypen	Kupfer	Gold
Wellenlänge	in nm	510.6/578.2	627.8
Durchschnittsleistung	in W	60	9
Pulsenergie	in mJ	10	1.5
Pulsdauer	in ns	15 bis 60	15 bis 60
Spitzenleistung	in kW	≤ 300	50
Pulsrepetitionsfrequenz	in kHz	5 bis 15	6 bis 8
Strahldurchmesser	in mm	42	42
Strahldivergenz (mit instabilem Resonator)	in mrad	0.6	0.6

12.2.4 Anwendungen

Die hohen Spitzen- und Durchschnittsleistungen sowie die hohen Pulsrepetitionsfrequenzen der Kupfer- und Golddampflaser bieten Anwendungsmöglichkeiten in wissenschaftlichen, medizinischen und industriellen Bereichen. Durch die Benutzung von Kupferdampflasern als Pumplichtquellen für Farbstofflaser mit einer transversalen Pumpanordnung (vgl. Kap. 13.3.3) konnten sehr hohe Konversionswirkungsgrade von ~ 50 % in Systemen mit Verstärkerstufen erzielt werden. Kupferdampflaser werden gelegentlich auch als Pumpquellen für die Erzeugung von ultrakurzen Laserpulsen im ps- und fs-Bereich eingesetzt, wo vor allem die hohen Pulsrepetitionsfrequenzen von Vorteil sind (vgl. Kap. 10). Dank der kurzen Laserpulse und hohen Pulsraten werden diese Laser auch als Stroboskopquellen in der Hochgeschwindigkeitsphotographie verwendet [Sklizkov 1972]. Neben ihrer Anwendung in der Analytik und in speziellen Materialbearbeitungsprozessen sind diese Laser auch für die Medizin von Interesse, beispielsweise in der Detektion und Zerstörung von Tumoren mittels photodynamischer Therapie [Errey 1983] oder auch in der Dermatologie [Goldberg 2005].

12.3   Argonionen-Laser (Ar$^+$-Laser)

12.3.1   Energieniveauschema und Laserprinzip

Der Ar$^+$-Laser wurde im Jahre 1964 erstmals realisiert [Bridges 1964]. Er ist der typische Vertreter der Ionen-Gaslaser. Der Unterschied zum Neutralgaslaser liegt in der Verwendung von *Ionen* statt neutralen Atomen fürs aktive Medium. Die Laserübergänge finden zwischen hochangeregten Zuständen des einfach ionisierten Argonatoms statt (vgl. Fig. 12.6). Das obere Laserniveau des Ions wird durch zwei sukzessive Stöße mit Elektronen der Gasentladung bevölkert. Der erste Elektronenstoß produziert ein Ion aus dem Neutralatom, während der zweite Elektronenstoß das Ion weiter anregt. Damit dieser Zweistufenprozess einigermaßen effizient abläuft, ist eine gegenüber dem Neutralatom-Laser wesentlich erhöhte Entladungsstromdichte notwendig. Dies stellt strengere Anforderungen an die Kühlung und Herstellung des abgeschlossenen Laserrohres.

Das obere Laserniveau (4p) kann wie in Fig. 12.6 dargestellt durch drei verschiedene Arten besetzt werden:

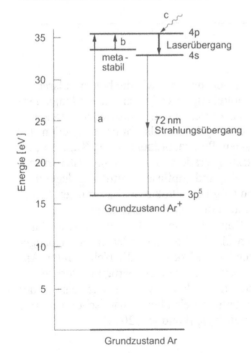

Fig. 12.6
Energieniveauschema von Ar$^+$

i) Elektronenstöße mit Ar-Ionen im Grundzustand (Prozess a);
ii) Elektronenstöße mit Ionen in metastabilen Zuständen (Prozess b);
iii) Strahlungszerfälle von höheren Niveaus (Prozess c).

In allen drei Fällen ergibt sich für die zeitliche Änderung dN_2/dt der Besetzungsdichte N_2 des oberen Laserniveaus $4p$ der folgende Zusammenhang mit der Stromdichte j

$$dN_2/dt \text{ prop. } j^2.$$

Es ist wahrscheinlich, dass alle drei Prozesse zur Besetzung des oberen Laserniveaus beitragen. Insbesondere wurde gezeigt, dass der Kaskadenprozess (c) einen Anteil von 23 bis 50 % beiträgt.

Wie aus Fig. 12.6 ersichtlich, ist das obere Laserniveau $4p$ rund 20 eV über dem Grundzustand von Ar^+ bzw. ca. 35.7 eV über dem Grundzustand von Ar. Damit können nur die energiereichen Elektronen in der Entladung zur Anregung beitragen. Das untere Laserniveau ist das $4s$-Niveau von Ar^+. Es hat eine Lebensdauer von 1 ns, da es mit dem Grundzustand von Ar^+ über einen Strahlungsübergang bei 72 nm verbunden ist. Das $4p$-Niveau hingegen weist eine wesentlich längere Lebensdauer von ca. 10 ns auf. Damit ist die Forderung für einen kontinuierlichen Laserbetrieb (vgl. Gl. (12.1)) für diesen Lasertyp erfüllt.

Da die $4p$- und $4s$-Niveaus des Ar^+ aufgespalten sind, gibt es *mehrere Laserübergänge*. Fig. 12.7 zeigt einen detaillierten Ausschnitt aus den $4p$- und $4s$-Niveaus von Ar^+ mit zehn Laserübergängen. Die intensivsten Emissionslinien sind bei 488 nm (blau) und 514.5 nm (grün), wo cw-Leistungen über 100 W bei *Kleinsignalverstärkungen* von rund 2 %/cm erreicht wurden.

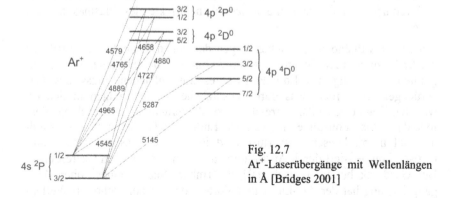

Fig. 12.7
Ar^+-Laserübergänge mit Wellenlängen in Å [Bridges 2001]

12.3.2 Konstruktion

An das Entladungsrohr eines Ionenlasers werden wegen der hohen Strom-dichten von 30 bis 150 A cm^{-2} und Plasmatemperaturen von rund 3000 K hohe Anforderungen gestellt. Das Rohrmaterial besteht meist aus Keramik, beispielsweise aus Berylliumoxid (BeO), das eine ähnlich große Wärme-leitfähigkeit wie Aluminium aufweist. Die Rohrwand ist im Kontakt mit dem Kühlwasser. Das Rohrinnere ist durch Lochscheiben aus Wolfram und Kupfer zur Abführung der Wärme in zahlreiche Segmente unterteilt (vgl. Fig. 12.8).

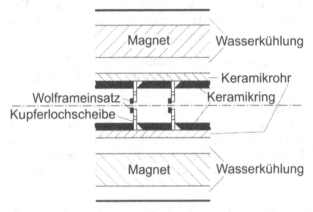

Fig. 12.8   Querschnitt durch modernes Ar^{+}-Laserrohr

Die *Entladung* wird mit Hilfe eines parallel zur Längsachse angelegten magnetischen Feldes auf die Achse konzentriert. Diese Maßnahme erhöht einerseits die Pumprate mit freien Elektronen und somit die Laserleistung und reduziert andererseits die schädlichen Effekte des Plasmas auf die Wand.

Ein weiteres Phänomen, welches wegen der hohen Stromdichte auftritt, ist die *Diffusion* von Ar^{+}-Ionen zur Kathode hin. Um den entstehenden Druck-gradienten entlang des Entladungsrohres auszugleichen, muss das Gas zurückgeführt werden, was durch zusätzliche Lochbohrungen in den er-wähnten Segmentscheiben erreicht wird. Außerdem ist zu beachten, dass Ionenlaser Gas konsumieren, weil die Entladung Gasionen in das Wand-material treibt. Dieser Gasverlust wird in heutigen Lasersystemen auto-matisch kompensiert durch Auffüllung aus einem eingebauten Gasreservoir. Der Gasdruck beträgt typisch 0.01 bis 1 mbar. Neben seiner hohen Aus-gangsleistung hat der Ar^{+}-Laser den Vorteil, dass er auf mehreren Wellenlängen oszilliert. Die Trennung der einzelnen Emissionslinien geschieht mit einem *drehbaren Prisma*, das in Kombination mit einem Endreflektor als selektiver Resonatorspiegel wirkt. Eine solche Anordnung ermöglicht einen Einzellinienbetrieb mit einer Linienbreite von 4 bis 12 GHz. Bei dieser Betriebsart oszillieren immer noch 10 bis 20 longitudinale Moden gleichzeitig. Um *Monomodenbetrieb* zu erhalten, wird zusätzlich ein Fabry-Perot-Etalon (vgl. Kap. 8) in den Resonator eingefügt.

12.3.3 Laserdaten

Im Gegensatz zum He-Ne-Laser hängt die Verstärkung nicht vom Innendurchmesser des Laserrohres ab, da die Besetzungsinversion nicht durch einen Bevölkerungszuwachs auf metastabilen Niveaus vermindert wird. Andererseits kann aber die Ausgangsleistung durch eine Erhöhung der Stromdichte gesteigert werden, weil eine Sättigung der Inversion erst bei merklich höheren Stromdichten als normalerweise in der Praxis erreichbaren, bedeutend wird. Trotzdem bleibt aber der Laserwirkungsgrad sehr klein (< 0.1 %). Es bleibt noch zu erwähnen, dass der Ar^+-Laser, im Gegensatz etwa zum He-Ne- oder CO_2-Laser, mit einer reinen Argonfüllung betrieben wird, ohne Zusätze von anderen Gasen. In Tab. 12.3 sind die wichtigsten Laserlinien mit typischen Werten für die Ausgangsleistung zusammengefasst.

Tab. 12.3   Typische Daten eines Ar^+-Lasers

Wellenlänge in nm	cw-Leistung in W	Wellenlänge in nm	cw-Leistung in W
528.7	2	472.7	1
514.5	10	465.8	1
501.7	2	457.9	1
496.5	3	454.5	1
488.0	10	alle Linien im Sichtbaren	20
476.5	3	333.6 bis 363.8 [Ar^{2+}]	3

Der Laserstrahldurchmesser beträgt typisch 1.5 bis 2 mm und die Strahldivergenz liegt bei 0.5 mrad. In Wirklichkeit sind noch wesentlich mehr Laserlinien bekannt. Der Wellenlängenbereich lässt sich durch Benutzung von Ar^{2+} und Ar^{3+} noch zu kürzeren Wellenlängen erweitern. Allerdings erfordert die mehrfache Ionisierung wesentlich höhere Stromdichten, sodass meist nur gepulster Betrieb möglich ist.

12.3.4 Anwendungen

Ar^+-Laser sind weit verbreitet, insbesondere als Pumplichtquellen für kontinuierliche Farbstofflaser (vgl. Kap. 13.3.3). Andere Anwendungen reichen vom Einsatz in der Holographie [Gabor 1972, Vest 1979, Viénot 1972, Hariharan 2002], in Laserdruckern, über die Laserchirurgie, insbesondere Dermatologie [Hillenkamp et al. 1980, Goldberg 2005] und Ophthalmologie [Hochheimer 1974, Schröder 1983], bis zu den Laser-Lichtshows im Unterhaltungssektor.

Wie schon der He-Ne-Laser wird heute allerdings auch der Ar^+-Laser von neueren Laserentwicklungen bedrängt. So sind heute kompakte Diodenlasergepumpte frequenzverdoppelte Nd:YAG-Laser bei einer Wellenlänge von 532 nm mit cw-Leistungen von 10 W erhältlich (s. Kap. 15).

12.3.5 Weitere Ionenlaser

Neben dem bekannten Ar^+-Laser gibt es noch eine Reihe anderer Edelgasionenlaser, die alle ebenfalls auf mehreren Laserlinien oszillieren wie etwa der Kr^+-Laser, dessen intensivste Emission bei 647.1 nm im Roten erfolgt. Tab. 12.4 gibt eine Übersicht über den Wellenlängenbereich weiterer Edelgasionenlaser.

Tab. 12.4   Wichtige Emissionswellenlängen von Edelgasionenlasern
        * bedeutet 2-fach ionisiert

Neon (Ne) nm	Argon (Ar) nm	Krypton (Kr) nm	Xenon (Xe) nm
332.4	351.1*	350.7*	460.3
334.5	363.8*	356.4*	541.9
337.8	418.3*	406.7*	597.1
339.3	454.5	413.1*	627.1
371.3	457.9	415.4*	714.9
	465.8	468.0	782.8
	472.7	476.2	798.8
	476.5	482.5	871.6
	488.0	520.8	905.9
	496.5	530.9	969.9
	501.7	568.2	
	514.5	647.1	
	528.7	676.4	
	1092.3	752.5	
		793.1	
		799.3	

Es existieren auch Ionenlaser, die mit Mischgasen betrieben werden. Als Beispiel sei ein Ar^+/Kr^+-Laser erwähnt, der als Vielfarben-Laserlichtquelle für besondere Anwendungen eingesetzt werden kann, z. B. als „Weißlicht"-Quelle für Kalibrierzwecke.

Abschließend soll noch darauf hingewiesen werden, dass auch andere Ionen als aktive Lasermedien eingesetzt werden, insbesondere Metalldämpfe wie Sn, Pb, Zn, Cd und Se. Die bekanntesten Typen sind der He-Cd- und der He-Se-Laser mit Wellenlängen im sichtbaren und UV Spektralbereich und cw-Ausgangsleistungen im Bereich 50 bis 100 mW.

Diese Laser erschließen damit den Leistungsbereich zwischen He-Ne-Laser und Ar^+-Laser. He-Cd-Laser sind für verschiedene Anwendungen von Interesse, bei denen ein blauer oder ultravioletter Strahl mittlerer Leistung erwünscht ist.

12.4 Excimerlaser

Als *Excimere* bezeichnet man Moleküle, die nur in elektronisch angeregten Zuständen existieren können. Die Bezeichnung „Excimer" stammt von „excited dimer" und bedeutet „angeregtes Dimer", wobei ein Dimer ein aus zwei identischen Atomen bestehendes Molekül ist. Hingegen bezeichnet Exciplex (von „*exci*ted state com*plex*") einen angeregten Komplex, der aus verschiedenen Atomen aufgebaut ist. Heute ist der Ausdruck Excimer jedoch für beide Systeme gebräuchlich. Es handelt sich vor allem um zweiatomige Systeme wie Edelgasdimere, z. B. Ar_2^*, und Edelgas-Halogen-Verbindungen, z. B. ArF*. Daneben gibt es aber auch Alkalimetall-Edelgas, z. B. NaXe*, oder dreiatomige Edelgas-Halogen-Verbindungen, wie z. B. Xe_2Cl*. Der Stern deutet die elektronische Anregung der Verbindung an. Man beachte, dass der Stern in der Literatur oft weggelassen wird. Da Excimere nur in elektronisch angeregten Zuständen existieren, ist der elektronische Grundzustand unbesetzt. Excimere sind daher geeignete Laserkandidaten. So wurden Excimere bereits 1960 als Lasermedium vorgeschlagen [Houtermans 1960], doch dauerte es bis 1970, bis erste erfolgreiche Labordemonstrationen erfolgten [Basov et al. 1970]. Heute stellen Excimerlaser eine wichtige Klasse von molekularen Gaslasern dar [Basting & Marowsky 2005, Ewing 1979, Hutchinson 1987, Rhodes 1984]. Es sollen hier nur die weit verbreiteten *Edelgas-Halogen*-Excimerlaser diskutiert werden, die 1975 eingeführt wurden.

12.4.1 Energieniveauschema und Laserprinzip

Die Potentiale der für die Laseremission wichtigen elektronischen Energie-zustände der zweiatomigen Edelgas-Halogen-Excimere sind in Fig. 12.9 dargestellt. $^2\Sigma$ und $^2\Pi$ bezeichnen die Art der Elektronenbindung zwischen den beiden Atomen. Die Symbole stehen für ^{2S+1}L, wobei S den Spin- und L den Bahndrehimpuls entlang der Verbindungslinie darstellt. Für L benutzt man große griechische Buchstaben Σ, Π, Δ, Φ etc. analog zu den s, p, d ...-Bezeichnungen bei den Elektronenorbitalen im Atom [Kleen & Müller 1969].

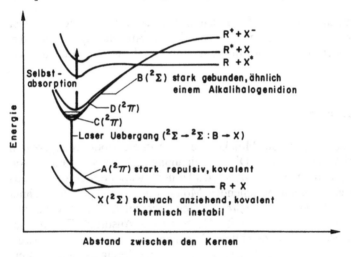

Fig. 12.9   Energiepotentiale der Edelgashalogenide

Aus Fig. 12.9 sind die stark gebundenen Potentiale der angeregten Zustände wie auch die praktisch flachen oder *repulsiven* Potentialkurven des Grund-zustandes ersichtlich. In einem angeregten Zustand bilden sich Edelgas-halogenide, da ein angeregtes Edelgasatom chemisch einem Alkaliatom ähnlich wird, und jene gehen bekanntlich ionische Verbindungen mit Halo-genatomen ein.

Die Reaktionen, die zur Bildung von Excimeren führen, sind komplex und hängen vom Gasgemisch und Gasdruck sowie von der Art der Anregung ab. Dabei werden die zweiatomigen Excimere hauptsächlich durch die beiden Reaktionskanäle

$$R^+ + X^- + M \rightarrow RX^* + M \tag{12.2}$$

$$R^* + X_2 \quad \rightarrow RX^* + X \tag{12.3}$$

gebildet, wobei R und X das Edelgas bzw. das Halogenatom bedeuten und M ein Stoßpartner ist, der aus Gründen der Energie- und Impulserhaltung an der Bildung des Excimers in der ersten Reaktion (12.2) beteiligt sein muss.

Die Anregung geschieht entweder durch Elektronenstrahlbeschuss oder in einer gepulsten Hochspannungsentladung. Bei der Elektronenstrahlanregung dominiert der ionische Reaktionskanal, während bei der Hochspannungsentladung die elektronische Anregung vorherrscht. Wie in Fig. 12.9 ersichtlich, ist der erste elektronisch angeregte Zustand für kleine internukleare Abstände in zwei Zustände $^2\Sigma$ und $^2\Pi$ aufgespalten. Die Potentialkurve des $^2\Sigma$ Grundzustandes (X) ist praktisch flach oder höchstens leicht gebunden. Im Falle von XeCl* beträgt die Potentialtiefe beispielsweise 255 cm^{-1}, was ungefähr kT bei Raumtemperatur entspricht, sodass diese Moleküle thermisch instabil sind. Der $^2\Pi$-Grundzustand (A) ist immer stark repulsiv.

Falls nun in einem gegebenen Volumen durch irgendeine Maßnahme Excimere gebildet werden, so ist dies gleichbedeutend mit einer Besetzungsinversion, da ja die Moleküle im Grundzustand praktisch nicht existieren, sondern nach einer mittleren Lebensdauer von 10^{-12} s dissoziieren. Die Lebensdauern τ der oberen Laserniveaus gegenüber Strahlungszerfall betragen demgegenüber rund 10 ns, so z. B. $\tau \simeq 7$ ns für KrF* bzw. $\tau \simeq 16$ ns für XeF*, sodass Besetzungsinversionen relativ leicht herzustellen sind. Der Laserübergang erfolgt vom ersten angeregten, gebundenen elektronischen Zustand zum elektronischen Grundzustand.

Verschiedene *Photoabsorptionsprozesse* beeinflussen im Edelgashalogenid-Excimerlaser die Laseraktivität. Dazu gehören beispielsweise die Photodissoziation der Halogenmoleküle X_2, aus denen gemäß Gl. (12.3) das Edelgashalogenid RX^* gebildet wird, oder die Photoionisation von angeregten Edelgasatomen und -molekülen, aber auch die Möglichkeit der Selbstabsorption der angeregten Edelgashalogenid-Excimere RX^*, wie sie in Fig. 12.9 angedeutet ist.

12.4.2 Emissionsspektrum

Fig. 12.10 zeigt am Beispiel von KrF* das Emissionsspektrum der Edelgashalogenide.

Das Spektrum besteht aus verschiedenen Banden, die alle im ultravioletten Spektralbereich liegen. Das stärkste Band entspricht dem $^2\Sigma \rightarrow {}^2\Sigma$-Übergang (vgl. Fig. 12.9), welcher Anlass zu den heute bekannten Laserübergängen im

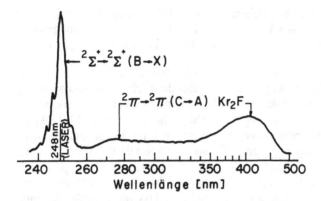

Fig. 12.10 Fluoreszenzspektrum von KrF*. Die Messung wurde durchgeführt mit Ar +
4 % Kr + 0,2 % F bei 350 kPa [Brau 1984]

UV gibt. Bei hohem Gasdruck ist dieses Band strukturiert, wie in Fig. 12.10
illustriert. Die zusätzlichen Spitzen stammen von höheren Vibrationsniveaus
des oberen elektronischen Zustandes. Bei kleinem Gasdruck wird die Vibra-
tionsstruktur im Emissionsspektrum verschmiert und das Band blauverscho-
ben. Dies wird durch Emission aus höheren Vibrationsniveaus verursacht,
welche bei höherem Druck unterdrückt werden, d. h. zu tieferen Niveaus
relaxieren. An das scharfe Emissionsband in Fig. 12.10 schließt sich zu
längeren Wellenlängen ein breites Kontinuum an, welches von Übergängen
$^2\Pi \to {}^2\Pi$, d. h. in den repulsiven Grundzustand, stammt. Um 400 nm ist ein
weiteres, breites Emissionsband ersichtlich, welches dem dreiatomigen Excimer Kr_2F^* zugeschrieben wird. Diese Identifikation wird durch die experimentelle Tatsache unterstützt, dass dieses Band bei Druckerhöhung verglichen mit dem $^2\Sigma \to {}^2\Sigma$-Übergang relativ stark wird.

In Tab. 12.5 sind einige wichtige spektroskopische Daten der Edelgashalogenide zusammengestellt.

Ein weiterer wichtiger Parameter für einen Laser ist der *Wirkungsquerschnitt* σ für die stimulierte Emission. Dieser Querschnitt hängt von der
Form und der Breite des Emissionsbandes ab. Wegen der relativ großen
Bandbreite der Excimer-Laserübergänge ist der Wirkungsquerschnitt σ und
damit auch die Verstärkung bei gegebener Excimerdichte relativ klein (vgl.
Gl. (3.15)). Der Querschnitt σ ist von der Größenordnung 10^{-16} cm^2,
während atomare und molekulare Übergänge bei vergleichbarer Oszillatorstärke im Sichtbaren und UV einen Querschnitt von 10^{-15} bis 10^{-12} cm^2
aufweisen. Dieser Umstand stellt entsprechende Anforderungen an das
Pumpen.

Tab. 12.5   Spektroskopische Eigenschaften der Edelgashalogenide für den tiefsten angeregten Zustand ($^2\Sigma$), wobei r: interatomarer Abstand, E: Anregungsenergie, $\lambda(^2\Sigma{\rightarrow}^2\Sigma)$: Laserwellenlänge, τ: Lebensdauer des oberen Laserniveaus, σ: Wirkungsquerschnitt für stimulierte Emission [Brau 1984]

Parameter →	r (theor.)	E (theor.)	$\lambda(^2\Sigma{\rightarrow}^2\Sigma)$ in nm		$\tau\,(^2\Sigma \rightarrow {}^2\Sigma)$	$\sigma\,(^2\Sigma \rightarrow {}^2\Sigma)$
Medium ↓	in Å	in eV	theor.	exp.	in ns	in $10^{-16}\,\mathrm{cm}^2$
XeI*	3.3	4.85	256	253	12	1.4
XeBr*	3.1	4.25	292	282	~15	~1.7
XeCl*	2.9	3.83	324	308	11	4.5
XeF*	2.4	3.12	397	351	~16	~4
KrI*	3.2	6.69	185	–	–	–
KrBr*	2.9	6.12	203	206	–	–
KrCl*	2.8	5.65	219	222	–	–
KrF*	2.3	4.86	256	249	~7	~2.4
ArBr*	2.8	7.71	161	–	–	–
ArCl*	2.7	7.20	172	175	–	–
ArF*	2.2	6.41	193	193	4.2	2.9
NeF*	1.9	11.56	107	108	2.6	–

12.4.3 Konstruktion

Wegen der relativ kleinen Verstärkung müssen Excimerlaser stark gepumpt werden, um Laseraktion zu erzielen. Die *Anregung* erfolgt entweder durch einen intensiven Elektronenstrahl, durch eine elektrische Hochspannungsentladung oder einer Kombination von beiden. Sie findet in einem Gasgemisch statt, welches typischerweise aus 5 bis 10 % des aktiven Edelgases (z. B. Kr), 0.1 bis 0.5 % eines Halogens wie F_2 und einem leichten Puffergas wie He oder Ne bei einem Gesamtdruck von 1.5 bis 4 bar besteht. Wegen der relativ kleinen Verstärkung ist ein hoher Gasdruck erforderlich. Dieser erlaubt jedoch nur eine gepulste Anregung, wodurch ein *cw* Laserbetrieb trotz der erfüllten Forderung bzgl. der Lebensdauern der beteiligten Energieniveaus (12.1) verunmöglicht wird.

Fig. 12.11 zeigt den Aufbau eines Excimerlasers, der mit einem intensiven, gepulsten *Elektronenstrahl* gepumpt wird, wobei die Elektronen relativistische Geschwindigkeiten aufweisen.

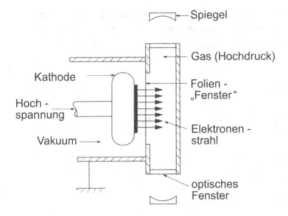

Fig. 12.11 Schema eines Elektronenstrahl-gepumpten Excimerlasers [Brau 1984]

Die Elektronenstromdichte beträgt typisch 5 bis 500 A/cm^2 mit Stromstärken von 5 bis 50 kA. Die Pulsdauer ist 50 ns bis 1 µs und die Beschleunigungsspannung 0.2 bis 2 MV. Der Elektronenstrahl tritt durch eine 25 bis 30 µm dicke Metallfolie in das Gasmedium ein, wo typisch 5 bis 50 % der Elektronenstrahlenergie im Gas deponiert werden.

Erfolgt die Anregung mittels einer *Hochspannungsentladung*, so ist der Laseraufbau ähnlich wie derjenige eines TEA-CO$_2$-Lasers mit UV-Vorionisierung, wie in Fig. 12.12 gezeigt wird.

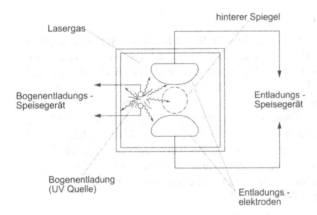

Fig. 12.12 Schema eines Excimerlasers, der mit einer elektrischen Entladung gepumpt wird [Brau 1984]

Die Leistungsdichten der Hochspannungsentladungen müssen im Bereich von 200 MW pro Liter Gasvolumen liegen, um Verstärkungen von der Größenordnung 10 % cm^{-1} zu erzielen. Solche Leistungen lassen sich nicht über längere Zeit in einem typischen Volumen von einem Liter aufrechterhalten. Bei den verwendeten hohen Gasdrucken geht die Glimmentladung nach wenigen 10 ns aufgrund von Instabilitäten in eine Bogenentladung über. Alle Excimerlaser sind daher gepulste Laser mit 10 bis 30 ns Pulsdauer. Es lassen sich sehr hohe Verstärkungen erzielen. Es können Energiedichten von ca. 40 Joule/l erwartet werden, ein Wert, der vergleichbar ist mit den Energiedichten eines IR-Hochleistungslasers wie z. B. des CO_2-Lasers. Bei beiden Anregungstypen des Excimerlasers wird ein totaler *Wirkungsgrad* von ca. 1 % erreicht. Da die Entladungstypen einen einfacheren und kompakteren Aufbau aufweisen, stehen sie im Vordergrund des Interesses und werden auch kommerziell angeboten.

Es soll hier noch erwähnt werden, dass auch hochintensive *Neutronenpulse* von 0.1 bis 10 ms Dauer aus einem Kernreaktor als Anregungsquelle für Excimerlaser studiert wurden [Lorents & Rhodes 1976]. Die Neutronen erzeugen hochenergetische geladene Teilchen, die mit dem Lasergas in ähnlicher Weise reagieren wie die Elektronen.

12.4.4 Laserdaten

Aufgrund der geringen Anzahl optischer Umläufe, die während der kurzen Laseremission im Resonator möglich sind, gibt es kaum einen „Wettbewerb" (vgl. Kap. 8.2.1) unter den zahlreichen optischen Moden, sodass schließlich 10^5 bis 10^7 Moden anschwingen. Die Strahlung von Excimerlasern weist daher normalerweise eine geringe zeitliche und räumliche *Kohärenz* auf, die aber durch die Methode des „injection seeding" wesentlich verbessert werden kann [Siegman 1986]. Excimerlaser stellen die intensivsten *UV-Strahlungsquellen* dar. In Laborsystemen wurden Pulsenergien im kJ-Bereich und Pulsspitzenleistungen im Bereich von $> 10^7$ W erreicht. Dank der kurzen Wellenlänge lässt sich die Laserstrahlung auf einen extrem kleinen Brennfleck fokussieren, sodass Intensitäten von $> 10^{15}$ W cm^{-2} möglich sind. In Fig. 12.13 sind die Emissionswellenlängen verschiedener Excimerlaser und in Tab. 12.6 einige typische Daten von kommerziellen Excimerlasern zusammengestellt.

Aus Fig. 12.13 ist ersichtlich, dass die Emissionswellenlänge für die *B-X-*Übergänge der Edelgashalogenide bei gegebenem Edelgasatom mit zunehmendem Halogenatomgewicht abnimmt und umgekehrt bei gegebenem Halogenatom mit zunehmendem Edelgasatomgewicht zunimmt.

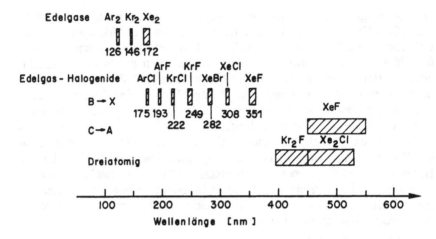

Fig. 12.13 Emissionswellenlängen von Edelgas- und Edelgashalogenid-Excimerlasern. Die Bezeichnungen *B-X* bzw. *C-A* beziehen sich auf die Laserübergänge zwischen den entsprechenden Energieniveaus (vgl. Fig. 12.9)

Tab. 12.6   Typische technische Daten von kommerziellen Excimerlasern

Parameter	Lasermedium	ArF*	KrF*	XeCl*	XeF*
Wellenlänge	in nm	193	249	308	351
Pulsenergie bei 1 Hz	in mJ	500	1000	500	400
Pulsdauer	in ns	14	15	13	14
Spitzenleistung bei 1 Hz	in MW	10	15	9	6
Repetitionsfrequenz	in Hz	≤ 80	≤ 100	≤ 150	≤ 100
Durchschnittsleistung	in W	10	20	10	6

12.4.5 Anwendungen

Die Anwendungen der Excimerlaser sind sehr vielseitig. Generell werden Excimerlaser dort eingesetzt, wo intensive und effiziente UV Quellen gefordert werden. Die wissenschaftlichen Anwendungen reichen beispielsweise von der *Anregung* von gepulsten Farbstofflasern (vgl. Kap. 13.3) über Laser-induzierte *photochemische Prozesse*, insbesondere Isotopentrennung

[Jensen et al. 1976] bis zu *LIDAR-Systemen* (*Light Detection and Ranging*) für Luftschadstoffmessungen [Svanberg 1994, Werner et al. 1983]. Die industriellen Anwendungen umfassen ebenfalls photochemische Prozesse, z. B. Laser-Reinigung [Clark & Anderson 1978, Luk'yanchuk 2002] wie auch verschiedene Bereiche der *Materialbearbeitung* etc. Die Materialablation mit Excimerlaserstrahlung eröffnet neue Möglichkeiten. Insbesondere kann aufgrund der kurzen Wellenlänge und der ablativen Natur der Wechselwirkung ein hoher Präzisionsgrad erreicht werden, weshalb die Excimerlaser für Mikrobearbeitung und Lithographie von Bedeutung sind [Bäuerle 2000/2003, Spiller & Feder 1977, Znotins et al. 1987]. Diese Aspekte sind auch für *medizinische* Anwendungen wie Gewebeablation von Interesse, beispielsweise zur Astigmatismuskorrektur des Auges durch kontrollierte Ablation der Hornhaut, d. h. Keratektomie [Gutzat 2003, Helbig 1990].

12.5 Stickstoff-Laser (N_2-Laser)

Der N_2-Laser ist ein Vertreter der *Molekülgaslaser*, bei welchen je nach dem am Laserübergang beteiligten Energieniveaus drei Kategorien unterschieden werden. Als *vibronische* Laser werden diejenigen Laser bezeichnet, bei denen Vibrationsniveaus verschiedener elektronischer Zustände involviert sind. Die Emissionen dieser Laser liegen im sichtbaren und ultravioletten Spektralbereich. Der wichtigste Vertreter ist der N_2-Laser. Eine zweite Kategorie umfasst diejenigen Laser, welche Übergänge zwischen verschiedenen Vibrationsniveaus desselben elektronischen Zustandes, nämlich des Grundzustandes, benützen. Aufgrund der damit verbundenen Energiedifferenzen oszillieren solche Laser im mittleren und fernen Infrarot-Spektralbereich zwischen rund 3 und 300 µm. Die bedeutendsten Vertreter dieser *Vibrations-Rotationslaser* sind der Kohlendioxid(CO_2-)- und Kohlenmonoxid (CO-)-Laser (vgl. Kap. 12.6 bzw. 12.7). Zu einer dritten Kategorie gehören diejenigen Molekülgaslaser, die zwischen verschiedenen *Rotationsniveaus* desselben Vibrationszustandes oszillieren. Der entsprechende Wellenlängenbereich liegt im fernen Infrarot zwischen 25 µm und 1 mm. Das bekannteste Beispiel ist der Methylfluorid(CH_3F-)-Laser (vgl. Kap. 12.8).

12.5.1 Energieniveauschema und Laserprinzip

Der N_2-Laser wurde erstmals 1963 realisiert [Heard 1963]. Von neutralem N_2 sind insgesamt über 440 Laseremissionslinien vom ultravioletten bis in den mittleren Infrarotbereich bekannt [Beck et al. 1980]. Die weitaus wichtigsten Laserübergänge sind jedoch *vibronische Übergänge* im UV, die zwischen Vibrationsniveaus verschiedener elektronischer Zustände des neutralen N_2-Moleküls stattfinden. Die für die Lasertätigkeit relevanten elektronischen Energiezustände X, A, B und C sind zusammen mit einigen dazugehörenden Vibrationsniveau in Fig. 12.14 dargestellt.

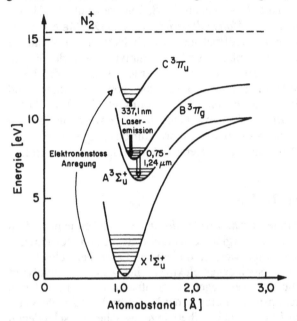

Fig. 12.14   Energieniveauschema von Stickstoff

Eine Anzahl von Laserübergängen sind dem sogenannten ersten positiven System ($B^3\Pi_g - A^3\Sigma_u^+$) zuzuordnen, d. h. Übergängen zwischen verschiedenen Vibrationszuständen der angeregten Triplettzustände $B^3\Pi_g$ und $A^3\Sigma_g$. Diese Emissionen liegen im nahen Infrarot zwischen 0.75 µm und 1.24 µm. Sie sind „self-terminating" wie diejenigen des Kupfer- und Golddampflasers (vgl. Kap. 12.2), da das untere Laserniveau infolge der für den Übergang in den Grundzustand erforderlichen Spinumklappung metastabil ist. Damit ist die Bedingung (12.1), wonach für kontinuierlichen Laserbetrieb die Lebensdauer des oberen Laserniveaus τ_2 länger als diejenige des unteren Niveaus τ_1 sein muss, nicht erfüllt. Der Laser kann also nur gepulst betrieben werden.

Die bekannteste und weitaus *intensivste Emission* des N_2-Lasers geschieht im UV bei 337.1 nm. Es ist dies ein Übergang vom untersten Vibrationsniveau $v'= 0$ des elektronischen Zustandes $C^3\Pi_u$ ins ebenfalls tiefste Vibrationsniveau $v''= 0$ des Zustandes $B^3\Pi_g$. Eine genauere Analyse zeigt, dass der Laserübergang aus einer Vielzahl von dicht beieinander liegenden Rotationsübergängen besteht [Davis und Rhodes, 2001]. Daraus resultiert eine vergleichsweise große Bandbreite von 0.1 nm der Laseremission. Die Tatsache, dass die Emission auf dem Übergang von $v' = 0$ nach $v'' = 0$ stattfindet, erklärt sich einerseits aus der maximalen Besetzungsdichte dieses Niveaus im $C^3 \Pi_u$-Zustand und dem Franck-Condon-Prinzip (vgl. Kap. 13.1), und andererseits aus dem Umstand, dass die Minima der Potentialkurven C und B ungefähr bei gleichen Atomabständen von 1.15 Å bzw. 1.21 Å liegen.

Die Besetzung des oberen Laserniveaus erfolgt durch direkten Elektronenstoß aus dem Grundzustand $X^1 \Sigma_g$. Der N$_2$-Laser ist somit ein *Dreiniveau-Laser*. Die Elektronenstoß-Anregung erfolgt normalerweise in einer Gasentladung. Es wurden aber auch Elektronenstrahl-gepumpte N$_2$-Laser realisiert [Bradley 1976]. Die Wahrscheinlichkeit für die Anregung $X^1 \Sigma_g \rightarrow C^3 \Pi_u$ ist größer als für $X^1 \Sigma_g \rightarrow B^3 \Pi_g$. Wie bei den Laserübergängen $B^3 \Pi_g \rightarrow A^3 \Sigma_g$ ist auch diese Emission $C^3 \Pi_u \rightarrow B^3 \Pi_g$ „self-terminating", denn die Lebensdauer des unteren metastabilen Zustand $B^3 \Pi_g$ beträgt 10 µs und ist somit wesentlich länger als diejenige des oberen Zustandes $C^3 \Pi_u$ von 40 ns. Eine Besetzungsinversion kann daher nur in einer Entladung mit kurzen elektrischen Pulsen von weniger als 40 ns Dauer erreicht werden. Die resultierenden Laserpulse sind kürzer als 15 ns. Da die Lebensdauer des Zustandes $B^3 \Pi_g$ durch Energieübertragung aus höher angeregten N$_2$-Niveaus bzw. durch Stöße mit anderen N$_2$-Molekülen bis auf 10 ms ansteigen kann, ist die maximale Pulsrepetitionsfrequenz auf ca. 100 Hz beschränkt, außer es wird für einen schnellen Gasaustausch gesorgt.

12.5.2 Konstruktion

Der typische Aufbau eines N$_2$-Lasers ist in Fig. 12.15 gezeigt. Die elektrische Entladung geschieht zwischen den oberen Metallelektroden transversal zur Laserausbreitungsrichtung. Die in Fig. 12.15 dargestellte Anordnung mit einem *Blümlein-Generator* [vgl. Bradley 1976] erlaubt eine genügend schnelle und uniforme Gasanregung entlang des Entladungskanals bei relativ kleinen Spannungen von typisch 20 kV. Die Geometrie des Bandleitersystems bewirkt eine synchron mit der Lichtwelle laufende elektrische Entladung. Aufgrund der sehr hohen Verstärkung kann die gesamte Besetzungsinversion des N$_2$ in einem Durchgang abgebaut werden. Der N$_2$-Laser kann daher auch ohne Resonatorspiegel als *Superstrahler* betrieben werden bei einem N$_2$-Druck zwischen einigen mbar und mehr als 1 bar. Oft wird jedoch ein Resonatorspiegel eingesetzt, um die effektive Weglänge im aktiven Medium und damit die Intensität der Laserstrahlung zu erhöhen. Außerdem wird dadurch die Strahldivergenz verbessert. Der Laserbetrieb erfolgt meist mit reinem Stickstoff, ist jedoch auch mit normaler Luft möglich.

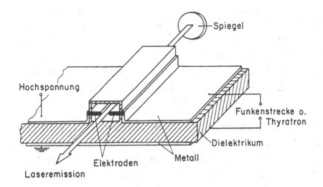

Fig. 12.15 Konstruktion eines N_2-Lasers mit Bandleitersystem, d. h. mit einem Blümlein-Generator

12.5.3 Laserdaten

Wie bereits erwähnt, zeichnet sich der N_2-Laser durch eine sehr hohe Kleinsignalverstärkung γ aus (vgl. Gl. (3.15)), die bei der Emissionslinie von
337.1 nm den Wert von 340 db/m erreicht. Dies entspricht einem Faktor von
rund 2.2 pro cm und übertrifft damit beispielsweise die Kleinsignalverstärkung γ eines Ar^+-Lasers auf dessen stärksten Emissionen um einen Faktor
100. Die erzielten Pulsspitzenleistungen liegen je nach Größe des Lasers
zwischen einigen 100 kW und 10 MW bei Pulsdauern von 4 bis 6 ns und
Pulsrepetitionsfrequenzen um 100 Hz. Dies ergibt Laserpulsenergien von
einigen mJ und Durchschnittsleistungen bis ca. 0.5 W. Infolge des nur ein-
maligen Durchgangs durch das aktive Lasermedium ist die Strahlqualität
relativ schlecht. Bei Verwendung eines Resonatorspiegels ist die Strahldivergenz θ gegeben durch die Querdimension d der Entladung dividiert durch
die doppelte Resonatorlänge L, d. h.

$$\theta \simeq d/(2L)$$

Dies entspricht typischen Werten von 5 bis 10 mrad. Einige charakteristische Daten eines N_2-Lasers sind in Tab. 12.7 zusammengefasst.

12.5.4 Anwendungen

Stickstofflaser werden generell dort eingesetzt, wo kurze Pulse mit hohen
Pulsleistungen im UV-Bereich benötigt werden. Die Hauptanwendung lag
für viele Jahre im *optischen Pumpen* von Farbstofflasern (vgl. Kap. 13).
Man erreicht eine kontinuierliche Abstimmung der Farbstofflaserwellen-

Tab. 12.7   Charakteristische Daten eines N_2-Lasers

Wellenlänge	337.1 nm
Pulsdauer	0.5 bis 5 ns
Pulsenergie	$\leq$ 10 mJ
Pulsrepetitionsfrequenz	ca. 100 Hz
Durchschnittsleistung	$\leq$ 500 mW
Strahldimensionen	
(Breite × Höhe)	ca. 20 × 5 mm
Strahldivergenz	
(horizontal × vertikal)	ca. 10 × 4 mrad
Spektrale Bandbreite	0.1 nm
Wirkungsgrad	0.1 %

länge von 360 nm bis 950 nm, mit Hilfe von Frequenzverdopplung bis 220 nm. Auf diesem Gebiet wurde der N_2-Laser später allerdings weitgehend durch die Excimerlaser (vgl. Kap. 12.4) ersetzt, die wesentlich höhere Pulsspitzenleistungen und Pulsenergien liefern. Der N_2-Laser ist jedoch wesentlich kompakter und auch preiswerter, sodass er weiterhin als Pumpquelle für Farbstofflaser Verwendung findet.

Eine weitere Anwendung betrifft den Einsatz zum Studium von *Fluoreszenz- und Ramaneffekten*, insbesondere zum empfindlichen Nachweis von Atomen und Molekülen [Inaba 1976]. Mit einem mobilen N_2-Laser-Fluorosensor konnten z. B. Öllachen auf einer Seeoberfläche aus einer Entfernung von mehreren 100 m nachgewiesen werden [Measures et al. 1973]. Im Weiteren ist die kurze Pulsdauer der N_2-Laser von Interesse für *zeitaufgelöste* Messungen, wie sie z. B. zum Studium der zeitlichen und örtlichen Entwicklung von Laser-induzierten Plasmen mit Hilfe der Methode der Laser-induzierten Fluoreszenz durchgeführt wurden [Graf & Kneubühl 1983].

12.6   Kohlendioxid-Laser (CO_2-Laser)

Der CO_2-Laser [Duley 1976, Witteman 1987] gehört zu den *Vibrations-Rotationslasern* und gilt als wichtigster Vertreter der Molekülgaslaser überhaupt. Er wurde 1964 durch Patel erstmals realisiert [Patel 1964]. Dieser Lasertyp zählt heute zu den leistungsstärksten Lasern. Es wurden kontinuierliche Leistungen von ungefähr 80 kW und Pulsenergien von etwa 100 kJ erreicht. Außerdem zeichnet sich der CO_2-Laser durch einen hohen Wirkungsgrad von 15 bis 20 % aus. Entsprechend vielseitig sind auch die Einsatzbereiche dieses Lasers, wozu insbesondere auch industrielle Anwendungen zählen.

12.6.1 Energieniveauschema und Laserprinzip

Das CO_2-Molekül ist ein lineares, symmetrisches Molekül mit einer Symmetrieachse in der Molekülachse und einer Symmetrieebene senkrecht zu dieser Achse. Wie in Fig. 12.16 dargestellt, kann das CO_2-Molekül drei *Normalschwingungen* ausführen.

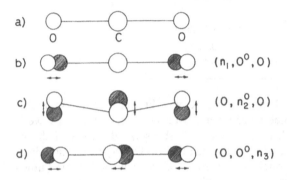

Fig. 12.16 CO_2-Molekül: a) Molekül in Ruhe, b) - d) Normalschwingungen

Die symmetrische Streckschwingung (Fig. 12.16b) entspricht dem Vibrationsmode υ_1 und weist eine Energie entsprechend $\nu_1 = 1351.2 \text{ cm}^{-1}$ auf. Die Knickschwingung (Fig. 12.16c) beschreibt die Bewegung des C-Atoms in der Symmetrieebene senkrecht zur Molekülachse. Dieser Schwingungsmode ist zweifach entartet entsprechend den beiden Normalschwingungen des C-Atoms in der Symmetrieebene. Die Knickschwingung ist durch υ_2 und die Energie $\nu_2 = 672.2 \text{ cm}^{-1}$ charakterisiert. Die dritte Normalschwingung ist die asymmetrische Streckschwingung (Fig. 12.16d), welche durch υ_3 und die entsprechende Energie $\nu_3 = 2396.4 \text{ cm}^{-1}$ beschrieben wird.

In erster Näherung kann angenommen werden, dass die drei Normalschwingungen unabhängig voneinander sind, so dass der *Schwingungszustand des* CO_2-*Moleküls* durch ein Zahlentripel (n_1, n_2^ℓ, n_3) definiert ist, wobei n_i $(i = 1, 2, 3)$ der Anzahl Quanten der entsprechenden Schwingungsfrequenz ν_i des Moleküls entspricht. Der Index ℓ bei der Quantenzahl n_2 deutet auf die Existenz eines Drehimpulses der entarteten Knickschwingung hin. Falls die beiden zueinander senkrechten Vibrationen der Knickbewegung angeregt sind, ergibt sich durch deren Überlagerung ein solcher Drehimpuls. Die zugeordnete Quantenzahl ℓ kann die Werte $\ell = n_2, n_2-2, \ldots, 1$ oder 0

annehmen, wobei $\ell = 1$ für ungerade n_2 und $\ell = 0$ für gerade n_2 gilt; z. B. $\ell = 1$ für $n_2 = 1$ bzw. $\ell = 2, 0$ für $n_2 = 2$. Jedes ℓ führt aufgrund von anharmonischen Kräften zu einer Aufspaltung der Niveaus, wie dies aus dem in Fig. 12.17 dargestellten Energieniveauschema ersichtlich ist. In der harmonischen Näherung, bei der die Normalschwingungen unabhängig voneinander als harmonische Oszillatoren behandelt werden, ist die *totale Vibrationsenergie* E_v des Moleküls gegeben durch

$$E_v = \left(n_1 + \frac{1}{2} \right) h\nu_1 + (n_2 + 1)h\nu_2 + \left(n_3 + \frac{1}{2} \right) h\nu_3 \tag{12.4}$$

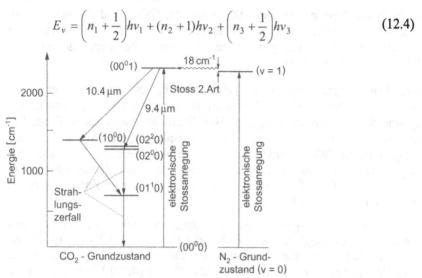

Fig. 12.17 Einige tiefliegende Vibrationsniveaus des CO_2- und N_2-Moleküls

Das *obere Laserniveau* (00^01) entspricht der Energie der asymmetrischen Streckschwingung, welche mit einem einzigen Quant ($n_3 = 1$) der Energie $h\nu_3$ angeregt ist. Die Anregung dieses Niveaus geschieht normalerweise in einer Gasentladung, die neben CO_2 auch N_2 und He enthält. Es gibt aber auch andere Anregungsarten wie beispielsweise beim gasdynamischen CO_2-Laser (vgl. Kap. 12.6.2f). Die angeregten CO_2-Moleküle sammeln sich im langlebigen (00^01)-Niveau, dessen Lebensdauer je nach Gasdruck, -temperatur und -zusammensetzung im Bereich von µs bis zu 1 ms liegt. Wie aus Fig. 12.17 hervorgeht, erfolgt die Anregung der CO_2-Moleküle nicht nur durch inelastische Stöße mit niederenergetischen Elektronen in der Entladung, sondern auch durch Stöße 2. Art (vgl. Fig. 12.1) mit schwingungsangeregten N_2-Molekülen. Dieser Prozess ist durch folgende Reaktionsgleichung gegeben:

$$N_2(\upsilon = 1) + CO_2(00^00) \leftrightarrow N_2(\upsilon = 0) + CO_2(00^01) + 18\,cm^{-1} \tag{12.5}$$

Dieser Energieübertragungsprozess weist eine Rate von $k_E = 1.4 \cdot 10^4$ mbar^{-1} s^{-1} bei 300 K auf [Taylor & Bitterman 1969] und ist aus zwei Gründen besonders effizient:

i) Die Energiedifferenz ΔE zwischen dem $CO_2(00^01)$ und dem $N_2(\upsilon = 1)$-Niveau beträgt nur 18 cm^{-1} und ist damit wesentlich kleiner als die thermische Energie $kT \simeq 200$ cm^{-1} bei 300 K.

ii) N_2 besitzt kein permanentes Dipolmoment. Daher sind Übergänge zwischen Vibrationsniveaus desselben elektronischen Zustandes aufgrund der Paritätsauswahlregel streng verboten, was die Lebensdauer des $(\upsilon = 1)$-Niveaus entsprechend erhöht.

Aus dem Energieniveauschema geht weiter hervor, dass die Energie der zweifach angeregten Knickschwingung (020) sehr nahe bei derjenigen der symmetrischen Streckschwingung (100) liegt. Diese sogenannte Fermi-Resonanz [Fermi 1931] resultiert in einer Kopplung dieser Niveaus und der entsprechenden Wellenfunktionen. Die korrekte Bezeichnung dieser Niveaus, die zugleich die unteren Laserniveaus darstellen, lautet daher $(10^00, 02^00)_I$ bzw. $(10^00, 02^00)_{II}$, wobei das letztere die tiefere Energie aufweist [Amat & Pimbert 1965].

Wie in Fig. 12.17 eingezeichnet, sind ausgehend vom (00^01)-Niveau zwei *Laserübergänge* möglich. Es sind dies der $(00^01) \rightarrow (10^00)$-Übergang von der asymmetrischen zur symmetrischen Streckschwingung entsprechend einer Wellenlänge um 10.4 µm bzw. der $(00^01) \rightarrow (02^00)$-Übergang von der asymmetrischen Streckschwingung zur Knickschwingung des CO_2-Moleküls entsprechend einer Wellenlänge um 9.4 µm. Für die Vibrationsübergänge gelten allgemein folgende Auswahlregeln: $\Delta n = 1$, $\Delta \ell = 0, \pm 1$.

Ein wesentlicher Punkt im Hinblick auf die Lasertätigkeit betrifft die *Entleerung* der unteren Laserniveaus (10^00) bzw. (02^00). Die entsprechenden Lebensdauern sind bezüglich Strahlungszerfall relativ groß (1 bis 10 ms). Die Deaktivierung dieser Niveaus erfolgt daher hauptsächlich durch Stoßprozesse mit anderen Molekülen und der Wand des Entladungsrohres. Eine besondere Rolle spielt das dem Gasgemisch beigegebene Helium. Es entleert die unteren Laserniveaus sowie das Zwischenniveau (01^10), ohne dabei die Besetzung des oberen Laserniveaus (00^01) wesentlich zu beeinflussen. Aufgrund seiner guten Wärmeleitfähigkeit hat He auch eine Verringerung der Gastemperatur in der Entladung zur Folge. Dies reduziert die thermische Besetzung der unteren Energieniveaus des CO_2-Moleküls.

Aufgrund des Energieniveauschemas lässt sich für den CO_2-Laser ein *Quantenwirkungsgrad* von ca. 45 % ableiten. In der Praxis werden dank der energetisch günstigen Anregungsbedingungen totale Wirkungsgrade (optische vs. elektrische Energie) von bis zu 30 % erreicht, was im Vergleich zu anderen Lasertypen einen erstaunlich hohen Wert darstellt.

Das *Emissionsspektrum* des CO_2-Lasers besteht aus vielen Linien. Dies ist auf die Aufspaltung der beteiligten Vibrationsniveaus in Rotationszustände zurückzuführen, wie in Fig. 12.18 dargestellt. Die Rotationsniveaus werden durch die Quantenzahl J charakterisiert und die entsprechenden Rotationsenergien sind näherungsweise gegeben durch [Herzberg 1991]

$$E(J) = hcBJ(J + 1). \tag{12.6}$$

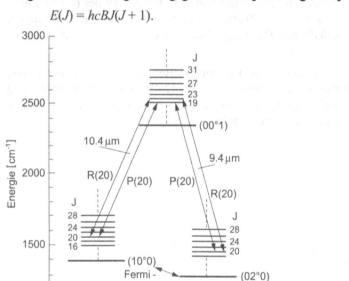

Fig. 12.18 Aufspaltung der beim CO_2-Laser beteiligten Vibrationsniveaus in Rotationsniveaus mit Beispielen von Laserübergängen

Da das CO_2-Molekül linear ist, ein Symmetriezentrum besitzt und die Spins der ^{16}O-Atome null sind, treten bei den symmetrischen Vibrationsniveaus, z. B. bei (10^00), nur gerade J im Rotationsspektrum auf bzw. nur ungerade J bei den asymmetrischen Vibrationszuständen, z. B. bei (00^01). Es gibt aber zu beachten, dass bei Ersatz von einem der Sauerstoffatome durch ein anderes Isotop alle J-Zustände im Rotationsspektrum vorkommen.

Für die Laserübergänge zwischen den verschiedenen Vibrations-Rotationsniveaus gilt für elektrische Dipolübergänge die folgende Auswahlregel für die Quantenzahl J:

$$\Delta J = \pm 1, \quad \Delta J = 0 \text{ verboten.}$$

In der Spektroskopie ist es üblich, den Rotationsübergang durch die Quantenzahl J des unteren Niveaus zu kennzeichnen, und jede Änderung von J bezieht sich auf dieses Niveau. Die Übergänge mit $\Delta J = -1$ werden zum P-Zweig, diejenigen mit $\Delta J=+1$ zum R-Zweig zusammengefasst. Der Q-Zweig ($\Delta J=0$) existiert nicht. Die einzelnen Laserübergänge werden meist durch den Wellenlängenbereich des involvierten Vibrationsüberganges (10.4 μm bzw. 9.4 μm Band), den Zweig (P bzw. R) und die Quantenzahl J bezeichnet. Als Beispiel entspricht die in Fig. 12.17 eingezeichnete 10P(20)-Linie dem Übergang zwischen dem Rotationsniveau mit $J = 19$ des (00^01)-Vibrationsniveaus und dem $J = 20$ Zustand des (10^00)-Niveaus. Der Abstand der Laserlinien innerhalb des P-Zweiges beträgt ca. 2 cm^{-1}, innerhalb des R-Zweiges weniger als 1.5 cm^{-1}.

Das *Emissionsspektrum* eines mit einem Beugungsgitter ausgerüsteten, Linien-abstimmbaren CO_2-Lasers ist in Fig. 12.19 dargestellt. Deutlich sind die P- und R-Zweige des 9.4 μm bzw. des 10.4 μm Bandes sowie das Fehlen der entsprechenden Q-Zweige zu sehen.

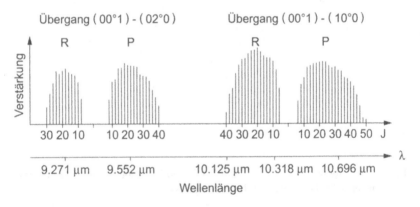

Fig. 12.19 Emissionsspektrum eines CO_2-Lasers als Funktion der Wellenlänge

Die Unterschiede in der Verstärkung der einzelnen Laserübergänge erklären sich aus den verschiedenen Besetzungsdichten n_{vJ} der Rotationsniveaus J innerhalb eines Vibrationszustandes v. Die Besetzungsdichten n_{vJ} gehorchen einer Boltzmannverteilung und sind näherungsweise gegeben durch

$$n_{vJ} \cong N_v \left(\frac{2hcB}{kT} \right)(2J+1)\exp\left[-BJ(J+1)\frac{hc}{kT} \right], \qquad (12.7)$$

wobei N_v die totale Moleküldichte im Vibrationszustand v bezeichnet. Die maximale Besetzungsdichte $n_{v,J}^{max}$ folgt aus Gleichung (12.7) für die Rotationsquantenzahl J^{max} gemäß

$$J^{max} \cong \left(\frac{kT}{2Bhc} \right)^{1/2} - \frac{1}{2}. \tag{12.8}$$

Für $T = 400$ K erhält man $J^{max} \simeq 19$.

Sowohl für das obere wie auch für das untere Vibrationsniveau ergibt sich eine analoge Situation, sodass die entsprechenden Besetzungsinversionen und damit die Verstärkungen im P-Zweig für die Übergänge $P(16)$ bis $P(24)$ am größten sind mit einem Maximum beim $P(20)$-Übergang. Entsprechende Überlegungen gelten auch für den R-Zweig.

Die Verteilung der Anregungsenergie auf die verschiedenen Rotationsniveaus im Vibrationszustand (00^01) gemäß (12.7) erfolgt innerhalb einer druckabhängigen *Thermalisierungszeit* von ≤ 1 µs. Im Hinblick auf die Lasertätigkeit gilt es zwei Fälle zu unterscheiden:

i) Thermalisierungszeit < Lebensdauer des Vibrationszustandes (00^01) inkl. stimulierter Emission (vgl. Fig. 12.20).

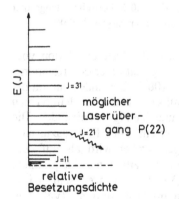

Fig. 12.20
Besetzungsdichteverteilung unter den Rotationsniveaus im Zustand (00^01) für $T = 400$ K bei relativ schneller Thermalisierung [Patel 1968]

Im Beispiel der Fig. 12.20 ist die Besetzungsdichte für das Rotationsniveau $J = 21$ am größten, sodass die Laseremission mit größter Wahrscheinlichkeit auf dem $P(22)$-Übergang starten wird wie eingezeichnet. Dadurch wird die Besetzungsdichte auf dem Niveau $J = 21$ abnehmen. Weil aber die Thermalisierungszeit kürzer ist als die Lebensdauer des (00^01)-Niveaus führt die Laseroszillation zu einer Reduktion der Besetzungsdichte *aller* Rotationsniveaus des (00^01)-Zustandes, d. h. die Boltzmannverteilung innerhalb der Rotationsniveaus bleibt bestehen und die Verstärkung bleibt maximal auf dem $P(22)$-Übergang. Diese Situation, in der die Rotationsniveaus nicht unabhängig voneinander sind, trifft z. B. für den kontinuierlichen Betrieb von CO_2-Lasern zu (vgl. Fig. 12.22b).

ii) Thermalisierungszeit $\geq$ *Lebensdauer* des (00^01)-Vibrationszustandes inklusive stimulierter Emission (vgl. Fig. 12.21).

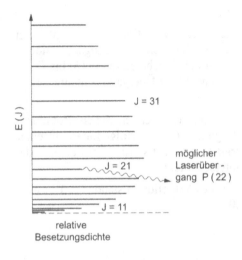

Fig. 12.21
Besetzungsdichteverteilung unter den Rotationsniveaus im (00^01)-Zustand für $T = 400$ K bei relativ langsamer Thermalisierung [Patel 1968]

Auch für diesen Fall wurde angenommen, dass die Laseroszillation vom Niveau $J = 21$ aus startet. Da die Thermalisierungszeit unter den Rotationsniveaus aber länger ist als die Lebensdauer des (00^01)-Zustandes, nimmt die Besetzungsdichte im Gegensatz zum ersten Fall selektiv nur auf dem Niveau $J = 21$ ab, d. h. die Rotationsniveaus sind unabhängig voneinander. Die Besetzungsdichte ist nicht mehr Boltzmann-verteilt. Dies führt dazu, dass die Verstärkung auf anderen Laserübergängen größer wird als auf dem zuerst oszillierenden $P(22)$-Übergang. Die Laseroszillation kann plötzlich auf einen anderen Übergang mit höherer Verstärkung wechseln. Diese Situation trifft man bei Niederdruck-Q-switch-CO_2-Lasern an (vgl. Fig. 12.22c).

Einen Überblick über die Emissionscharakteristiken verschiedener CO_2-Laser gibt Fig. 12.22.

Wie Fig. 12.22 zeigt, kann das Wechseln der Laseremission auf andere Übergänge im Q-switch-Betrieb durch Erhöhung des Gasdruckes vermieden werden, weil dadurch die Thermalisierungszeit aufgrund der erhöhten Kollisionsrate zwischen den Molekülen unter die Lebensdauer des (00^01)-Niveaus sinkt.

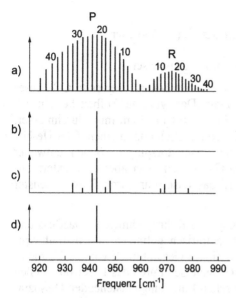

Fig. 12.22 a) Relative Verstärkung als Funktion der Frequenz für die $(00^01) \rightarrow (10^01)$ P- und R-Zweige bei T = 400 K und Besetzungsdichteverhältnis $N_2(00^01)/N_1(10^00)=1.1$. b) Typisches Emissionsspektrum für kontinuierlichen Laserbetrieb, c) Spektrum für normalen Q-switch-Betrieb, d) Spektrum für Q-switch-Betrieb bei hohem Gasdruck [Patel 1968]

Um einen stabilen Laserbetrieb auf einem beliebigen CO_2-Übergang zu gewährleisten, muss ein wellenlängenselektives Element in den Resonator gebracht werden. Üblicherweise wird zu diesem Zweck ein *Beugungsgitter* verwendet. Laseremission kann auf ca. 80 Übergängen zwischen 9.2 und 10.8 μm erreicht werden, bei Verwendung von Isotopen wie $^{13}C^{16}O_2$ oder $^{12}C^{18}O_2$ etc. kann der Wellenlängenbereich noch erweitert werden. Eine weitere Ausdehnung ist möglich bei Laserbetrieb auf Sequenz- und „hotband"-Übergängen [Witteman 1987]. Diese weisen allerdings kleinere Verstärkungen auf, was reduzierte Laserleistungen zur Folge hat.

12.6.2 Laserkonstruktion

Es gibt zahlreiche Betriebsarten für CO_2-Laser, die in sechs Kategorien eingeteilt werden können:

a) Laser mit longitudinalem, langsamem Gasfluss,
b) abgeschlossene Laser,
c) Wellenleiter-Laser,
d) „Slab"-Laser,

e) Laser mit schnellem Gasfluss,
f) transversal angeregte Atmosphärendruck (TEA)-Laser,
g) gasdynamische Laser und
h) kontinuierlich abstimmbare Hochdruck CO_2-Laser.

a) *Laser mit longitudinaler, langsamer Gasströmung.* Der erste CO_2-Laser [Patel 1964] war ein Laser dieses Typs. Der typische Aufbau besteht aus einem meist wassergekühlten Glasrohr von $\simeq 1$ bis 3 cm Innendurchmesser, in dem eine Gleichstromentladung in axialer Richtung in einem CO_2-He-N_2-Gemisch aufrechterhalten wird. Die Resonatorspiegel können entweder intern in direktem Kontakt mit dem Gas stehen, oder aber auch extern angebracht sein. Im letzteren Fall wird das Laserrohr durch Brewsterfenster abgeschlossen.

Die ideale *Gaszusammensetzung* hängt von Rohrdurchmesser, Gasfluss und Auskopplungsgrad ab. Sie wird oft empirisch gefunden und beträgt typischerweise $CO_2:N_2:He = 0.8:1:7$ bei einem Gesamtdruck von ca. 20 mbar. Der Hauptgrund, weshalb man das Gasgemisch durch das Laserrohr fließen lässt, besteht darin, die in der elektrischen Entladung entstehenden Dissoziationsprodukte wie CO und O_2 aus dem aktiven Volumen zu entfernen, da sie sonst die Laserleistung reduzieren. Die Wärmeabfuhr hingegen geschieht durch Wärmediffusion zur gekühlten Rohrwand, ausgenommen bei sehr hohen Strömungsgeschwindigkeiten des Gasgemisches (vgl. Abschnitt e).

Bei Optimierung des Gasdruckes und Entladungsstromes zeigt sich, dass sowohl die Laserleistung wie auch der Laserwirkungsgrad kaum vom Rohrdurchmesser abhängen. Der Entladungsstrom bestimmt die Pumprate für die Anregung der CO_2-Moleküle entweder direkt durch Elektronenstoß oder durch Kollision mit angeregten N_2-Molekülen. Die Laserleistung kann mit dem Entladungsstrom reguliert werden. Die Leistung steigt zunächst mit dem Strom kontinuierlich an bis zu einem Punkt, wo die produzierte Wärme aufgrund thermischer Besetzung der unteren Laserniveaus die Verstärkung reduziert. Die Stromstärke für maximale Laserleistung hängt vom Gasdruck und Rohrdurchmesser ab. Zum Beispiel beträgt die optimale Stromstärke 80 mA bei 14 mbar Gasdruck und 2.5 cm Rohrdurchmesser.

Bei diesem Lasertyp skaliert die erzielbare Ausgangsleistung direkt mit der Länge des Entladungsrohres. Es werden kontinuierliche Laserleistungen von typischerweise 50 bis 80 W *pro Meter* Entladungslänge erreicht bei einem totalen Wirkungsgrad von ≥ 10 %.

b) *Abgeschlossene Laser* (sealed-off laser). Das Hauptproblem beim Betrieb eines abgeschlossenen CO_2-Lasers besteht darin, die in der Entladung entstehenden *Dissoziationsprodukte* von CO_2, hauptsächlich CO und O_2, wieder in CO_2 umzuwandeln. Dies kann durch Zugabe von kleinen Mengen H_2O-Dampf, H_2 oder H_2 und O_2 zum CO_2-N_2-He-Gasgemisch erreicht werden. Diese Spezies reduzieren den in der Entladung vorhandenen CO-Gehalt, wahrscheinlich durch folgende Reaktion

$$CO^* + OH \rightarrow CO_2^* + H, \tag{12.9}$$

wobei der Stern (*) vibratorisch angeregte Moleküle bezeichnet. Im Weiteren spielt auch das Elektrodenmaterial für die Betriebsdauer des abgeschlossenen Systems eine Rolle, wie Untersuchungen mit Platinelektroden gezeigt haben. Platin wirkt als Katalysator und kann das anfallende CO regenerieren gemäß

$$CO + O \xrightarrow{\text{Pt}} CO_2. \tag{12.10}$$

Fig. 12.23 zeigt das Resultat einer Studie, in der die Laserleistung in Abhängigkeit der Betriebsdauer im kontinuierlichen Betrieb von zwei abgeschlossenen CO_2-Lasern verglichen wird, welche sich einzig in ihrer Gaszusammensetzung unterscheiden. Beide Laser sind mit einem 1.5 m langen Rohr von 20 mm Innendurchmesser und mit Platinelektroden ausgerüstet. Die Gasmischung besteht aus 1.3 mbar CO_2, 3.3 mbar N_2 und 14.6 mbar He, wobei beim einen Laser zusätzlich 0.3 mbar H_2 und 0.15 mbar O_2 beigemischt wurden. Deutlich ist der positive Einfluss der H_2/O_2-Zugabe sowohl auf die Leistung wie auch auf die Betriebsdauer des Lasers ersichtlich. Heute liefern abgeschlossene CO_2-Laser vergleichbare Leistungen zu den Lasern mit longitudinaler Gasströmung (vgl. Abschnitt a) von etwa 60 W/m über mehrere 1000 Betriebsstunden.

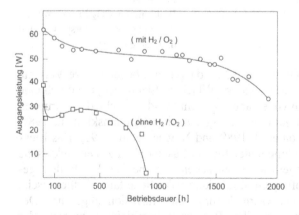

Fig. 12.23 Ausgangsleistung als Funktion der Betriebsdauer von abgeschlossenen CO_2-Lasern [Witteman 1967]

c) *Wellenleiter-CO_2-Laser.* CO_2-Laser können auch mit einem dielektrischen Wellenleiter (vgl. Kap. 6.3) mit einem Innendurchmesser von rund 1 mm anstelle eines konventionellen Laserrohrs aufgebaut werden. Die ersten CO_2-Wellenleiter-Laser wurden 1972 realisiert [Bridges et al. 1972, Jensen & Tobin 1972]. Die besten Resultate werden mit Wellenleitern aus dem giftigem BeO oder Keramik erzielt. Diese Laser sind sehr kompakt und werden heute meist als abgeschlossene Laser auch kommerziell angeboten. Der kleine Durchmesser des Wellenleiters begünstigt die Wärmeabfuhr durch Wandstöße und kann einen Betrieb ohne Wasserkühlung ermöglichen. Der Wellenleiter erlaubt zudem den Betrieb bei höherem Gasdruck, typisch 100 bis 250 mbar, was in einer Erhöhung der Verstärkung und der Laserleistung pro Volumen resultiert. Aufgrund des erhöhten Gasdruckes sind die Verstärkungsprofile der einzelnen Laserübergänge stärker verbreitert (vgl. Kap. 4) als in konventionellen Niederdruck-CO_2-Lasern. Dies ermöglicht eine *Feinabstimmung* der einzelnen Laserlinien über einen Bereich von ungefähr 1 GHz [Abrams 1974]. Als Anregungsarten bieten sich nicht nur die konventionellen Gleichstromentladungen, sondern auch elektromagnetische Felder im Radiofrequenzbereich (rf, ca. 80 MHz) an. Die Ausgangsleistungen von abgeschlossenen CO_2-Wellenleiter-Lasern liegen bei typisch 0.2 W/cm. Ein Beispiel eines rf-angeregten Lasers mit quadratischem Wellenleiterprofil ist in Fig. 12.24 dargestellt.

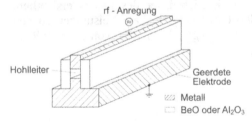

Fig. 12.24
Wellenleiter-CO_2-Laser mit rf-Anregung (Resonatorspiegel sind nicht dargestellt)

d) *„Slab"-CO_2-Laser.* Wie in Fig. 12.25 dargestellt, benutzt diese Variante parallel angeordnete plattenförmige, großflächige Elektroden, die durch eine enge Lücke von ca. 2 mm voneinander getrennt sind. Verschiedene Gruppen entwickelten diese Konfiguration fast gleichzeitig (Amramski et al. 1989, Colley et al. 1992, Jackson et al. 1989 und Nowack et al. 1991). Das Elektrodenpaar bildet einen Wellenleiter für die Laserstrahlung. Die elektrische Anregung des Lasergasgemisches zwischen den beiden Elektroden geschieht durch eine Radiofrequenz-Entladung (rf). Die anfallende thermische Energie wird effizient via Wärmeleitung und -diffusion abgeführt. Der Laserkopf ist mit einem instabilen Resonator kombiniert, um trotz der großen transversalen Abmessungen der Anregung eine gute Strahlqualität zu erhalten. Der Hauptvorteil der „slab"-Geometrie liegt in der *Skalierung der*

Laserleistung mit der Elektrodenfläche im Gegensatz zu den bisherigen Typen, wo die maximal erreichbare Laserleistung mit der Entladungslänge skaliert. Dadurch lässt sich auch bei hohen Leistungen eine kompakte Bauart realisieren.

Im mittleren Leistungsbereich bis 500 W können derartige Laser komplett abgeschlossen betrieben werden. Es stehen heute aber auch kommerzielle Systeme zur Verfügung mit Leistungen bis ca. 8 kW, bei denen das Gasgemisch bei ununterbrochenem Betrieb nur etwa ein Mal pro Jahr ausgewechselt werden muss.

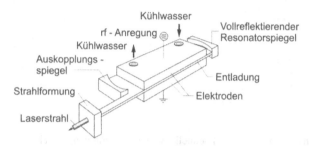

Fig. 12.25 „Slab"-CO_2-Laser mit rf-Anregung und instabilem Resonator

e) *CO_2-Laser mit schneller Gasströmung.* Kontinuierliche Laserleistungen im Bereich von vielen Kilowatt können mit CO_2-Lasern mit schneller Gasströmung erzielt werden. Es handelt sich dabei um Gasentladungslaser mit einer sehr raschen Erneuerung des Lasergasgemisches. Die Kühlung geschieht nicht durch Wärmediffusion zur Laserrohrwand, sondern durch die effizientere *Wärmekonvektion.* Die elektrische Anregungsdichte und folglich die Laserleistung pro Länge können entsprechend gesteigert werden.

Konvektionskühlung kann durch eine schnelle Gasströmung entweder in *axialer* Richtung (Fig. 12.26a) oder in *transversaler* Richtung, d. h. senkrecht zur optischen Achse (Fig. 12.26b), realisiert werden.

Beide Anordnungen haben ihre Vor- und Nachteile. Das Verhalten der elektrischen Entladung beim axialen Gasfluss mit Strömungsgeschwindigkeiten von $\simeq$ 300m/s ist relativ einfach. Dank der Symmetrie lässt sich auch eine gute optische Strahlqualität erreichen. Andererseits ist die Laserleistung pro Volumen begrenzt und für Leistungen über 5 kW ist die transversale Gasströmung vorteilhafter, weil für gleiche Leistungen und Volumina niedrigere Strömungsgeschwindigkeiten erforderlich sind. Allerdings ist bei dieser Anordnung die Plasmasäule der elektrischen Entladung unter der Kraft des Gasflusses abgebogen (vgl. Fig. 12.26b), sodass die hohe Leistungs-

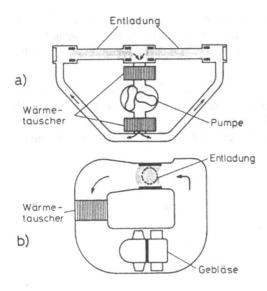

Fig. 12.26 Laser mit Konvektionskühlung a) schnelle axiale Gasströmung, b) schnelle transversale Gasströmung [Witteman 1987]

ausbeute solcher Systeme oft mit schlechter optischer Strahlqualität gekoppelt ist.

Es existieren verschiedene Elektrodenanordnungen für den transversalen Gasfluss [vgl. Duley 1976] und diverse Entladungstechniken [vgl. Witteman 1987]. Erwähnt sei auch ein rf-angeregter CO_2-Laser in kompakter Bauweise mit Turboradialgebläse und gefaltetem Strahlengang mit kontinuierlicher Leistung bis 20 kW. Sowohl mit axialen [Sugawara et al. 1987] wie auch mit transversalen Systemen [Brown & Davis 1972] können Laserleistungen von mehr als 20 kW erreicht werden.

f) *Transversal angeregte Atmosphärendruck* (TEA)-CO_2-*Laser*. In kontinuierlichen, longitudinal angeregten CO_2-Lasern kann der Gasdruck nicht einfach auf mehr als 100 mbar erhöht werden, weil die Glimmentladung instabil wird und Bogenbildung einsetzt. Dieses Problem kann gelöst werden, wenn die Entladungsspannung in Form eines kurzen Spannungspulses an transversal angeordnete Elektroden gelegt wird. Falls die Dauer des Spannungspulses unter 1 µs liegt, können sich die Entladungsinstabilitäten nicht ausbilden, wodurch gepulster Laserbetrieb bei Gasdrücken von mehr als 1 bar möglich wird. Gemäß der englischen Bezeichnung „*t*ransversely *e*xcited *a*tmospheric pressure" werden diese Laser kurz als TEA-*Laser* bezeichnet. Der TEA-CO$_2$-Laser wurde unabhängig voneinander von französischen [Dumanchin & Rocca-Serra 1969] und kanadischen Wissenschaftlern [Beaulieu 1970] erstmals realisiert. Durch Erhöhung des Totaldrucks eines CO$_2$/N$_2$/He-Gasgemisches auf Atmosphärendruck können hohe Laserpulsenergien von bis zu 50 J pro Liter Entladungsvolumen bei mittleren Pulsdauern von typisch 100 ns erzielt werden. Dies ergibt Pulspitzenleistungen im MW- bis GW-Bereich. Im Laufe der Zeit wurden verschiedene Entladungstypen eingeführt mit dem Ziel, eine möglichst homogene Anregung der Moleküle im gesamten Entladungsvolumen zu gewährleisten. In der ursprünglichen Anordnung von Beaulieu (vgl. Fig. 12.27) bestand die Kathode aus einer Serie von Widerständen und die geerdete Anode aus einem Metallrohr.

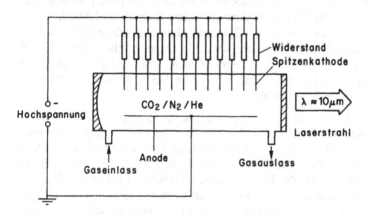

Fig. 12.27 Original TEA-CO$_2$-Laserkonfiguration [Beaulieu 1970]

In dieser Anordnung stabilisieren die elektrischen Widerstände von typisch 1 MΩ die Hochspannungsentladung, welche zwischen den Widerstandsspitzen und der Anode erfolgt, indem sie das Fließen großer Ströme durch irgendeine der Spitzenelektroden verhindern. Allerdings ist bei dieser Anregungsart das Gasvolumen schlecht ausgenützt, was sich auch auf die Laserstrahlqualität auswirkt. Eine Verbesserung kann durch eine doppelhelixförmige Anordnung der Elektroden erzielt werden.

Eine wesentlich günstigere Volumenausnutzung bringt jedoch eine Konfiguration mit Vorionisierung, wie sie in Fig. 12.28 dargestellt ist.

In dieser *Doppelentladungs-Anordnung* sind zwischen der Kathode und der Anode Triggerdrähte entlang der optischen Achse angebracht, welche über kleine Kondensatoren mit der Kathode verbunden sind. Die kurze Entladung

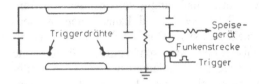

Fig. 12.28 TEA-Laserkonfiguration mit Vorionisierung [Lamberton & Pearson 1971]

von ca. 20 ns Dauer zwischen den Triggerdrähten und der unteren Anode bewirkt einerseits eine direkte Ionisation im Gasvolumen. Andererseits findet auch eine Photoelektronenemission von der Kathode statt, welche durch die UV-Strahlung dieser Vorentladung hervorgerufen wird. Beide Prozesse konditionieren das Gasgemisch, sodass nach einer zeitlichen Verzögerung von einigen 10 ns die Hauptentladung zwischen Kathode und Anode starten und während einigen 100 ns als Glimmentladung aufrecht erhalten werden kann. Die Hauptelektroden weisen spezielle Querschnittsprofile auf, z. B. Rogowski- [Rogowski 1923], Chang- [Chang 1973] oder Ernst-Profile [Ernst 1984], um eine möglichst homogene Feldverteilung im Anoden-Kathoden-Volumen zu erhalten.

Bei einem anderen Typ von Doppelentladungs-Konfiguration besteht die Anode aus einem speziell geformten Stahlmaschennetz, welches über einer Elektrode aus zahlreichen Triggerspitzen liegt (vgl. Fig. 12.29). Die Vorionisierung geschieht durch Hilfsfunkenentladungen zwischen den Punktelektroden und der Anode. Die von diesen Funken ausgehende UV-Strahlung liefert die Vorionisierung im gesamten Volumen zwischen den Hauptelektroden. Die homogene Hauptentladung findet dann zwischen der Stahlmaschenanode und der gegenüber liegenden soliden Aluminiumkathode statt. Mit einer solchen Laserkonfiguration, bestehend aus sieben Modulen, konnten CO_2-Laserpulse von 300 J Energie und 3 GW Spitzenleistung mit einem Wirkungsgrad von $\simeq$ 10 % und einer Kleinsignalverstärkung von 4.3 % pro cm erzeugt werden.

Um die für eine uniforme Glimmentladung wichtige Vorionisierung im gesamten Gasvolumen zu erzeugen, kann auch eine Koronaentladung über

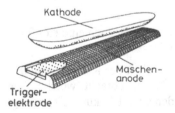

Fig. 12.29
Elektrodenkonfiguration für Doppelentladungs-TEA-CO_2-Laser [Richardson et al. 1973]

einem Dielektrikum benutzt werden. Eine solche Methode wurde 1976 eingeführt [Ernst 1977, Hasson & v. Bergmann 1976].

Die von TEA-CO_2-Lasern emittierten Laserpulse haben einen typischen zeitlichen Verlauf, der Fig. 12.30 dargestellt ist.

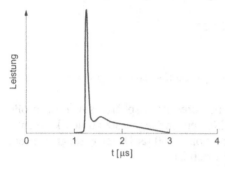

Fig. 12.30
Laserpuls eines TEA-CO_2-Laser

Der Laserpuls besteht aus einem *Hauptpuls* von 100 bis 500 ns Dauer gefolgt von einem *Pulsschwanz* von mehr als 1 µs Dauer. Der kurze Hauptpuls wird durch das „*gain-switching*" bestimmt, welches durch die vorhandene hohe Besetzungsinversion zum Zeitpunkt der Laserstrahlauskopplung verursacht wird [Duley 1976]. Der Pulsschwanz wird durch den Wiederaufbau der Besetzungsinversion durch die Stöße mit N_2 hervorgerufen und ist demzufolge stark vom N_2:CO_2-Verhältnis im Gasgemisch abhängig.

Bei den bisher besprochenen Typen von TEA-CO_2-Lasern ist die Entladung immer selbsterhaltend, englisch „self-sustained", d. h. die Gasionisierung wird durch die Entladung selbst bewirkt. In diesem Fall muss der Wert von E/p, wobei E die Amplitude der elektrischen Feldstärke und p den Gasdruck bedeuten, genügend groß sein, um eine Lawinenionisation im Gas hervorzurufen. In einer nicht selbsterhaltenden Entladung kann die Ionisierung durch Hilfsquellen wie z. B. durch einen *Elektronenstrahl* bewirkt werden. Das Verhältnis von E/p für die Entladung kann dann auf einen Wert reduziert werden, welcher optimal auf die Anregung des oberen Laserniveaus abgestimmt ist. Ein Beispiel eines solchen Elektronenstrahl-kontrollierten CO_2-Lasers ist in Fig. 12.31 dargestellt.

Die Elektronen werden von einer Kaltkathoden-Elektronenkanone emittiert und mit 250 kV Hochspannungspulsen gegen eine dünne Metallfolie, z. B. eine 25 µm dicke Titanfolie, beschleunigt. Diese Folie grenzt das Hochvakuum gegenüber dem Lasermedium ab. Die meisten Elektronen passieren die Titanfolie und regen das Lasergasgemisch an. Die Hauptentladung im ionisierten Medium findet zwischen der gelochten Kathode und der Anode statt. Elektronenstrahl-kontrollierte Systeme sind vor allem auch für Laser-

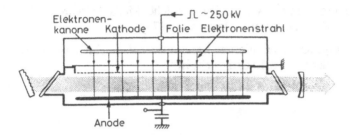

Fig. 12.31   Elektronenstrahl-kontrollierter CO_2-Laser [Jaeger & Wang 1987]

tätigkeit bei hohen Gasdrücken von mehreren Atmosphären sowie für große Volumina von Interesse. Außerdem können im Gegensatz zu den konventionellen TEA-Lasern lange Laserpulse von $\simeq$ 50 µs Dauer erzeugt werden, was für gewisse Anwendungen von Vorteil ist.

g) *Gasdynamische CO_2-Laser.* Gasdynamische CO_2-Laser bilden eine spezielle Laserkategorie, weil bei ihnen die Besetzungsinversion nicht durch eine elektrische Entladung, sondern durch die schnelle *Expansion* eines CO_2 enthaltenden, heißen Gasgemisches erzeugt wird. Das theoretische Konzept wurde bereits 1963 vorgeschlagen [Basov & Oraevskii 1963] und 1970 erstmals experimentell realisiert [Gerry 1970, Konyukhov et al. 1970]. Das Arbeitsprinzip eines gasdynamischen CO_2-Lasers kann aus Fig. 12.32 entnommen werden.

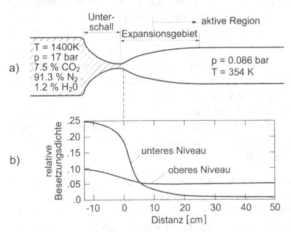

Fig. 12.32   Illustration der Arbeitsweise eines gasdynamischen CO_2-Lasers: a) Prinzip des Systems, b) Räumliche Verteilung der Besetzungen des oberen und des unteren Laserniveaus [Gerry 1970]

Das Gasgemisch wird zunächst bei einem Druck von rund 17 bar und einer Temperatur von ca. 1400 K im thermodynamischen Gleichgewicht gehalten. Bei dieser Temperatur beträgt die Besetzung des oberen (00^01)-Niveaus ca. 10 %, diejenige des unteren Laserniveaus ca. 25 % der Besetzung des (00^00)-Grundzustandes (vgl. Fig. 12.32b), d. h. es existiert selbstverständlich keine Besetzungsinversion.

Durch die adiabatische Expansion dieses Gasgemisches durch Düsen in ein Vakuum wird die Translationstemperatur stark reduziert. Infolge der Vibrations-Translationsrelaxation stellen sich neue Besetzungsdichten für die beiden Laserniveaus ein. Da nun aber die Lebensdauer des oberen Niveaus größer als diejenige des unteren Niveaus ist (vgl. Kap. 12.6.1), relaxiert das untere Niveau in einer früheren Phase des Expansionsprozesses als das obere Niveau und man erhält die in Fig. 12.32b dargestellte Situation. Über einen weiten Bereich der Expansionsregion tritt eine *Besetzungsinversion* auf. Die optische Achse des Lasers steht senkrecht zur Expansionsrichtung. Die Resonatorspiegel sind rechteckförmig und erfassen somit einen Teil des Gebietes mit maximaler Besetzungsinversion. Diese Methode der Erzeugung einer Besetzungsinversion ist nur dann effektiv, wenn die Reduktion der Temperatur und des Druckes im Expansionsprozess in einer Zeit stattfindet, die einerseits kürzer als die Lebensdauer des oberen Laserniveaus und andererseits länger als diejenige des unteren Laserniveaus ist. Dies wird durch eine Überschallströmung mit einer Geschwindigkeit von Mach 4 erfüllt. Neben kontinuierlichen gasdynamischen Lasern, welche Ausgangsleistungen von über 80 kW liefern, wurden bereits früh auch gepulste Systeme entwickelt [vgl. z. B. Yatsiv et al. 1971], welche die Erzeugung von energiereichen Laserpulsen mit Pulsdauern im ms-Bereich ermöglichen.

h) *Kontinuierlich abstimmbare Hochdruck-CO_2-Laser.* Wie in Kapitel 12.6.1 erwähnt, lässt sich ein CO_2-Laser mit einem Beugungsgitter auf ca. 80 Übergängen in den *P*- und *R*-Zweigen zwischen 9.2 und 10.8 µm abstimmen. Allerdings ist diese Abstimmung nicht kontinuierlich wie beispielsweise bei einem Farbstofflaser (vgl. Kap. 13.3). Sobald jedoch die Verstärkungsbandbreiten der einzelnen Laserübergänge größer als deren Abstände sind, ist eine kontinuierliche Wellenlängenabstimmung innerhalb der einzelnen *P*- und *R*-Zweige möglich. Diese Situation lässt sich durch Erhöhung des *Gasdruckes* über die Druckverbreiterung, welche gemäß Gl. (4.22) proportional zum Druck ist, erreichen. Für $^{12}C^{16}O_2$, wo nur jedes zweite Rotationsniveau besetzt ist (vgl. Kap. 12.6.1), sind dazu ca. 10 bar nötig. Für andere CO_2-Isotope, bei denen jedes Rotationsniveau besetzt ist, wie z. B. für $^{12}C^{16}O^{18}O$, genügen bereits 5 bar.

Eine *kontinuierliche Wellenlängenabstimmung* mit einem CO_2-Laser wurde erstmals mit einem 10 atm-Laser mit UV-Vorionisierung mittels Trigger-drähten (vgl. Fig. 12.28) realisiert [Alcock et al. 1973]. Später wurden auch andere Konfigurationen erfolgreich eingesetzt [Bernardini et al. 1989, Deka et al. 1986, Midorikawa et al. 1982, Repond & Sigrist 1996, Werling et al. 1985]. Anstelle von UV- wurden auch Röntgen-Vorionisierungen entwi-ckelt, was vor allem bei Hochdrucksystemen wegen der größeren Reich-weite im Gas vorteilhaft ist [Dyer & Rauf 1985]. Elektronenstrahl-kontrol-lierte Systeme (vgl. Fig. 12.31) wurden mit Gasdrücken bis 50 bar betrieben [Basov et al. 1973]. Daneben sind auch optisch gepumpte Hochdruck CO_2-Lasersysteme mit Gasdrücken bis 112 bar zu erwähnen [Chang & Wood 1977], bei denen die Anregung durch Absorption von HBr-Laserstrahlung erfolgt. Erfolgreiche Untersuchungen wurden auch mit Radiofrequenz-Anregung durchgeführt [Løvold & Wang 1984].

Es bleibt zu erwähnen, dass Hochdruck-Gaslaser außer für eine kontinuier-liche Wellenlängenabstimmung dank ihrer großen Verstärkungsbandbreite auch zur Erzeugung *ultrakurzer* Laserpulse geeignet sind. Auf Methoden der Laserpulsformung sowie auf das Problem der Modenselektion, welches bei Hochdrucklasern wegen der simultanen Oszillation zahlreicher Moden auf-grund der großen Druckverbreiterung von besonderer Bedeutung ist, wird in den Kapiteln 8 bis 10 näher eingegangen.

12.6.3 Laserdaten

In Tab. 12.8 sind einige charakteristische Daten verschiedener CO_2-Laser-typen zusammengestellt.

12.6.4 Anwendungen

Die Anwendungen der CO_2-Laser sind aufgrund deren Abstimmbarkeit, den erreichbaren hohen Leistungen und dem hohen Wirkungsgrad sehr viel-seitig, sodass hier nur einige ausgewählte Beispiele gegeben werden können. Die Abstimmbarkeit im mittleren IR ist vor allem für *spektroskopische* Untersuchungen, u. a. auf dem Gebiet der *Spurengasanalytik*, vorteilhaft, weil in diesem Spektralbereich die meisten Moleküle charakteristische Absorptionslinien aufweisen. Als Beispiele wären *Luftschadstoffmessungen* auf der Basis von photoakustischer Spektroskopie [Hess 1989, Meyer & Sigrist 1990, Moeckli & Sigrist 1996, Marinov & Sigrist 2003, Sigrist 1986, 1992, 1994, 1995, 2000, Thöny & Sigrist 1995, Zharov & Letokhov 1986] oder des LIDAR-Prinzips [Carswell 1983, Measures 1988, Svanberg 1994] zu nennen. In dieser Beziehung sind die Entwicklungen von *kontinuierlich*

Tab. 12.8 Charakteristische Daten einiger CO_2-Lasertypen

Lasertyp	Anregungsart	Betrieb	Verstärkung	Leistung	Pulsparameter			
					Energie	Spitzen-leistung	Puls-dauer	Repetitions-frequenz
longitudinaler langsamer Gasfluss	el. Entladung dc	cw	≈ 5 %/cm	≤80W/m				
	gepulste el. Entl.	gepulst			1 J/ℓ	kW/m	≥ μs	≤ 100 Hz
	Q-switch	gepulst				10 kW/m	100 ns/μs	≤ 1 kHz/ ≤ 100 Hz
abgeschlossen Wellenleiter	el. Entl., rf	cw		≤ 60W/m				
	el. Entl., rf	cw	≈ 8.5 %/cm	≈ 0.2 W/cm				
schneller Gasfluss (Konvektions-kühlung)	el. Entladung	cw	≤ 6 %/cm	> 1 kW/m				
TEA	el. Entl. mit Vorionisierung	gepulst			≥ 5 J/ℓ	MW-TW	100 ns Hauptpuls	≤ 1 Hz abgeschl. ≤ kHz Gasfluss
	el. Entl. e⁻-strahl-kontroll.	gepulst			50 J/ℓ		≥ μs	
Gasdynamisch	adiabat. Expansion	cw		≤100kW	≈ 10 J	≈ kW	≈ ms	
		gepulst						

abstimmbaren Hochdruck CO_2-Lasern [Calasso & Sigrist 1997, Repond & Sigrist 1996 a & b] sowie deren Frequenzverdopplung in den 5µm-Bereich [Romann & Sigrist 2002] von besonderem Interesse. Kompakte abgeschlossene CO_2-Laser niedriger Leistung ($\simeq$ 1 W) werden oft als *Lokaloszillatoren* in Heterodyn-Experimenten [vgl. Yariv 1976] eingesetzt, weil sie dank ihrer kurzen Resonatorlänge im Monomodenbetrieb mit sehr stabiler Frequenz emittieren. Wellenleiter-CO_2-Laser bieten in verschiedenen Bereichen nicht nur wegen ihrer kompakten Bauweise gewisse Vorteile, sondern auch weil sie wegen des erhöhten Gasdrucks von 100 bis 200 mbar bei jeder Laserlinie über einen Frequenzbereich von $\geq$ 1 GHz abstimmbar sind [Olafsson & Henningsen 1995]. Gepulste CO_2-Laser werden oft als *Pumpquellen* für optisch gepumpte FIR-Laser eingesetzt (vgl. Kap. 12.8).

Dank den hohen verfügbaren Leistungen ist der CO_2-Laser zum modernen Werkzeug für *Materialbearbeitungen* aller Art geworden [Beyer et al. 1985, Duley 1976]. Laser mit cw-Leistungen bis 500 W werden für Laserbeschriftungen, zum Schneiden von nichtmetallischen Werkstoffen, zur Abstimmung von elektrischen Widerständen sowie zum Schweißen von Metallblechen von einigen mm Dicke verwendet. Laser mit Leistungen von 1 bis 20 kW werden beispielsweise für das Schneiden von dicken Metallblechen, Schweißen, Oberflächenhärten, z. B. in der Automobilindustrie etc., eingesetzt. Die Wechselwirkung von CO_2-Laserstrahlung mit Materie ist rein thermischer Natur, etwa bei Schmelzen und Verdampfen von Material, und es gilt zu beachten, dass der Laserstrahldurchmesser im Brennpunkt einer Linse typisch $\simeq$ 50 µm beträgt, sodass für Mikrobearbeitungen Laser von kürzerer Wellenlänge vorzuziehen sind.

Die Anwendungen der gasdynamischen Laser mit ihren extrem hohen Leistungen sind teilweise klassifiziert, weil sie von militärischer Bedeutung sind. Andererseits waren die hohen Spitzenleistungen und Pulsenergien, die auf der Basis von TEA-CO_2-Lasern erzielbar sind, von Interesse für die *Laserfusion* [Craxton et al. 1986, Krupke et al. 1979]. Ein entsprechendes System, welches 24 Laserstrahlen mit Pulsenergien von 40 kJ und Spitzenleistungen von 40 TW liefert, wurde in Los Alamos (USA) konstruiert. Spätere Untersuchungen haben dann allerdings gezeigt, dass kürzere Wellenlängen aufgrund der effizienteren Energieübertragung auf das Wasserstoff-Deuterium-Pellet wesentlich günstiger sind.

Abschließend sollen noch die *medizinischen* Anwendungen [Kaplan & Giler 1984] erwähnt werden, wo meist kontinuierliche CO_2-Laser im Leistungsbereich von 10 bis 100W für verschiedene Operationen, z. B. im Hals-Nasen-Ohrenbereich eingesetzt werden. Auf diesem Anwendungsgebiet sieht man der weiteren Entwicklung von Lichtleitern für den 10-µm-

Wellenlängenbereich als Ersatz für die momentan benutzten unhandlichen Spiegelsysteme zur Führung des Laserstrahls mit Interesse entgegen. Nach über 40 Jahren seit seiner Entdeckung bleibt der CO_2-Laser ein interessanter Laser mit vielseitigen Anwendungen.

12.7 Kohlenmonoxid-Laser (CO-Laser)

Ein weiterer *Molekülgaslaser*, der auf *Vibrations-Rotationsübergängen* innerhalb des elektronischen Grundzustandes oszilliert, ist der CO-Laser [Brechignac et al. 1974, Patel 1968, Urban 1988 & 1995]. Er wurde wie bereits der CO_2-Laser (Kap. 12.6) ebenfalls 1964 erstmals realisiert [Patel und Kerl 1964]. Der CO-Laser ist ein leistungsstarker Infrarotlaser im Spektralbereich zwischen rund 5 und 6.5μm. Er kann kontinuierlich oder gepulst mit einem hohen Wirkungsgrad betrieben werden. Allerdings erfordert ein effizienter Betrieb eine Kühlung des Lasergases auf Temperaturen T unter 150 bis 200 K.

12.7.1 Energieniveauschema und Laserprinzip

Der CO-Laser emittiert auf einer Vielzahl von Vibrations-Rotationsübergängen zwischen benachbarten Vibrationsniveaus im elektronischen Grundzustand $X(^1\Sigma^+)$. Einen Ausschnitt des Energieniveauschemas mit einigen Laserübergängen zeigt Fig. 12.33. Kontinuierliche Laseremission kann für die Vibrationsübergänge von $\upsilon' = 37$ nach $\upsilon'' = 36$ bis zu $\upsilon' = 3$ nach $\upsilon'' = 2$ erreicht werden.

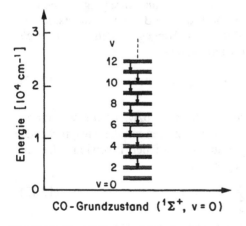

Fig. 12.33 Energieniveauschema des CO-Lasers mit eingezeichneten Laserübergängen

Die Anregung der unteren CO-Vibrationsniveaus υ'' geschieht durch direkten Elektronenstoß, was üblicherweise in einer Gasentladung erfolgt. Der Wirkungsquerschnitt für Elektronenstoßanregung ist beim CO-Molekül besonders groß, sodass nahezu 90 % der kinetischen Energie der Elektronen in der Gasentladung in Vibrationsenergie der CO-Moleküle übergeht. Eine weitere für die Lasertätigkeit vorteilhafte Eigenschaft des CO-Moleküls ist dessen ungewöhnlich langsame Relaxationszeit für den Übergang von Vibrations- zu Translationsenergie (V-T-Relaxation). Die Relaxation zwischen Vibrationszuständen (V-V-Relaxation) ist wesentlich schneller als die V-T-Relaxation. Das CO-Molekül eignet sich damit vorzüglich für das Prinzip des sog. V-V-Pumpens. Da das zweiatomige CO-Molekül ein anharmonischer Oszillator ist, wird durch Stöße zwischen vibrationsangeregten Molekülen die Energie bevorzugt von Niveaus mit großem Energieabstand zu solchen mit kleinerem Abstand übertragen. Die Reaktion

$$CO(\upsilon = n) + CO(\upsilon = m) \tag{12.11}$$
$$\rightarrow CO(\upsilon = n+1) + CO(\upsilon = m - 1) + \Delta E_{mn}$$

läuft also bevorzugt für $n > m$ ab. Hier bedeutet ΔE_{nm} die durch die Anharmonizität bedingte Energiedifferenz zwischen den entsprechenden Vibrationsniveaus, d. h. $\Delta E_{nm} = (E_{v=n+1} - E_{v=n}) - (E_{v=m} - E_{v=m-1})$. Als Folge solcher Reaktionen gewinnt das eine Molekül an Vibrationsenergie und klettert die Energieleiter hoch. Das höchste Niveau, das auf diese Weise erreicht werden kann, wird bestimmt durch V-T- und Strahlungs-Relaxationsprozesse, die mit steigender Energie immer bedeutender werden. Dieser *anharmonische* V-V-*Pumpprozess*, oft auch als *Treanor-Pumpen* [Treanor et al. 1968] bezeichnet, spielt eine wichtige Rolle für die Anregung der höheren Vibrationsniveaus, erlaubt aber *keine vollständige* Besetzungsinversion zwischen Vibrationsniveaus des CO-Moleküls. Hingegen wird eine *partielle Inversion* erreicht, welche charakterisiert ist durch

$$\frac{N_{v'J'}}{g_{J'}} > \frac{N_{v''J''}}{g_{J''}} \qquad \text{mit } g_{J'} = 2J'+1, \ \ g_{J''} = 2J''+1. \tag{12.12}$$

Hier bezeichnen die N die Besetzungsdichten, υ' bzw. υ'' die Vibrations-, J' bzw. J'' die zugehörigen Rotationsquantenzahlen mit den entsprechenden Entartungen $g_{J'}$ bzw. $g_{J''}$. Im Gegensatz zur partiellen Inversion wäre eine *vollständige Besetzungsinversion* gegeben durch

$$N_{v'} = \sum_{J'} N_{v'J'} > N_{v''} = \sum_{J''} N_{v''J''}. \tag{12.13}$$

Die Kleinsignalverstärkung γ (vgl. Gl. (3.15)) eines Vibrations-Rotations-Lasers variiert innerhalb desselben Vibrationsniveaus von einem Rotationsübergang zum nächsten. In Fig. 12.34 ist die *Verstärkung* γ als Funktion der Rotationsquantenzahl J' des oberen Zustandes ($v' = 7$) für den Übergang von $v' = 7$ nach $v'' = 6$ aufgezeichnet.

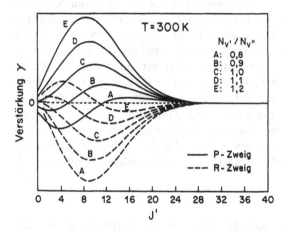

Fig. 12.34 Verstärkungen γ_P bzw. γ_R für den CO-Übergang von $v' = 7$ nach $v'' = 6$ als Funktion von J' und von $N_{v'}/N_{v''}$ für $T = 300$ K [Patel 1968]

Als Parameter der Kurvenscharen A–E dient das Verhältnis $N_{v'}/N_{v''}$ der Besetzungsdichten, welche beide durch eine Boltzmannverteilung bei identischer Temperatur $T = 300$ K gegeben sind. Der P-Zweig ist wie üblich charakterisiert durch Übergänge von J' nach $J'' = J'+1$, der R-Zweig durch solche von J' nach $J'' = J'-1$.

Aus Fig. 12.34 ist klar ersichtlich, dass für den R-Zweig Verstärkung ($\gamma > 0$) nur bei vollständiger Inversion $N_{v'}/N_{v''} > 1$ auftritt, entsprechend den Kurven D und E. Hingegen wird beim P-Zweig für gewisse Werte von J' auch eine Verstärkung bei nur partieller Inversion erreicht. Entsprechend oszilliert der CO-Laser auf P-Übergängen. Sie werden mit $P_{v'-v'}(J')$ bezeichnet, z. B. mit $P_{7-6}(12)$. Mit abnehmender Gastemperatur T erhöht sich die Verstärkung. Auch Übergänge mit kleinerem J'' zeigen dann Laseraktivität, da einerseits die Besetzungsdichten der einzelnen Rotationsniveaus stark temperaturabhängig sind und andererseits die Rotationstemperatur T_{rot} infolge der schnellen R-T-Relaxation mit der Translationstemperatur T übereinstimmt. Für die ausgeprägte Temperaturabhängigkeit der CO-Laseremission ist jedoch hauptsächlich der V-V-Pumpprozess verantwortlich.

Unter der Bedingung der partiellen Inversion erscheint das Phänomen der *Kaskaden-Lasertätigkeit*. Durch die Laseraktivität entvölkert sich ein Rotationsniveau des oberen Vibrationszustandes, während das zugehörige Rotationsniveau des unteren Vibrationszustandes zusätzlich besetzt wird. Das letztere Niveau kann so stark bevölkert werden, dass eine Besetzungsinversion zu einem Rotationsniveau eines noch tieferen Vibrationszustandes auftritt. Gleichzeitig kann das Rotationsniveau des oberen Zustandes derart stark entleert werden, dass eine Inversion mit einem noch höheren Zustand entsteht, d. h. das untere Niveau eines Laserübergangs wird zum oberen Niveau des nächstfolgenden Übergangs. Bei gepulsten Lasern resultieren daraus oft nacheinander Laseremissionen von verschiedenen Vibrations-Rotationsübergängen. Dieser *Kaskadenprozess* in Verbindung mit der langsamen V-T-Relaxation hat zur Folge, dass der größte Teil der Vibrationsenergie in Laserenergie umgewandelt wird. Zusammen mit der erwähnten hohen Anregungswahrscheinlichkeit resultiert der besonders hohe Quantenwirkungsgrad des CO-Lasers von nahezu 100 %, wobei in praktischen Systemen über 60 % totaler Wirkungsgrad erreicht wurden [Bhaumik 1976].

12.7.2 Konstruktion

Die CO-Laser-Konstruktion und -Betriebsarten sind vergleichbar mit denjenigen des CO_2-Lasers (vgl. Kap. 12.6). Neben *längsgeströmten* werden auch *abgeschlossene, kontinuierliche* CO-Laser kommerziell angeboten. Meist werden dem CO noch Zusatzgase bis zu einem Gesamtdruck von ca. 50 mbar beigegeben, hauptsächlich He, N_2, Xe und O_2. Oft wird das Lasergasgemisch auf Temperaturen unter 0 °C gekühlt, doch ist auch ein Laserbetrieb bei Raumtemperatur möglich, allerdings mit reduzierter Leistung. So betriebene CO-Laser liefern kontinuierliche Leistungen von einigen W auf den stärksten Emissionslinien. Im Multilinien-Betrieb ohne wellenlängenselektives Resonatorelement wurden schon früh Leistungen von rund 30 W pro m Entladungslänge in einem abgeschlossenen System bei Raumtemperatur erzielt [Peters et al. 1983]. Später kamen *rf-angeregte*, kompakte Systeme mit Leistungen bis zu 500 mW dazu [Pearson & Hall 1989]. Wesentlich höhere Leistungen lassen sich mit einer schnellen Gasströmung erzielen. So wurden bereits 1976 mit einem *gasdynamischen* System mit Überschallgasströmung kombiniert mit Elektronenstrahlanregung quasi-kontinuierliche Leistungen von 100 kW erreicht [Bhaumik 1976].

In Anlehnung an CO_2-Laserkonstruktionen sind auch *gepulste* CO-Laser entwickelt worden. Besonders zu erwähnen sind Elektronenstrahl-angeregte, gepulste Hochdruck-CO-Laser, welche mit einer Kühlung des Gases auf 77 K Pulse mit Energien bis 1 kJ und einer Dauer von 80 µs liefern [Bhaumik 1976].

Wichtig, v. a. für spektroskopische Anwendungen, ist die *Wellenlängenabstimmung* des CO-Lasers, die gewöhnlich mit einem Beugungsgitter erfolgt.

Damit ist eine Abstimmung über mehrere hundert Vibrations-Rotations-übergänge im Spektralbereich zwischen rund 5 µm und 8 µm möglich. Mit Hilfe einer zusätzlichen *Lamb-dip Stabilisierung* (vgl. Kap. 4.7) kann eine Frequenzstabilität der einzelnen Laserlinien von weniger als 100 kHz erreicht werden [Schneider et al. 1987].

12.7.3 Laserdaten

Typische Daten von kontinuierlichen und gepulsten CO-Lasern sind in Tab. 12.9 zusammengestellt.

Tab. 12.9 Typische Daten von CO-Lasern

Parameter		kontinuierlich	gepulst (TE)
Wellenlänge	in µm	4.8 bis 8.4	4.8 bis 6.6
Leistung	in W	1 bis 10^5	–
Pulsenergie	in J	–	10^{-3} bis 10^3
Pulsdauer	in µs	–	≈ 50
Pulsrepetitionsfrequenz	in Hz	–	$\leq 10^3$
Totaler Wirkungsgrad	in %	~ 40	< 60
Kleinsignalverstärkung	in %/cm	0.5	
Gastemperatur	in K	77 bis 300	77 bis 300

12.7.4 Anwendungen

Die *industriellen Anwendungen* des CO-Lasers sind trotz seines hohen Wirkungsgrades beschränkt, da für große Strahlleistungen tiefe Gastemperaturen erforderlich sind. Ein wichtiges Anwendungsgebiet des CO-Lasers liegt in der *Spektroskopie* [z. B. Havenith et al. 1988]. Der Abstimmbereich ist günstig, weil zahlreiche Moleküle im mittleren Infrarot charakteristische Absorptionsspektren aufweisen. Dies ermöglicht z. B. einen empfindlichen und selektiven Nachweis von Spurengasen mittels CO-Laser-photoakustischer Spektroskopie [Bernegger & Sigrist 1990, Harren & Reuss 1997, Kästle & Sigrist 1996, Sigrist 1994 & 1995]. Die spektroskopischen Anwendungsmöglichkeiten können noch wesentlich erweitert werden durch eine Ausdehnung des Wellenlängenbereiches in das 3µm-Gebiet via Anregung von CO-Übergängen mit $\Delta v = 2$ [Martis et al. 1998, Urban 1995]. Mit einem CO-Oberton-Seitenband-Laser wurden beispielsweise Ethanmessungen im ppb-(10^{-9})-Bereich in der Atemluft durchgeführt [von Basum 2003].

12.8   Ferninfrarot- und Submillimeterwellen-Gaslaser

Der Spektralbereich des *fernen Infrarot* (FIR) und der *Submillimeterwellen* erstreckt sich von etwa 50 µm bis 1mm Wellenlänge. In den letzten Jahren ist dieser Spektralbereich als Terahertz-(THz-)Strahlung wieder sehr aktuell geworden, nicht zuletzt auch im Hinblick auf Anwendungen in der Sicherheitstechnik. Die ersten Studien über diesen Spektralbereich der elektromagnetischen Wellen stammen vom Beginn des letzten Jahrhunderts, als Rubens und Mitarbeiter die spektrale thermische Strahlung schwarzer Körper im nahen und fernen Infrarot ausmaßen und so die experimentellen Grundlagen für das Plancksche Strahlungsgesetz (2.3) schufen. Bis etwa 1963 blieben die thermischen Strahler, wie etwa der von Rubens eingeführte *Hg-Hochdruckbrenner* [Bohdansky 1957], die einzigen zuverlässigen Strahlungsquellen des fernen Infrarot und der Submillimeterwellen [Kneubühl 1985, Moser et al. 1968]. Dabei ist zu beachten, dass in diesem Spektralbereich schwarze Körper als ideale thermische Strahler nur eine minime Leistung abgeben. Selbst bei einer Temperatur $T = 7000$ K überschreitet sie bei einer Wellenlänge von 300 µm in einem Spektralband der relativen Breite $\Delta\lambda/\lambda = 1$ % nur knapp 1 µW pro cm^2 strahlende Fläche. Bis um 1963 war auch die Mikrowellen-Technik mit elektronischen Oszillatoren von Zentimeterwellen bis zu Millimeterwellen vorgestoßen. Zur Erzeugung monochromatischer Millimeterwellen eignen sich spezielle Laufzeitröhren, die sogenannten *Rückwärtswellen-Oszillatoren* [Kantorowicz & Palluel 1979], englisch „backward-wave oscillators", französisch „carcinotrons", doch auch sie stoßen bei Wellenlängen von etwas weniger als 1mm an ihre Grenzen. So bildeten das ferne Infrarot und die Submillimeterwellen noch 1963 eine *Leistungslücke zwischen mittlerem Infrarot und Mikrowellen*, sowohl für breitbandige als auch für monochromatische Strahlungsquellen. Dank der Erfindung von molekularen *Ferninfrarot(FIR)- und Submillimeterwellen-Gaslasern* konnte in den Jahren 1964 bis 1966 diese *Leistungslücke* einigermaßen *geschlossen* werden [Gebbie et al. 1964, Kneubühl 1985, Steffen et al. 1966].

Die ersten molekularen FIR-Gaslaser waren *longitudinal elektrisch angeregt* [Kneubühl & Sturzenegger 1980, Pichamuthu 1983, Steffen & Kneubühl 1968]. Unter diesen sind zu erwähnen der 78 µm und 118 µm H$_2$O-Laser, der 337 µm HCN-Laser sowie der 774 µm ICN(+H$_2$O)-Laser [Steffen et al. 1966], der heute noch den elektrisch angeregten Laser mit der langwelligsten Emission darstellt. Später kamen dazu der wie der TEA 10 µm CO$_2$-Laser [Beaulieu 1970] *transversal elektrisch angeregte* 337 µm HCN-Laser [Adam & Kneubühl 1975, Sturzenegger et al. 1979] sowie der mit der 9.55 µm Emission des CO$_2$-Lasers angeregte 496 µm CH$_3$F-Laser [Chang &

Bridges 1970]. Letzterer eröffnete die Ära der heute viel verwendeten, zahlreichen molekularen *Laser-gepumpten FIR-Laser* (Kap. 12.8.2).

12.8.1 HCN-Laser

Der bekannteste, relativ einfache und häufig angewendete, elektrisch angeregte molekulare FIR-Gaslaser ist der 337 μm und 311 μm HCN-Laser [Gebbie et al. 1964, Steffen & Kneubühl 1968, Kneubühl & Sturzenegger 1980], welcher sowohl longitudinal als auch transversal [Adam & Kneubühl 1975, Sturzenegger et al. 1979] elektrisch angeregt werden kann. Ursprünglich wurden seine Emissionen dem CN-Radikal zugeordnet, doch zeigten Experimente, dass diese Vibrations-Rotationsübergängen des HCN-Moleküls entsprechen [Lide & Maki 1967]. Sie sind in Fig. 12.35 dargestellt.

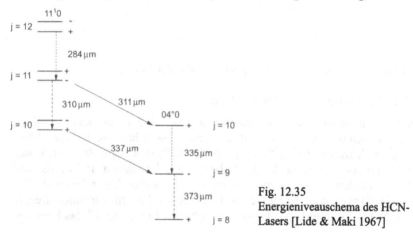

Fig. 12.35
Energieniveauschema des HCN-Lasers [Lide & Maki 1967]

Fig. 12.36 zeigt den Aufbau eines HCN-Lasers, der zum Studium der Laseremissionen und der Modenstruktur des Resonators verwendet wurde. Dabei wurde nachgewiesen, dass das Glasrohr als Hohlrohr-Wellenleiter für die Laserstrahlung wirkt [Schwaller et al. 1967, Steffen & Kneubühl 1968]. Demnach war dies der erste *Wellenleiter-Gaslaser* gemäß der Theorie von Marcatili und Schmeltzer [1964].

In Anbetracht der Bedeutung des HCN-Lasers für das ferne Infrarot wurde sein molekulares Plasma eingehend untersucht [Schötzau & Kneubühl 1975, Schötzau & Veprek 1975] und nachgewiesen, dass seine *Moden chemisch selektioniert* oder unterdrückt werden können [Schötzau & Kneubühl 1974]. Im kontinuierlichen (cw) Betrieb liefert der 337 μm HCN-Laser Leistungen in der Größenordnung 1 mW, mit transversaler Anregung produziert er Pulse von bis zu 8 μs Dauer und 100 mJ Energie. Es ist jedoch zu beachten, dass bei Leistungs- und Energie-Angaben betreffend elektrisch angeregte und Laser-gepumpte FIR-Laser Unsicherheiten bestehen.

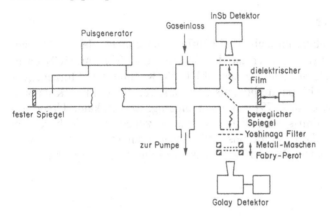

Fig. 12.36   Aufbau eines HCN-Lasers [Steffen & Kneubühl 1968]

12.8.2   Laser-gepumpte FIR-Gaslaser

Die heute am häufigsten verwendeten FIR-Laser sind die mit Laserstrahlung optisch gepumpten Gaslaser [Button et al. 1984, Chang & Bridges 1970, Chang 1977, Danly et al. 1984, DeTemple 1979, DeTemple & Danielewicz 1983, Harrison & Gupta 1983, Walzer 1983, Yamanaka 1976]. Es sind mehrere hundert verschiedene Emissionen derartiger Laser bekannt. Die Energieschemata und Prozesse, welche diesen Lasern zugrunde liegen, sind meist kompliziert. Als Beispiel zeigen wir in Fig. 12.37 das Energie-

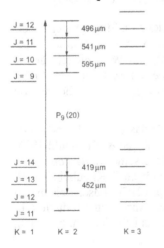

Fig. 12.37
Energieniveauschema des mit einem CO_2-Laser-gepumpten CH_3F-Lasers [DeTemple 1979]

schema des verbreiteten 496 µm CH$_3$F-Lasers. Es zeigt die Absorption der 9.55 µm CO$_2$-Laserstrahlung durch CH$_3$F und die damit verknüpften Kaskaden von FIR-Laseremissionen. Nur die K = 2-Übergänge sind eingezeichnet. K ist die Projektion des Drehimpulses $\vec{J}$ auf die körpereigene Symmetrieachse des Moleküls CH$_3$F.

Bei der Konstruktion der Laser-gepumpten FIR-Laser bildet die Einkopplung der Laser-Pumpstrahlung und die Auskopplung der FIR-Laserstrahlung ein spezifisches Problem. Verschiedene Lösungen wurden vorgeschlagen und verwendet [DeTemple 1979, DeTemple & Danielewicz 1983, Harrison & Gupta 1983]. Ein Beispiel ist in Fig. 12.38 illustriert.

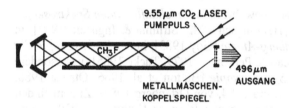

Fig. 12.38 Anordnung eines Laser-gepumpten FIR-Gaslasers [DeTemple 1979]

Für den Betrieb von Laser-gepumpten FIR-Glaslasern wurden zum Beispiel kontinuierliche Leistungen von 100 mW bis 500 mW bei 199 µm und 447 µm Wellenlänge sowie Pulse von bis zu 200 µs Dauer und 2 W Leistung bei 199 µm Wellenlänge [Kneubühl 1985] gemeldet. Bereits 1977 rapportierten verschiedene Forschungsgruppen Pulsleistungen von 0.2 MW bis 1 MW entsprechend Pulsenergien von 10 mJ bis 50 mJ für den 358 µm D$_2$O-Laser und den 496 µm CH$_3$F-Laser. Mit Laser-gepumpten FIR-Gaslasern wurden auch Superstrahlungspulse von ca. 1 ns Dauer erzeugt, z. B. 760 ps – 291 µm-Pulse der NH$_3$-Emission [Scherrer & Kneubühl 1993]. Ferner wurde ein Plasmaschalter für Laser-gepumpte FIR-Laserstrahlung entwickelt, welcher diese innerhalb 700 ps blockiert. Er erlaubt die Erzeugung von FIR-Pulsen mit einer variablen Dauer von 10 ns bis 100 ns und die gezielte Separation von 1 ns-FIR-Pulsen aus Pulsserien [Knittel et al. 1996].

12.8.3 Anwendungen der FIR-Gaslaser

FIR-Gaslaser eignen sich sowohl für Laser-Grundlagenforschung, als auch für Anwendungen in anderen Forschungsbereichen. In Bezug auf reine Laserforschung dürfen unter anderem erwähnt werden die Realisierung und das Studium der Wellenleiter-Gaslaser (Kap. 6.2), der „distributed feedback"-Gaslaser (Kap. 7.1–7.5), der „helical feedback"-Gaslaser (Kap. 7.6), der Superstrahlung, der Raman-Emission, des „optical free induction decay" [Scherrer & Kneubühl 1993] sowie der IR- and FIR-Raman-Solitonen [Baumgartner & Kneubühl 1998].

Als erste monochromatische Strahlungsquellen im fernen Infrarot ermöglichten die molekularen Gaslaser erstmals *genaue Frequenz- und Wellenlängen-Messungen* in diesem Bereich. Durch Mischung von hohen Harmonischen von Mikrowellen-Generatoren mit den Emissionen von FIR-Gaslasern in Silizium-Dioden wurden zum Beispiel die Frequenzen der 337 µm HCN- und der 188 µm H_2O-Laserlinie bestimmt zu $890'759.5$ MHz und $2'527'952.8$ MHz [Kneubühl & Sturzenegger 1980, Kneubühl 1985].

Die FIR-Gaslaser haben sich bewährt in der *hochauflösenden Spektroskopie von Molekülen in Gasen* [Henningsen 1982, Strumia & Inguscio 1982], in der *Spektroskopie der Rydberg-Atome* [Goy 1983], in der *Spektroskopie der kondensierten Materie* [Bean & Perkowitz 1979, Tacke 1985], insbesondere in der *magnetooptischen Spektroskopie* [Button et al. 1966, Otsuka 1980, Ohyama & Otsuka 1983, Miura 1984, von Ortenberg 1980]. Zudem finden sie Verwendung in der *Diagnostik von Plasmen* [Luhmann 1979, Veron 1979], welche in der Fusions-Forschung eine Rolle spielt. Von Interesse sind sie auch in Hinblick auf die Hochtemperatur-Supraleiter [Bednorz & Müller 1986], wie zum Beispiel $Ba_2YCu_3O_{7-x}$ und $Y_1Ba_2Cu_3F_2O_y$, mit Übergangstemperaturen T_c meist oberhalb der Verflüssigungstemperatur $T(f\ell/g) = 77.3$ K von Stickstoff. Entsprechend große Energielücken bewirken ein hohes Reflexionsvermögen für FIR-Strahlung.

Referenzen zu Kapitel 12

Abrams, R. L. (1974): Appl. Phys. Lett. **25**, 304

Adam, B.; Kneubühl, F. K. (1975): Appl. Phys. **8**, 281

Alcock, A. J.; Leopold, K.; Richardson, M. C. (1973): Appl. Phys. Lett. **23**, 562

Amat, G.; Pimbert, M. (1965): J. Mol. Spectr. **16**, 278

Amramski, K. M.; Colley, A. D.; Baker, H. J.; Hall, D. R. (1989): Appl. Phys. Lett. **54**, 1833

Basov, N. G.; Oraevskii, A. N. (1963): Sov. Phys.-JETP **17**, 1171

Basov, N. G; Danilychev, V. A.; Popov, Yu. M.; Khodkevich, D. D. (1970): JETP Lett. **12**, 329

Basov, N. G.; Belenov, E. M.; Danilychev, V. A.; Kerimov, O. M.; Kovsh, I. B.; Podsosonnyi, A. S.; Suchkov, A. F. (1973): Sov. Phys.-JETP **37**, 58

Basting, D.; Marowsky, G., eds. (2005): Excimer Laser Technology. Springer, Berlin

Baumgartner, M. O.; Kneubühl, F. K. (1998): Infrared Phys. Technol. **39**, 457

Bäuerle, D. (2000): Laser Processing and Chemistry, 3rd ed. Springer, Berlin

Bäuerle, D., guest ed. (2003): Appl. Phys. A **77**, No. 2

Bean, B. L.; Perkowitz, S. (1979): Infrared & Millimeter Waves (ed. K. J. Button), Vol. 2, chapter 4. Academic Press, N. Y.

Beaulieu, A. J. (1970): Appl. Phys. Lett. **16**, 504

Beck, R.; Englisch, W.; Gürs, K. (1980): Tables of Laser Lines in Gases and Vapors. 3rd ed. Springer Series in Optical Sciences, Vol. 2. Springer, Berlin

Bednorz, J. G.; Müller, K. A. (1986): Z. Physik **B64**, 189

Bernardini, M.; D'Amato, F.; Giorgi, M.; Marchetti, S. (1989): Opt. Comm. **69**, 271

Bernegger, S.; Sigrist, M. W. (1990): Infrared Physics **30**, 375

Beyer, E.; Loosen, P.; Poprawe, R.; Herziger, G. (1985): Laser und Optoelektronik **3**, 274

Bhaumik, M. L. (1976): High-power Gas Lasers, 1975 (ed. E. R. Pike). Conf. Series, no. 29. Institute of Physics, London

Bohdansky, J. (1957): Z. Phys. **149**, 383

Bloom, A. L. (1974): J. Opt. Soc. Am. **64**, 447

Bradley, L. P. (1976): High-power Gas Lasers, 1975 (ed. E. R. Pike). Conf. Series, no 29. Institute of Physics, London

Brau, Ch. A. (1984): Excimer Lasers (ed. Ch. K. Rhodes), 2nd. ed. Topics in Applied Physics, Vol. 30, chapter 4. Springer, Berlin

Brechignac, P.; Martin, J. P.; Taieb, G. (1974): IEEE J. **QE-10**, 797

Bridges, W. B. (1964): Appl. Phys. Lett. **4**, 128; Erratum Appl. Phys. Lett. **5**, 39

Bridges, W. B. (1979): Methods of Experimental Physics, Vol. 15, Part A, Quantum Electronics, (ed. C. L. Tang), chapter 2. Academic Press, N. Y.

Bridges, W. B. (2001): Handbook of Laser Science and Technology (ed. M. J. Weber), Vol. 2, section 2. CRC Press, Boca Raton, Florida

Bridges, T. J.; Burkhardt, E. G.; Smith, P. W. (1972): Appl. Phys. Lett. **20**, 403

Brown, C. O.; Davis, J. W. (1972): Appl. Phys. Lett. **21**, 480

Button, K. J.; Gebbie, H. A.; Lax, B. (1966): IEEE J. **QE-2**, 202

Button, K. J.; Inguscio, M.; Strumia, F. eds. (1984): Optically-Pumped Far-Infrared Lasers. Plenum Press, N. Y.

Calasso, I. G.; Funtov, V.; Sigrist, M. W. (1997): Appl. Opt. **36**, 3212

Carswell, A. I. (1983): Can. J. Phys. **61**, 378

Chang, T. Y. (1973): Rev. Sci. Instr. **44**, 405; Erratum Rev. Sci. Instr. **44**, 1677

Chang. T. Y. (1977): Nonlinear Infrared Generation (ed. Y. R. Shen), Topics in Applied Physics, Vol. 16, chapter 6. Springer, Berlin

Chang, T. Y.; Bridges, T. J. (1970): Optics Comm. **1**, 423

Chang, T. Y.; Wood II, O.R. (1977): IEEE J. **QE-13**, 907

Clark, J. H.; Anderson, R. G. (1978): Appl. Phys. Lett. **32**, 46

Craxton, R. S.; McCroy, R. L.; Soures, J. M. (1986): Scient. American **255**, August 86, p. 60

Colley, A. D.; Baker, H. J.; Hall, D. R. (1992): Appl. Phys. Lett. **61**, 136

Danly, B. G.; Evangelides, S. G.; Temkin, R. J.; Lax, B. (1984): Infrared & Millimeter Waves (ed. K. J. Button), Vol. 12, chapter 5. Academic Press, N. Y.

Davis, R. S.; Rhodes, C. K. (2001): Handbook of Laser Science and Technology (ed. M. J. Weber), Vol. 2, section 1. CRC Press, Boca Raton, Florida

Deka, B. K.; Rob, M. A.; Izatt, I. R. (1986): Opt. Comm. **57**, 111

DeTemple, T. A. (1979): Infrared & Millimeter Waves (ed. K. J. Button), Vol. 1, chapter 3. Academic Press, N. Y.

DeTemple, T. A.; Danielewicz, E. J. (1983): Infrared & Millimeter Waves (ed. K. J. Button), Vol. 7, chapter 1. Academic Press, N. Y.

Duley, W. W. (1976): CO_2 Lasers: Effects and Applications. Academic Press, N. Y.

Dumanchin, R.; Rocca-Serra, J. (1969): C. R. Acad. Sci. **269**, 916

Dyer, P. E.; Rauf, D. N. (1985): Opt. Comm. **53**, 36

Ernst, G. J. (1977): Rev. Sci. Instr. **48**, 1281

Ernst, G. J. (1984): Opt. Comm. **49**, 275

Errey, K. H. (1983): Laser und Optoelektronik **2**, 103

Ewing, J. J. (1979): Laser Handbook (ed. M. L. Stitch), Vol. 3, chapter A4. North-Holland, Amsterdam

Fermi, E. (1931): Z. Phys. **71**, 250

Gabor, D. (1972): Proc. IEEE **60**, 655

Gebbie, H. A.; Stone, N. W. B.; Findlay, F. D. (1964): Nature, London, **202**, 685

Gerry, E. T. (1970): IEEE Spectrum **7**, 51

Goldberg, D. J., ed. (2005): Laser Dermatology. Springer, Berlin

Goy, P. (1983): Infrared & Millimeter Waves (ed. K. J. Button), Vol. 8, chapter 8. Academic Press, N. Y.

Graf, H. P.; Kneubühl, F. K. (1983): Appl. Phys. **B31**, 53

Gutzat, M. (2003): Dissertation. Universität Erlangen-Nürnberg

Hariharan, P. (2002): Basics of Holography. University Press, Cambridge

Harren, F. J. M.; Reuss, J. (1997): Progress in Photothermal and Photoacoustic Science and Technology, Vol. 3: Life and Earth Sciences (eds. A.Mandelis, P.Hess), chapter 4. SPIE Bellingham (USA)

Harrison, R. G.; Gupta, P. K. (1983): Infrared & Millimeter Waves (ed. K. J. Button), Vol. 7, chapter 2. Academic Press, N. Y.

Hasson, V.; v. Bergmann, H. M. (1976): J. Phys. E **9**, 73

Havenith, M.; Bohle, W.; Werner, J.; Urban W. (1988): Mol. Phys. **64**, 1073

Heard, H. G. (1963): Nature **200**, No. 667, Nov. 16

Helbig, K. (1990): Dissertation. Freie Universität, Berlin

Henningsen, J. O. (1982): Infrared & Millimeter Waves (ed. K. J. Button), Vol. 5, chapter 2. Academic Press, N. Y.

Herzberg, G. (1991): Infrared and Raman Spectra of Polyatomic Molecules. Krieger, Malabar

Hess, P., ed. (1989): Photoacoustic, Photothermal and Photochemical Processes in Gases. Topics in Current Physics, Vol. 46. Springer, Berlin

Hillenkamp, F.; Pratesi, R.; Sacchi, C. A., eds. (1980): Lasers in Biology and Medicine. Plenum Press, N. Y.

Hochheimer, B. F. (1974): Laser Applications in Medicine and Biology (ed. M. L. Wolbarsht), Vol. 2. Plenum Press, N. Y.

Holstein, T. (1947): Phys. Rev. **72**, 1212

Houtermans, F. G. (1960): Helv. Phys. Acta **33**, 933

Hugenschmidt, M. (2007): Lasermesstechnik: Diagnostik der Kurzzeitphysik. Springer, Heidelberg

Hutchinson. M. H. R. (1987): Tunable Lasers (ed. L. F. Mollenauer; J. C. White). Topics in Applied Physics, Vol. 59, chapter 2. Springer, Berlin

Inaba, H. (1976): Laser Monitoring of the Atmosphere (ed. E. D. Hinkley). Topics in Applied Physics, Vol. 14, chapter 5. Springer, Berlin

Jackson, P. E.; Baker, H. J.; Hall, D. R. (1989): Appl. Phys. Lett. **54**, 1950

Jaeger, T.; Wang, G. (1987): Tunable Lasers (ed. L. F. Mollenauer; J. C. White), Topics in Applied Physics, Vol. 59, chapter 8. Springer, Berlin

Javan, A.; Bennett, W. R.; Herriott, D. R. (1961): Phys. Rev. Lett. **6**, 106

Jensen, R. E.; Tobin, M. S. (1972): Appl. Phys. Lett. **20**, 508

Jensen, R. J.; Marinuzzi, J. G.; Robinson, C. P.; Rockwood, S. D. (1976): Laser Focus **12**, May 76, p. 51

Kantorowicz, G.; Palluel, P. (1979): Infrared & Millimeter Waves (ed. K. J. Button), Vol. 1, chapter 4. Academic Press, N. Y.

Kaplan, I.; Giler, S. (1984): CO_2 Laser Surgery. Springer, Berlin

Kästle, R.; Sigrist, M. W. (1996): Spectrochim. Acta A **52**, 1221

Kleen, W.; Müller, R. (1969): Laser. Springer, Berlin

Kneubühl, F. K. (1985): Optica Acta **32**, 1055

Kneubühl, F. K.; Sturzenegger, Ch. (1980): Infrared & Millimeter Waves (ed. K. J. Button), Vol. 3, chapter 5. Academic Press, N. Y.

Knittel, J.; Scherrer, D. P.; Kneubühl, F. K. (1996): IEEE J. Quant. El. **32**, 2058

Konyukhov, V. K.; Matrosov, I. V.; Prokhorov, A. M.; Shalunov, D. T.; Shirokov, N. N. (1970): JETP Lett. **12**, 321

Krupke, W. F.; George, E. V.; Haas, R. A. (1979): Laser Handbook (ed. M. L. Stitch), Vol. 3, chapter B5. North-Holland, Amsterdam

Lamberton, H. M.; Pearson, P. R. (1971): Electr. Lett. **7**, 141

Lide, D. R.; Maki, A. G. (1967): Appl. Phys. Lett. **11**, 62

Lorents, D. C.; Rhodes, Ch. K. (1976): Opt. Comm. **18**, 14

Løvold, S.; Wang, G. (1984): IEEE J. **QE-20**, 182

Luhmann jr., N. C. (1979): Infrared & Millimeter Waves (ed. K. J. Button), Vol. 2, chapter 1. Academic Press, N. Y.

Luhs, W.; Struve, B.; Litfin, G. (1986): Laser und Optoelektronik 4, 319

Luk'yanchuk, B., ed. (2002): Laser Cleaning. World Scient., Singapore

Marcatili, E. A. J.; Schmeltzer, R. A. (1964): Bell Syst. Tech. J. 43, 1783

Marinov, D.; Sigrist, M. W. (2003): Photochem. Photobiol. Sci. 2, 774

Martis, A. A. E.; Büscher, S.; Kühnemann, F.; Urban, W. (1998): Instrum. Sci. Technol. 26, 177

Measures, R. M., ed. (1988): Laser Remote Chemical Analysis. Wiley, New York

Measures, R. M.; Houston, W. R.; Bristow, M. (1973): Can. Aeron. Space J. 19, 501

Meyer, P. L.; Sigrist, M. W. (1990): Rev. Sci. Instr. 61, 1779

Midorikawa, K.; Wakabayashi, K.; Obara, M.; Fuijokat, T. (1982): Rev. Sci. Instrum. 53, 449

Miura, N. (1984): Infrared & Millimeter Waves (ed. K. J. Button), Vol. 12, chapter 3. Academic Press, N. Y.

Moeckli, M. A.; Fierz, M.; Sigrist, M. W. (1996): Environm. Sci. & Technol. 30, 2864

Moser, J. F.; Steffen, H.; Kneubühl, F. K. (1968): Helv. Phys. Acta 41, 607

Nowack, R.; Opower, H.; Krüger, H.; Haas, W.; Wenzel, N. (1991): Laser u. Optoelektronik, 23, 68

Ohyama, T.; Otsuka, E. (1983): Infrared & Millimeter Waves (ed. K. J. Button), Vol. 8, chapter 6, Academic Press, N. Y.

Olafsson, A.; Henningsen, J. (1995): Infrared Phys. Technol. 36, 309

Otsuka, E. (1980): Infrared & Millimeter Waves (ed. K. J. Button), Vol. 3, chapter 7. Academic Press, N. Y.

Patel, C. K. N. (1964): Phys. Rev. Lett. 12, 588

Patel, C. K. N. (1968): Lasers, Vol. 2 (ed. A. K. Levine), chapter 1. Marcel Dekker, N. Y.

Patel, C. K. N.; Kerl, R. J. (1964): Appl. Phys. Lett. 5, 81

Pearson, G. N.; Hall, D. R. (1989): IEEE J. QE-25, 245

Peters, P. J. M.; Witteman, W. J.; Krzyzanowski, Z. (1983): Opt. Comm. 45, 193

Pichamuthu, J. P. (1983): Infrared & Millimeter Waves (ed. K. J. Button), chapter 4. Academic Press, N. Y.

Racah, G. (1942): Phys. Rev. 61, 537 (L)

Repond, P.; Sigrist, M. W. (1996): IEEE J. Quant. El. 32, 1549

Rhodes, Ch. K., ed. (1984): „Excimer Lasers", 2nd ed., Topics in Applied Physics, Vol. 30, Springer, Berlin

Richardson, M. C.; Alcock, A. J.; Leopold, K.; Burtyn, P. (1973): IEEE J. QE-9, 236

Rogowski, W. (1923): Archiv für Elektrotechnik 12, 1

Romann, A.; Sigrist, M. W. (2002): Appl. Phys. B 75, 377

Scherrer, D. P.; Kneubühl, F. K. (1993): Infrared Phys. 34, 227

Schneider, M.; Hinz. A.; Groh, A.; Evenson, K. M.; Urban, W. (1987): Appl. Phys. **B44**, 241

Schötzau, H.-J.; Kneubühl, F. K. (1974): Physics Lett. **46A**, 415

Schötzau, H.-J.; Kneubühl, F. K. (1975): Appl. Phys. **6**, 25; IEEE J. **QE-11**, 817

Schötzau, H.-J.; Veprek, S. (1975): Appl. Phys. **7**, 271

Schröder, E. (1983): Laser und Optoelektronik **3**, 209

Schumann, W.; Zürcher, J.-P.; Cuche, D. (1985): Holography and Deformation Analysis. Springer Series in Optical Sciences, Vol. 46, Springer, Berlin

Schwaller, P.; Steffen, H.; Moser, J. F.; Kneubühl, F. K. (1967): Appl. Optics **6**, 827

Siegman, A. E. (1986): Lasers, Ch. 29. University Science Books, Mill Valley (USA)

Sigrist, M. W. (1986): J. Appl. Phys. **60**, R 83

Sigrist, M. W. (1992): Progress in Photothermal and Photoacoustic Science and Technology, Vol. 1: „Principles and Perspectives of Photothermal and Photoacoustic Phenomena" (ed. A. Mandelis), chapter 7. Elsevier, New York

Sigrist, M. W. (1994): Air Monitoring by Spectroscopic Techniques (ed. M. W. Sigrist), chapter 4. Wiley, New York

Sigrist, M. W. (1995): Infrared Phys. Technol. **36**, 415

Sigrist, M. W., Section Ed. (2000): „Environment: Trace Gas Monitoring", in: Encyclopedia of Analytical Chemistry, ed. R. A. Meyers, Vol. 3, Wiley, Chichester

Sklizkov, G. V. (1972): Laser Handbook (ed. F. T. Arecchi; E. O. Schulz-Dubois), Vol. 2, chapter F3. North-Holland, Amsterdam

Sona, A. (1972): Laser Handbook (ed. F. T. Arecchi & E. O. Schulz-Dubois), Vol. 2, chapter F1. North-Holland, Amsterdam

Spiller, E.; Feder, R. (1977): X-ray Optics (ed. H.-J. Queisser). Topics in Applied Physics Vol. 22. Springer, Berlin

Steffen, H.; Steffen, J.; Moser J.-F.; Kneubühl, F. K. (1966): Physics Lett. **21**, 425

Steffen, J.; Kneubühl, F. K. (1968): IEEE J. **QE-4**, 992

Strumia, F.; Inguscio, M. (1982): Infrared & Millimeter Waves (ed. K. J. Button), Vol. 5, chapter 3. Academic Press, N. Y.

Sturzenegger, Ch.; Vetsch, H.; Kneubühl, F. K. (1979): Infrared Physics **19**, 277

Sugawara, H.; Kuwabara, K.; Takemori, S.; Wada, A.; Sasaki, K. (1987): Gas Flow and Chemical Lasers. Springer Proc. Phys. Vol. 15 (ed. S. Rosenwalks). Springer, Berlin

Svanberg, S. (1994): Air Monitoring by Spectroscopic Techniques (ed. M. W. Sigrist), chapter 3. Wiley, New York

Tacke, M. (1985): Infrared & Millimeter Waves (ed. K. J. Button), Vol. 13, chapter 7. Academic Press, N. Y.

Taylor, R. L.; Bittermann, S. (1969): Rev. Mod. Phys. **41**, 26

Thöny, A.; Sigrist, M. W. (1995): Infrared Phys. Technol. **36**, 585

Treanor, C. E.; Rich, J. W.; Rehm, R. G. (1968): J. Chem. Phys. **48**, 1789

Urban, W. (1988): Frontiers of Laser Spectroscopy of Gases (eds. A. C. P. Alves; J. M. Brown; J. M. Hollas). Kluwer Academic Publ., Dordrecht

Veron, D. (1979): Infrared & Millimeter Waves (ed. K. J. Button), Vol. 2, chapter 2. Academic Press, N. Y.

Vest, C. M. (1979): Holographic Interferometry. Wiley, N. Y.

Vienot, J.-C. (1972): Laser Handbook (ed. F. T. Arecchi & E. O. Schulz-Dubois), Vol. 2, chapter F2. North-Holland, Amsterdam

von Basum, G.; Dahnke, H.; Halmer, D.; Hering, P.; Mürtz, M. (2003): J. Appl. Physiol. **95**, 2583

von Ortenberg, M. (1980): Infrared & Millimeter Waves (ed. K. J. Button), Vol. 3, chapter 6. Academic Press, N. Y.

Walter, W. T.; Solimene, N.; Piltch, M.; Gould, G. (1966): IEEE J. **QE-2**, 474

Walter, W. T. (1968): IEEE J. **QE-4**, 355

Walzer, K. (1983): Infrared & Millimeter Waves (ed. K. J. Button), Vol. 7, chapter 3. Academic Press, N. Y.

Werling, U.; Chong-Yi, W.; Renk, K. F. (1985): Int. J. Infrared Millim. Waves **6**, 449

Werner, J.; Rothe, K. W.; Walther, H. (1983): Laser und Optoelektronik **1**, 17

White, A. D.; Ridgen, J. D. (1962): Proc. IEEE **50**, 1697

Witteman, W. J. (1967): Appl. Phys. Lett. **11**, 337

Witteman, W. J. (1987): The CO_2 Laser. Springer Series in Optical Sciences, Vol.53. Springer, Berlin

Yamanaka, M. (1976): Rev. Laser Engng. **3**, 253

Yariv, A. (1976): Introduction to Optical Electronics, 2nd ed., chapter 11. Holt, Rinehart and Winston, N. Y.

Yatsiv, S.; Greenfield, E.; Dothan-Deutsch, F.; Cuchem, D.; Bin-Nur, E., (1971): Appl. Phys. Lett. **19**, 65

Zharov, V. P.; Letokhov, V. S. (1986): Laser Optoacoustic Spectroscopy. Springer Series in Optical Sciences, Vol. 37. Springer, Berlin

Znotins, T. A.; Poulin, D.; Reid, J. (1987): Laser Focus **23**, May 87, p. 54

13 Farbstofflaser (dye laser)

Im sichtbaren Spektralbereich sind Farbstofflaser bei Weitem die gebräuchlichsten *abstimmbaren* Laser [Peterson 1979, Schäfer 1990, Wallenstein 1979, Duarte & Williams 1990]. Bei diesem Lasertyp besteht das aktive Medium aus einem Farbstoff, welcher in einer Flüssigkeit, wie z. B. Aethanol, Methanol oder Wasser, gelöst ist. Die Konzentration beträgt nur ungefähr 10^{-4} Mol/l, was ca. 0.5 g/l entspricht.

Allerdings hängt die für den Laserbetrieb optimale Konzentration von der Anregungsquelle und vom Lösungsmittel ab und liegt beispielsweise im Falle von Rhodamin 6G zwischen ca. 0.18 g/l und 1.63 g/l. Es sollen hier die wichtigsten *organischen Farbstoffe* behandelt werden. Ein typisches, organisches Farbstoffmolekül besteht aus mehr als 50 Atomen. Das Paradebeispiel ist Rhodamin 6G, auch Rhodamin 590 genannt, mit einem Molekulargewicht von 479, dessen Struktur aus Fig. 13.1 ersichtlich ist.

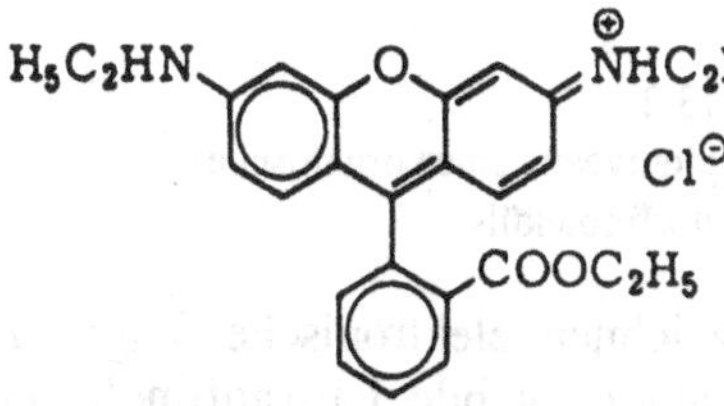

Fig. 13.1
Farbstoffmolekül Rhodamin 6G

Die gelösten Farbstoffmoleküle weisen bei *optischer Anregung* mit sichtbarem oder ultraviolettem Licht eine starke, breitbandige *Fluoreszenz* auf. Farbstofflaser sind folglich *optisch gepumpte* Laser und in mancher Hinsicht den in Kapitel 15.5 diskutierten Farbzentrenlasern ähnlich. Der erste, gepulste, Farbstofflaser wurde 1966 realisiert [Sorokin & Lankard 1966]. Seither gibt es über 500 verschiedene Farbstoffe, von denen allerdings nur relativ wenige auch kontinuierlichen Laserbetrieb erlauben. Für die Abdeckung des gesamten sichtbaren Spektralbereiches genügt jedoch bereits etwa ein Dutzend Farbstoffe. Mit verschiedenen Farbstoffen und Pumpquellen (Blitzlampen, Laser) lässt sich Farbstofflaseremission im Wellenlängenbereich von 300 nm bis 1.2 µm erzielen. Dieser Bereich schließt lückenlos an denjenigen der Farbzentrenlaser an (siehe Kap. 15.5).

Neben den üblichen Flüssig-Farbstofflasern werden auch Anstrengungen unternommen, Farbstoffe in Festkörpermatrizen einzubauen zur Realisierung von robusten Festkörper-Farbstofflasern. Als Beispiele seien Polymer- [Oki et al. 1998] und Sol-Gel-Farbstofflaser [Zhu & Lo 2002] erwähnt.

13.1 Energieniveauschema

Die für das Verständnis der Laseremission wichtigen Energieniveaus eines typischen organischen Farbstoffmoleküls sind in Fig. 13.2 schematisch dargestellt.

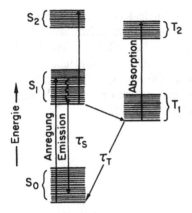

Fig. 13.2
Energieniveaus eines organischen
Farbstoffmoleküls

Die Energieniveaus S_i ($i = 1, 2...$) bezeichnen elektronische *Singulett-zustände* und T_i elektronische *Triplettzustände*. Stabile Farbstoffmoleküle besitzen oft eine gerade Anzahl Elektronen. In einem Singulettzustand ist der Spin des angeregten Elektrons antiparallel zum Totalspin der übrigen Elektronen, d. h. der Gesamtspin S der Elektronen ist null. Für einen Triplettzustand ist der Spin des angeregten Elektrons parallel zum übrigen Gesamtspin und es gilt somit $S = 1$. Die elektronischen Zustände sind aufgespalten in *Vibrationsniveaus* und diese wiederum in *Rotationsniveaus*. Die *Energiedifferenzen* ΔE betragen typischerweise:

i) zwischen elektronischen Niveaus:

$$\Delta E \, (S_2 - S_1) \simeq \Delta E \, (S_1 - S_0) \simeq \Delta E \, (T_2 - T_1) \simeq 20\,000 \text{ cm}^{-1}$$

ii) zwischen benachbarten Vibrationsniveaus innerhalb eines elektronischen Zustandes:

$$\Delta E \simeq 1500 \text{ cm}^{-1}$$

iii) zwischen benachbarten Rotationsniveaus innerhalb desselben Vibrationszustandes:

$$\Delta E \simeq 15 \text{ cm}^{-1}.$$

In einer Farbstofflösung sind die dicht liegenden Rotations-Schwingungsniveaus infolge der Wechselwirkung von Farbstoffmolekülen mit Lösungsmittelmolekülen so stark stoßverbreitert, dass sie sich überlappen. Dies hat Absorptions- bzw. Emissions*banden* zur Folge.

Das Termschema eines Farbstofflasers, wie es in Fig. 13.2 dargestellt ist, entspricht einem *Vierniveaulaser*. Die prinzipiellen Eigenschaften eines vielatomigen Farbstoffmoleküls bezüglich Laseraktivität können auch am einfachen Termschema eines zweiatomigen Moleküls, wie es in Fig. 13.3 gezeigt wird, diskutiert werden.

In Fig. 13.3 sind die Potentiale des elektronischen Grundzustandes S_0 und des ersten angeregten Zustandes S_1 in Abhängigkeit des Atomabstandes r dargestellt. Zusätzlich sind in beiden elektronischen Zuständen einige Vibrationsniveaus υ mit den zugehörigen Aufenthaltswahrscheinlichkeiten $W_i(r)$ für die beiden Kerne eingezeichnet. So ist z. B. der wahrscheinlichste Atomabstand r für das Vibrationsniveau $\upsilon = 0$ des S_0-Zustandes $r = r_0$, während dem er für das $\upsilon = 0$-Niveau des S_1-Zustandes bei $r = r_1 > r_0$ liegt. Da bei Raumtemperatur die Energiedifferenz zwischen zwei benachbarten Vibrationsniveaus wesentlich größer ist als die thermische Energie kT, ist praktisch nur das Niveau $\upsilon = 0$ im S_0-Zustand besetzt. Durch Absorption eines Pumpphotons gelangt das Molekül vom S_0 ($\upsilon = 0$)-Zustand in ein höheres Vibrations-Rotationsniveau ($\upsilon > 0$) des S_1-Zustandes. Welches Niveau υ dabei bevorzugt angeregt wird, bestimmt das *Franck-Condon-Prinzip*, welches sowohl für den Absorptions- wie auch für den Emissionsprozess zwei Aussagen macht:

i) Der Atomabstand r ändert sich während des schnellen Absorptionsvorganges nicht, d. h. der in Fig. 13.3 eingezeichnete Übergang erfolgt vertikal nach oben.

ii) Der Übergang geschieht bevorzugt von einem Maximum der Aufenthaltswahrscheinlichkeit im S_0-Zustand zu einem Maximum im S_1-Zustand.

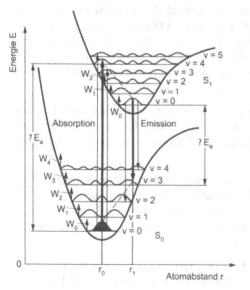

Fig. 13.3
Ausschnitt aus dem Termschema eines zweiatomigen Moleküls
[Weber & Herziger 1972]

Für das Beispiel in Fig. 13.3 folgt daraus, dass das Molekül vorwiegend in das $S_1(\upsilon = 4)$-Niveau, jedoch mit geringerer Wahrscheinlichkeit in die $S_1(\upsilon = 3)$- bzw. S_1 ($\upsilon = 5$)-Niveaus gelangt. Die optische Absorption ist daher breitbandig mit einem Maximum bei der Photonenenergie $h\nu = \Delta E_a$. Vom Zustand S_1 ($\upsilon > 0$) gelangt das Farbstoffmolekül durch inelastische Stöße mit Lösungsmittelmolekülen innerhalb einer sehr kurzen Zeit von 1 bis 10 ps strahlungslos in das unterste Vibrationsniveau $\upsilon = 0$ des elektronisch angeregten Zustandes S_1. Dieser strahlungslose Übergang führt zu einer Erwärmung der Farbstofflösung. Vom Niveau S_1 ($\upsilon = 0$) kehrt das Molekül mit großer Wahrscheinlichkeit innert einer üblichen Zeit für erlaubte optische Übergänge von $\tau_s \simeq 1$ bis 10 ns spontan unter Aussendung eines Photons in ein angeregtes Vibrations-Rotationsniveau ($\upsilon > 0$) des elektronischen Grundzustandes zurück. Gemäß dem Franck-Condon-Prinzip erfolgt der Übergang vertikal nach unten zu einem Zustand maximaler Aufenthaltswahrscheinlichkeit. Für das in Fig. 13.3 dargestellte Beispiel ist dies das $S_0(\upsilon = 3)$-Niveau. Mit geringerer Wahrscheinlichkeit erfolgen die Übergänge in das $S_0(\upsilon = 4)$- bzw. $S_0(\upsilon = 2)$-Niveau. Analog zur Absorption ist folglich auch die Emission breitbandig mit einem Maximum bei der Photonenenergie $h\nu = \Delta E_e$.

Bei genügend hoher Pumpintensität kann zwischen dem Niveau S_1 ($\upsilon = 0$) und den höheren Vibrations-Rotationsniveaus S_0 ($\upsilon = \ell$ mit $\ell \geq 1$) eine *Besetzungsinversion* aufgebaut werden. Die Niveaus S_0 ($\upsilon = \ell$) weisen bei Raumtemperatur wegen des kleinen Boltzmannfaktors exp $(-E$ $(\upsilon = \ell)/kT)$ eine vernachlässigbare Besetzung auf. Sobald die Verstärkung auf einem Übergang S_1 ($\upsilon = 0$) $\rightarrow$ S_0 ($\upsilon = \ell$) die Verluste überwiegt, startet die Laseroszillation. Dadurch wird das untere Laserniveau S_0 ($\upsilon = \ell$) besetzt, welches aber innerhalb von ps durch Stöße mit den Lösungsmittelmolekülen in den S_0 ($\upsilon = 0$)-Zustand entleert wird. Da auch dieser Prozess strahlungslos ist, fällt die gesamte Überschussenergie $\Delta E_a - \Delta E_e$ als Wärme an.

Neben den für einen Laser üblichen Resonatorverlusten sind bei einem Farbstofflaser zusätzlich zwei Arten von *Absorptionsverlusten* im aktiven Farbstoffmedium von Bedeutung, nämlich die Absorption in höhere Singulettzustände sowie die Triplettverluste:

a) Die Absorptionsspektren von Übergängen vom optisch gepumpten Singulettzustand S_1 in höhere Singulettzustände S_m überlappen bei vielen Farbstoffmolekülen teilweise mit dem Emissionsspektrum des Laserüberganges (vgl. Fig. 13.2). Dies resultiert in unvermeidlichen Verlusten, welche den Emissionsbereich oft einschränken.

b) Gemäß dem Termschema in Fig. 13.2 besteht für das elektronisch angeregte Molekül im Zustand S_1 ($\upsilon = 0$) neben der Möglichkeit des S_1 ($\upsilon = 0$) $\rightarrow$

S_0 ($v = k$)-Überganges eine, wenn auch wesentlich geringere, Wahrscheinlichkeit, in den tiefer liegenden Triplettzustand T_1 überzugehen. Für diesen Prozess des „*intersystem crossing*" (IC) ist jedoch eine Spinumkehr des angeregten Elektrons notwendig, was den $S_1 \rightarrow T_1$-Übergang viel weniger wahrscheinlich macht als den $S_1 \rightarrow S_0$-Übergang. Die Lebensdauer τ_T des T_1-Zustandes ist relativ lang, weil wiederum ein Spin-verbotener Übergang zum Grundzustand involviert ist. Der T_1-Zustand entleert sich daher entweder durch inelastische Stöße oder durch eine langsame Phosphoreszenz. Je nach experimentellen Bedingungen kann die Lebensdauer τ_T von 10^{-7}s bis 10^{-3}s variieren. In Tab. 13.1 sind die typischen Zeiten für die verschiedenen Übergänge in einem Farbstoffmolekül zusammengestellt.

Wegen der relativ langen Lebensdauer des Triplettzustandes T_1 wirkt dieser als Falle für die angeregten Farbstoffmoleküle, die damit für den Laserprozess nicht mehr verfügbar sind. Die Absorption vom Zustand T_1 in den Zustand T_2 ist nicht mit einer Spinumklappung verknüpft, sodass der $T_1 \rightarrow T_2$-Übergang sehr wahrscheinlich ist. Falls der Wellenlängenbereich dieser Absorption mit demjenigen der Laseremission bei $v = \Delta E_e/h$ zusammenfällt, erhöht eine Akkumulation von Molekülen im T_1-Zustand die Laserverluste, bis bei einem kritischen Wert die Lasertätigkeit unterdrückt wird. Dieses Phänomen des „*triplett-quenching*" hat zur Folge, dass viele Farbstofflaser nur gepulst betrieben werden können.

Tab. 13.1 Übergangszeiten im Farbstoffmolekül

Übergang	Zeit
Innerhalb S_i ($i = 0, 1, ...$)	10^{-12}s
$S_2 \rightarrow S_1$, $T_2 \rightarrow T_1$	10^{-12}s
$S_1 \rightarrow S_0$ (τ_s)	10^{-9}s
$S_1 \rightarrow T_1$ (T_{IC})	10^{-8}s $\simeq 10\,\tau_s$
$T_1 \rightarrow S_0$ (τ_T)	10^{-7} bis 10^{-3}s

Die *Triplettverluste* können reduziert werden mit Hilfe von Farbstofflösungszusätzen. Es handelt sich dabei um Moleküle, welche die Triplett-Besetzung effizient durch Spin-ändernde Stöße abbauen, sodass die Rate der $T_1 \rightarrow S_0$-Übergänge erhöht wird. Beispiele sind Sauerstoff (O_2) oder Cyclooktatetraen (COT). Eine andere Methode wird bei den kontinuierlichen Farbstofflasern, welche stets durch andere Laser gepumpt werden, angewandt. Sie besteht darin, die Farbstofflösung als *freien Flüssigkeitsstrahl*, englisch „dye jet", durch den Brennpunkt des fokussierten Pumplaserstrahls strömen zu lassen. Bei Strömungsgeschwindigkeiten von 10 bis 100 ms^{-1} ist die Verweilzeit der Farbstoffmoleküle im Pumplaserstrahl ca. 1 µs und somit im Allgemeinen kürzer als die Triplettlebensdauer τ_T. Folglich kann sich keine genügend große Besetzung im T_1-Zustand aufbauen, um die Lasertätigkeit zu unterdrücken.

13.2 Absorptions- und Emissionsspektrum

Wie in Kapitel 13.1 bereits erwähnt, zeichnen sich die Farbstofflaser durch breite Absorptions- und Fluoreszenzbereiche aus. Dies ist am Beispiel einer 10^{-4}-molaren Rhodamin 6G Lösung in Aethanol in Fig. 13.4 gezeigt.

Folgende Eigenschaften sind von Bedeutung:

i) Der *Absorptionsquerschnitt* σ liegt im Bereich von 10^{-16} cm^2, was bei der typischen Farbstoffkonzentration von 10^{-4} Mol/l in einer hohen Absorption

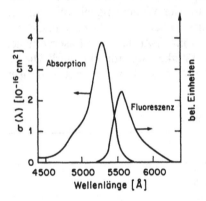

Fig. 13.4
Singulettzustand-Absorptionsspektrum und Fluoreszenzspektrum von Rhodamin 6G

resultiert. Der breite Absorptionsbereich ist günstig für die optische Anregung, weil keine wellenlängenselektive Pumpquelle, z. B. ein abstimmbarer Laser, notwendig ist.

ii) Das breite Fluoreszenzband ermöglicht, zusammen mit einem wellenlängenselektiven Element im Laserresonator, eine *kontinuierliche* Wellenlängenabstimmung des Lasers von ca. 20 bis 90 nm pro Farbstoff.

iii) Das Absorptionsmaximum liegt bei kürzerer Wellenlänge als das Fluoreszenzmaximum gemäß $\Delta E_a > \Delta E_e$ des Energieniveauschemas (vgl. Fig. 13.3).

iv) Das Absorptions- und Fluoreszenzspektrum überlappen teilweise, sodass der Laseremissionsbereich wegen der Absorptionsverluste im Überlappungsgebiet eingeschränkt ist. Diese Überlappung der Spektren hat auch

Konsequenzen für das Austauschen von Farbstofflösungen zwecks Erweiterung des Spektralbereichs: kleine Reste eines früher benützten Farbstoffes können die Laserleistung des ‚neuen' Farbstoffs wegen Absorption reduzieren.

v) Je nach Wahl des Lösungsmittels verschieben sich die Absorptions- und Fluoreszenzspektren etwas.

13.3 Laseraufbau

Farbstofflaser werden entweder mit Blitzlampen oder gepulsten bzw. kontinuierlichen Lasern gepumpt. Es gab zwar Untersuchungen, Farbstoffmoleküle in der Gasphase mit hochenergetischen Elektronen zu pumpen, doch sind auf dieser Basis keine Laser realisiert worden. Andererseits ist es gelungen, Laseremission mit Farbstoffmolekülen in der Gasphase mittels optischem Pumpen zu erzielen [Wallenstein 1979]. Hier sollen aber nur die weit verbreiteten Flüssigkeitslasersysteme mit organischen Farbstoffen behandelt werden.

13.3.1 Blitzlampen-gepumpte Farbstofflaser

Der Vorteil von Blitzlampen-gepumpten Farbstofflasern (vgl. Fig. 13.5) liegt darin, dass sie keinen teuren Pumplaser benötigen.

Die lineare Xenon-Blitzlampe befindet sich in der einen, die Farbstoffküvette in der anderen Brennlinie eines verspiegelten elliptischen Zylinders. Es sind auch andere Anordnungen gebräuchlich, wie z. B. spiralförmige Blitzlampen, welche die Farbstofflösung umgeben. Mit einer solchen Anordnung wird ein möglichst hoher Anteil des Pumplichtes auf die Farb-

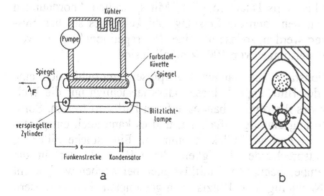

Fig. 13.5 Prinzipieller Aufbau eines Blitzlampen-gepumpten Farbstofflasers: a) Seitenansicht, b) Querschnitt

stofflösung gerichtet. Diese wird ständig umgewälzt und gekühlt. Die Blitzlampe wird über eine triggerbare Funkenstrecke gepulst. Die nutzbare Pumppulsdauer ist begrenzt durch die Triplettverluste im Laserfarbstoff (vgl. Kap. 13.2). Ein Beispiel hierfür ist in Fig. 13.6 gezeigt, wo der zeitliche Verlauf des Blitzlampenpulses mit demjenigen des Laserpulses verglichen wird.

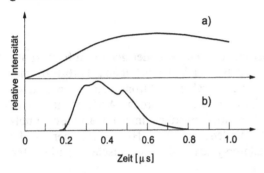

Fig. 13.6   (a) Pumppuls einer Xe-Blitzlampe,
(b) Laserimpuls einer 10^{-3} molaren Lösung von Rhodamin 6G in Methanol [Schäfer et al. 1966]

Die Schwelleninversion wird erst ca. 0.2 µs nach Beginn des Pumppulses überschritten. Lange vor dem Ende des Pumppulses erlischt die Emission wegen der Triplettverluste, sodass typische Laserpulsdauern von Blitzlampen-gepumpten Farbstofflasern im Bereich von 0.2 bis 1 µs liegen. Pulsspitzenleistungen von 10^4 bis 10^5 Watt und Pulsenergien von einigen 10mJ können erzielt werden. Durch Zusätze von „Triplett-quenchers" sind auch Laserpulse von 60 bis 70 µs Dauer möglich. Mit speziellen Anordnungen mit mehreren Blitzlampen kann die Leistungsfähigkeit eines solchen Systems weiter gesteigert werden, sodass bei einer Pulsrepetitionsfrequenz von 100 Hz Durchschnittsleistungen von 100 W möglich sind.

Bei hohen Repetitionsraten und langen Laserpulsen empfiehlt sich eine *optische Filterung* des Blitzlampenlichtes, sodass tatsächlich nur die Wellenlängen innerhalb des Absorptionsbandes auf den Farbstoff treffen. Sonst wird die Farbstofflösung unnötig aufgeheizt, und es kann auch ein photochemischer Zerfall der Farbstoffmoleküle eintreten. Eine solche Filterung kann durch eine entsprechende Flüssigkeit, die z. B. direkt der für die Kühlung der Blitzlampen benutzten Kühlflüssigkeit beigegeben wird, leicht erreicht werden. Nachteilig bei Blitzlampen-gepumpten Farbstofflasern wirkt sich die durch die Lebensdauer der Blitzlampen begrenzte Pulsrepetitionsfrequenz von weniger als 100 Hz aus. Ein weiterer Nachteil ist die schlechte optische Qualität der Farbstofflösung während des Pumpprozesses. Dies ist eine Folge der lokalen Brechungsindexschwankungen, die durch Schlieren in der fließenden Lösung einerseits sowie durch Temperaturgradienten infolge der Pumplichtabsorption andererseits verursacht werden. Da diese Inhomogenitäten von Puls zu Puls variieren können, wird der *Monomodenbetrieb* erschwert.

13.3.2 Laser-gepumpte, gepulste Farbstofflaser

Heute werden oft gepulste Laser, die im ultravioletten und sichtbaren Spektralbereich emittieren, als Pumpquellen für Farbstofflaser verwendet. Im Vordergrund stehen dabei die *Stickstofflaser* (vgl. Kap. 12.5) und die verschiedenen *Excimerlaser* (vgl. Kap. 12.6). Es kommen aber auch Q-switch *Rubin-* und frequenzverdoppelte oder -vervielfachte Nd:YAG-*Laser* (vgl. Kap. 15.1 & 15.2) zum Einsatz. Solange die Pumpzeit T_p kleiner ist als die Zeit T_{IC}, wobei $1/T_{IC}$ die „intersystem-crossing" Rate ($S_1 \rightarrow T_1$) angibt, kann sich keine nennenswerte Triplettkonzentration aufbauen. Die Forderung $T_p < T_{IC}$ ist für die erwähnten Pumplaser mit Pulsdauern T_p im ns-Bereich meist erfüllt, sodass auch Farbstoffe verwendet werden können, die wegen ihrer höheren $S_1 \rightarrow T_1$-Übergangsrate $1/T_{IC}$ für Blitzlampen-gepumpte Laser ungeeignet sind. Wegen der kurzen Pumpdauer darf aber die Länge des Farbstofflaserresonators im Vergleich zum aktiven Medium nicht zu groß werden, damit die sich aufbauende Laserwelle während des Pumppulses möglichst oft das verstärkende Medium durchlaufen kann. Es muss also gelten $T_{res} < T_p < T_{IC}$, wobei T_{res} die Umlaufzeit im Resonator bezeichnet.

Die verschiedenen geometrischen Anordnungen für gepulste Lasergepumpte Farbstofflaser können in *longitudinale* (vgl. Fig. 13.7) und *transversale* (vgl. Fig. 13.8) Aufbauten unterteilt werden.

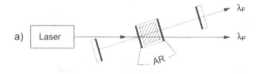

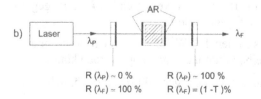

Fig. 13.7
Zwei Beispiele von longitudinalen Pumpanordnungen, λ_P = Pumplaserwellenlänge, λ_F = Farbstofflaserwellenlänge, AR = Antireflexionsbeschichtung [Schäfer 1972]

Bei der ersten Anordnung (Fig. 13.7a) sind der Pumplaserstrahl und der Farbstofflaserstrahl gegeneinander verkippt. Der Pumpstrahl durchläuft die Farbstofflösung, welche in einer Glasküvette mit verspiegelten Seitenflächen enthalten ist. Der Resonator des Farbstofflasers wird durch entsprechende Spiegel gebildet. Eine kollineare Anordnung, bei der Pumpstrahl und Farbstofflaserstrahl in derselben Achse verlaufen, ist in Fig. 13.7b gezeigt. In diesem Fall wird eine bessere Strahlqualität des Farbstoff-Laserstrahls erreicht, doch müssen die Resonatorspiegel für die beiden Wellenlängen λ_p und λ_F gemäß Angaben in Fig. 13.7b speziell verspiegelt werden. Mit einer longitudinalen Anordnung, bei der die Resonatorspiegel in direktem Kontakt mit der Farbstofflösung waren, gelang es, Laseremission mit einer nur 5 μm dicken Farbstoffschicht zu erzielen, was einer extrem hohen Verstärkung von 170 db/cm entspricht [Schäfer 1972].

In heutigen Systemen wird meist der einfachere *transversale* Aufbau (vgl. Fig. 13.8) verwendet. Der Pumplaser wird mit einer Zylinderlinse in die Farbstofflösung fokussiert. Deren Konzentration wird auf die Absorption der Pumplaserstrahlung abgestimmt. Die maximale Inversion wird in einer dünnen Schicht direkt hinter dem Eingangsfenster in der Brennlinie der Zylinderlinse erreicht. Die geometrische Beschränkung auf eine schmale Verstärkungszone hat, im Gegensatz zur longitudinalen Anordnung, große Beugungsverluste und eine große Strahldivergenz zur Folge. Das in Fig. 13.8 eingezeichnete Gitter dient zur Wellenlängenabstimmung, auf die in Kapitel 13.3.4 eingegangen wird.

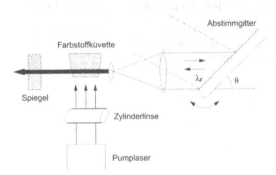

Fig. 13.8
Typische transversale
Pumpanordnung

Die Laser-gepumpten gepulsten Farbstofflaser weisen einige *Vorteile* gegenüber den Blitzlampen-gepumpten Systemen auf:

i) Höhere Spitzenleistungen bis in den 10^6 W (MW)-Bereich, insbesondere da Verstärkerstufen alle vom selben Pumplaser gepumpt werden können.

ii) Höhere Pulsrepetitionsfrequenzen von einigen 100 Hz sind möglich.

iii) Kurze Pulse im ns-Bereich.

iv) Größere Abstimmbereiche dank intensiven UV-Pumplasern.

13.3.3 Laser-gepumpte, (quasi-) kontinuierliche Farbstofflaser

Kontinuierliche Farbstofflaser gehören für die höchstauflösende Spektroskopie zu den wichtigsten Lasern. Als Pumplaser werden kontinuierliche *Ionenlaser*, d. h. Ar^+, Kr^+ (Kapitel 12.3), zuweilen auch frequenzverdoppelte kontinuierliche Festkörperlaser (vgl. Kap. 15.2) benutzt. Im Gegensatz zu den gepulsten Systemen ist die Farbstofflösung nicht in einer Küvette enthalten, sondern durchströmt den Brennpunkt des Pumplasers als freier *Flüssigkeitsstrahl,* in Englisch „dye jet", (Kap. 13.1). Zwei typische in der Praxis verwendete Anordnungen sind in Fig. 13.9 dargestellt.

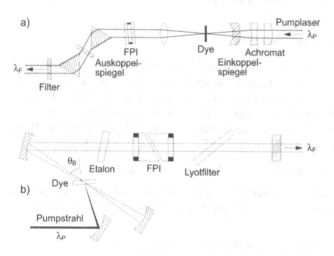

Fig. 13.9   Zwei Pumpanordnungen für kontinuierliche Farbstofflaser

In beiden Fällen sind auch noch *wellenlängenselektive* Elemente wie Prismen, Fabry-Perot-Etalons und Lyot-Filter (vgl. Kap. 13.3.4) eingezeichnet. Bei der kollinearen Anordnung (Fig. 13.9a) wird der Pumplaserstrahl durch den für die Pumplaserwellenlänge transparenten Resonatorspiegel senkrecht auf den Farbstoffstrahl fokussiert. Das Problem der spezifischen Spiegelbeschichtungen, z. B. transparent für λ_p und gleichzeitig hohe, breitbandige Reflexion für λ_F beim Einkoppelspiegel, kann mit der zweiten Anordnung (Fig. 13.9b) umgangen werden. Hier wird der Pumplaserstrahl seitlich über einen sphärischen Spiegel auf den unter dem Brewsterwinkel θ_B im Farbstofflaserstrahl fließenden dye jet fokussiert.

Die *Pumpschwelle* für kontinuierlichen Betrieb liegt je nach Fokusgröße und Anzahl optischer Komponenten im Resonator im mW- bis W-Bereich. Je nach Farbstoff können bis zu 40 % der Pumplaserleistung in Farbstofflaserleistung umgesetzt werden. Schon früh wurden beachtliche Leistungen erzielt, so z. B. 33 W im Jahre 1977 [Anliker et al. 1977].

Neben den üblichen Ar^+- und Kr^+-Lasern mit ihren charakteristischen Wellenlängen als kontinuierliche Pumplaser wird auch der quasikontinuierliche *Kupferdampflaser* (vgl. Kap. 12.2) als sehr geeigneter Pumplaser für Farbstofflaser verwendet. Da der Kupferdampflaser ein gepulster Laser ist, allerdings mit typisch 10 kHz Repetitionsfrequenz, wird die transversale Pumpanordnung (Fig. 13.8) benutzt. Mit Verstärkerstufen kann eine sehr hohe Konversion von Pumplaserleistung in quasi-kontinuierliche Farbstofflaserleistung von ca. 50 % erzielt werden.

13.3.4   Wellenlängenabstimmung

Der große Abstimmbereich der Farbstofflaser aufgrund der breitbandigen Fluoreszenz ist das Hauptmerkmal dieser Laserklasse. Zur *Wellenlängenselektion* werden verschiedene Elemente wie Gitter, Prismen, Filter, Etalons, etc. verwendet. Bei der Abstimmung mit einem *Beugungsgitter* als Reflexionsgitter (vgl. Fig. 13.8) wird der Laserstrahl im Allgemeinen mit Hilfe eines Teleskops aufgeweitet [Hänsch 1972], was drei Vorteile bringt:

i) Reduktion der Leistungsdichte auf den optischen Komponenten,

ii) Verbesserung der spektralen Einengung, da die Auflösung des Gitters proportional zur Anzahl der vom Strahlungsfeld überdeckten Gitterfurchen ist,

iii) Verkleinerung der beugungsbedingten Strahldivergenz.

Ein Beispiel einer Abstimmung mit einem Beugungsgitter in Littrowanordnung ist in Fig. 13.10 für den Fall eines Blitzlampen-gepumpten Lasers mit einer 10^{-4}-molaren Rhodamin-6G-Farbstofflösung in Methanol gezeigt.

Die Wellenlängenabstimmung erfolgt durch Rotation des Gitters (vgl. Fig. 13.8) gemäß

$$2d \cos \theta = m\lambda, \quad m = 1, 2, \ldots, \tag{13.1}$$

wobei d die Gitterkonstante (Furchenabstand), θ den Winkel zwischen Gitterebene und optischer Achse und m die Beugungsordnung bedeuten. Die erste Beugungsordnung wird in Autokollimation zurück in den Resonator reflektiert. Ein feines Gitter wird in erster Ordnung, ein gröberes Gitter, allerdings mit schlechterer Ausbeute, in höherer Ordnung benutzt (vgl. Fig. 13.10a bzw. b). Die erreichbare Linienbreite liegt bei 0.1 nm.

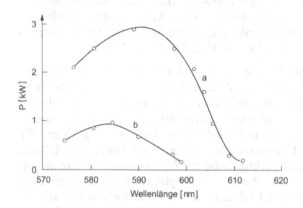

Fig. 13.10 Pulsspitzenleistung *P* eines Blitzlampen-gepumpten Farbstofflasers in Abhängigkeit von der Wellenlänge. Abstimmung mit einem Beugungsgitter von 610 Linien/mm.
(a) Erste Beugungsordnung, (b) zweite Beugungsordnung [Soffer & McFarland 1967]

Eine ähnliche Linienbreite erhält man auf einfache Weise mit einem *Lyot-Filter*, welches bevorzugt in kontinuierlichen Farbstofflasern eingesetzt wird. Das Prinzip dieses Filters beruht auf der Interferenz von polarisiertem Licht, welches doppelbrechende Kristalle durchläuft. Man erhält eine wellenlängenabhängige Transmission. Das normalerweise verwendete dreistufige Lyot-Filter ist aus drei scheibenförmigen Platten mit den Dicken d, $m_1 d$ und $m_2 d$ (m_1, m_2 ganzzahlig) zusammengesetzt, und ist unter dem Brewsterwinkel in den Laserresonator eingebaut [Bloom 1974, Demtröder 2000]. Die Wellenlängenabstimmung über einen breiten Spektralbereich, z. B. von 90 nm für Rhodamin 6G, erfolgt durch Rotation des Filters um die Achse senkrecht zur Filterebene.

Mit zusätzlichen wellenlängenselektiven Elementen im Resonator kann eine weitere spektrale Einengung erzielt werden. Wegen der großen Verstärkungsbandbreite der Farbstofflaser reicht dazu *ein* selektives Element normalerweise nicht aus, und es muss eine geeignete Kombination verschiedener Elemente verwendet werden. Für den *Monomodenbetrieb* sind dies im Allgemeinen zwei *Fabry-Perot-Etalons* (vgl. Fig. 13.9b), von denen das dünne zur gröberen Einengung auf noch mehrere longitudinale Moden dient. Das zweite Etalon mit größerer Dicke engt den Spektralbereich oberhalb der

Laserschwelle auf einen Mode ein. Die kontinuierliche Durchstimmung eines solchen Monomode-Farbstofflasers verlangt die synchrone Änderung der Resonatorlänge und der Transmissionsmaxima der selektierenden Elemente. Der erreichbare Abstimmbereich ohne Modensprünge beträgt ca. 1Å $\simeq$ 100 GHz. Es gibt noch zahlreiche andere Möglichkeiten, um Monomodenbetrieb zu realisieren, siehe z. B. [Baird & Hanes 1974].

Bei den *gepulsten* Farbstofflasern ist die spektrale Linienbreite $\Delta \nu$ gemäß $\Delta \nu = 1/(2\pi T)$ prinzipiell durch die Pulsdauer T begrenzt. Andererseits macht die große spektrale Bandbreite die Farbstofflaser besonders attraktiv zur Erzeugung ultrakurzer Laserpulse von weniger als 1 ps Dauer durch Modenkopplung, englisch „mode-locking", und andere Verfahren (vgl. Kap. 10). So wurden bereits 1968 Laserpulsdauern von ps erzielt [Bradley & O'Neill 1969, Weber 1968]. Durch nachträgliche Pulskompression und Kompensation der quadratischen und kubischen Selbstphasenmodulation mit einer Kombination von Prismen und Gittern wurden schließlich immer kürzere Laserpulse bis zu nur 6 fs Dauer erzeugt (s. Kap. 10) [Fork et al. 1987, Knox et al. 1985]. Noch kürzere Laserpulse werden heute mit Festkörperlasern und nachträglicher Pulskompression erreicht (s. Kap. 10). Dies entspricht einer räumlichen Pulslänge von rund 2 optischen Zyklen bei der mittleren Wellenlänge von 800 nm.

Bei den kontinuierlichen Farbstofflasern kann die Linienbreite im Monomodenbetrieb durch spezielle *Frequenzstabilisierungstechniken* wie elektronische Rückkopplungssysteme, Temperaturstabilisierung, Vibrationsdämpfung etc. auf < 1 MHz, im Extremfall gar auf < 1 kHz reduziert werden.

13.3.5 Farbstofflaser mit Ringresonator

Das Verstärkungsprofil eines Farbstofflasers weist wegen der Stöße zwischen Farbstoff- und Lösungsmittelmolekülen eine starke, homogene Verbreiterung auf. Die *räumliche Sättigungsmodulation* durch stehende Wellen beim *räumlichen Lochbrennen*, in Englisch „spatial hole burning" (Kap. 8.2), ist dafür verantwortlich, dass trotzdem verschiedene Resonatormoden gleichzeitig anschwingen können. Das „spatial hole burning" ist besonders beim kontinuierlichen Farbstofflaser wirksam (Fig. 13.9), wo das aktive Medium von ca. 1 mm Dicke nur einen sehr kleinen Teil der Resonatorlänge von 5 bis 100 cm ausmacht. Da die optische Weglänge im Resonator wegen Dichteschwankungen im Farbstoffstrahl fluktuiert, besteht das Frequenzspektrum des Lasers innerhalb der homogenen Linienbreite aus einer Überlagerung von Moden mit statistisch verteilten Amplituden und Phasen. Der Effekt des „spatial hole burning" kann durch Verwendung eines *Ringre-*

sonators (vgl. Fig. 13.11) anstelle eines üblichen Resonators verringert werden (vgl. Kap. 8.2.6).

In einem solchen Ringresonator bildet sich in einer Richtung eine fortlaufende Welle aus, was zwei Vorteile aufweist:

i) Alle aktiven Moleküle innerhalb des Strahlengangs tragen zur Verstärkung bei, im Gegensatz zum üblichen Resonator mit stehenden Wellen, wo in den Knoten keine Verstärkung möglich ist.

ii) Monomodenbetrieb lässt sich mit einer kleineren Anzahl selektiver Elemente erreichen.

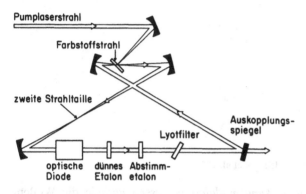

Fig. 13.11 Ring-Farbstofflaser

Aus diesen beiden Gründen kann mit einem Ringresonator eine bis zu 15-fach erhöhte Monomodenleistung erzielt werden, z. B. mehr als 1 W Monomodenleistung bei 6 W Laserpumpleistung. Nachteilig wirkt sich die aufwendigere Resonatorkonfiguration und die kritischere Justierung aus. Um eine der beiden Umlaufrichtungen im Resonator zu erzwingen, ist außerdem der Einbau einer *optischen Diode* erforderlich. Diese besteht im Wesentlichen aus einem Faraday-Rotator und einem doppelbrechenden Kristall, z. B. dem für die Wellenlängenabstimmung benützten Lyot-Filter (vgl. Kap. 13.3.4), welche so aufeinander abgestimmt sind, dass die Polarisation des Lichtes bei Transmission in der einen Richtung eine kleine, in der Gegenrichtung hingegen keine Rotation erfährt. Somit wird das Licht in Gegenrichtung bevorzugt, weil es kleinere Reflexionsverluste an Brewster-flächen erleidet.

Die in Fig. 13.11 angedeutete zweite Strahleinschnürung kann zum Einbau eines frequenzverdoppelnden Kristalls [vgl. Shen 2003] benützt werden, womit ein abstimmbarer UV-Laser im Spektralbereich um 250 bis 300 nm realisiert werden kann.

13.3.6 DFB-Farbstofflaser

Das Prinzip der verteilten Rückkopplung, d. h. des DFB (Kap. 7), wurde bei Farbstofflasern bereits 1971 realisiert [Shank et al. 1971]. Eine Rhodamin-6G-Lösung wurde mit einem frequenzverdoppelten Rubinlaser ($\lambda = 347$ nm) gemäß der Anordnung in Fig. 13.12 gepumpt. Der Pumpstrahl wird in zwei kohärente Strahlen aufgeteilt, die auf der Farbstofflösung unter dem Winkel 2θ zur Interferenz gebracht werden. Das entstehende Interferenzstreifenmus-

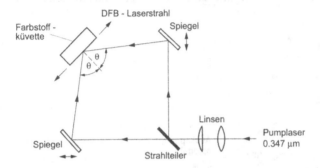

Fig. 13.12   DFB-Farbstofflaser [Shank et al. 1971]

ter entspricht einer *Verstärkungsmodulation*, dessen Periode die Wellen-länge λ_F der Farbstofflaser-Emission ergibt. Es gilt

$$\lambda_F = n_s \, \lambda_p / \sin \, \theta, \qquad\qquad (13.2)$$

wobei n_s den Brechungsindex der Farbstofflösung bei der Laserwellenlänge λ_F und λ_p die Pumpwellenlänge bezeichnen. Eine Wellenlängenabstimmung kann erreicht werden durch Variation des Winkels θ via Spiegeltranslation (vgl. Fig. 13.13) oder durch Änderung von n_s.

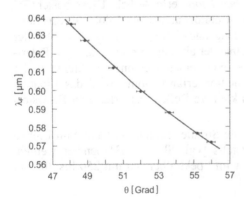

Fig. 13.13
Wellenlängenabstimmung des DFB-Farbstofflasers in Abhängigkeit des Interferenzwinkels θ [Shank et al. 1971]

Die Daten gelten für eine $3 \cdot 10^{-3}$-molare Rhodamin-6G-Lösung in Äthanol. Der Abstimmbereich erstreckt sich über 70 nm. Bei einer Pumpspitzenleistung von 180 kW resultierte eine Ausgangsleistung des DFB-Farbstofflasers von 36 kW. Bei einer reduzierten Pumpleistung wurde Monomodenbetrieb mit einer Linienbreite von weniger als 10^{-3} nm erzielt, was die Modenselektivität des DFB-Lasertyps beweist.

In der Folge wurden verschiedene, modifizierte Pumpanordnungen für DFB-Farbstofflaser eingeführt [Bor 1981, Müller & Bor 1984, Szatmari & Racz 1987]. Das Hauptgewicht wurde dabei auf die Erzeugung von ultrakurzen Laserpulsen im sichtbaren und ultravioletten Spektralbereich gelegt, wobei auch eine Wanderwellen-Anregung in einer transversalen Pumpanordnung entwickelt wurde [Bor et al. 1982, 1983, Bor & Szabo 1988].

Abschließend ist zu erwähnen, dass 1977 erstmals auch „Grazing Incidence"-Farbstofflaser realisiert wurden (vgl. Kap. 7.7).

13.4 Laserdaten

In der ersten Phase der Entwicklung der gepulsten Farbstofflaser wurden Blitzlampen, Rubin- sowie frequenzverdoppelte Nd:Glas-Laser als Pumplichtquellen benutzt. Diese wurden anfangs der 70er Jahre durch den N_2-Laser abgelöst. Heute stehen die leistungsstarken Excimerlaser im Vordergrund. Sie ermöglichen einen breiten Abstimmbereich, hohe Pulsspitzenleistungen und Pulsenergien bis 100 mJ. In Fig. 13.14 sind die Abstimmkurven und in Tab. 13.2 die Daten der entsprechenden Farbstoffe für Excimerlaser-gepumpte Farbstofflaser gezeigt.

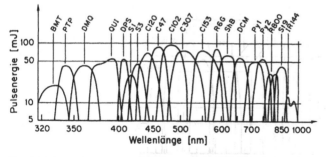

Fig. 13.14 Typische Pulsenergien für Excimerlaser-gepumpte Farbstofflaser in Abhängigkeit der Wellenlänge [nach Datenblatt "LAMBDA PHYSIK"]

Tab. 13.3 enthält einige charakteristische Daten von gepulsten und kontinuierlichen Farbstofflasern mit verschiedenen Pumpquellen.

Die Abstimmkurven und die Daten der entsprechenden Farbstoffe für *kontinuierliche* Farbstofflaser sind in Fig. 13.15 bzw. Tab. 13.4 zusammengefasst.

Tab. 13.2 Farbstoffe für Excimerlaser-gepumpte Farbstofflaser

Farbstoff		Maximum der Fluoreszenz in nm	Abstimmbereich in nm
BMT:	BM-Terphenyl	334	315 bis 343
PTP:	p-Terphenyl	343	332 bis 350
DMQ		360	346 bis 377
QUI		390	368 bis 402
DPS		406	399 bis 415
S1:	Stilben 1	416	405 bis 428
S3:	Stilben 3	425	412 bis 443
C120:	Coumarin 120	441	423 bis 462
C47:	Coumarin 47	456	440 bis 484
C102:	Coumarin 102	480	460 bis 510
C307:	Coumarin 307	500	479 bis 553
C153:	Coumarin 153	540	522 bis 600
R 6G:	Rhodamin 6G	581	569 bis 608
ShB:	Sulforhodamin B	618	578 bis 645
DCM		658	632 bis 690
Py 1:	Pyridin 1	710	670 bis 760
Py 2:	Pyridin 2	740	695 bis 790
R 800:	Rhodamin 800	810	776 bis 823
St 9:	Styryl 9	840	810 bis 875
IR 144		882	860 bis 1000

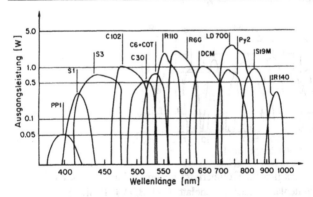

Fig. 13.15 Typische Ausgangsleistung von Ar⁺- bzw. Kr⁺-Laser gepumpten kontinuierlichen Farbstofflasern in Abhängigkeit von der Wellenlänge [nach Datenblatt "COHERENT"]

Tab. 13.3 Charakteristische Daten von Farbstofflasern mit verschiedenen Pumpquellen

Pumpe	Abstimmbereich mit verschiedenen Farbstoffen	Pulsspitzen-Leistung in W	Pulsdauer in ns	Pulsenergie in mJ	Pulsfolge-Frequenz in Hz	Durchschnitts-leistung in W	Linienbreite
Blitzlampe	300 bis 800 nm	10^2 bis 10^4	10^2 bis 10^5	< 5000	1 bis 100	0.1 bis 200	Multimode:10^{-1} bis 10^{-2} nm Monomode:10^{-4} nm
Nd:YAG-Laser $\lambda/2 = 532$ nm $\lambda/3 = 355$ nm	400 bis 920 nm	10^5 bis 10^7	5 bis 20	10 bis 100	10 bis 30	0.1 bis 1	10^{-2} nm
N_2-Laser	370 bis 1020 nm	10^4 bis 10^5	1 bis 10	< 1	< 10^3	0.01 bis 0.1	Fourier-begrenzt
Excimer-Laser	320 bis 985 nm	$\leq 2 \cdot 10^7$	10 bis 200	≤ 100	20 bis 200	0.1 bis 10	Fourier-begrenzt
Cu-Dampf-Laser	530 bis 950 nm	10^4 bis 10^5	10 bis 40	≈ 1	10^4	≤ 10	≈ 0.04 nm
cw Ar$^+$-Laser	400 bis 1100 nm	–	cw	–	cw	0.1 bis 10	≤ 1 MHz stabilisiert
cw Kr$^+$-Laser	400 bis 1100 nm	–	cw	–	cw	0.1 bis 1	≤ 1 MHz stabilisiert

Tab. 13.4   Farbstoffe für Ionenlaser-gepumpte Farbstofflaser [Johnston et al. 1982]

Farbstoff		Maximum der Fluoreszenz in nm	Abstimm- bereich in nm	Pumplaser, Pumpquellen	Pump- leistung in W
PP 1:	Polyphenyl 1	385	375 bis 411	Ar$^+$, UV	3.3
S1:	Stilben 1	415	395 bis 435	Ar$^+$, UV	2.5
S3:	Stilben 3	435	400 bis 465	Ar$^+$, UV	2.5
C102:	Coumarin 102	495	460 bis 520	Kr$^+$, UV	2.5
C30:	Coumarin 30	510	480 bis 545	Kr$^+$, sichtbar	4.6
C6:	Coumarin 6	538	508 bis 560	Ar$^+$, 488 nm	6
R 110:	Rhodamin 110	550	535 bis 585	Ar$^+$, 514 nm	6
R 6G:	Rhodamin 6G	593	560 bis 630	Ar$^+$, 514 nm	6
DCM		650	610 bis 700	Ar$^+$, 488 nm	6
Py 2:	Pyridin 2	730	690 bis 790	Ar$^+$, sichtbar	6.5
LD 700		750	690 bis 835	Kr$^+$, rot	6
St 9M:	Styryl 9M	850	758 bis 915	Ar$^+$, 514 nm	6
IR 140		960	880 bis 1010	Kr$^+$, IR	2

13.5 Anwendungen

Aufgrund ihres breiten Abstimmbereiches sind die Farbstofflaser die „Arbeitspferde" der modernen Spektroskopie geworden. Schon bald nach ihrer Entdeckung wurden sie für *spektroskopische Anwendungen* benützt. Ein stellvertretendes Beispiel aus jener Zeit ist der in Fig. 13.16 dargestellte selektive Nachweis kleiner Atomkonzentrationen von Rubidium.

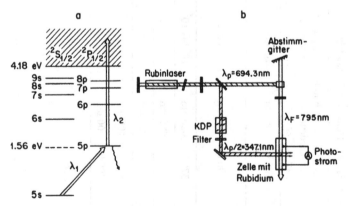

Fig. 13.16   Selektive zweistufige Ionisation von Rb-Atomen [Letokhov 1977] a) Niveauschema, b) Experimenteller Aufbau

Das Schema der elektronischen Energiezustände des Rubidiums (Fig. 13.16a) zeigt, dass eine selektive Ionisation von Rb über eine Zweiphotonenanregung möglich ist. Das erste Photon der Energie $h\nu_1$, bzw. Wellenlänge λ_1, regt das Rb-Atom vom Grundzustand 5s in den 5p-Zustand an. Dies ist der selektive Prozess, welcher eine abstimmbare Wellenlänge λ_1 um 795 nm erfordert. Aus dem 5p-Zustand kann Rb durch die Absorption eines Photons der Energie $h\nu_2$, bzw. Wellenlänge λ_2, ionisiert und als Ion elektrisch detektiert werden. Dieser zweite Schritt kann mit einem Laser fester Frequenz erfolgen. Die Bedingung für die *selektive* Zweiphotonenionisation (vgl. Fig. 13.16a) lautet

$$E_i - h\nu_1 < h\nu_2 < E_i, \tag{13.3}$$

wobei $E_i = 4.18$ eV die Ionisationsenergie bedeutet. Im Experiment (vgl. Fig. 13.16b) wird der Rubidiumdampf von zwei Lasern entsprechend den beiden Wellenlängen λ_1 und λ_2 durchstrahlt. Die Wellenlänge λ_1 liefert ein mit einem Rubinlaser (vgl. Kap. 15.1) transversal gepumpter Farbstofflaser. Der durch einen Strahlteiler abgezweigte und anschließend mit einem KDP-Kristall frequenzverdoppelte Teil des Rubinlaserstrahls liefert die UV-Wellenlänge λ_2. Der Rb-Ionenstrom wird in Abhängigkeit von der abstimmbaren Wellenlänge λ_1 gemessen. Sobald λ_1 in Resonanz ist mit dem 5s-5p-Übergang von Rb ergibt sich ein scharfes Maximum im Ionenstrom. Mit einer solchen Methode ist es im Prinzip möglich, selektiv einzelne Atome nachzuweisen.

Seither gibt es unzählige Beispiele von spektroskopischen Anwendungen von Farbstofflasern [Arecchi et al. 1983, Demtröder 2000, Harris & Lyte 1983, Wolf et al. 1990]. Die erreichbaren extrem schmalen Linienbreiten und die hohen spektralen Intensitäten machen diesen Lasertyp auch zum idealen Instrument für die nichtlineare wie auch für höchstauflösende Sub-Doppler-Spektroskopie. Ein weiterer Aspekt betrifft die realisierbar gewordenen, ultrakurzen Laserpulse im sub-ps-Bereich, wodurch extrem schnelle *Relaxationsphänomene* messbar geworden sind [Eisenthal et al. 1982, Manz & Wöste 1995, Siegman & Fleming 1986, Zewail 1994].

Daneben gibt es zahlreiche andere Anwendungen von Farbstofflasern, welche sich die Abstimmbarkeit zunutze machen. Als Beispiele seien die hoffnungsvolle Methode der *photodynamischen Therapie* zur Zerstörung von bösartigen Tumoren genannt [Andreoni & Cubeddu 1984, van den Bergh 1986] oder die vielseitigen Anwendungen in der Dermatologie [Goldberg 2005].

Referenzen zu Kapitel 13

Andreoni, A.; Cubeddu, R., eds. (1984): Porphyrins in Tumor Phototherapy. Plenum, N. Y.

Anliker, P.; Lüthi, H. R.; Seelig, W.; Steinger, I.; Weber, H. P.; Leutwyler, S.; Schumacher, E.; Wöste, L. (1977): IEEE I. Quant Elect. **QE-13**, 547

Arecchi, F. T.; Strumia, F.; Walther, H., eds. (1983): Advances in Laser Spectroscopy. Plenum, N. Y.

Baird, K. M.; Hanes, G. R. (1974): Reports on Progr. Phys. **37**, 927

Bloom, A. L. (1974): J. Opt. Soc. Am. **64**, 447

Bor, Zs. (1981): Opt. Commun. **39**, 383

Bor, Zs.; Müller, A.; Racz, B.; Schäfer, F. P. (1982): Appl. Phys. **B27**, 9–14 und 77–81

Bor, Zs.; Szabo G. (1988): Appl. Phys. **B47**, 135

Bor, Zs.; Szatmari, S.; Müller, A. (1983): Appl. Phys. **B32**, 101

Bradley, D. J.; O'Neill, F. (1969): Optoelectronics **1**, 69

Demtröder, W. (2000): Laserspektroskopie – Grundlagen und Techniken, 4. Aufl. Springer, Berlin

Duarte, F. J.; Williams, L. W., eds (1990): Dye Laser Principles, Academic Press, N. Y.

Eisenthal, K. B.; Hochstrasser, R. M.; Kaiser, W.; Laubereau, A., eds. (1982): Picosecond Phenomena III. Springer Series in Chemical Physics, Vol. 23. Springer, Berlin

Fork, R. L.; Brito Cruz, C. H.; Becker, P. C.; Shank, C. V. (1987): Opt. Lett. **12**, 483

Goldberg, D. J., ed. (2005): Laser Dermatology. Springer, Berlin

Hänsch, T. W. (1972): Appl. Opt. **11**, 895

Harris, T. D.; Lyte, F. E. (1983): Ultrasensitive Laser Spectroscopy (ed. D. S. Kliger), chapter 7. Academic Press, N. Y.

Johnston jr., T. F.; Brady, R. H.; Proffitt, W. (1982): Appl. Opt. **21**, 2307

Knox, W. H.; Fork, R. L.; Downer, M. C.; Stolen, R. H.; Shank, C. V.; Valdmanis, J.A. (1985): Appl. Phys. Lett. **46**, 1120

Letokhov; V. S. (1977): Laserspektroskopie. Vieweg-Verlag Braunschweig

Manz, J.; Wöste, L., eds. (1995): Femtosecond Chemistry. VCHVerlagsges., Weinheim

Müller, A.; Bor, Zs. (1984): Laser und Optoelektronik **3**, 187

Oki, Y.; Ohno, K.; Maeda, M. (1998): Jpn. J. Appl. Phys. **37**, 6403

Peterson, O. G. (1979): Methods of Experimental Physics, Vol. 15-A: Quantum Electronics (ed. C. L. Tang), chapter 5. Academic Press, N. Y.

Schäfer, F. P. (1972): Laser Handbook, Vol. 1 (ed. F. T. Arecchi; E. O. Schulz-Dubois), chapter B3. North-Holland, Amsterdam

Schäfer, F. P., ed. (1990): Dye Lasers. Topics in Applied Physics, Vol. 1, 3rd ed. Springer, Berlin

Schäfer, F. P.; Schmidt, W.; Volze, J. (1966): Appl. Phys. Lett. **9**, 306

Shank, C. V.; Bjorkholm, J. W.; Kogelnik, H. (1971): Appl. Phys. Lett. **18**, 395

Shen, Y. R. (2003): The Principles of Nonlinear Optics. Wiley, Hoboken, N. J.

Siegman, A. E.; Fleming, G., eds. (1986): Ultrafast Phenomena V. Springer Series in Chemical Physics, Vol. 46. Springer, Berlin

Soffer, B. H.; McFarland, B. B. (1967): Appl. Phys. Lett. **10**, 266

Sorokin, P.; Lankard, J. R. (1966): IBM J. Res. Develop. **10**, 162

Szatmari, S.; Racz, B. (1987): Appl. Phys **B43**, 173

van den Bergh, H. (1986): Chem. in Britain **22**, 430

Wallenstein, R. (1979): Laser Handbook, Vol. 3 (ed. M. L. Stitch), chapter A6. North-Holland, Amsterdam

Weber, H. P. (1968): J. Appl. Phys. **39**, 6041

Weber, H.; Herziger, G. (1972): Laser-Grundlagen und Anwendungen. Physik-Verlag, Nürnberg

Wolf, J. P.; Kölsch, H. J.; Rairoux, P.; Wöste, L. (1990): Applied Laser Spectroscopy (ed. Demtröder, W.; Inguscio, M.), pp. 435–467. Plenum Press, New York

Zewail, A. H. (1994): Femtochemistry. World Scientific, Singapore

Zhu, X. L.; Lo, D. (2002): Appl. Phys. Lett. **80**, 917

14 Halbleiterlaser (semiconductor lasers)

Kurz nach der Entdeckung und Verwirklichung des ersten Lasers wurde auch bei Halbleitern Lasertätigkeit beobachtet [Hall et al. 1962, Holonyak & Bevacqua 1962, Nathan et al. 1962, Quist et al. 1962]. Die ersten Systeme waren gepulste Halbleiterlaser, die bei tiefen Temperaturen betrieben wurden. Im Jahre 1970 wurde dann erstmals kontinuierlicher Betrieb bei Raumtemperatur erreicht. Der Halbleiterlaser ist von besonderem Interesse, weil mit ihm elektrischer Strom direkt in Laserlicht umgewandelt werden kann und zwar mit sehr hoher Modulationsfrequenz. Ein weiterer Vorteil sind die außerordentlich kleinen Dimensionen des Laserkristalls von typisch 300 µm × 100 µm × 100 µm. Der *differentielle Laserwirkungsgrad*, definiert als Quotient von Laserausgangsleistung zu Pumpleistung oberhalb der Schwelle, ist im Vergleich zu anderen Lasertypen sehr hoch und erreicht typisch 50 %, d. h. dass oberhalb der Schwelle über 50 % der Pumpstromleistung in kohärente Lichtleistung umgesetzt wird.

14.1 Prinzip des Halbleiterlasers

Der Hauptunterschied zwischen anderen Lasern auf atomarer oder molekularer Basis und den Halbleiterlasern besteht darin, dass die Energieniveaus im Halbleiter als kontinuierliche Verteilungen und nicht als diskrete Zustände behandelt werden müssen. Demzufolge findet der Laserübergang nicht zwischen zwei genau definierten Energieniveaus statt, sondern

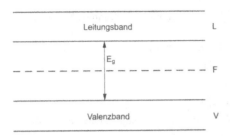

Fig. 14.1
Valenzband V, Ferminiveau F und Leitungsband L eines idealen Halbleiters

zwischen Zuständen, die eine Energieverteilung aufweisen. In Fig. 14.1 ist
das bekannte *Energieniveauschema* für einen idealen Halbleiter dargestellt.

Das Leitungsband (conduction band) ist vom Valenzband (valence band)
durch die Energielücke (bandgap) E_g getrennt. Jedes Band besteht aus einer
großen Zahl von sehr eng beieinander liegenden Zuständen, die ein Quasi-
Kontinuum bilden. Gemäß dem Ausschlussprinzip von Pauli kann jeder
dieser Zustände nur von zwei Elektronen mit entgegengesetztem Spin
besetzt werden. Die Wahrscheinlichkeit $f(E)$ der Besetzung eines Zustandes
der Energie E folgt aus der Fermi-Dirac-Statistik

$$f(E) = 1/\{ 1 + \exp [(E - F)/kT]\}, \tag{14.1}$$

wobei F die Energie des Ferminiveaus, k die Boltzmannkonstante und T die
absolute Temperatur bedeuten. Für $T \to 0$ K erhält man

$$f(E) = 1 \ \text{für} \ E < F,$$
$$f(E) = 0 \ \text{für} \ E > F. \tag{14.2}$$

Das Ferminiveau stellt also die Grenze zwischen voll besetzten und leeren
Zuständen dar für $T = 0$ K. Für nichtentartete Halbleiter gemäß Fig. 14.1
befindet sich das Ferminiveau innerhalb der Energielücke, was bedeutet,
dass für $T = 0$ K das Valenzband vollständig gefüllt und das Leitungsband
vollständig leer ist. Unter diesen Bedingungen ist der Halbleiter ein Isolator
[Ashcroft & Mermin 2005, Kittel 2006].

Die für einen Laserbetrieb notwendige *Besetzungsinversion* zwischen zwei
Energiezuständen wird im Halbleiterlaser zwischen dem Leitungs- und dem
Valenzband erzeugt. Elektronen, die durch irgendeinen Pumpprozess vom
Valenzband ins Leitungsband befördert wurden, fallen dort innerhalb von
ca. 10^{-13} s in die untersten Zustände. Dasselbe trifft zu für die Elektronen
nahe an der Oberkante des Valenzbandes, die in die untersten unbesetzten
Zustände fallen und dabei Löcher zurücklassen. Damit ist eine Besetzungsinversion zwischen Leitungs- und Valenzband erzielt worden wie in Fig.
14.2 dargestellt.

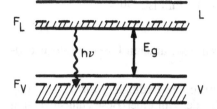

Fig. 14.2
Besetzungsinversion und Laserübergang in einem Halbleiterlaser

Diese Situation kann nur in einem nichtthermischen Gleichgewicht existieren. Sie entspricht einem *doppelt entarteten* Halbleiter, bei dem die Besetzung des Valenzbandes mit der Energie F_V des sogenannten Quasi-Ferminiveaus identisch derjenigen eines p-Typ Halbleiters ist, während die Besetzung des Leitungsbandes mit der Fermienergie F_L derjenigen eines n-Typ Halbleiters entspricht. Die Elektronen im Leitungsband rekombinieren mit den entstandenen Löchern im Valenzband durch Emission von Photonen der Energie $h\nu$ (sog. *Rekombinationsstrahlung*). Aus Fig. 14.2 folgt sofort, dass die Frequenz ν der emittierten Strahlung die Bedingung

$$E_g < h\nu < F_L - F_V \tag{14.3}$$

erfüllen muss. Einfallende Strahlung in diesem Frequenzbereich wird damit verstärkt, während dem Photonen mit $h\nu > (F_L - F_V)$ absorbiert werden, weil sie Elektronenübergänge von besetzten Zuständen des Valenzbandes in leere Zustände des Leitungsbandes induzieren können. Die oben eingeführten Quasi-Ferminiveaus F_L und F_V trennen bei $T = 0K$ die besetzten von den unbesetzten Niveaus des Leitungs- bzw. Valenzbandes. Damit kann deren Besetzungswahrscheinlichkeit analog zu (14.1) beschrieben werden

$$f_L = 1/\{\,1 + \exp\,[(E - F_L)/kT]\},$$
$$f_V = 1/\{\,1 + \exp\,[(E - F_V)/kT]\}. \tag{14.4}$$

Eine notwendige Bedingung für Laseraktivität ist das Auftreten einer Besetzungsinversion

$$\sigma = N_2 - N_1 > 0 \quad \text{für} \quad g_1 = g_2 = 1. \tag{3.2}$$

Die Besetzung des oberen Niveaus ist bestimmt durch das Produkt der Besetzungswahrscheinlichkeit im Leitungsband für Elektronen f_L und der Wahrscheinlichkeit zur Nichtbesetzung $(1 - f_V)$ des Valenzbandes mit Elektronen, d. h. zur Besetzung mit Löchern. Für die Besetzung des unteren Niveaus erhält man analog $f_V (1 - f_L)$. Die Bedingung für Laseraktivität (3.2) ist somit erfüllt, falls

$$f_L\,(1 - f_V) - f_V\,(1 - f_L) > 0. \tag{14.5}$$

Ein Vergleich mit (14.4) zeigt, dass (14.5) erfüllt ist, falls

$$F_L - F_V > E_2 - E_1 = h\nu, \tag{14.6}$$

wobei E_2 und E_1 die Energie des oberen bzw. unteren Laserniveaus bedeuten.

Da (14.6) temperaturunabhängig ist, gilt obige Bedingung für Verstärkung (14.3) bei jeder Temperatur. Bei Vorhandensein einer Besetzungsinversion zwischen Valenz- und Leitungsband sowie einer geeigneten Rückkopplung wird die stimulierte Emission von Rekombinationsstrahlung zur Laseroszillation führen.

Nun ist allerdings zu beachten, dass neben der Energie auch der Impuls für einen direkten Übergang erhalten sein muss. Es muss demnach gelten

$$\hbar\, \vec{k}_V + \hbar\, \vec{k}_{opt} = \hbar\, \vec{k}_L, \tag{14.7}$$

wobei $\vec{k}_V$ und $\vec{k}_L$ die Wellenvektoren der Elektronen im Valenz- und im Leitungsband bedeuten, während $\vec{k}_{opt}$ der Wellenvektor der elektromagnetischen Strahlung ist. Die Situation ist in Fig. 14.3 dargestellt. Aufgetragen sind die Energie E des Valenz- und das Leitungsband als Funktion des Wellenvektors k für einen *direkten* und einen *indirekten Halbleiter*. Die schraffierten Bereiche deuten die besetzten, die weißen Bereiche die unbesetzten Zustände an.

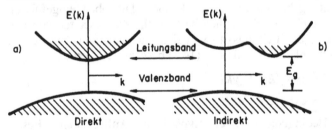

Fig. 14.3   Valenz- und Leitungsband mit besetzten und unbesetzten Zuständen in einem Halbleiter mit direktem (a) und indirektem (b) Bandübergang

Ein Photon hat einen Impuls $\hbar\, \vec{k}_{opt}$ mit $|\vec{k}_{opt}| \approx 10^5 \mathrm{cm}^{-1}$, während der Impuls der Elekronen mit $|\vec{k}_V| \approx |\vec{k}_L| = 10^8\ \mathrm{cm}^{-1}$ wesentlich größer ist. Mit (14.7) folgt daraus, dass in Fig. 14.3 der Übergang vertikal erfolgen muss, d. h. es muss gelten

$$|\vec{k}_V| = |\vec{k}_L|. \tag{14.8}$$

Bei einem indirekten Halbleiter (Fig. 14.3b) ist nun aber das Minimum des Leitungsbandes bei einem anderen Wert von k als das Maximum des

Valenzbandes. Damit kann die Bedingung (14.8) nicht erfüllt werden, da der Unterschied in $|\vec{k}|$ zu groß ist. Derartige Übergänge sind zwar möglich, nämlich dann, wenn der fehlende Impuls von einem Gitterphonon übernommen wird. Sie sind aber wesentlich schwächer und der Grund dafür, dass Laseroszillation in einem indirekten Halbleiter wie beispielsweise Silizium erst kürzlich beobachtet werden konnte, nämlich via den Raman-Effekt bei einer Emissionswellenlänge von 1686 nm durch Pumpen mit einem externen Laser bei 1550 nm [Rong et al. 2005].

14.2 Aufbau und Charakteristiken der verschiedenen Halbleiterlaser

Die Herstellung des Zustandes der Besetzungsinversion kann in einem Halbleiterlaser prinzipiell auf drei Arten erfolgen:

a) Anregung durch optisches Pumpen,

b) Anregung durch Beschuss mit hochenergetischen Elektronen,

c) Anregung durch Injektion von Minoritätsträgern über einen p-n-Übergang (Dioden- oder Injektionslaser).

Aufgrund seiner weitaus größten Verbreitung soll hier nur der *Injektionstyp* diskutiert werden. Von besonderem Interesse sind die III-V-Verbindungen, wovon die ternären Verbindungen GaAlAs und InGaAs für die Wellenlängenbereiche von 750 bis 880 nm bzw. von 880 bis 1080 nm Verwendung finden, während die quaternären Verbindungen InGaAsP hauptsächlich für die Herstellung von Komponenten im Bereich um 1300 und 1550 nm eingesetzt werden. InGaAlP sind Materialien für den sichtbaren Bereich von 630 bis 730 nm und GaInAsSb für Wellenlängen um 1950 nm. In neuerer Zeit haben Diodenlaser auf der Basis von GaN, die im blauen Spektralbereich um 400 nm emittieren, zunehmend an Bedeutung gewonnen [Nakamura et al. 2000]. Eine andere neuere Entwicklung betrifft die Quantenkaskadenlaser [Faist et al. 1994].

14.2.1 Herkömmliche p-n-Laserdioden

Bringt man einen stark dotierten n-Halbleiter in engen Kontakt mit einem p-Halbleiter, so erhält man eine p-n-Diode, die das Grundelement eines Injektionslasers darstellt. Die Donatoren- bzw. Akzeptoren-Dotierungskonzentrationen betragen $\geq 10^{18}$ Atome/cm^3. Ohne eine angelegte Spannung erhält man die Situation, wie sie in Fig. 14.4 dargestellt ist. Während die Bänder der p- und n-Regionen gegeneinander verschoben sind, hat das Ferminiveau einen konstanten Wert über den gesamten p-n-Übergang, entsprechend dem

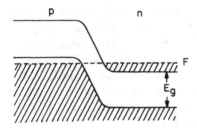

Fig. 14.4
p-n-Übergang ohne angelegte Spannung

thermischen Gleichgewicht. Wegen der hohen Dotierung befindet sich das Ferminiveau der p-Region mit der Energie F_p innerhalb des Valenzbandes und das Ferminiveau der n-Region mit der Energie F_n innerhalb des entsprechenden Leitungsbandes. F_p und F_n entsprechen den in Fig. 14.2 eingeführten Quasi-Ferminiveaus F_V und F_L. Wird nun eine Spannung V von ähnlicher Größe wie die Energielücke, d. h. $V \simeq E_g/e$, in Durchlassrichtung der Diode angelegt, so produziert man einen Fluss von Elektronen von der n-Region bzw. einen Fluss von Löchern von der p-Region in den p-n-Übergang. Wie in Fig. 14.5 dargestellt, ist die Fermienergie F_n der n-Region gegenüber der Fermienergie F_p der p-Region um den Betrag eV gehoben.

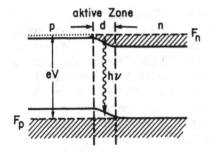

Fig. 14.5
p-n-Übergang mit angelegter Spannung V in Durchlassrichtung.
$V \simeq E_g/e \simeq 1.5$ V für GaAs

Es existiert nun eine schmale Zone der Dicke d, die sowohl Elektronen als auch Löcher enthält. Damit wurde eine Zone mit einer Besetzungsinversion produziert. Elektromagnetische Strahlung der Frequenz v, wobei $E_g/h < v < (F_n - F_p)/h$ gemäß (14.3), wird beim Durchlaufen dieser aktiven Zone verstärkt. Die Dicke d der aktiven Zone kann abgeschätzt werden aufgrund der Diffusionsdistanz der injizierten Elektronen in der p-Region, bis eine Elektron-Loch-Rekombination stattfindet. Diese Distanz ist gegeben durch $(D\tau)^{1/2}$, wobei D die Diffusionskonstante und τ die Rekombinationszeit bedeuten. Für GaAs gilt: $D = 10 \text{ cm}^2/\text{s}$, $\tau \simeq 10^{-9}\text{s}$, und man erhält $d \simeq 1 \text{ } \mu\text{m}$. Die *Laseremission* ist somit auf eine *extrem schmale Zone* um den p-n-Übergang beschränkt.

Der prinzipielle schematische Aufbau eines *Diodenlasers* ist in Fig. 14.6 gezeigt. Der Laserresonator besteht aus den beiden planparallelen Stirnflächen, die einen Fabry-Perot-Resonator bilden (vgl. Kap. 5.4) und meist durch Spalten entlang der Kristallebenen, z. B. (110) bei GaAs, erhalten werden. Diese Flächen werden oft nicht verspiegelt, da aufgrund der hohen Brechungsindizes der Halbleiter, z. B. $n = 3.6$ für GaAs, bereits eine Reflexion von ~ 32 % am Halbleiter-Luft-Übergang auftritt. Die beiden anderen Endflächen des Laserkristalls werden rau belassen, um Laseroszillation in unerwünschte Richtungen zu unterdrücken. Im Halbleiterlaser ist die Ausdehnung der Laserstrahlung senkrecht zur Ebene des p-n-Übergangs größer als die Dicke d der aktiven Schicht, sodass der Laserstrahl in die p- bzw. n-Region hineinreicht. Da das Laserlicht nur von einer schmalen Zone von rund 50 μm Seitenlänge emittiert wird, weist der austretende Strahl aufgrund der Beugung eine große *Divergenz* von bis zu 50° auf (vgl. Kap. 14.2.5).

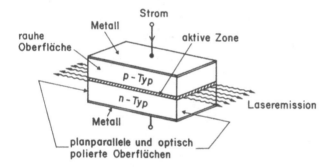

Fig. 14.6   Prinzipieller schematischer Aufbau eines p-n-Diodenlasers. Die aktive Zone ist schraffiert dargestellt [Sze 1981]

Die Leistung P eines Halbleiterlasers hängt vom Injektionsstrom I und von der Temperatur ab, wie Fig. 14.7 zeigt. Oberhalb eines Schwellstromes I_{th} nimmt die Leistung mit dem Strom stark zu. Der Schwellstrom I_{th} erhöht sich mit der Temperatur. Der für Halbleiterlaser typische hohe differentielle Wirkungsgrad, englisch „slope efficiency", entspricht der großen Steigung der $P(I)$-Kurve oberhalb von I_{th}. Für $I \leq I_{thr}$ erhält man vorwiegend spontane Emission großer spektraler Breite ähnlich einer Licht-emittierenden Diode (LED). Für $I > I_{thr}$ ist das emittierte Licht viel stärker gerichtet und die spektrale Breite ist wesentlich schmaler. Eines der ersten Beispiele für Infrarot-Emissionsspektren oberhalb und unterhalb des Schwellstromes ist in Fig. 14.8 für eine InSb-Diode, betrieben bei 1.7 K, wiedergegeben. Das breite Spektrum entspricht einem Strom $I = 300$ mA $< I_{thr}$ und die schmale Linie

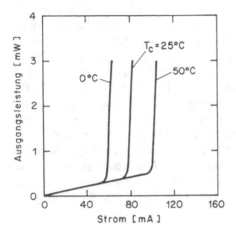

Fig. 14.7
Abhängigkeit der Laserleistung vom Injektionsstrom und von der Temperatur für einen modernen Diodenlaser

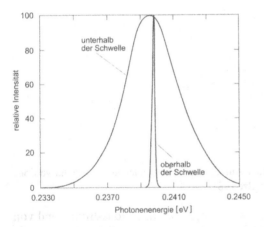

Fig. 14.8   Emissionsspektrum einer InSb-Diode bei T = 1.7 K für einen Injektionsstrom oberhalb und unterhalb der Schwelle [Phelan et al. 1963]

einem Strom $I = 400$ mA $> I_{thr}$, wobei die Linienbreite durch die Auflösung des verwendeten Spektrometers limitiert ist.

Bei den ersten Halbleiterlasern waren die p- und n-Regionen des p-n-Übergangs jeweils aus demselben Material hergestellt, sog. „*homojunctions*". Bei diesen Typen ist der Schwellstrom I_{thr} bzw. die Schwellstromdichte j_{thr} bei Raumtemperatur sehr hoch, z. B. ca. 100 kA/cm^2 für GaAs. Ein kontinuierlicher Betrieb bei Raumtemperatur ist daher nicht möglich. Die

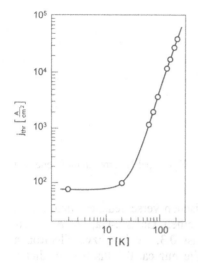

Fig. 14.9
Schwellstromdichte als Funktion der
Temperatur für einen „homojunction"
Halbleiterlaser [Burns 1963]

Schwellstromdichte nimmt jedoch mit sinkender Temperatur annähernd exponentiell ab, wie in Fig. 14.9 gezeigt wird.

Dieses Phänomen ist eine Folge der Temperaturabhängigkeit der Besetzungswahrscheinlichkeit f_V und f_L des Valenz- bzw. Leitungsbandes. Die Kleinsignalverstärkung γ ist proportional zur Besetzungsinversion, vgl. Gl. (3.15). Gemäß Gl. (14.5) ist diese bestimmt durch

$$f_L (1 - f_V) - f_V (1 - f_L).$$

Berücksichtigt man die Temperaturabhängigkeit von f_L und f_V in (14.4), so nimmt die Verstärkung γ mit sinkender Temperatur stark zu und damit die Schwellstromdichte ab. Die „homojunctions" wurden für die ersten Diodenlaser verwendet, später aber durch Heterostrukturen mit verbesserten Lasereigenschaften ersetzt.

14.2.2 Doppel-Heterostruktur-Diodenlaser (DH-Diodenlaser)

a) *Gewinngeführte DH-Diodenlaser.* Die Schwellstromdichte hängt nicht nur von der Temperatur, sondern auch von der vertikalen Ausdehnung des Lasermodes bzw. der aktiven Schicht ab. Eine Verringerung der Laserstrahlausdehnung bewirkt eine beträchtliche Reduktion der Schwellstromdichte j_{thr}, weil die Verluste in den angrenzenden p- und n-Regionen reduziert werden. Dies lässt sich realisieren durch Benutzung einer sog. *Doppel-Heterostruktur*, englisch „double heterostructure" (DH). Ein typisches Beispiel ist der gewinngeführte GaAs-GaAlAs-Laser, dessen Aufbau in Fig. 14.10 dargestellt ist.

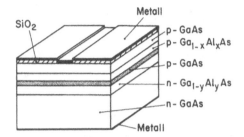

Fig. 14.10   Gewinngeführter GaAs-GaAlAs-Laser mit Doppel-Heterostruktur [Yonezu et al. 1973]

Diese Laserdiode hat zwei Übergänge zwischen verschiedenen Materialien, nämlich einen p-Ga$_{1-x}$Al$_x$As/GaAs- und einen GaAs/n-Ga$_{1-y}$Al$_y$As-Übergang. Ein typischer Wert für x bzw. y ist 0.3. Löcher bzw. Elektronen werden aus den p- bzw. n-Regionen in die nur ca. 0.1 bis 0.5 μm dicke, aktive GaAs-Schicht injiziert, in welcher Strahlung mit Frequenzen nahe $\nu = E_g/h$ durch Elektron-Loch-Rekombination stimuliert verstärkt wird. Der in Fig. 14.10 dargestellte Aufbau hat zwei wesentliche Vorteile:

i) Die Energielücke des Kristalls Ga$_{1-x}$Al$_x$As nimmt monoton mit x zu. Dies hat eine *Potentialbarriere* für die injizierten Elektronen am GaAs/ p-Ga$_{1-x}$Al$_x$As-Übergang bzw. für die Löcher am GaAs/n-Ga$_{1-y}$Al$_y$As-Übergang zur Folge. Damit wird eine Diffusion der Elektronen und Löcher aus der aktiven GaAs-Zone verhindert, d. h. die aktive Zone wird eng begrenzt (vgl. Fig. 14.11).

ii) Andererseits nimmt die Differenz Δn des Brechungsindexes von Ga$_{1-x}$Al$_x$As gegenüber GaAs mit zunehmendem x gemäß $\Delta n \simeq 0.4 \cdot x$ zu. Das resultierende *Brechungsindexprofil* bewirkt einen dielektrischen Wellenleiter (vgl. Kap. 6.3), wodurch die vertikale Ausdehnung der Laserintensität stark eingeengt wird und kaum mehr in die angrenzenden p- und n-Gebiete hineinreicht. In Fig. 14.11 werden die vertikalen Ausdehnungen der aktiven Zone und des Lasermodes einer Homostruktur und einer DH-Struktur miteinander verglichen.

Die beträchtliche Einengung sowohl der aktiven Zone wie auch des Lasermodes in der DH-Laserdiode verglichen mit der Homostruktur-Laserdiode hat eine dramatische Reduktion der Schwellstromdichte von ~ 100 kA/cm^2 auf ~ 1 kA/cm^2 zur Folge. Falls für eine ausreichende Wärmeableitung, z. B. durch Montage auf einem Kupferplättchen, gesorgt wird, kann mit einem derartigen DH-Diodenlaser ohne Weiteres kontinuierlicher Laserbetrieb auch bei Raumtemperatur erreicht werden.

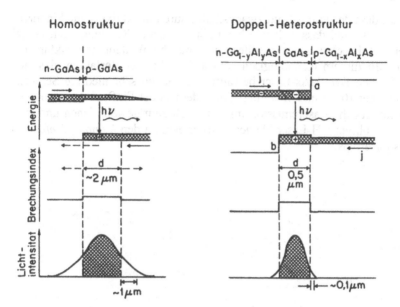

Fig. 14.11 Schematische Darstellung der Bandkanten bei Polung in Durchlassrichtung, des Brechungsindexprofils und der optischen Feldverteilung in einer Homostruktur- und einer Doppel-Heterostruktur-Diode [Panish et al. 1970]

Um die aktive Zone und damit die Laseremission auch in der lateralen Richtung zu konzentrieren, wird die wirksame Elektrodenfläche auf der Oberseite entweder durch eine Oxidschicht (vgl. Fig. 14.10) oder durch andere Verfahren auf einen streifenförmigen Bereich von < 10 μm Breite begrenzt. Die Elektrode an der Substratunterseite wird großflächig belassen. Das Resultat ist der in Fig. 14.10 dargestellte sog. *Streifenlaser,* englisch „stripe-geometry laser", oder *gewinngeführter,* englisch „gain-guided", Diodenlaser, der die Laseremission im Grundmode ermöglicht. Nachteilig bei diesem Laseraufbau wirkt sich aus, dass sowohl der Pumpstrom wie auch die Lichtwellen seitlich nicht besonders effizient geführt werden. Beide Nachteile treten beim sog. *indexgeführten,* englisch „index-guided", Laser nicht auf.

b) *Indexgeführter* DH-*Laser.* Ein typischer Vertreter eines indexgeführten DH-Lasers ist der in Fig. 14.12 dargestellte „buried heterostructure" InGaAsP-Halbleiterlaser. Wie aus der Fig. 14.12 ersichtlich, wird bei diesem Laseraufbau seitlich vom aktiven p-InGaAsP-Laserkanal eine InP-Diode in Sperrrichtung in einem zweiten Epitaxieschritt aufgewachsen. Dies bewirkt, dass der Pumpstrom zwangsläufig durch die aktive Zone hindurch-fließen muss und dass sich wie bereits in vertikaler Richtung auch lateral wegen des Brechungsindexprofiles eine optische Wellenleiterstruktur ausbildet. Mit diesem technologisch weit aufwendigeren Verfahren, das sich auch für den DH-GaAs-Laser bewährt hat, können sehr niedrige Schwellströme unter 10mA erzielt werden. Außerdem ist der Einfluss der spontanen Emission auf die Laseremission im Vergleich zum gewöhnlichen und zum gewinngeführten DH-Laser kleiner. Dies erleichtert den *Monomodenbetrieb* dieses Lasertyps.

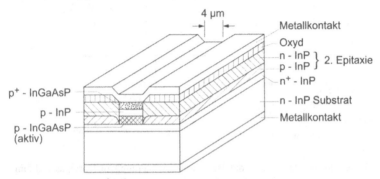

Fig. 14.12 Aufbau eines indexgeführten InP/InGaAsP-Halbleiterlasers. Das Nahfeld hat bei dieser Konfiguration einen Strahlquerschnitt von 2 × 1 µm und eine Divergenz von ca. 30° × 40°

14.2.3 „Quantum-well"-Halbleiterlaser (Quantentopf-Halbleiterlaser)

„Quantum-well"-Laser (QW-Laser) sind eine spezielle Klasse von Dioden-lasern. Durch moderne Verfahren wie beispielsweise *Molekularstrahlepi-taxie (MBE)*, bei der sehr dünne Kristallschichten von ∼ 5 nm Dicke aus GaAs bzw. $Ga_{1-x}Al_xAs$ sequentiell aufgebracht werden, kann eine QW-Struktur hergestellt werden, welche die Dicke d der aktiven Schicht auf ≤ 30 nm begrenzt. Diese Dicke ist von der Größenordnung der de-Broglie-Wellenlänge $\lambda = h/p$ der Elektronen. Die injizierten Ladungsträger erfahren dadurch *Quanteneffekte* ähnlich wie ein Teilchen in einem Potentialtopf. Die Energiezustände des Valenz- und Leitungsbandes sind quantisiert, d. h. es treten diskrete Zustände auf, und anstelle der normalerweise parabolischen tritt eine stufenförmige Zustandsdichte. Dieser Sachverhalt ist in Fig. 14.13 illustriert.

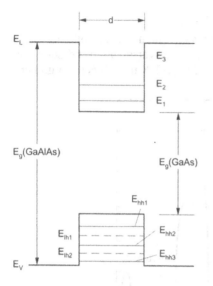

Fig. 14.13
Charakteristische Potentialtöpfe für eine
$Ga_{1-x}Al_xAs$-GaAs-$Ga_{1-x}Al_xAs$-QW-Hetero-
struktur mit den entsprechenden gebundenen Energiezuständen E_n für die Elektronen,
E_{hhn} für schwere Löcher und $E_{\ell hn}$ für leichte
Löcher [Holonyak et al. 1980]

Für die *Interband-Rekombinationsübergänge* zwischen gebundenen Zuständen E_n des Leitungsbandes und E_{hhn} bzw. $E_{\ell hn}$ des Valenzbandes gilt die
Auswahlregel $\Delta n = 0$. Die Übergangsenergie ist gegeben durch:

$$h\nu = E_g(\text{GaAs}) + E_n + E_{hhn},$$

bzw. $h\nu = E_g(\text{GaAs}) + E_n + E_{\ell hn},$ (14.7)

wobei E_{hhn} und $E_{\ell hn}$ die diskreten Energien E_n für die schweren bzw. für die
leichten Löcher bedeuten.

Die wesentlichen Vorteile der QW-Halbleiterlaser liegen in der nochmaligen
Senkung der Schwellstromdichte um einen weiteren Faktor von 2 bis 3 gegenüber konventionellen DH-Lasern. Außerdem ist die *Temperaturabhängigkeit* des Schwellstromes wesentlich schwächer, sodass diese QW-Struk-
turen v. a. auch für hohe cw-Ausgangsleistungen bei Raumtemperatur von
Interesse sind. Außerdem zeichnen sich diese Lasertypen durch eine hohe
Zuverlässigkeit und eine geschätzte Lebensdauer von $> 10^5$ h aus.

Dank diesen neuen Herstellungsverfahren und verschiedenen Materialkom-
binationen wurde es möglich, Halbleiterlaser auf der Basis von III-V-Verbindungen zu produzieren mit Emissionswellenlängen, die den Bereich im
Blauen und vom sichtbaren Roten bis ins nahe Infrarot bis auf wenige
Lücken überdecken. Die Leistungen von einzelnen Laserdioden für den kontinuierlichen Monomodenbetrieb sind in Fig. 14.14 in Abhängigkeit von der
Wellenlänge dargestellt.

14.2.4 DFB- und DBR-Halbleiterlaser

Die Emission von Halbleiterlasern lässt sich durch die Ausbildung eines
genügend engen aktiven Kanals auf den transversalen Grundmode beschränken. Die *longitudinale Modenselektion* (vgl. Kap. 8.2) bereitet größere

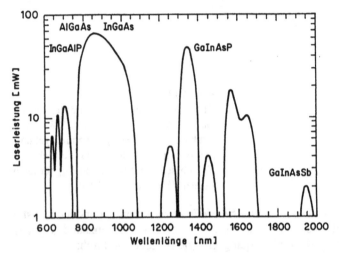

Fig. 14.14 Wellenlängenbereiche und Monomode-Leistungen von kontinuierlichen Ein-
zeldiodenlasern im sichtbaren und nahen Infrarot

Schwierigkeiten. Oft erfolgt zwar die Emission im kontinuierlichen Betrieb
bevorzugt in einem einzigen longitudinalen Mode, wobei allerdings gleichzeitig noch schwächere Nachbarmoden vorhanden sind.

Unter Hochfrequenzmodulation ($\sim$ GHz) des Pumpstromes und damit auch
der Laserausgangsleistung schwingen dagegen viele Longitudinalmoden
gleichzeitig an, die über die gesamte Fluoreszenzbreite des Laserüberganges
verteilt sind (vgl. Fig. 14.15a).

Verantwortlich für den in Fig. 14.15a gezeigten Effekt ist der bei Halbleiterlasern geometrisch bedingte relativ große Einfluss der spontanen Emission
auf das emittierte Licht. Um die Emission auch bei hoher Modulationsfrequenz auf einen einzigen longitudinalen Mode zu konzentrieren, d. h. für
Monomodenbetrieb (Fig. 14.15b), bietet sich z. B. das in Kap. 7 besproche-
ne DBR- bzw. DFB-Prinzip an. Die ersten DFB-*Halbleiterlaser* wurden
bereits 1973 realisiert [Nakamura et al. 1973]. Die periodische Struktur wird
dabei entweder als selektiver Reflektor (DBR) nachgeschaltet oder direkt in
die aktive Zone integriert (DFB). Fig. 14.16 zeigt ein Beispiel eines DFB-
DH-Diodenlasers.

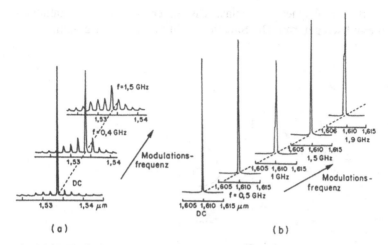

Fig. 14.15 Typische Emissionsspektren in Abhängigkeit von der Modulationsfrequenz des Pumpstromes [Koyama et al. 1983]
a) Gewöhnlicher indexgeführter DH-Laser,
b) „Dynamic-single-mode" (DSM)-Laser

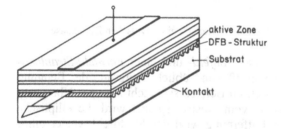

Fig. 14.16 Schematischer Aufbau eine DFB-Halbleiterlasers

Mit derartigen Lasertypen wird Monomode-Emission über einen großen Temperaturbereich bei der durch die Gitterperiode vorgegebenen Wellenlänge auch bei einer Strommodulation im GHz-Bereich erreicht (vgl. Fig. 14.15b). Sie werden daher als „dynamic-single-mode" (DSM)-Laser bezeichnet.

14.2.5 Räumliche und spektrale Eigenschaften von Diodenlaser-Emissionen

Im Gegensatz zu anderen Lasertypen weisen die meisten Diodenlaser weder ein rundes *Strahlprofil* auf noch ist der Strahl gut kollimiert. Eine Ausnahme bilden einzig die vertikal emittierenden Diodenlaser (VCSEL, Kap. 14.2.7).

Der emittierte Strahl eines Diodenlasers ist divergent und der Strahlquerschnitt ist elliptisch geformt. Die Situation ist in Fig. 14.17 dargestellt.

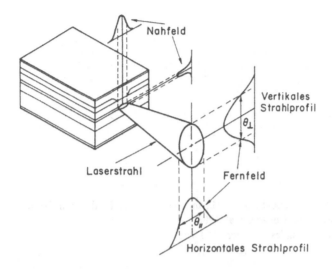

Fig. 14.17 Nahfeld- und Fernfeld-Strahlcharakteristik eines typischen Diodenlasers

Man unterscheidet zwischen einer *Nahfeld*- und einer *Fernfeld-Strahlcharakteristik*. Divergenzwinkel von 30° sind üblich. Aufgrund der Beugung divergiert der Strahl am stärksten im Bereich senkrecht zum p-n-Übergang, und nach einer kurzen Distanz vom Austrittsspiegel wird die elliptische Strahlform rund. In weiterer Entfernung wird das Strahlfeld wieder elliptisch, diesmal aber mit seiner langen Achse senkrecht zum p-n-Übergang. Das Verhältnis der Divergenzen senkrecht und parallel zum p-n-Übergang wird Achsenverhältnis genannt. Gewinngeführte Diodenlaser tendieren zu größeren Achsenverhältnissen als indexgeführte Diodenlaser. Bei den letzteren lässt sich auch der *Astigmatismus*, d. h. die Achsenverschiebung zwischen den Brennpunkten der senkrechten und der parallelen Divergenz, durch die direkte Beeinflussung der transversalen Modenstruktur nahezu eliminieren. Die merklich bessere Strahlqualität der indexgeführten Diodenlaser schlägt sich allerdings auch in höheren Herstellungskosten nieder. Es bleibt zu erwähnen, dass sich ein elliptisch und astigmatischer Strahl mittels *Zylinderlinsen* relativ einfach in einen rotationssymmetrischen Strahl umwandeln lässt. Durch die richtige Positionierung von Zylinderlinsen entlang der optischen Achse des Ausgangsstrahles erreicht man nicht nur die Kollimation des Lichts, sondern eliminiert auch den Astigmatismus.

Diodenlaser emittieren *linear polarisierte Strahlung* bei Betrieb oberhalb der Schwelle. Bei niedrigem Betriebsstrom ist der Anteil unpolarisierten Lichtes höher aufgrund der spontanen Emission. Das Polarisationsverhältnis, d. h. das Verhältnis zwischen parallelem und senkrechtem Polarisationsvektor der emittierten Strahlung, erhöht sich mit steigender Ausgangsleistung und erreicht schließlich einen Wert von über 100:1 in der Nähe der maximalen Leistung.

Die *spektralen Eigenschaften* werden durch die longitudinale Modenstruktur beschrieben. Während viele Diodenlaser Multimodenbetrieb aufweisen, wird bei einem DFB- oder DBR-Laser (Kap. 14.2.4) durch den Einbau einer periodischen Struktur ein Monomodenbetrieb erzwungen. Mit einigen Diodenlasern kann man auch eine Monomodenemission erreichen, indem man den Laser nahe der maximalen Nennleistung betreibt, da allgemein die Anzahl der longitudinalen Moden mit steigendem Strom abnimmt. Die spektrale Breite eines Multimode-Lasers beträgt typisch 3 bis 4 nm, entsprechend $\approx$ 1000 GHz. Die Bandbreite eines Monomoden-Lasers ändert sich mit der Ausgangsleistung, liegt aber generell im Bereich von 20 GHz. Durch die Linienbreite ist auch die Kohärenzlänge der Laserstrahlung gegeben. Während die meisten gewinngeführten Multimode-Laser eine Kohärenzlänge von $\approx$ 0.5 mm aufweisen, weisen indexgeführte Diodenlaser im Monomodenbetrieb Kohärenzlängen von über 15 mm bis zu Metern auf.

14.2.6 Durchstimmbare Halbleiterlaser

DFB Diodenlaser haben zwar eine schmale Linienbreite, stehen aber nur für gewisse Wellenlängen und mit beschränkter Abstimmbarkeit zur Verfügung. *Durchstimmbare Halbleiterlaser* verfügen über eine externe Kavität. Diese Lasertypen sind daher als *„External Cavity Diode Laser (ECDL)"* bekannt. Die Wellenlängenabstimmung erfolgt über ein Beugungsgitter bzw. einen Spiegel. Man unterscheidet verschiedene Konfigurationen: die Littman-Metcalf- (Fig. 14.18a) und die Littrow-Anordnung (Fig. 14.18b). Bei der *Littman-Metcalf* Konfiguration (s. a. Kap. 7.1) [Littman & Metcalf 1978] erfolgt die Abstimmung durch Drehen eines Spiegels um einen genau bestimmten Drehpunkt (genannt Pivotpunkt), während das Beugungsgitter unter streifendem Einfall (englisch „grazing incidence") fest fixiert ist (Fig. 14.18a). Die nullte Beugungsordnung des Gitters wird ausgekoppelt und die erste Ordnung wird auf den Spiegel und wieder in sich zurück reflektiert. Dabei entsteht aber wieder ein in die nullte Beugungsordnung gebeugter Strahl, der ungenützt bleibt und als Verlust gilt. Es existieren auch Konfigurationen, bei denen der Laserstrahl auf der gegenüberliegenden Seite ausgekoppelt wird.

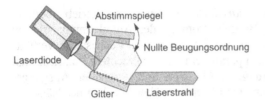

Fig. 14.18a
Durchstimmbarer Diodenlaser mit
externer Kavität in Littman-Metcalf
Anordnung

Der Nachteil dieser Konfiguration besteht demnach hauptsächlich in der reduzierten Leistung auf ca. 50-70 % im Vergleich zur Laserleistung, die mit einer Littrowanordnung erreicht wird. Die Littman-Metcalf-Anordnung hat aber den Vorteil, dass die Richtung des ausgekoppelten Laserstrahls bei der Wellenlängenabstimmung unverändert bleibt.

Bei der *Littrow*anordnung (Fig. 14.18 b) wird das Beugungsgitter selbst um einen bestimmten Drehpunkt gedreht und die nullte Beugungsordnung wird ausgekoppelt.

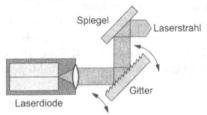

Fig. 14.18b
Durchstimmbarer Diodenlaser mit externer Kavität in Littrow-Anordnung

Da sich die Strahlrichtung beim Drehen des Gitters ändert, wird ein Spiegel zur Strahlführung benützt, der jeder Drehung des Gitters folgt und die Strahlrichtung bis auf eine Parallelverschiebung von ca. 1 μm korrigiert. Es muss allerdings eine kleine Leistungsreduktion von max. 5 % in Kauf genommen werden. Eine Modifikation der Littrow-Anordnung besteht darin, den Laserstrahl durch die Laserrückseite des Diodenlasers auszukoppeln, womit eine Bewegung des Laserstrahls während des Abstimmens vermieden wird. Damit lassen sich auch höhere Leistungen erzielen (Fig. 14.18 c). Eine weitere Variante wurde mit einem Transmissionsgitter in Littrow-Anordnung realisiert [Laurila et al. 2002].

Fig. 14.18c
Durchstimmbarer Diodenlaser mit externer Kavität in Littrow-Anordnung mit Auskopplung auf Laserrückseite

Ein wichtiger Aspekt bei allen ECDLs betrifft die Entspiegelung der einen Stirnfläche des Laserkristalls, was mit einer speziellen *Antireflexschicht* (englisch „AR-coating") erreicht wird [Hildebrandt et al. 2003]. Durchstimmbare Diodenlaser werden für den Wellenlängenbereich von 635 bis 2000 nm angeboten mit einem Durchstimmbereich einzelner Laserdioden von 15 nm im Sichtbaren bzw. bis gegen 100 nm bei 1600 nm Wellenlänge. Die Leistungen für kontinuierlichen Betrieb liegen bei einigen mW bis in den Watt-Bereich.

Ein Problem sind *Modensprünge*, die dadurch entstehen, dass beim Drehen des Gitters oder Spiegels während des Durchstimmens die Kavitätslänge verändert wird, wenn der Drehpunkt nicht exakt gewählt bzw. fest fixiert ist. Oder anders formuliert entstehen Modensprünge dann, wenn während der Abstimmung die externe Kavität nicht immer genau dieselbe Anzahl longitudinaler Moden enthält. Um Modensprünge zu verhindern, ist das Abstimmelement oft zusätzlich mit einem Piezoelement für die Feinabstimmung versehen. Damit lässt sich auch eine *Wellenlängenmodulation* der ausgekoppelten Laserstrahlung realisieren.

ECDLs können auch direkt mit einem Faserausgang ausgerüstet werden, was besonders für die Nachrichtenübermittlung via Glasfasern von Bedeutung ist. Seit Kurzem existieren auch Mikro-ECDLs basierend auf der *MEMS*-Technologie (MEMS: M̲ikro-E̲lektro-M̲echanische S̲ysteme). Es sind dies sehr kompakte ECDLs mit Abmessungen von wenigen mm. Sie werden als wichtige Komponenten in Wellenlängen-Multiplex-Systemen (englisch „*dense wavelength division multiplexing*", *DWDM*) integriert. Breit durchstimmbare Laserquellen sind auch von großem Interesse für spektroskopische Anwendungen in Laser-gestützten Analysesystemen (s. Kap. 14.4).

14.2.7 Vertikal emittierende Halbleiterlaser (VCSELs)

Im Gegensatz zu den herkömmlichen Diodenlasern, die ihre Leistung parallel zum Substrat emittieren (sog. Kantenemitter, englisch „edge emitting lasers"), gibt es auch vertikal emittierende Laserdioden. Sie werden als *„Vertical Cavity Surface Emitting Lasers"*, kurz als *VCSEL* bezeichnet [Jewell et al. 1989, Soda et al. 1979]. Der erste VCSEL wurde 1977 durch K. Iga vorgestellt [Iga 2000]. Diese Laserdioden strahlen ihre Leistung von der Oberfläche ab. Sie vereinen die positiven Eigenschaften der Laserdioden mit den lichtemittierenden Dioden (LEDs). Dies bringt den Vorteil, dass das Strahlprofil der VCSEL in einer Ebene senkrecht zur Ausbreitungsrichtung kreisförmig ist und kein Astigmatismus vorhanden ist. Die *Strahldivergenz* eines VCSEL liegt mit einem Halbwinkel von 5° erheblich unterhalb der Divergenz von Kantenemittern. Der typische Aufbau eines VCSEL ist in Fig. 14.19 gezeigt.

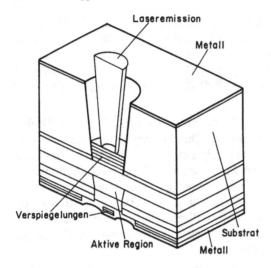

Fig. 14.19 Typischer Aufbau eines aus der Oberfläche emittierenden Diodenlasers (VCSEL)

Die meistverbreitete Wellenlänge der VCSEL liegt bei 850 nm als optische Quelle für lokale Hochgeschwindigkeits-Netzwerke (englisch „local area network, LAN"). Es wurden Modulationsraten bis 10 Gbit/s erreicht. Bei diesen Wellenlängen können die bekannten GaAs/AlGaAs Materialsysteme verwendet werden. Inzwischen gibt es VCSEL bei verschiedenen Wellenlängen λ, die sich vom sichtbaren bis in den Telekommunikationsbereich um 1310 nm und 1550 nm erstrecken. Das Hauptproblem liegt in der Fabrikation der Spiegel, welche aus abwechselnden je λ/4-dicken Schichten mit unterschiedlichen Brechungsindizes aufgebaut sind (beispielsweise aus AlGaAs und GaAs) mit einer totalen Dicke von 2-3 μm bei 850 nm bzw. 11-12 μm bei λ = 1.5 μm. Typischerweise werden bei 850 nm 30 Schichtpaare benötigt und bei λ = 1.5 μm ca. 50 Schichtpaare.

Die emittierte Leistung von VCSEL liegt bei einigen mW im kontinuierlichen Betrieb. Interessant ist auch ein kommerzieller VCSEL mit einer Emissions-Wellenlänge bei 760 nm, einem Schwellstrom von 2 mA, einer Abstimmbarkeit von ca. 0.4 nm/mA bzw. 0.06 nm/K innerhalb eines Temperaturbereiches von 10°C bis 40°C. Die Emission erfolgt schmalbandig in einem Mode (englisch „single mode") mit 20 dB Seitenmodenunterdrückung. Diese Laser sind für Sauerstoffsensoren geeignet, da Sauerstoff bei 760 nm eine starke Absorption aufweist.

14.2.8 Blau emittierende Diodenlaser

Große Anstrengungen werden auch zur Erweiterung der Emissionswellenlängen in den blauen Bereich unternommen. Dabei geht es weniger um die Entwicklung eines neuen Lasertyps als vielmehr um Materialsysteme mit der richtigen Bandlücke und optischen Eigenschaften, die auch unter den extremen Betriebsbedingungen eines Diodenlasers genügend robust sind. In Figur 14.20 sind die Materialsysteme GaN/AlN/InN (gemäß Periodensystem sogenannte III-V-Systeme) bzw. ZnS/ZnSe/CdS (II-VI-Systeme) mit den entsprechenden Gitterkonstanten, Energielücken bzw. Emissionswellenlängen dargestellt.

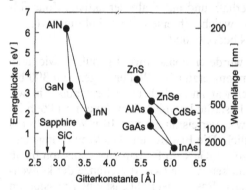

Fig. 14.20   Energielücken bzw. Wellenlängen in Abhängigkeit der Gitterkonstanten für verschiedene III-V- bzw. II-VI-Materialsysteme. Die Fehlanpassung der Gitterkonstanten der üblichen Substratmaterialien Saphir bzw. SiC gegenüber GaN ist deutlich sichtbar.

Die Entwicklung der blauen Diodenlaser ist eng mit der Person von Shuji Nakamura verbunden, der in den 1990er Jahren bei der Firma Nichia in Japan mit *Galliumnitrid* (GaN) experimentierte und 1995 den ersten bei 420 nm emittierenden Diodenlaser vorstellte [Nakamura et al. 2000]. Damals galten II-VI-Materialien wie ZnSe und ZnS als natürliche Materialwahl für den blauen Emissionsbereich [Olego 1995]. Noch 1997 war die II-VI-Technologie der III-Nitrid-Technologie überlegen [Nurmikko & Gunshor 1997]. Die schlechte Gitteranpassung zwischen den üblichen Substraten Saphir und SiC zum GaN (s. Fig. 14.20) hat eine hohe Dislokationsdichte von der Größenordnung $10^{10} cm^{-2}$ zur Folge. Dies verhindert aber die GaN-Laseremission nicht – im Gegensatz etwa zu GaAs – wo bereits eine Dislokationsdichte von $10^{6} cm^{-2}$ die Laseremission zum Erliegen bringt. GaN erweist sich zudem auch gegenüber II-VI-Materialsystemen als wesentlich robusteres Material und unempfindlicher gegenüber Defekten und Dislokationen, so dass GaN die letzteren im Bereich der blauen Diodenlasern inzwischen verdrängt hat.

Figur 14.21a zeigt den Aufbau einer kantenemittierenden *InGaN-Multiquantum-Well* (*MQW*) Laserdiode. Die aktive Zone besteht aus 26 Quantentöpfen (quantum wells) aus 2.5 nm $In_{0.2}Ga_{0.8}N$, abgetrennt durch 5 nm dicke $In_{0.05}Ga_{0.95}N$ Schichten als Barrieren. Ein Ausschnitt dieser MQW-Struktur ist schematisch in Fig. 14.21b in Form von Energiebändern dargestellt. Die injizierten Elektronen und Löcher werden in der MQW-Struktur eingefangen und rekombinieren unter Aussendung von Photonen. Die an die MQW-Struktur angrenzende AlGaN-Barriere hindert die Elektronen am Verlassen der aktiven Zone. Oberhalb und unterhalb der aktiven Zone folgen p- bzw. n-GaN Schichten, welche ihrerseits von Führungs- (engl. „cladding") Schichten aus AlGaN bedeckt sind.

Mit einer derartigen Laserdiode wurde erstmals sowohl gepulster wie auch kontinuierlicher Betrieb bei Raumtemperatur bei Wellenlängen von 390 bis 440 nm erzielt. Die Lebensdauer war anfänglich noch beschränkt, inzwischen sind jedoch kommerzielle Laserdioden mit Lebensdauern > 6000h im Bereich $375 \leq \lambda \leq 450$ nm mit cw-Laserleistungen von 10 mW bei 375 nm bzw. 200 mW bei 408 nm erhältlich. Die Erweiterung des Wellenlängenbereiches erscheint schwierig. Obwohl InGaN im Prinzip eine Emission bis in den roten Bereich um 650 nm zulassen würde (was der Grenze der konventionellen III-V Diodenlaser auf GaAs Basis entspricht), ist eine Emission im grünen und gelben Bereich für InGaN wegen der sehr hohen Schwellstromdichten zur Zeit noch nicht möglich. Ebenso wenig gelang es bisher, cw-Laseremission auf GaN-Basis unterhalb 360 nm zu erzielen.

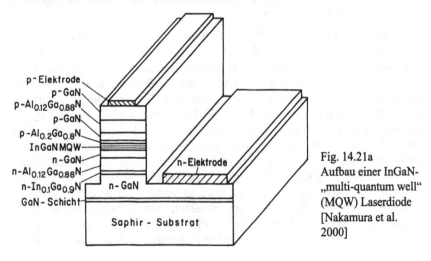

p-Elektrode
p-GaN
p-$Al_{0.12}Ga_{0.88}N$
p-GaN
p-$Al_{0.2}Ga_{0.8}N$
InGaN MQW
n-GaN
n-$Al_{0.12}Ga_{0.88}N$
n-$In_{0.1}Ga_{0.9}N$
GaN-Schicht

n-Elektrode

n-GaN

Saphir - Substrat

Fig. 14.21a
Aufbau einer InGaN-
„multi-quantum well"
(MQW) Laserdiode
[Nakamura et al. 2000]

„Multi - quantum - well (MQW)" - Struktur

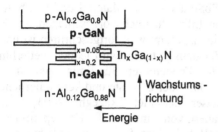

Fig. 14.21b Ausschnitt aus der MQW-Struktur [Nakamura et al. 2000]

Die weitaus wichtigsten Anwendungen von blauen und violetten Diodenlasern liegen in der *optischen Speichertechnik*. Die Fläche des Brennflecks im Brennpunkt einer Linse ist beugungsbegrenzt proportional zu λ^2 (s. Gleichung (1.19)). Kürzere Wellenlängen ermöglichen daher eine höhere örtliche Auflösung beim Auslesen, so dass die Datendichte auf optischen Speicherplatten erheblich gesteigert werden kann, beispielsweise um einen Faktor 4 zwischen einem 800 nm- und einem 400 nm- Diodenlaser. Ein weiteres (zukünftiges) Anwendungsgebiet stellen Laserprojektionssysteme, z. B. für das Fernsehen, dar. Dabei werden die drei Grundfarben Rot, Grün und Blau mittels einer schnellen optischen Ablenkung auf einen Schirm projiziert. Dank der guten Fokussierbarkeit und der monochromatischen Laserstrahlung entsteht ein farbreines und brillantes Bild. Hier würde der Einsatz von Diodenlasern mit den entsprechenden Farben einen wesentlichen Fortschritt darstellen.

14.2.9 Diodenlaser für Wellenlängen > 2 µm

Die längeren Wellenlängen gegen das *mittlere Infrarot* hin im 2 bis 5 µm-Bereich werden durch Diodenlaser ebenfalls mit III-V-Verbindungen erschlossen. Dabei kommt *Antimonid* (Sb) zum Einsatz. Seit Ende der 1970er Jahre wurden Diodenlaser auf der Basis von (In,Ga)(As,Sb) entwickelt, wobei aber erst seit rund 10 Jahren höhere Leistungen realisiert werden können. Solche Materialien mit kleiner Bandlücke leiden an Problemen des Unterdrückens (englisch „quenching") der Photonenemission durch Augereffekte. Dabei wird das erzeugte Photon intern gleich wieder absorbiert und zwar durch einen Übergang ähnlicher Energie innerhalb des Valenzbandes. Diese Auger-Rekombination spielt erst bei Temperaturen T < 150 K keine Rolle mehr. Wegen erhöhter Auger-Rekombinationsraten sind III-V-Materialien daher nicht unbedingt die bevorzugte Wahl für Laseremission im mittleren Infrarotbereich. Hierzu gibt es als Alternative die Bleisalzdiodenlaser auf der Basis von IV-VI-Komponenten (s. Kap. 14.2.13). Allerdings weisen jene Materialien wieder andere Nachteile auf, so dass auch schon eine Kombination IV-VI/III-V mit PbSe als aktives Material und GaSb als „cladding"-Schicht für den mittleren Infrarotbereich vorgeschlagen wurde [Shi 1998]. Da die III-V-Technologie insgesamt weit fortgeschritten ist und kommerzielle GaSb-Substrate zur Verfügung stehen, wird jedoch weiterhin intensiv an der Entwicklung von III-V-Diodenlasern für Emissionswellenlängen > 2 µm geforscht. So wurde 2003 über gepulste und kontinuierliche InAsSbP/InAsSb/InAs DH-Diodenlaser berichtet [Razeghi 2003]. Die gepulsten Laser erreichten bei Pulsdauern von 4 ms und 200 Hz Repetitionsraten Spitzenleistungen bis 260 mW bei einer Schwellstromdichte von 40A/cm^2 bei einer Wellenlänge von 3.2 µm und einer Betriebstemperatur von 77 K (flüssiger Stickstoff).

Bei kontinuierlichem Betrieb wurden bei einer Stromstärke von 2 A 60 mW bei ebenfalls 77 K erzielt. Allerdings war die Emission in beiden Fällen im Multimoden-Betrieb. Kürzlich wurde mit GaInAsSb/GaAlAsSb/GaSb Diodenlasern mit „quantum well"-Aufbau und einer DFB-Struktur Einmoden-Betrieb bei einer Wellenlänge von 2.3 µm bei Temperaturen bis zu 60°C realisiert. Die kontinuierliche Leistung erreichte 10 mW. Diese Laser sind über einen Bereich von 220 GHz (entsprechend ca. 8 cm^{-1}) kontinuierlich durchstimmbar via Temperatur oder Strom, dies bei einer Linienbreite von nur 2.2 MHz [Salhi et al. 2006]. Forschungsanstrengungen konzentrieren sich darauf, den Wellenlängenbereich zu erweitern. So wird im obigen Artikel auf den Spektralbereich um 2.65 µm hingewiesen. Wie Fig. 14.22 zeigt, wurden GaSb-Diodenlaser für Wellenlängen bis über 4 µm bereits realisiert. Die Grenzen verschieben sich in neuster Zeit immer zu längeren Wellenlängen. So wurden mit sogenannten *Interband-Kaskadenlasern*, englisch „interband cascade (IC) lasers", auf der Basis von GaSb weitere Fortschritte erzielt [Yang et al. 2005]. Ähnlich wie bei den Quantenkaskadenlasern (s. Kap. 14.2.10) werden in diesen Lasern injizierte Elektronen durch eine Kaskadenstruktur mehrfach zur Erzeugung von Photonen benützt, was die Schwellstromdichte erheblich reduziert, z. B. zu 100-200 A/cm^2 bei Raumtemperatur [Mansour et al. 2006]. Im Gegensatz aber zu den Quantenkaskadenlasern werden Interband-Übergänge zwischen Leitungs- und Valenzband für die Photonenemission verwendet. Inzwischen wird über kontinuierlichen Betrieb im spektroskopisch interessanten 3.3 µm-Bereich bei nur noch thermoelektrischer statt kyrogener Kühlung berichtet [Mansour et al. 2006] bzw. über Wellenlängen über 5 µm im kontinuierlichen Betrieb bis 163 K und im gepulsten Betrieb bis 240 K [Hill et al. 2004]. Dank dieser Fortschritte und den neusten Entwicklungen bei den Quantenkaskadenlasern verschwindet die Wellenlängenlücke von Raumtemperatur-Halbleiterlasern immer mehr.

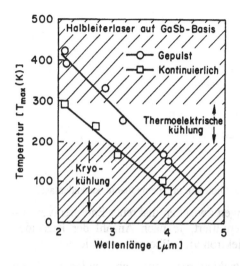

Fig. 14.22 Diodenlaser im nahen bis mittleren Infrarotbereich

Wie die Bleisalzdiodenlaser (s. Kap. 14.2.13) und die Quantenkaskadenlaser (s. Kap. 14.2.10) werden auch diese Diodenlaser hauptsächlich für *spektroskopische Studien* eingesetzt. Im näheren Infrarotbereich sind dies molekulare Oberton- und Kombinationsschwingungsbanden, die zwar schwächer als die Fundamentalschwingungen im mittleren Infrarot sind, aber dennoch zur Charakterisierung und Analytik – beispielsweise von Gasgemischen – nützlich sind (s. Kap. 14.4).

14.2.10 Quantenkaskadenlaser (QCL)

Seit über 10 Jahren [Faist et al. 1994] wird auch intensiv an *Quantenkaskadenlasern* (englisch „quantum cascade laser", QCL) für den mittleren Infrarotbereich geforscht. Im Gegensatz zum herkömmlichen Diodenlaser, bei welchem die Strahlung auf der Rekombination von Elektronen und Löchern basiert, benützt der Quantenkaskadenlaser als *unipolarer Halbleiterlaser* nur *eine* Art von Ladungsträgern. Der QCL beruht auf Übergängen zwischen Subbändern in Quantentöpfen (englisch „quantum wells") innerhalb des Leitungsbands in einer Halbleiter-Heterostruktur. Man spricht daher auch von *Intersubband-Lasern*. Die Dicke der Halbleiterschichten im nm-Bereich ist vergleichbar mit der de-Broglie-Wellenlänge der Elektronen. Damit ergeben sich für diese Quantentöpfe diskrete Energieniveaus für die Elektronen. Figur 14.23 illustriert den Fluss von Elektronen durch eine derartige Struktur.

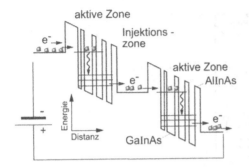

Fig. 14.23 Elektronenfluss und emittierte Photonen in einem Quantenkaskadenlaser

Photonen werden bei den Übergängen zwischen diskreten Energieniveaus – wie in Fig. 14.23 angedeutet – emittiert. Je nach Anzahl der Kaskaden (typischerweise 30-50) kann ein Elektron viele Photonen emittieren.

Der Laser ist mittels *Molekularstrahlepitaxie* (englisch *„molecular beam epitaxy"*, MBE) oder metallorganischer Gasphasenabscheidung (englisch *„metal-organic chemical vapor deposition"*, MOCVD) aus einer Vielzahl von Nanometer-dicken Halbleiter-Heterostrukturen aufgebaut. Als Beispiel sei ein aus abwechselnden Schichten aus $Al_{0.48}In_{0.52}As$ (Barrieren) und $Ga_{0.47}In_{0.53}As$ (Potentialtöpfen) produzierter Laser erwähnt. Durch die paarweise Kopplung derartiger Halbleiterschichten entsteht eine Energietreppe aus Potentialtöpfen, wie sie in Fig. 14.23 dargestellt ist. Die Steigung wird durch die angelegte Spannung bestimmt, während die Tiefe der Potentialtöpfe durch die Materialwahl gegeben ist (s. Fig. 14.23: Obere Energiezustände für AlInAs liegen 520 meV höher als untere Energiezustände für GaInAs). Die Breite der „quantum wells" wiederum bestimmt gemäß Quantentheorie eines Teilchens im Potentialtopf die diskreten Energiezustände und damit schlussendlich die Emissionswellenlänge. Im Gegensatz zu herkömmlichen Diodenlasern ist also die Wellenlänge nicht durch die Energielücke zwischen Leitungs- und Valenzband, sondern durch die Schichtdicke bestimmt.

Die anfängliche Schwierigkeit des Erreichens einer Besetzungsinversion zwischen den diskreten elektronischen Energiezuständen in Fig. 14.23 – entsprechend dem oberen und unteren Laserniveau – wird durch kontrolliertes Tunneln gelöst. Die Energiedifferenz zwischen dem unteren Laserniveau und den tiefsten Energieniveaus wird auf die Energie longitudinaler Phononen abgestimmt, wodurch das untere Laserniveau effizient entleert und damit die nötige Besetzungsinversion zwischen den Laserniveaus erreicht wird. Die Elektronen werden dadurch in den sogenannten Injektor der nächsten Periode geleitet und fallen stufenweise die Potentialtreppe hinunter, unter sequentiellem Aussenden von Photonen. Allerdings gibt es zahl-

reiche konkurrenzierende Prozesse zur Photonenemission und der Quantenwirkungsgrad (passierende Elektronen/emittierte Photonen) liegt für eine
einzelne Periode nur im Promille-Bereich.

Durch die Wahl der Schichtdicken ist es möglich, Quantenkaskadenlaser mit
maßgeschneiderten Wellenlängen vom mittleren Infrarot- bis in den Submil-
limeterbereich (THz-Bereich) aus demselben Heterostrukturmaterial herzustellen. Es werden Halbleiter auf der Basis von InP oder GaAs (III-V Halbleiter) eingesetzt.

Die ersten Quantenkaskadenlaser wurden mit einer Fabry-Perot-(FP-)
Konfiguration gefertigt und emittierten noch breitbandige Multimode-Strah-
lung mit Linienbreiten von 10 bis 20 cm^{-1} bei gepulstem Betrieb, wie es für
Fabry-Perot-Kavitäten erwartet wird. Inzwischen ist es mit Hilfe einer
zusätzlich eingebauten *„distributed feedback"* (*DFB*)-Struktur (Kap. 14.2.4)
gelungen, die Linienbreite der gepulsten Laser auf deutlich unter 0.3 cm^{-1} zu
reduzieren und die Laser single-mode zu betreiben. Figur 14.24 zeigt eine
schematische Darstellung eines DFB-QCL.

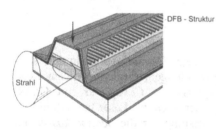

Fig. 14.24
Schematische Darstellung eines Distributed-feedback (DFB) QCL

Die Linienbreite wird bei gepulsten Lasern durch den sog. *„frequency chirp"*
erzeugt, der auf das Aufheizen und der damit verbundenen Brechungsindex-
änderung während der elektrischen Pulsanregung zurückzuführen ist. Typischerweise emittieren diese Laser Pulse von wenigen 10 ns Dauer bei einer
Repetitionsrate im MHz Bereich, was Taktraten (englisch *„duty cycle"*) von
wenigen Prozent entspricht. Die *Wellenlängenabstimmung* erfolgt über die
Temperatur, womit Abstimmbereiche von einigen cm^{-1} möglich sind für
einen Temperaturbereich von z. B. −30 °C bis 0°C via Peltierkühlung.
Inzwischen konnten für ausgewählte Wellenlängen auch schmalbandige
DFB QCL für den kontinuierlichen (cw) Betrieb bei Raumtemperatur mit
Leistungen im Bereich bis über 100 mW realisiert werden [Darwish et al.
2006, Yu et al. 2005]. Die Abstimmbarkeit wurde verbessert durch Benüt-
zung von sogenannten *„bound-to-continuum"* aktiven Zonen, was ein breites
Verstärkungsspektrum ermöglicht. So wurden z. B. auf einem einzigen
Substrat mit einem derartigen breiten Verstärkungsprofil DFB-Strukturen

(s. Kap. 7) mit 25 verschiedenen Gitterperioden in die Quantenkaskaden-laserstruktur integriert, was Monomoden-Laserbetrieb zwischen 7.7 und 8.3 µm ermöglichte [Wittmann et al. 2006]. Ein derartiges System kann Verwendung in Mehrkanal-Laserspektrometern finden. Kürzlich gelang es auch, das Konzept der externen Kavität (*ECDL*, s. Kap. 14.2.6) auf QCL anzuwenden [Faist 2006, Maulini et al. 2005, Wysocki et al. 2005]. Damit wird eine Wellenlängenabstimmung von rund 10 % um die Zentralwellenlänge erreicht. QCLs werden inzwischen auch von einigen Kleinfirmen kommerziell angeboten. Dabei wird zwischen Fabry-Perot (FP)- und DFB-Versionen, zwischen gepulst und kontinuierlich und zwischen Betrieb mit Kühlung (Peltierkühlung oder Kühlung mit Flüssigstickstoff) und bei Raumtemperatur unterschieden. Verschiedene ausgewählte Wellenlängen zwischen ca. 3.4 µm und > 100 µm (THz-Bereich) werden angeboten. Diese jüngsten Fortschritte machen QCLs zu attraktiven Strahlungsquellen für *spektroskopische* Anwendungen und Analytik im Bereich der fundamentalen, d. h. starken, molekularen Absorptionen. Beispiele betreffen hauptsächlich den empfindlichen und selektiven Nachweis von Spurengasen (s. Kap. 14.4).

14.2.11 Hochleistungs-Diodenlaser

In diesem Abschnitt sollen die *Hochleistungs-Diodenlaser* diskutiert werden. Es existieren viele Diodenlaseranwendungen, die keine hohen Leistungen benötigen. Dazu gehören beispielsweise *CD-Spieler* mit GaAs-Lasern bei 780 nm mit 3 mW Leistung oder AlGaInP-Laser bei 670 nm im Sichtbaren mit ebenfalls etwa 3 mW Leistung für die *Scannerkassen* im Supermarkt. Für die faser-optische *Nachrichtenübermittlung* werden Einmoden-InGaAsP-Diodenlaser bei 1.3 und 1.55 µm mit 5 mW Leistung eingesetzt. Daneben gibt es aber auch Anwendungen für weit höhere Leistungen im gepulsten oder kontinuierlichen Betrieb. Die Grenze zwischen niedriger und hoher Leistung im Bereich der Diodenlaser ist nicht genau definiert und hängt stark vom Lasertyp und dessen Anwendung ab. Doch kann generell ab ca. 50 mW kontinuierlicher Leistung für einen schmalbandigen Einmoden-Diodenlaser und ab ca. 500 mW für einen großflächig emittierenden Multimode-Diodenlaser bzw. einen Diodenarray von hoher Leistung gesprochen werden. Hohe Laserleistungen werden z. B. gebraucht für das *Pumpen* von Festkörperlasern, insbesondere Nd:YAG-Laser, oder für die Materialbearbeitung.

Auf der Basis von GaAlAs ist es heute möglich, Einzeldiodenlaser mit kontinuierlichen Monomoden-Leistungen bis 200 mW bei 810 nm zu produzieren. Beliebte Strukturen sind dabei *Rippenwellenleiterstrukturen*, englisch „*ridge waveguide*") [Jaeckel et al. 1991]. Dies ist eine rippenähnliche Struktur über der aktiven Zone von wenigen μm Breite. Dadurch wird der Strahl wie in einem Wellenleiter seitlich geführt. Der Grundmode in diesem Wellenleiter besitzt einen relativen großen Querschnitt, so dass sich Leistungen bis 1 W erreichen lassen. Die einfachste Methode höhere Leistungen zu erzielen, besteht darin, die Größe der emittierenden Fläche zu erhöhen. Von großflächigen Diodenlasern sind kontinuierliche Multi-mode-Leistungen bis zu einigen W bei allerdings verminderter Strahlqualität erreichbar. Eine Alternative ist die *Masteroszillator-Leistungsverstärker-Struktur*, genannt *MOPA* (englisch „*master oscillator power amplifier*") [Walpole 1996]. Der Masteroszillator emittiert einen hochqualitativen Monomoden-Strahl, welcher durch den nachfolgenden Leistungsverstärker verstärkt wird. Dieser besteht aus einer trapezförmigen *Breitstreifendiode* (englisch „*tapered amplifier*"), deren Endflächen entspiegelt sind, so dass diese selbst unterhalb der Laserschwelle bleibt. Beide Elemente sind monolithisch auf demselben Substrat integriert. Durch diese MOPA-Konfiguration wird die Monomodenqualität des Oszillators auch bei kontinuierlichen Ausgangsleistungen von mehreren W beibehalten. Figur 14.25 zeigt eine schematische Darstellung eines MOPA.

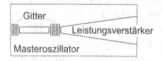

Fig. 14.25
Masteroszillator-Leistungsverstärker (MOPA)
Struktur

Für höhere Leistungen stellt die Wärmeableitung das Hauptproblem dar. Für Hochleistungs-Diodenlaser werden daher Einzeldiodenlaser zu linear angeordneten *Multistreifen-Laserdioden* (englisch „*arrays*", oder *Barren*, englisch „*bars*") mit einem bestimmten „Füllfaktor" zusammengefasst. Der monolithische Aufbau eines derartigen 1 cm langen Barrens ist in Fig. 14.26a dargestellt und ein entsprechender Ausschnitt in Fig. 14.26b.

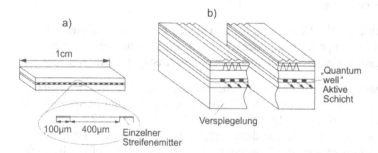

Fig. 14.26 Hochleistungs-Multistreifen-Laserdioden (nach Koechner 1999)
        a) Monolithischer Aufbau eines 1 cm Barrens   b) Ausschnitt

Aus einem 1 cm langen Barren lassen sich damit kontinuierliche Leistungen bis ca. 100 W bei einem Wirkungsgrad von über 60 % erzielen. Figuren 14.27a und b zeigen Beispiele dazu für einen Diodenlaserbarren bei einer Wellenlänge von 808 nm bzw. 940 nm.

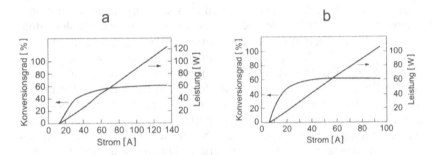

Fig. 14.27   Leistungen vs. Strom bei 808 nm (a) und 940 nm (b) [Wolff 2005]

Einen Rekordwert stellen die erzielten 454 W für einen 1 cm Diodenlaserbarren bei 940 nm Emissionswellenlänge dar. Diese Höchstleistung wurde mit einem Füllfaktor des Barrens von 50 %, einem Betriebsstrom von 580 A und zweiseitiger Kühlung erreicht [Wolff 2005]. Im *quasi-kontinuierlichen* Betrieb mit Pulslängen im Bereich von 100 μs bis einige 100 μs und Repetitionsraten von z. B. 100 Hz, was einem *Taktverhältnis* von einigen Prozent entspricht, erhöht sich die mittlere Leistung auf mehrere 100 W, da eine effizientere Wärmeableitung möglich ist.

Da sich der Laserausgangsstrahl der Diodenlaserbarren aus einer Summe einzelner Strahlen zusammensetzt, verschlechtert sich die räumliche und zeitliche Kohärenz und damit auch die Strahlqualität im Vergleich zu einzelnen Diodenlasern.

Quasi-kontinuierliche Leistungen bis zu einigen kW werden schließlich mit *gestapelten Barren*, englisch „*stacks*", erzielt. Leider sind aber die spektrale sowie die geometrische Stahlqualität dieser Diodenstapel relativ schlecht.

Das Hauptanwendungsgebiet von *Diodenlaserarrays* liegt beim optischen *Pumpen* von Festkörperlasern. Die Wellenlänge von 808 nm ist speziell auf das Pumpen von Nd:YAG Lasern zugeschnitten (s. Kap. 15.2). Trotz verminderter Strahlqualität der Diodenlaserbarren und Stapellaser finden diese in der *Materialbearbeitung* Verwendung [Treusch et al. (2000)]. Beispiele sind das *Laserschweißen* – beispielsweise von Kunststoffen – mit Nahtbreiten im Bereich von mm.

14.2.12 Quantenpunktlaser

Wie in Kap. 14.2.3 dargelegt, brachte die Einführung von „quantum wells" eine wesentliche Verminderung der Schwellstromdichte und eine generelle Verbesserung der Diodenlasereigenschaften im Vergleich zu den herkömmlichen DH-Diodenlasern. Dies ist auf die Reduktion auf zwei Dimensionen zurückzuführen, indem eine Dimension der Halbleiterstruktur auf die Größenordnung der de-Broglie-Wellenlänge der Elektronen reduziert wird. Es ist naheliegend, diese Idee weiterzuführen, bis man bei der 0-dimensionalen Struktur, beim *Quantenpunkt*, englisch „*quantum dot*", anlangt. Aufgrund der dadurch veränderten Form der Elektronen- und Löcher-Zustandsdichten ändert sich auch die Verstärkung des aktiven Materials. Figur 14.28 zeigt berechnete spektrale Verstärkungsprofile für die Fälle eines drei-dimensionalen $Ga_{0.47}In_{0.53}As/InP$-Halbleiters, einer „quantum well"- und einer „quantum dot"-Struktur [Asada et al. (1986)].

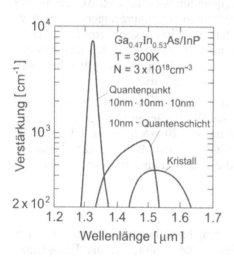

Fig. 14.28
Berechneter Verstärkungskoeffizient in Abhängigkeit der Emissionswellenlänge für einen $Ga_{0.47}In_{0.53}As/InP$-Halbleiter bei einer Elektroneninjektionsdichte von $3 \cdot 10^{18}$ cm^{-3} für einen Halbleiterkristall, einer „quantum well"-Schicht von 10 nm Dicke und einem Quantenpunkt von 10x 10x10 nm^3 bei Raumtemperatur (nach Asada et al. 1986).

Die beträchtliche Steigerung des Verstärkungsmaximums um einen Faktor 15 zwischen einem Halbleiterkristall und einem Quantenpunkt ist klar ersichtlich. Zusätzlich verringert sich die Verstärkungsbandbreite. Man erwartet daher eine wesentliche Verringerung der Schwellstromdichte und eine verminderte Temperaturempfindlichkeit von „quantum dot"-Lasern im Vergleich zu DH- oder „quantum well"-Diodenlasern. Die technologischen Probleme zur Herstellung von „quantum dot"-Lasern sind allerdings groß, da man eine hohe Packungsdichte der Quantenpunkte, eine nur geringe Variabilität deren Größe in einer zweidimensionalen Anordnung – wie in Fig. 14.29 gezeigt – und kleine Defektdichte benötigt.

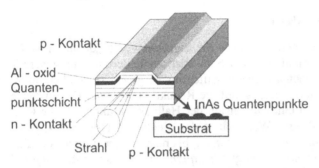

Fig. 14.29 Planarer array von „quantum dots" in einem Halbleiterkristall

Inzwischen konnten „quantum dot"-Laser realisiert werden. Beispielsweise wurde über einen 980 nm GaInAs/(Al)GaAs-Laser berichtet, dessen aktive Schicht aus einer einzigen Lage von „quantum dots" besteht. Aus einem 100 μm breiten und 1 mm langen Laser konnte bei Raumtemperatur bis 4 W kontinuierliche Leistung mit einem totalen Wirkungsgrad von 50 % erzielt werden. Bei 110°C wurde immer noch 1 W Ausgangsleistung erreicht [Klopf et al. 2001]. Generell wurde eine hohe Temperaturstabilität beobachtet, die diejenige von „quantum well"-Lasern übertrifft.

Schwellstromdichten im Bereich von 10 A/cm^2 wurden erreicht. Auch wurden bereits „quantum dot"-Laser bei Wellenlängen von 1.3 und 1.55 μm produziert, z. B. mit einem Schwellstrom von 20 mA für einen 1.3 μm DFB-Laser mit einer *Seitenmodenunterdrückung* von über 50 dB. Derartige Laserquellen sind hauptsächlich für die Telekommunikation interessant.

14.2.13 Bleisalzdiodenlaser

Diodenlaser auf der Basis von ternären, halbleitenden Verbindungen der Elemente Blei, Zinn, Schwefel, Selen und Tellur, die als Blei-(Zinn-) Chalkogenide bezeichnet werden, verdienen ebenfalls Beachtung. Sie sind von großem spektroskopischem Interesse, weil sie alle im mittleren Infrarotbereich zwischen 3 und 30 μm emittieren. In dieser sogenannten „fingerprint"-Region weisen die meisten Moleküle charakteristische Absorptionsspektren auf. Die *Bleisalzdiodenlaser* wie z. B. die Pb$_{1-x}$Sn$_x$Se-Laser sind ähnlich aufgebaut wie die konventionellen p-n-Injektionslaser (Kap. 14.2), wobei man je nach Stöchiometrie p- oder n-Leitung erhält. Sie können allerdings nur bei tiefen Temperaturen $T < 120$ K betrieben werden. Wie bei den III-V-Verbindungen bestimmt der von der Zusammensetzung abhängige Bandabstand die Emissionswellenlänge. Die entsprechenden

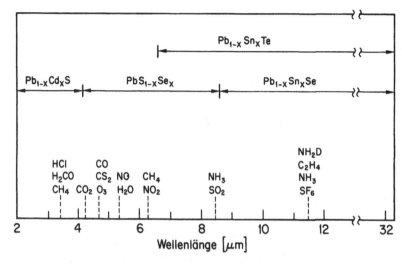

Fig. 14.30 Emissionsbereiche einiger Bleisalzdiodenlaser sowie charakteristische Absorptionswellenlängen von typischen Molekülen [Eng et al. 1980]

Bereiche sind in Fig. 14.30 für einige Verbindungen dargestellt. Außerdem sind einige Absorptionswellenlängen von typischen Molekülen enthalten.

Der ungefähre *Emissionswellenlängenbereich* ergibt sich also aus der spezifischen Zusammensetzung durch einen bestimmten Koeffizienten x. Bei gegebener Zusammensetzung kann je nach Typ die Emissionsfrequenz über einen Bereich von $\sim 200\ \mathrm{cm}^{-1}$ grob abgestimmt werden. Dies erfolgt meist mit einem externen Kühlsystem durch eine Temperaturänderung mit einer Abstimmrate von < 1 bis $4\ \mathrm{cm}^{-1}/\mathrm{K}$. Eine Feinabstimmung kann mittels einer Änderung des Diodenstromes durch die dabei hervorgerufene Temperaturänderung erzielt werden. Der Bereich liegt hier zwischen 1 und $30\ \mathrm{cm}^{-1}/\mathrm{A}$ bzw. 30 und 900 MHz/mA. Ein typisches Beispiel ist in Fig. 14.31 für einen PbSSe-Laser gezeigt.

Bei genauer Betrachtung ist allerdings keine kontinuierliche Wellenlängenabstimmung durch eine Temperaturänderung ΔT gemäß $\Delta v_g = \Delta E_g(T)/h$ möglich. Gleichzeitig ändert sich nämlich auch der Brechungsindex n des Materials um $\Delta n = (\partial n/\partial T)\,\Delta T$ und folglich auch die Eigenfrequenz v_q der longitudinalen Moden um $\Delta v_q = v_q \Delta n/n$.

Beim Abstimmen durch Temperaturänderung verschiebt man im Wesentlichen das Verstärkungsprofil entlang der Frequenzachse. Es schwingt dabei immer der Resonatormode an, der die höchste Verstärkung erfährt (vgl. Fig. 14.32a). Würden sich die Eigenfrequenzen des Resonators simultan

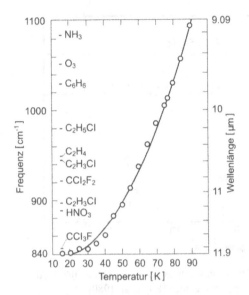

Fig. 14.31 Temperaturabhängigkeit der Emissionswellenlänge eines PbSSe-Lasers. Absorptionswellenlängen von einigen Luftschadstoffen sind ebenfalls gezeigt [Eng et al. 1980]

mitverschieben, würde immer derselbe Mode oszillieren. Eine kontinuierliche Abstimmung wäre so möglich. Gleichzeitig mit der Temperaturänderung verschieben sich jedoch die Resonatoreigenfrequenzen nur um $\Delta \nu_q \simeq 0.15 \Delta \nu_g$. Somit wird beim Abstimmen ein benachbarter Mode eine höhere Verstärkung erfahren und die Laseroszillation auf diesen Mode hüpfen, englisch „*mode jumping*". Dieser Sachverhalt ist in Fig. 14.32b dargestellt. Der *kontinuierliche Abstimmbereich* für einen einzelnen Mode beträgt hier typisch ≤ 1 cm^{-1} bei Abständen von 1 bis 2 cm^{-1}.

Wird der Laser gepulst mit Strompulsen betrieben, so ändert sich die Emissionsfrequenz während der Aufheizung durch den Strompuls, englisch „*frequency chirp*". Auf diese Weise lässt sich eine *extrem schnelle Feinabstimmung*, z. B. aber eine Absorptionslinie eines Moleküls hinweg, innerhalb von µs realisieren. Die Linienbreite der einzelnen Moden beträgt in diesem Fall ca. 10^{-2} cm^{-1}, während im kontinuierlichen Betrieb 10^{-4} cm^{-1} entsprechend 3 MHz erreichbar sind. Im Übrigen sind die Charakteristiken der kommerziellen Bleisalzdiodenlaser denjenigen der kommerziellen Halbleiterlaser der III-V-Verbindungen unterlegen. Dies betrifft insbesondere die Ausgangsleistungen, den Wirkungsgrad, die Betriebstemperatur sowie die Strahlqualität. In neuerer Zeit wurden jedoch auch bei den Bleisalzdiodenlasern Fortschritte mit der Entwicklung von Doppelhetero-(DH-) und

„quantum-well"-Strukturen erzielt [Partin 1988, Schiff et al. 1994, Tacke 1995]. Diese Anstrengungen zielen darauf ab, die Schwellstromdichten zu senken und dadurch die Betriebstemperaturen und die Laserleistungen zu erhöhen. Um 1990 konnten DH-Bleisalzdiodenlaser kontinuierlich zwischen 3 und 10 μm oberhalb von 80 K betrieben werden, in begrenzten Wellenlängenbereichen sogar oberhalb von 170 K, während gepulster Betrieb bis 290 K möglich wurde. Als Beispiel sei ein PbEuSE-DH-Laser auf der Basis von PbSe erwähnt mit einem möglichen Abstimmbereich von 5.7 μm bis 7.8 μm und Betriebstemperaturen von 174 K für kontinuierliche bzw. 220 K für gepulste Emission [Tacke 2000, 2001, Tacke et al. 1988].

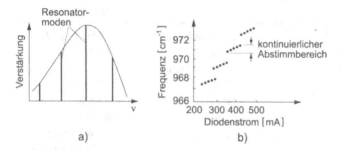

Fig. 14.32 a) Longitudinale Moden innerhalb des Verstärkungsprofils.
b) Modensprünge beim Abstimmen eines cw PbSnTe-Lasers via Diodenstrom in einem He Kryostat [Hinkley et al. 1976]

In neuster Zeit werden auch *optisch gepumpte Bleisalzdiodenlaser* entwickelt. So wurde beispielsweise ein DH „quantum well" kantenemittierender EuSe/PbSe/Pb$_{1-x}$ Eu$_x$Se-Diodenlaser mit einem III-V-Diodenlaser bei 870 nm als Pumplaser gepumpt. Mit einer Pumpspitzenleistung von ca. 7 W wurden 200 mW Spitzenleistung bei 5 μm Wellenlänge erzeugt, was einem differentiellen Quantenwirkungsgrad bis 20 % entspricht. Die Betriebstemperatur des Lasers konnte bis 250 K gesteigert werden [Kellermann et al. 2003]. Für gewinngeführte Strukturen wird auch auf eine einfache Möglichkeit der Wellenlängenabstimmung hingewiesen, nämlich durch Verschiebung des Diodenpumplasers entlang der keilförmig zunehmenden Dicke der aktiven Zone des Bleisalzdiodenlasers [Zogg et al. 2004]. Auch wurden Bleisalzdiodenlaser mit VCSEL Strukturen (s. Kap. 14.2.7) eingeführt. Damit konnten Betriebstemperaturen von bis zu 65°C für gepulste PbTe Laser erzielt werden, allerdings via optische Anregung durch fs-Pumplaser [Heiss et al. 2001]. Für kontinuierlichen Betrieb von PbSe-VCSEL-Diodenlasern bei 7.8 μm Wellenlänge wurden Temperaturen von 80 K und niedrige Schwellpumpintensitäten von nur 25 W/cm^2 erreicht [Fürst et al. 2004].

14.3 Typische Halbleiterlaser-Daten

In der folgenden Tabelle sind charakteristische Daten von Diodenlasern in Abhängigkeit von der Wellenlänge aufgeführt. Es bleibt zu erwähnen, dass die Entwicklungen auf diesem Gebiet rasant sind und dadurch sowohl höhere Leistungen als auch neue Wellenlängenbereiche erwartet werden können.

Tab. 14.1 Typische Daten von Diodenlasern

Perioden-system	Halbleiterverbindung	Wellenlänge	cw Leistung (Einzelelement)
III-V	InGaAlP	635 bis 680 nm	5 bis 10 mW
	$In_{0.5}Ga_{0.5}P$	670 nm	10 mW
	GaAlAs	670 bis 890 nm	
	„	750 nm	8 mW
	„	780 nm	35 mW
	„	810 nm	100 mW
	„	„	50 W (Barren)
	„	„	60 W (quasi-cw)
	„	„	1 kW (Stapel)
	„	„	mehrere kW (quasi-cw)
	„	830 nm	150 mW
	„	850 nm	100 mW
	InGaAsP	0.9 bis 1.8 µm	
	$In_{0.2}Ga_{0.8}As$	0.98 µm	100 mW
	$In_{0.73}Ga_{0.27}As_{0.58}P_{0.42}$	1.31 µm	10 mW
	$In_{0.58}Ga_{0.42}As_{0.9}P_{0.1}$	1.55 µm	5 bis 30 mW
IV-VI	$Pb_{1-x}Cd_xS$	2.8 bis 4.2 µm	0.3 mW
	PbEuSeTe	3.3 bis 5.8 µm	0.5 mW
	$PbS_{1-x}Se_x$	4.0 bis 8.5 µm	0.5 mW
	$Pb_{1-x}Sn_xTe$	6.5 bis 32 µm	0.2 mW
	$Pb_{1-x}Sn_xSe$	8.5 bis 32 µm	0.2 mW
III-V	(Ga, N)	360 bis 440 nm	
II-VI	(Zn, Se)	470 bis 520 nm	
III-V	(Ga, Sb)	2 bis 4 µm	
III-V	(In, Ga, As, P, Al)	4 µm bis THz	Quantenkaskadenlaser

14.4 Anwendungen

Halbleiterlaser auf der Basis von III-V-Verbindungen haben aufgrund ihrer charakteristischen Eigenschaften ein sehr breites Anwendungsgebiet. Sie dienen als *Lichtquelle* in *CD-Geräten*, für optische Plattenspeichersysteme, in *Laserdruckern* und in *Strichcode-Lesegeräten*. Sie stellen ein zentrales Element für die integrierte Optik dar, wo sie je nach Bedarf als Sender, Detektor oder Modulator eingesetzt werden.

In diesen Bereich fallen auch kompakte *optische Sensoren*, wo Diodenlaser, oft in Verbindung mit optischen Fasern, als Lichtquellen eingesetzt werden.

Seit Langem ein äußerst wichtiger Bereich ist ihr Einsatz in der *optischen Nachrichtentechnik* [Kressel 1982]. Da Glasfasern auf Silikatglasbasis ein Dispersionsminimum bei einer Wellenlänge von 1.3 μm und ein Absorptionsminimum bei 1.55 μm aufweisen, sind die in diesem Bereich emittierenden InGaAsP-Laser ideale Lichtquellen für langreichweitige optische *Datenkommunikation* mit Glasfasern. Für diese Anwendung ist außerdem Monomodenbetrieb sehr wichtig, da jede spektrale Verbreiterung aufgrund der Glasfaserdispersion zu einer Pulsverschmierung führt, was die Übertragungsbandbreite der Glasfaser stark reduziert.

Eine weitere Anwendung ist der Einsatz von Hochleistungsdiodenlasern bei 810 nm als *Pumpquelle* für optisch gepumpte Nd-Festkörperlaser (vgl. Kap. 15.2.1). Dank ihres hohen Wirkungsgrades und der günstigen Emissionswellenlänge kann mit Diodenlasern unter anderem eine Erhöhung des Wirkungsgrades des Nd-Lasersystems verglichen mit den konventionellen Blitzlampen-gepumpten Systemen erreicht werden (vgl. Tab. 15.2).

Halbleiterlaser können auch für *spektroskopische* Untersuchungen, insbesondere im *Spurengasnachweis* eingesetzt werden [Inguscio 1994], und zwar sowohl im nahen wie auch im mittleren Infrarotbereich. Trotz der schwächeren molekularen Absorptionsbanden im nahen Infrarot sind für gewisse Moleküle tiefe Nachweisgrenzen möglich [Besson et al. 2004, Cooper & Martinelli 1992, Vogler & Sigrist 2006]. Auch *blaue Diodenlaser* und *VCSEL* finden hier gezielte Anwendungen [Gustafsson et al. 2000, Cattaneo et al. 2004]. Ein wichtiges Beispiel sind auch Sauerstoffsensoren auf der Basis von 760 nm Diodenlaser. Im 2 μm-Bereich wurden entsprechende Messungen mit Sb-Diodenlasern durchgeführt [Schilt et al. 2004, Zeninari et al. 2004, De Tommasi et al. 2006]. Im mittleren Infrarot, wo die starken fundamentalen Absorptionslinien liegen, kommen Bleisalzdiodenlaser und vermehrt *Quantenkaskadenlaser* (*QCL*) zum Einsatz. Obwohl die Ausgangsleistungen dieser Laser oft relativ klein sind, werden durch die schmalen Bandbreiten hohe spektrale Leistungsdichten erzielt. Anwendungen von Bleisalzdiodenlaser-Spektrometern finden sich in Industrie, Umweltanalytik und Grundlagenforschung [Eng et al. 1980, Grisar et al. 1987, Mantz 1987, Schiff et al. 1994, Tacke 1995, 2000 und 2001]. Interband-Kaskadenlaser wurden beispielsweise kürzlich erfolgreich in Flugzeug- und Ballonmessungen von Methan und HCl in der Stratosphäre und oberen Troposphäre eingesetzt [Christensen et al. 2007]. Quantenkaskadenlaser schließlich werden in unterschiedlichen Konfigurationen und Wellenlängen für die empfindliche Gassensorik eingesetzt [Lewicki et al. 2007, McManus et al. 2006, Hofstetter et al. 2001, Wright et al. 2006].

Referenzen zu Kapitel 14

Ashcroft, N. W.; Mermin, N. D. (2005): Solid State Physics. 31st print. Brooks/Cole, South Melbourne

Asada, M.; Miyamoto, Y.; Suematsu, Y. (1986): IEEE J. Quantum Electron. **22**, 1915

Besson, J.-P.; Schilt, S.; Thévenaz, L. (2004): Spectrochim. Acta A **60**, 3449

Burns, G. (1963): Proc. Instr. electr. Engr. **51**, 947

Cattaneo, H.; Laurila, T.; Hernberg, R. (2004): Spectrochim. Acta A **60**, 3269

Christensen, L.E.; Webster, C.R.; Yang, R.Q. (2007): Appl. Opt. **46**, 1132

Cooper, D. E.; Martinelli, R. U. (1992): Laser Focus World (November 1992), 133

Darwish, S.R.; Slivken, S.; Evans, A.; Yu, J.S.; Razeghi, M. (2006): Appl. Phys. Lett. **88**, 201114

De Tommasi, E.; Casa, G.; Gianfrani, L. (2006): Appl. Phys. B **85**, 257

Eng, R. S.; Butler, J. F.; Linden, K. J. (1980): Opt. Engin. **19**, 945

Faist, J.; Capasso, F.; Sivco, D. L.; Sirtori, C.; Hutchinson, A. L.; Cho, A. Y. (1994): Science **264**, 553

Faist, J. (2006): Opt.& Photonics News **17** (No.5), 32

Fürst, J.; Pascher, H.; Schwarzl, T.; Böberl, M.; Springholz, G.; Bauer, G.; Heiss, W. (2004): Appl. Phys. Lett. **84**, 3268

Grisar, R.; Preier, H.; Schmidtke, G.; Restelli, G., eds. (1987): Monitoring of Gaseous Pollutants by Tunable Diode Lasers. D. Reidel Publ. Comp., Dordrecht

Gustafsson, U.; Somesfalean, G.; Alnis, J.; Svanberg, S. (2000): Appl. Opt. **39**, 3774

Hall, R. N.; Fenner, G. E.; Kingsley, J. D.; Soltys, T. G.; Carlson, R. O. (1962): Phys. Rev. Lett. **9**, 366

Heiss, W.; Schwarzl, T.; Springholz, G.; Biermann, K.; Reimann, K. (2001): Appl. Phys. Lett. **78**, 862

Hildebrandt, L.; Knispel, R.; Stry, S.; Sacher, J.R.; Schael, F. (2003): Appl. Opt. **42**, 2110

Hill, D.J.; Wong, C.M.; Yang, B.; Yang, R.Q. (2004): Electron. Lett. **40**, 878

Hinkley, E. D.; Nill, K. W.; Blum, F. A. (1976): Laser Spectroscopy of Atoms and Molecules (ed. H. Walther). Topics in Applied Physics, Vol. 2. Springer, Berlin

Hofstetter, D.; Beck, M.; Faist, J.; Nägele, M.; Sigrist, M.W. (2001): Opt. Lett. **26**, 887

Holonyak jr., N.; Bevacqua, S. F. (1962): Appl. Phys. Lett. **1**, 82

Holonyak jr., N.; Kolbas, R. M.; Dupuis, R. D.; Dapkus, P. D. (1980): IEEE J. **QE-16**, 170

Iga, K. (2000): IEEE J. Sel. Top. in Quant. Electr. **6**, 1201

Inguscio, M. (1994): Frontiers in Laser Spectroscopy (ed. Hänsch, T. W.; Inguscio, M.), pp. 41–59. North-Holland Elsevier, Amsterdam

Jaeckel, H.; Bona, G.; Buchmann, P.; Meier, H.P.; Vettiger, P.; Kozlovsky, W.J.; Lenth, W. (1991): IEEE J.Quantum Electron. **27**, 1560

Jewell, J. L.; Scherer, A.; McCall, S. L.; Lee, Y. H.; Walker, S.; Harbison, J. P.; Florez, L. T. (1989): Electron. Lett. **25**, 1123

Kellermann, K.; Zimin, D.; Alchalabi, K.M; Gasser, P.; Pikhtin, N.A.M; Zogg, H. (2003): J. Appl. Phys. **94**, 7053

Kittel, C. (2006): Einführung in die Festkörperphysik, 14. Aufl. Oldenbourg, München

Klopf, F.; Reithmaier, J.P.; Forchel, A.; Collot, P.; Krakowski, M.; Calligaro, M. (2001): Electron. Lett. **37**, 353

Koechner, W. (1999, 2006): Solid-State Laser Engineering, 5th/6th ed. Springer Series in Optical Sciences, Vol. 1. Springer, Berlin

Koyama, F.; Suematsu, Y.; Arai, S.; Tawee, T. (1983): IEEE J. **QE-19**, 1042

Kressel, H. (1979): Methods of Experimental Physics, Vol. 15-A: Quantum Electronics (ed. C. L. Tang), chapter 4, Academic Press N. Y.

Kressel, H., ed. (1982): Semiconductor Devices for Optical Communication, 2nd ed. Topics in Applied Physics, Vol. 39. Springer, Berlin

Laurila, T.; Joutsenoja, T.; Hernberg, R.; Kuittinen, M. (2002): Appl. Opt. **41**, 5632

Lewicki, R.; Wysocki, G.; Kosterev, A.; Tittel, F.K. (2007): Opt. Express **15**, 7357

Littman, M.G.; Metcalf, H.J. (1978): Appl. Opt. **17**, 2224

Mansour, K.; Qiu, Y.; Hill, C.J.; Soibel, A.; Yang, R.Q. (2006): Electron. Lett. **42**, 1034

Mantz, A. W. (1987): Laser Focus **23**, March 87, p. 80

Maulini, R.; Yarekha, A.; Bulliard, J.-M.; Giovannini, M.; Faist, J; Gini, E. (2005): Opt. Lett. **30**, 2584

McManus, J.B.; Nelson, D.D.; Herndon, S.C.; Shorter, J.H.; Zahniser, M.S.; Blaser, S.; Hvozdara, L.; Muller, A.; Giovannini, M.; Faist, J. (2006): Appl. Phys. **B 85**, 235

Nathan, M. I.; Dumke, W. P.; Burns, G.; Hill jr., F. H.; Lasher, G. (1962): Appl. Phys. Lett **1**, 62

Nakamura, M.; Yariv, A.; Yen, H. W.; Somekh, S.; Garvin, H. L. (1973): Appl. Phys. Lett. **22**, 515

Nakamura, S.; Pearton, S.; Fasol, G. (2000): The Blue Laser Diode: the complete story. 2nd ed. Springer, Berlin

Nurmikko, A.; Gunshor, R.L. (1997): Semicond. Sci. Technol. **12**, 1337

Olego, D. (1995): Europhys. News **26** (5), 112

Panish, M. B.; Hayashi, I.; Sumski, S. (1970): Appl. Phys. Lett. **16**, 326

Partin, D. L. (1988): IEEE J. Quantum Electron. **OE-24**, 1716

Phelan, R. J.; Calawa, A. R.; Rediker, R. H.; Keyes, R. J.; Lax, B. (1963): Appl. Phys. Lett. **3**, 143

Quist, T. M.; Rediker, R. H.; Keyes, R. J.; Krag, W. E.; Lax, B.; McWorther, A. L.; Zeiger, H. J. (1962): Appl. Phys. Lett. **1**, 91

Razeghi, M. (2003): Europ. Phys. J. Appl. Phys. **23**, 149

Salhi, A.; Barat, D.; Romanini, D.; Rouillard, Y.; Ouvrard, A.; Werner, R.; Seufert, J.; Koeth, J.; Vicet, A.; Garnache, A. (2006): Appl. Opt. **45**, 4957

Schiff, H. I.; Mackay, G. I.; Bechara, J. (1994): Air Monitoring by Spectroscopic Techniques (ed. M. W. Sigrist), chapter 5. Wiley, New York

Schilt, S.; Vicet, A.; Werner, R.; Mattiello, M.; Thévenaz, L.; Salhi, A.; Rouillard, Y.; Koeth, J. (2004): Spectrochim. Acta A **60**, 3431

Shi, Z.(1998): Appl. Phys. Lett. **72**, 1272

Soda, H.; Iga, K.; Kitahara, C.; Suematsu, Y. (1979): Jap. J. Appl. Phys. **18**, 2329

Sze, S. M. (1981): Physics of Semiconductor Devices. 2nd ed. Wiley, N. Y.

Tacke, M. (1995): Infrared Phys. Technol. **36**, 447

Tacke, M.; Spanger, B.; Lambrecht, A.; Norton, P. R.; Böttner, H. (1988): Appl. Phys. Lett. **53**, 2260

Tacke, M. (2000): Long Wavelength Infrared Emitters Based on Quantum Wells and Superlattices (ed. M. Helm), pp. 347-396, Gordon and Breach Science, Amsterdam

Tacke, M. (2001): Philos. Trans. R. Soc, London, Ser. A **359**, 547

Treusch, H.G.; Ovtchinnikov, A.; He, X.; Kansar, M.; Mott, J.; Yand, S. (2000): IEEE J. Sel. Topics in Quantum Electron. **6**, 601

Vogler, D.; Sigrist, M.W. (2006): Appl. Phys. B **85**, 349

Walpole, J.N. (1996): Optical and Quantum Electron. **28**, 623

Wittmann, A.; Giovannini, M.; Faist, J.; Hvozdara, L; Blaser, S.; Hofstetter, D.; Gini, E. (2006): Appl. Phys. Lett. **89**, 141116

Wysocki, G.; Curl, R.F.; Tittel, F.K.; Maulini, R.; Builliard, J.-M.; Faist, J. (2005): Appl. Phys. B **81**, 769

Wolff, D. (2005): SPIE's oe magazine (Nov/Dec), p.26

Wright, S.; Cuxbury, G.; Langford, N. (2006): Appl. Phys. B **85**, 243

Yang, R.Q.; Hill, C.J.; Yang, B.H. (2005): Appl. Phys. Lett. **87**, 151109

Yonezu, H.; Sakuma, I.; Kobayashi, K.; Kamejima, T.; Ueno, M.; Nannichi, Y. (1973): Jap. J. Appl. Phys. **12**, 1585

Yu, J.S.; Slivken, S.; Darvish, S.R.; Evans, A.; Gokden, B.; Razeghi, M. (2005): Appl. Phys. Lett. **87**, 041104

Zeninari, V.; Vicet, A.; Parvitte, B.; Joly, L; Durry, G. (2004): Infrared. Phys. Technol. **45**, 229

Zogg, H.; Kellermann, K.; Alchalabi, K.; Zimin, D. (2004): Infrared Phys. Technol. **46**, 155

15 Festkörperlaser (solid state lasers)

Das aktive Medium der konventionellen Festkörperlaser besteht aus Kristallen oder Gläsern mit Abmessungen von einigen cm, welche mit optisch aktiven Ionen dotiert sind. Es handelt sich dabei meist um Ionen der Übergangsmetalle wie z. B. Cr^{3+} oder der seltenen Erden wie z. B. Nd^{3+} oder Ho^{3+}. Die *Laserübergänge* finden zwischen Energieniveaus der inneren ungefüllten Elektronenschalen statt. Diese werden vom Kristallfeld des Wirtskristalls nicht stark beeinflusst. Die Übergänge sind daher ziemlich scharf und strahlungslose Zerfallsprozesse haben keine große Bedeutung. Diese Eigenschaften wirken sich positiv auf die Kleinsignalverstärkung γ (vgl. Gl. (3.15)) und demzufolge auf die Pumpschwelle aus. Die *Dotierung* mit Fremdionen beträgt oft weniger als ein Gewichtsprozent. Trotzdem ist aber die Dichte der laseraktiven Ionen von der Größenordnung von $10^{19}\,cm^{-3}$, d. h. wesentlich höher als beispielsweise die Dichte in einem Gaslaser, wo sie 10^{15} bis $10^{17}\,cm^{-3}$ beträgt. Trotz des relativ kleinen *Wirkungsgrades* von typisch 0.1 % lassen sich daher mit Festkörperlasern hohe Leistungen erzielen. Die *Anregung* geschieht durch optisches Pumpen mit Blitzlampen oder mit Diodenlasern. Der erste Laser der Geschichte war ein Festkörperlaser, nämlich ein Rubinlaser, der im Kap. 15.1 besprochen wird. Der wohl wichtigste Festkörperlaser ist aber heute der Neodymlaser (Kap. 15.2). Weitere Festkörperlaser werden im Kapitel 15.3 diskutiert, während das Kapitel 15.4 abstimmbaren Festkörperlasern gewidmet ist. Abschließend wird im Kapitel 15.5 eine besondere Kategorie von abstimmbaren Festkörperlasern, die der Farbzentrenlaser, vorgestellt.

15.1 Rubinlaser (ruby laser)

Der Rubinlaser wurde 1960 als erster Laser realisiert [Maiman 1960a], hat aber heute kaum mehr eine Bedeutung. Rubin (Al_2O_3:Cr^{3+}) besteht aus Korund (Al_2O_3), dotiert mit Chrom. Die Cr^{3+}-Konzentration beträgt typisch 0.05 Gewichtsprozent.

15.1.1 Energieniveauschema

Das Energieniveauschema des Rubinlasers entspricht demjenigen des Cr^{3+}-Ions im Al_2O_3-Gitter. Die für das Verständnis des Lasers wichtigsten Niveaus sind in Fig. 15.1 dargestellt.

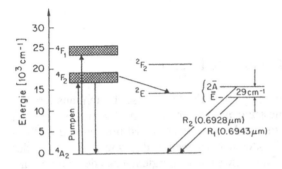

Fig. 15.1   Energieniveauschema des Rubinlasers [Mainman 1960b]

Es handelt sich um ein *Dreiniveau-System*, bei dem das untere Laserniveau identisch mit dem Grundzustand $^4A_2$ ist. Rubin weist zwei ca. 100 nm breite Absorptionsbänder im sichtbaren Spektralbereich auf, nämlich $^4F_1$ und $^4F_2$. Die mittleren Wellenlängen für diese Pumpbänder liegen bei $\lambda_1 \simeq 404$ nm (violett) für die $^4A_2 \rightarrow ^4F_1$-Absorption bzw. bei $\lambda_2 \simeq 554$ nm (grün) für die $^4A_2 \rightarrow ^4F_2$-Absorption (vgl. Fig. 15.2). Diese Absorptionsbänder sind verantwortlich für die charakteristische rote Farbe des Rubins.

Die Ionen in den ^4F-Bändern zerfallen innert einer mittleren Zeitdauer von $5 \cdot 10^{-8}$ s strahlungslos in das obere Laserniveau ^2E (vgl. Fig. 15.1). Die strahlungslosen Übergänge führen zu einer Erwärmung des Rubinkristalls. Das Niveau ^2E ist in zwei Zustände $2\bar{A}$ und $\bar{E}$ aufgespalten, die nur um eine Energiedifferenz $\Delta E = 29$ cm^{-1} voneinander getrennt sind. Zwischen diesen beiden Niveaus findet innert 1 ns eine Thermalisierung der entsprechenden Besetzungsdichten statt, sodass das untere Niveau $\bar{E}$ etwas stärker besetzt ist. Beide Niveaus sind *metastabil* mit einer Lebensdauer von $\simeq 3$ ms. Die von diesen Niveaus ausgehenden Laserübergänge R_1 entsprechend $\bar{E} \rightarrow ^4A_2$ bzw. R_2 entsprechend $2\bar{A} \rightarrow ^4A_2$ sind elektrisch Dipol-, Spin- und Paritäts-verbotene Übergänge. Sie geschehen als erzwungene elektrische Dipolübergänge infolge von Gitterstörungen [Schawlow 1962]. Der Fluoreszenzwirkungsgrad für die R_1- und R_2-Übergänge ist annähernd 100 %. Normalerweise erfolgt die Lasertätigkeit auf der R_1-Linie bei 694.3 nm (rot) wegen der etwas größeren Verstärkung. Da jedoch

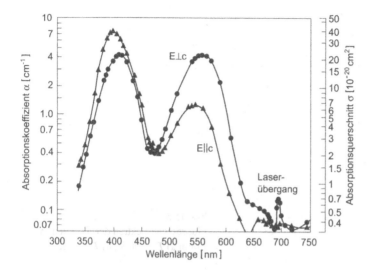

Fig. 15.2   Absorptionsspektrum von Rubin bei 300 K für einfallendes Licht mit $\vec{E} \parallel c$-Achse des Kristalls und $\vec{E} \perp c$ [Cronemeyer 1966]

$\Delta E(2\overline{A} - \overline{E}) = 29$ cm^{-1} < kT ist, d. h. die Besetzungen der oberen Laserniveaus nur wenig voneinander abweichen, kann Laseremission mit Hilfe eines dispersiven Elementes auch auf der benachbarten R_2-Linie bei $\lambda = 692.8$ nm erreicht werden. Da Rubin als Dreiniveau-System funktioniert, ist es offensichtlich, dass *mehr als die Hälfte* aller Cr^{3+}-Ionen in das obere Laserniveau gepumpt werden müssen, um überhaupt die nötige Besetzungsinversion aufzubauen. Dies ist aber dank der langen Lebensdauer des ^2E-Zustandes möglich.

Die Linien R_1 und R_2 sind wegen der Wechselwirkung der Cr^{3+}-Ionen mit Gitterphononen vorwiegend homogen verbreitert. Die *Linienbreiten* sind stark temperaturabhängig (vgl. Fig. 15.3 und Fig. 15.4). Die Temperaturabhängigkeit der Fluoreszenzlinienbreiten äußert sich in den Betriebsbedingungen des Rubinlasers. So liegt beispielsweise die Pumpschwelle beim Betrieb bei 77 K rund 100 mal tiefer als bei Raumtemperatur.

15.1.2   Konstruktion

Rubinlaser werden gewöhnlich gepulst betrieben. Zur Anregung dient eine Blitzlampe. Der Aufbau ist ähnlich demjenigen eines blitzlampengepumpten Farbstofflasers (vgl. Kap. 13.3.1), wobei jedoch oft eine spiralförmige Blitzlampe verwendet wird wie in Fig. 15.5 dargestellt.

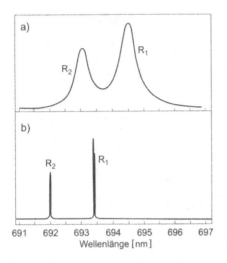

Fig. 15.3
Fluoreszenzspektren der R-Linien in
Rubin a) $T = 300$ K, b) $T = 77$ K

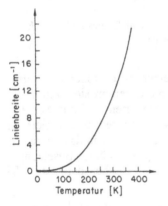

Fig. 15.4
Linienbreite der R_1-Linie von Rubin
[Schawlow 1961]

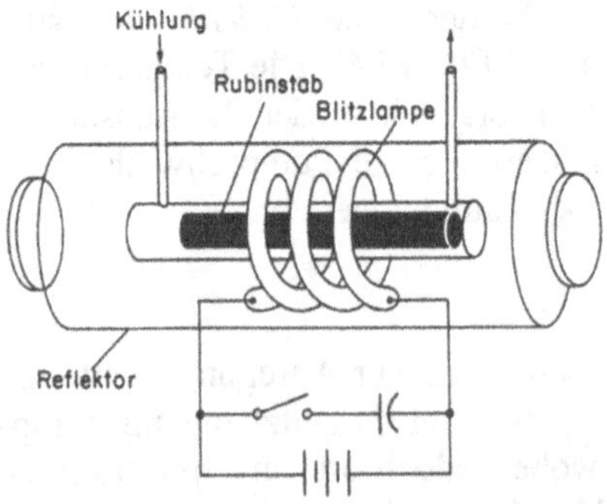

Fig. 15.5
Typischer Aufbau eines Rubinlasers

Das Licht der *Blitzlampe* erreicht den Rubinkristall entweder direkt oder durch Reflexion am innen verspiegelten Zylinder. Der stabförmige Rubinkristall von typisch 5 bis 20 cm Länge und 5 bis 10 mm Durchmesser wird gekühlt. Der Resonator besteht entweder aus externen Spiegeln oder wird direkt durch die verspiegelten Stirnflächen des Rubinstabes gebildet. Die Blitzlampenanregung geschieht via Entladung einer Kapazität. Die Dauer des Blitzes beträgt typisch 500 μs. Die Füllung der Blitzlampen besteht aus einem Edelgas, Kr oder Xe bzw. aus Quecksilberdampf von einigen hundert mbar Druck. Für den Rubinlaser wird mit Vorteil eine Quecksilberdampflampe verwendet wegen ihres für die Anregung günstigen Emissionsspektrums. Die Hauptemissionsbereiche um 400 nm und 550 nm der Quecksilberdampflampe fallen mit den Pumpwellenlängen des Rubins zusammen. Trotzdem werden nur rund 27 % der hineingesteckten elektrischen Energie in nutzbare optische Anregungsenergie umgewandelt. Davon erreicht aber nur ein Teil den Rubinkristall, wovon auch wieder nur ein Teil zur Anregung des oberen Laserniveaus führt. Der totale Pumpwirkungsgrad für das optische Pumpen liegt somit bei rund 3 %. Aus solchen Überlegungen kann die elektrische Energie abgeschätzt werden, welche mindestens in die Blitzlampe hineingesteckt werden muss, um die Schwelleninversion im Rubin zu erreichen. Man findet einen Wert von der Größenordnung von 300 J pro cm^2 der Rubinstaboberfläche [Yariv 1991].

Rubinlaser können auch *kontinuierlich* betrieben werden bei Benutzung einer Hochdruck-Quecksilberdampflampe. Allerdings ist ein cw-Betrieb wegen der hohen Pumpschwelle im Dreiniveau-System nicht einfach und es können nur Leistungen von rund 1 mW erreicht werden.

15.1.3 Laserdaten

Rubinlaser werden in vier verschiedenen Betriebsarten benutzt, nämlich

i) im normalen Pulsbetrieb, wobei ein unregelmäßiges „Spiking" beobachtet wird (vgl. Kap. 3),

ii) im Q-switch-Betrieb (vgl. Kap. 9),

iii) im Betrieb mit Modenkopplung zur Erzeugung ultrakurzer Laserpulse (vgl. Kap. 10),

iv) im kontinuierlichen Betrieb.

Tab. 15.1 enthält einige typische Daten. Weitere Informationen über den Rubinlaser finden sich in Kap. 15.2.4 beim Vergleich mit dem Neodymlaser.

Tab. 15.1   Einige typische Daten von 694.3 nm-Rubinlasern
bei verschiedenen Betriebsbedingungen

Betriebsart	Spitzenleistung	Pulsdauer
Normalpuls	$\simeq 100$ kW	≤ 0.5 ms
Q-switch	10 bis 50 MW	10 bis 20 ns
Modenkopplung	einige GW	10 bis 30 ps
cw	1 mW	∞

15.1.4   Anwendungen

Rubinlaser waren früher sehr populär, sind aber heute durch andere Lasertypen, wie z. B. den Neodymlaser, weitgehend verdrängt worden. Das *Pumpen von Farbstofflasern* (vgl. Kap. 13) mit Rubinlasern ist heute nicht mehr gebräuchlich. Obwohl die Wellenlänge von 694.3 nm für das Pumpen von Farbstoffen im IR-Spektralbereich günstig wäre, ist wegen der sehr kleinen Pulsrepetitionsrate von weniger als 1 Hz und der niedrigen Durchschnittsleistung von 1 W der Rubinlaser nur noch für einige spezielle Anwendungen von Bedeutung. Außerdem sind Nah-IR-Farbstofflaser inzwischen durch Ti:Saphir-Laser (s. Kap. 15.4.3) verdrängt worden.

Auch auf dem Gebiet der *Materialbearbeitung* mit Lasern hat der Rubinlaser Konkurrenz durch andere Lasertypen erhalten, insbesondere dem Neodym-, CO_2- und Excimerlaser. Eine bekannte Anwendung war das Bohren von Uhrensteinen aus Rubin mit einem Rubinlaser [Cohen 1972].

15.2   Neodymlaser

Der populärste Festkörperlaser ist der Neodym-(Nd)-Laser, der 1961 erstmals mit Glas [Snitzer 1961] bzw. mit $CaWO_4$ als Wirtskristall [Johnson und Nassau 1961] sowie 1964 mit dem heute gebräuchlichen Yttrium-Aluminium-Granat (YAG) realisiert wurde [Geusic et al. 1964]. Andere Wirtskristalle wie z. B. Yttrium-Lithium-Fluorid (YLi_4F, kurz YLF), werden ebenfalls für Nd-Laser benutzt (s. Kap. 15.3.2). Hier werden nur die am meisten verbreiteten Nd:YAG- und Nd:Glas-Laser besprochen.

15.2.1   Nd:YAG-Laser

Yttrium-Aluminium-Granat ($Y_3Al_5O_{12}$, kurz YAG) ist ein kubischer Wirtskristall. Er ist hart, von guter optischer Qualität und besitzt eine vergleichsweise hohe Wärmeleitfähigkeit. Im Nd:YAG-Laser sind ca. 1 % der Y^{3+}-Ionen durch Nd^{3+}-Ionen ersetzt.

15.2.1.1   Energieniveauschema

Das Energieniveauschema für den Nd:YAG-Laser entspricht demjenigen von Nd^{3+} im $Y_3Al_5O_{12}$-Gitter. Die für das Verständnis des Lasers wichtigsten Niveaus sind in Fig. 15.6 dargestellt.

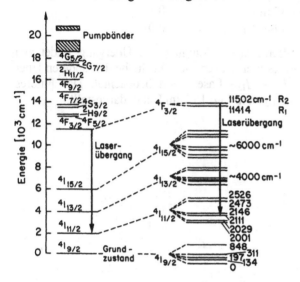

Fig. 15.6   Energieniveauschema des Nd:YAG-Lasers. Für Details siehe [Dieke & Crosswhite 1963]

Im Gegensatz zum Rubinlaser (vgl. Kap. 15.1) handelt es sich hier um ein typisches Vierniveau-System, denn das untere Laserniveau $^4I_{11/2}$, welches durch einen schnellen, strahlungslosen Übergang mit dem Grundzustand $^4I_{9/2}$ gekoppelt ist, befindet sich bei einer Energie E von 2111 cm^{-1}. Da $E \simeq 10\,kT$ bei Raumtemperatur, ist die Besetzungsdichte des unteren Laserniveaus gemäß dem Boltzmannfaktor von $\exp(-10) \simeq 4.5 \cdot 10^{-5}$ vernachlässigbar klein. Die Absorption der Pumpstrahlung, welche für die Besetzung des oberen Laserniveaus verantwortlich ist, findet in einer Reihe von Bändern mit Energien zwischen rund $13 \cdot 10^3$ cm^{-1} und $25 \cdot 10^3$ cm^{-1} statt. Die wichtigsten Pumpbänder sind die [$^4F_{5/2}$, $^2H_{9/2}$]-Niveaus, entsprechend einer Pumpwellenlänge von 0.8 μm sowie die [$^4S_{3/2}$, $^4F_{7/2}$]-Niveaus, entsprechend rund 0.7 μm. Die in die verschiedenen Pumpbänder angeregten Nd^{3+}-Ionen sind durch schnelle, strahlungslose Übergänge mit dem $^4F_{3/2}$-Niveau, dem oberen Laserniveau, gekoppelt. Ähnlich wie beim Rubinlaser hat auch dieses Niveau wegen verbotener elektrischer Dipolwechselwirkung eine lange Lebensdauer von 240 μs und einen Fluoreszenzwirkungsgrad von mehr als 99.5 %. Ausgehend von diesem Niveau betragen die Fluoreszenzwahrscheinlichkeiten der entsprechenden Übergänge:

$$^{4}F_{3/2} \rightarrow {}^{4}I_{9/2} \ (0.9 \ \mu m) \qquad : \qquad 0.25,$$

$$^{4}F_{3/2} \rightarrow {}^{4}I_{11/2} \ (1.06 \ \mu m) \qquad : \qquad 0.60,$$

$$^{4}F_{3/2} \rightarrow {}^{4}I_{13/2} \ (1.35 \ \mu m) \qquad : \qquad 0.14,$$

$$^{4}F_{3/2} \rightarrow {}^{4}I_{15/2} \ (1.7 \ bis \ 2.1 \ \mu m) \qquad : \qquad < 0.01.$$

Der für Lasertätigkeit offensichtlich dominierende Übergang findet zwischen $^{4}F_{3/2}$ und $^{4}I_{11/2}$ statt, es wurde aber auch für die beiden anderen Übergänge $^{4}F_{3/2} \rightarrow {}^{4}I_{9/2}$ und $^{4}F_{3/2} \rightarrow {}^{4}I_{13/2}$ Laseraktion beobachtet. Das Fluoreszenzspektrum für $^{4}F_{3/2} \rightarrow {}^{4}I_{11/2}$ ist in Fig. 15.7 im Detail dargestellt.

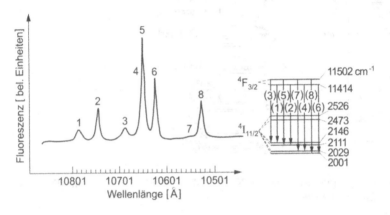

Fig. 15.7 Fluoreszenzspektrum von Nd^{3+} in YAG bei 300 K im Bereich von 1.06 μm [Koningstein & Geusic 1964]

Der *Laserübergang* mit einer Wellenlänge von 1064 nm ($\simeq$1.06 μm) entspricht dem Übergang (5) in Fig. 15.7 mit der stärksten Fluoreszenzintensität. Das obere Laserniveau ist somit das obere der beiden $^{4}F_{3/2}$-Niveaus. Es wird durch thermische Übergänge aus dem unteren Niveau entsprechend einem Besetzungsdichteverhältnis gemäß der Boltzmannverteilung von 40 % : 60 % wieder aufgefüllt. Das untere Laserniveau mit der Energie von 2111 cm^{-1} entleert sich durch einen schnellen, strahlungslosen Übergang in den Grundzustand $^{4}I_{9/2}$.

Die strahlungslosen Übergänge sowohl von den Pumpbändern zum $^{4}F_{3/2}$-Niveau wie auch bei der Entleerung des unteren Laserniveaus führen zu einer Erwärmung des Kristalls. Hier wirkt sich die rund 10 mal größere Wärmeleitfähigkeit von YAG verglichen mit Glas beim Nd:Glas-Laser vorteilhaft aus. Analog zum Rubinlaser ist auch beim Nd:YAG-Laser der Laserübergang vorwiegend homogen verbreitert mit einer Linienbreite von rund 6.5 cm^{-1} bei $T = 300$ K. Allerdings ist die Temperaturabhängigkeit der Linienbreite wesentlich schwächer als beim Rubinlaser, sodass die Pumpschwelle beim Betrieb bei 77 K nur etwa 4 mal tiefer liegt als bei Raumtemperatur.

15.2.1.2 Konstruktion

a) *Blitzlampen-gepumpte Nd:YAG-Laser.* Der Nd:YAG-Laser kann gepulst oder kontinuierlich betrieben werden. Da der Nd:YAG-Laser einem Vierniveau-System entspricht, ist der kontinuierliche Betrieb wesentlich einfacher und mit besserem Wirkungsgrad erreichbar als mit dem Rubinlaser.

Nd:YAG-Laserstäbe haben ähnliche Dimensionen wie die Rubinlaserstäbe. Die Anregung geschieht üblicherweise mit Xenon-Blitzlampen von 600 bis 2000 mbar Xe-Druck für gepulste Laser bzw. mit Hochdruck Kr-Lampen von 4 bis 6 bar Druck für cw-Laser. Statt spiralförmiger Blitzlampen wird meist eine lineare Pumpanordnung gewählt (vgl. Fig. 13.5), oft mit mehreren Blitzlampen, die rund um den Laserstab angeordnet sind. Später wurde die sogenannte *„slab"-Geometrie* eingeführt, wo das aktive Lasermedium nicht mehr in Form eines runden Stabes, sondern als rechteckige Platte von einigen mm Dicke vorliegt, worin sich der Laserstrahl durch Totalreflexion zickzackförmig fortpflanzt. Die Anregung erfolgt ebenfalls mit Blitzlampen (vgl. Fig. 15.8).

Beim Lasermedium im gezeigten Beispiel handelt es sich um einen Einkristall aus Nd^{3+}-dotiertem Gadolinium-Gallium-Granat (Gd$_3$Ga$_5$O$_{12}$, kurz GGG). Eine doppelelliptische Kavität wird benutzt, um das scheibenför-

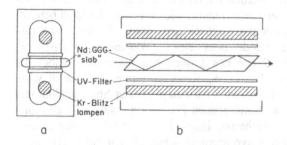

Fig. 15.8 Nd:GGG-Laser mit „slab"-Geometrie
a) Querschnitt [Maeda et al. 1987] b) Seitenansicht

mige Medium möglichst effizient und homogen zu pumpen. Die UV-Filter zwischen dem „slab"- und den Kr-Blitzlampen dienen zur Verhinderung der Polarisation des Mediums. Mit einem „slab" von nur 15 cm Länge mit 12 internen Reflexionen wurde im gepulsten Betrieb eine Durchschnittsleistung von 100 W erreicht. Der Vorteil der „slab"-Geometrie liegt darin, dass das Problem der sogenannten thermischen Linse, welches in einem Laserstab aufgrund der inhomogenen Erwärmung und der damit gekoppelten Brechungsindexänderungen oft auftritt, stark reduziert werden kann. Die „slab"-Geometrie ist daher besonders für Hochleistungslaser von Interesse. Mit verbesserten Konstruktionen konnte dann auch der Bereich von über 300 Watt durchschnittlicher Leistung erreicht werden bei gleichbleibenden Strahl- und Divergenzeigenschaften.

b) Diodenlaser-gepumpte Nd:YAG-Laser. Eine weitere interessante Laserkonfiguration ist das *optische Pumpen mit Diodenlasern* (vgl. Kap. 14) anstelle von Blitzlampen. Obwohl bereits 1964 erprobt [Keyes & Quist 1964], hat sich diese Methode erst relativ spät durchgesetzt dank der Entwicklung von Hochleistungs-Diodenlasern (Kap. 14.2.11). Die Verwendung von Diodenlasern liefert beträchtliche Vorteile in Bezug auf die Effizienz der Anregung, die Lebensdauer und die geometrischen Abmessungen des Lasers und weiterer Lasereigenschaften wie verbesserte Strahlqualität und reduzierte Linienbreite. Die zum Pumpen von Nd:YAG verwendeten Diodenlaser sind GaAlAs-Laser mit einer Emissionswellenlänge zwischen 805 und 810 nm, die mit einem der Pumpbänder von Nd:YAG zusammenfällt. Bei der Anregung mit Diodenlasern wird im Gegensatz zu den anderen Pumpquellen die gesamte optische Pumpenergie vom Nd:YAG-Kristall in dessen Pumpband absorbiert. Die Erwärmung des Kristalls wird dadurch erheblich reduziert und der totale Wirkungsgrad beträchtlich verbessert, wie Tab. 15.2 zeigt.

Wie in Fig. 15.9 dargestellt, werden für Diodenlaser-gepumpte Festkörperlaser sowohl longitudinale wie auch transversale Pumpanordnungen benutzt. Bei der longitudinalen Anordnung, englisch *„end-pumped"*, wird die Strahlung einer einzelnen Laserdiode oder eines *Diodenlaserbarrens* bzw. *„stacks"* auf die eine Stirnfläche des Laserstabes fokussiert, wobei der Brennpunktdurchmesser auf den TEM_{00}-Resonatormode abgestimmt wird. Die Vorteile liegen im sehr kompakten Aufbau bei hoher Strahlqualität und hohem Wirkungsgrad. Bei der transversalen Pumpanordnung, englisch *„side-pumped"*, sind die Diodenlaserbarren längs des Laserstabes oder „slabs" angeordnet und pumpen das aktive Medium senkrecht zur Nd:YAG-Laserachse. Die Diodenlaserpumpleistung kann in dieser Pumpgeometrie skaliert werden, das Pumpen braucht nicht kohärent zu sein. Für Systeme mit höheren

Tab. 15.2 Vergleich verschiedener Pumpquellen für den Nd: YAG-Laser [Baer 1986].
Die Diodenlaserdaten wurden aufdatiert

	Edelgas-Bogenlampe	Wolframlampe	Diodenlaserbarren
Elektrische Eingangsleistung der Pumpquelle	2 kW	500 W	150 W
Nutzbare Pumpleistung	100 W	5 W	50 W
Laserleistung (TEM_{00}-Mode)	8 W	0.23 W	15 W
Totaler Wirkungsgrad	0.4 %	0.04 %	10 %
Typ. Lebensdauer der Pumpquelle	400 h	100 h	10'000 h

a)

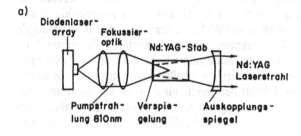

b)

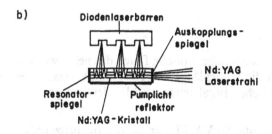

Fig. 15.9 Typische geometrische Anordnung von Diodenlaser-gepumpten Nd:YAG-Lasern niedriger Leistung bis in den Watt-Bereich
a) Longitudinale Pumpanordnung b) Transversale Pumpanordnung

Leistungen bis in den Bereich von einigen 100 W werden mehrere Dioden-laser-Arrays symmetrisch um den Stab bzw. „slab" angeordnet. Für Multi-modenbetrieb sind dadurch noch höhere Wirkungsgrade erreichbar.

Es gibt verschiedene andere Konfigurationen, u. a. auch fiberoptische Ein-kopplungen, die alle darauf ausgerichtet sind, den Pumpwirkungsgrad zu maximieren.

Derartige Systeme erlauben eine kompakte Bauweise, die gesamte Kavität ist nur wenige cm lang und eine Wasserkühlung erübrigt sich. Diodenlaser-gepumpte Nd:YAG-Laser werden sowohl kontinuierlich wie auch gepulst betrieben. Oft sind derartige Laser gleich noch mit einer Frequenzverdopp-lereinheit versehen, sodass der Ausgangsstrahl bei der Wellenlänge von 532 nm (grün) erscheint.

Eine weitere Kategorie bilden die *Monomode-Nd:YAG-Laser*, die hohe Ansprüche an die Frequenzstabilität erfüllen. Der verwendete Ringresonator wird im Gegensatz zum Farbstoff-Ringlaser (s. Kap. 13.3.5) direkt durch Totalreflexionen an den speziell geschnittenen Flächen eines kleinen Nd:YAG Kristalls realisiert, d. h. der Laserkristall bildet gleichzeitig auch die Laserkavität. Im sehr kompakten *monolithischen* Aufbau als *nichtplana-rer Ringoszillator* (*NPRO*), wie er in Fig. 15.10 gezeigt ist, werden die magneto-optischen Eigenschaften von YAG sowie ein Magnetfeld (Fara-dayeffekt) benutzt, um eine laufende Welle in der Laserkavität zu erzeugen und damit das räumliche Lochbrennen, englisch „spatial hole burning" (s. Kap. 8.2), zu verhindern. Da für Monomodenbetrieb keine weiteren opti-schen Elemente nötig sind, resultiert ein großer Wirkungsgrad mit konti-nuierlichen Leistungen bis 1 Watt bei gleichzeitig hoher Frequenzstabilität. Entsprechend werden diese Laser eingesetzt, beispielsweise auch als „injec-tion seeder" für gepulste Monomode-Nd:YAG-Laser hoher Leistung (vgl. auch 8.2.5).

15.2.1.3   Laserdaten

Tab. 15.3 gibt eine Übersicht über einige typische Daten des heute weitver-breiteten Nd:YAG-Lasers für die Wellenlänge von 1064 nm für verschiede-ne Betriebsarten. Es wird zwischen Blitzlampen- und Diodenlaser-gepump-ten Typen unterschieden.

Daneben existieren auch gepulste Nd:YAG-Laser für die frequenzverviel-fachten Wellenlängen von 532 nm, 355 nm und 266 nm. Zu erwähnen sind insbesondere auch kompakte, luftgekühlte Diodenlaser-gepumpte Nd:YVO$_4$-Laser (s. Kap. 15.3.2) mit kontinuierlichen Leistungen von 5 bis 10 Watt bei 532 nm Wellenlänge, die sich beispielsweise als Pumplaser für Ti:Saphir-

Laser eignen. In einer kleinen batteriebetriebenen Variante werden solche Laser heute als grüne Laserpointer verwendet.

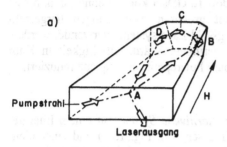

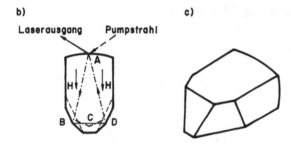

Fig. 15.10 Monolithischer Monomode-Diodenlaser-gepumpter Nd:YAG-Laser mit einem nichtplanaren Ringoszillator. Totalreflexionen finden bei den Punkten B, C und D statt, während das angelegte permanente Magnetfeld eine Faradayrotation entlang AB und DA bewirkt.
a) Schematische Darstellung mit Lichtweg, b) Grundriss, c) Kristall

Tab. 15.3 Typische Laserdaten für Blitzlampen- und Diodenlaser-gepumpte Nd:YAG-Laser

Betriebsart	Pulsenergie		Pulsdauer	Leistung
Normalpuls	≈10	J	1 bis 10 ms	
Q-switch	≲ 1	J	5 bis 10 ns	
Modenkopplung	≲ 100 mJ		≈ 20 ps	
cw				bis mehrere 100 W
Dioden-gepumpt, gepulst	mJ		< µs	
Dioden-gepumpt, cw				einige W bis mehrere kW

15.2.2 Der Nd:Glas-Laser

Anstelle eines YAG oder anderer Kristalle wird Glas, beispielsweise Silikat-
oder Phosphatglas, mit Nd^{3+}-Ionen dotiert. Gläser können höher, d. h. bis zu
Gewichtsprozenten, dotiert und mit größeren Abmessungen hergestellt
werden, weshalb sie für Hochleistungs-Nd-Lasersysteme verwendet werden.
Als Nachteil muss allerdings eine geringere Wärmeleitfähigkeit in Kauf
genommen werden, was die erreichbare Pulsrepetitionsfrequenz reduziert.

15.2.2.1 Energieniveauschema

Der Nd:Glas-Laser ist ebenfalls ein *Vierniveau-System* mit einem Energieniveauschema analog zum Nd:YAG-Laser (vgl. Fig. 15.6) und einer identischen Emissionswellenlänge von 1.06 µm. Der wichtigste Unterschied im
Energieniveauschema geht aus Fig. 15.11 hervor.

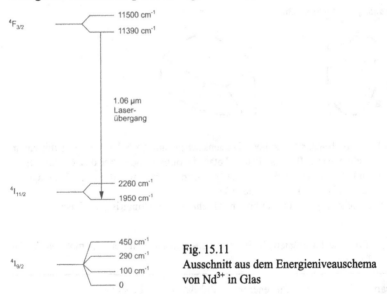

Fig. 15.11
Ausschnitt aus dem Energieniveauschema
von Nd^{3+} in Glas

Im Gegensatz zum Nd:YAG-Laser startet beim Nd:Glas-Laser der Laserübergang vom unteren der beiden $^4F_{3/2}$-Niveaus. Das untere Laserniveau
entspricht wie beim Nd:YAG-Laser einem der $^4I_{11/2}$-Zustände, besitzt jedoch
eine etwas niedrigere Energie von 1950 cm^{-1}.

Bedingt durch die amorphe Struktur des Glases beträgt die *Linienbreite* der
Nd^{3+}-Fluoreszenz ca. 300 cm^{-1}, d. h. rund 50 mal mehr als bei Nd:YAG.
Das Fluoreszenzspektrum ist je nach Glastyp leicht unterschiedlich, wie Fig.
15.12 zeigt.

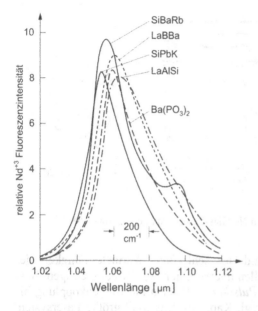

Fig. 15.12
Fluoreszenzemission der 1.06 μm-Linie von Nd^{3+} in verschiedenen Gläsern bei $T = 300$ K [Snitzer & Young 1968]

Eine größere Laserlinienbreite hat gemäß der Schawlow-Townes-Beziehung (vgl. Gl. (3.23)) eine höhere *Schwelleninversion* zur Folge, d. h. es ist eine größere Besetzungsinversion für eine bestimmte Verstärkung nötig. Andererseits lässt sich wesentlich mehr Energie bei gegebener Verstärkung im Medium speichern, und es können kürzere Laserpulse mit hoher Spitzenleistung erzeugt werden (vgl. Kap. 15.2.4).

Eine weitere Besonderheit des Glases äußert sich in der schwachen Temperaturabhängigkeit der Laserlinienbreite. Die Pumpschwelle beim Betrieb bei Raumtemperatur ist nur etwa doppelt so groß wie bei $T = 77$ K.

15.2.2.2   Konstruktion

Nd:Glas-Laser werden gewöhnlich mit Xe-Blitzlampen gepumpt in einer Anordnung analog zu derjenigen eines Nd:YAG-Lasers. Nd:Glas-Laserstäbe können in wesentlich größeren Dimensionen hergestellt werden als Nd:YAG-Stäbe, nämlich bis zu einigen 10 cm Durchmesser und 1 m Länge.

In Hochleistungs-Nd:Glas-Lasersystemen wird die Leistung des anfänglichen Laseroszillators in mehreren Stufen verstärkt. In diesen Verstärkern werden nicht mehr Laserstäbe, sondern scheibenförmige Nd:Glas-Verstärker, englisch *„disk amplifiers"*, verwendet, die unter dem Brewsterwinkel θ_B zum Strahlengang angeordnet werden (vgl. Fig. 15.13).

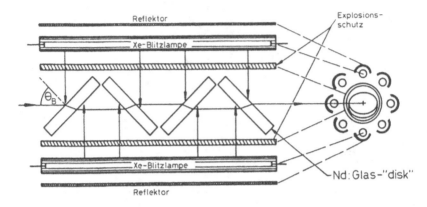

Fig. 15.13   Diagramm eines typischen Nd:Glas-Laserverstärkers [Brown 1981]

Nd:Glas-Laser werden aufgrund der schlechten Wärmeleitfähigkeit des Glases und der höheren Schwelleninversion nur gepulst bei niedrigen Pulsrepetitionsraten betrieben. Die *Pulsdauern* können mit Modenkopplung bis auf ca. 5 ps reduziert werden (vgl. Kap. 10). Das wohl größte Lasersystem der Welt war ein Nd:Glas-Lasersystem, welches am Lawrence Livermore National Laboratory (California, USA) für Laserfusionsstudien [Craxton et al. 1986, Krupke et al. 1979] entwickelt wurde. Das zehnarmige Lasersystem lieferte nach der Frequenzverdopplung eine Pulsenergie von insgesamt 100 kJ mit einer Pulsspitzenleistung von 10^{14} Watt bei Pulsdauern von unter 1 ns. In verschiedenen Laboratorien wurden die Anstrengungen fortgeführt, um mit weiterentwickelten Nd:Glas-Lasersystemen Fusionsenergie aus Deuterium-Tritium „pellets" bei Pulsenergien von 1 MJ und Pulsdauern von 100 ps bis 1 ns zu gewinnen.

Nd:Glas-Laser werden vor allem zur Erzeugung kurzer, intensiver Laserpulse eingesetzt. Die Pumpschwelle für den kontinuierlichen Betrieb ist rund 50 mal höher als beim Nd:YAG-Laser, was erklärt, weshalb Nd:Glas-Laser nicht im cw-Betrieb verwendet werden.

15.2.3 Anwendungen von Nd:YAG- und Nd:Glas-Lasern

Eine wichtige technische Anwendung des Neodymlasers ist die *Materialbearbeitung* entweder mit kontinuierlichen oder repetitiv gepulsten Systemen. Die Bearbeitungsarten umfassen das Naht- und Punktschweißen, das Markieren und Beschriften mit bis zu 20 Zeichen pro Sekunde, das Bohren mit Lochdurchmessern von einigen μm bis einigen Hundert μm [Treusch et al. 2000] sowie das Ritzen und Schneiden verschiedenster Materialien

[Beyer et al. 1985]. Eine andere Anwendung betrifft den *medizinischen* Einsatz, insbesondere in der Augenheilkunde, d. h. in der Ophthalmologie [Schröder 1983] sowie für allgemeine, chirurgische Eingriffe. Die Laserwellenlänge von 1.06 μm ist günstig in Bezug auf die Verwendung von Glasfasern, wird jedoch vom Gewebe wesentlich schwächer absorbiert als Erbium- oder CO_2-Laserstrahlung.

Im Forschungsbereich ist der Nd:YAG-Laser das eigentliche „Arbeitspferd". So wird er oft zum *Pumpen* anderer Laser eingesetzt, vor allem im Zusammenhang mit *frequenzvervielfachter* Strahlung. Durch nichtlinear optische Kristalle [vgl. Shen 2003] lässt sich die 1064 nm-Strahlung mit gutem Konversionsgrad in grüne 532 nm-Strahlung umwandeln. Auch eine Frequenzverdreifachung zu 355 nm bzw. -vervierfachung zu 266 nm ist möglich. Diese sichtbare bzw. UV-Strahlung ist günstig zum Pumpen von Farbstofflasern (vgl. Kap. 13.3.2) und optisch parametrischen Oszillatoren, aber auch für zahlreiche *photochemische* Untersuchungen. Zu erwähnen sind auch genaue *Entfernungsmessungen* mit frequenzverdoppelten Nd-Lasern für geodätische, meteorologische und militärische Anwendungen.

Wie bereits in Kap. 15.2.2.2 erwähnt, werden Nd:Glas-Laser auch als Verstärker in Hochleistungssystemen für Laserfusionsexperimente [Koechner 2006] eingesetzt.

15.2.4 Vergleich zwischen Rubin- und Neodymlasern

In diesem Abschnitt sollen einige Material- und Lasercharakteristiken des Rubin-, Nd:YAG- und Nd:Glas-Lasers miteinander verglichen werden. Tab. 15.4 enthält die wichtigsten Daten.

Auf einige Parameter wurde bereits in den entsprechenden Kapiteln hingewiesen. Die niedrigste Pumpschwelle weist beispielsweise Nd:YAG auf. Dieses Material eignet sich deshalb für cw-Betrieb. Andererseits kann in Rubin und in Nd:Glas mehr Energie bei vorgegebener Verstärkung gespeichert werden, was diese Laser für hohe Leistungen und kurze Pulse interessant macht.

15.3 Weitere nicht abstimmbare Festkörperlaser

Neben dem Rubin- und Neodym-Laser existieren noch eine Reihe weiterer nicht abstimmbarer Festkörperlaser. Die natürlichsten Kandidaten für entsprechende Lasermaterialien sind die Ionen von seltenen Erden, da sie schmale Fluoreszenzlinien innerhalb eines großen Bereichs des sichtbaren

Tab. 15.4   Vergleich zwischen Rubin-, Nd:YAG- und Nd:Glaslaser [Koechner 2006]

Parameter		Rubin	Nd:YAG	Nd:Glas
Laserwellenlänge	in nm	694.3	1064.1	1062.3
Wirkungsquerschnitt für stimulierte Emission	in cm^2	$2.5 \cdot 10^{-20}$	$88 \cdot 10^{-20}$	$3 \cdot 10^{-20}$
Spontane Lebensdauer des oberen Laserniveaus	in µs	3000	240	300
Dotierungskonzentration	in cm^{-3}	$1.6 \cdot 10^{19}$	$1.4 \cdot 10^{20}$	$2.8 \cdot 10^{20}$
Dotierungskonzentration	in Gew.-%	0.05	0.75	3.1
Fluoreszenz-Linienbreite	in cm^{-1}	11	6.5	300
Wärmeleitfähigkeit bei 300 K	in Wm^{-1}K^{-1}	42	14	1.2
Nötige Inversion für Verstärkung von 1 % cm^{-1}	in cm^{-3}	$8 \cdot 10^{18}$ $+ 4 \cdot 10^{17\,\text{a)}}$	$1.1 \cdot 10^{16}$	$3.3 \cdot 10^{17}$
Gespeicherte Energie für Verstärkung von 1 % cm^{-1}	in Jcm^{-3}	$2.18 + 0.115^{\text{a)}}$	$2.0 \cdot 10^{-3}$	$6.0 \cdot 10^{-2}$
Verstärkungskoeffizient für gespeicherte Energie von 1 J	in cm^{-1}	0.087	4.73	0.16

a) In Rubin muss mindestens die Hälfte aller Cr^{3+} invertiert werden, bevor überhaupt eine Verstärkung erhalten werden kann.

und nahen Infrarotspektrums aufweisen. Dank der Abschirmung durch äußere Elektronen sind die Fluoreszenzlinienbreiten trotz der Präsenz von starken lokalen Feldern in den Kristallen scharf. Die wichtigsten Vertreter sind neben Neodym *Erbium* (Er^{3+}), *Holmium* (Ho^{3+}) und *Thulium* (Tm^{3+}). Auch als Wirtsmaterialien sind verschiedene kristalline Festkörper und Gläser im Einsatz. Auch bei diesen Lasern werden Diodenlaser als Pumpquellen eingesetzt [Lüthy & Weber 1995a].

15.3.1 Faserlaser

Obwohl schon früh diskutiert [Snitzer 1961], stellen die *Faserlaser*, englisch „*fiber lasers*", eine neuere Festkörperlaserkategorie dar. Das Verstärkungsmedium ist demnach nicht ein Kristall, sondern eine dotierte Faser. Die Entwicklung von verlustarmen, mit Ionen seltener Erden dotierten Fasern führte schließlich zur Konstruktion von Diodenlaser-gepumpten Monomode-Faserlasern [Desthieux et al. 1993, Lüthy & Weber 1995b, Nykolak et al. 1991]. Dank des kleinen Volumens des aktiven Kerns zeichnen sich

Faserlaser durch eine niedrige Pumpschwelle und effizienten Betrieb aus. Außerdem ist die Wärmeableitung aufgrund der großen Oberfläche der Faser im Vergleich zu ihrem Volumen sehr gut. Die Verspiegelungen an den Faserenden – entsprechend den Resonatorspiegeln – werden meist durch Fasergitter, englisch *„fiber Bragg gratings"*, kurz *FBG*, gebildet. Monomode-Faserlaser emittieren kontinuierliche Leistungen im Watt-Bereich. Wesentlich höhere Leistungen können mit Faserlasern mit einem Doppelkern erzielt werden. Dabei erfolgt das Pumpen durch einen Doppelkern wie in Fig. 15.14 dargestellt.

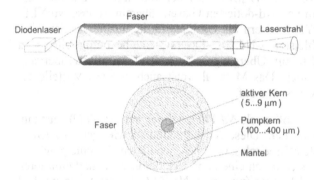

Fig. 15.14 Diodenlaser-gepumpter Faserlaser mit Doppelkern für hohe Leistungen

Der aktive Kern von typisch 5-9 µm Durchmesser ist dabei von einem zweiten Kern, dem eigentlichen Pumpkern von 100-400 µm Durchmesser, umgeben. Das Pumpen erfolgt damit entlang der ganzen Faser und es werden kontinuierliche Leistungen im kW-Bereich erreicht, allenfalls begrenzt durch nichtlinear optische Prozesse wie stimulierte Ramanstreuung, die bei höheren Intensitäten verstärkt auftreten, oder durch Materialschäden. Ytterbium-dotierte Faserlaser emittieren bei 1060 nm, Erbium-dotierte Faserlaser bei 1.5 µm und Thulium-dotierte Faserlaser bei 2 µm. Erbium-dotierte Glasfasern werden in der Glasfaser-Telekommunikation auch in optischen Verstärkern, genannt *„erbium-doped fiber amplifier"*, kurz *EDFA*, eingesetzt. Anstelle von Quarzglasfasern existieren auch sog. ZBLAN-Fasern, die ebenfalls mit Ionen seltener Erden dotiert werden können und dann beim Diodenlaserpumpen blaue oder ultraviolette Laserstrahlung emittieren.

15.3.2 Nd:Cr:GSGG-, Nd:YLF und Nd:YVO-Laser

Neben den verbreiteten Nd:YAG und Nd:Glas-Lasern wurden auch andere Wirtsmaterialien untersucht, um die *Effizienz des Strahlungsübertrags* von der Pumpquelle zum Laserkristall zu erhöhen. Im Nd:Cr:GSGG-Laser geschieht dies durch eine zusätzliche Dotierung mit Cr^{3+}, welches die Pumpstrahlung im sichtbaren Bereich sehr gut absorbiert und die Anregung auf die Nd^{3+}-Ionen überträgt. Im Wirtskristall $Gd_3Sc_2Al_3O_{12}$ (Gadolinium Scandium Aluminium Granat, GSGG) wurde eine nahezu verdreifachte Verbesserung im differentiellen Wirkungsgrad gegenüber Nd:YAG gefunden. Allerdings erhöht sich die Laserleistung wegen ungünstigerer Kristalleigenschaften nicht automatisch bei höherer Pumpeffizienz.

Der Laserübergang von *Nd:LiYF₄(Nd:YLF)* bei 1053 nm stimmt mit dem Verstärkungsmaximum von Nd-dotierten Gläsern überein, sodass Nd:YLF-Laser gegenüber Nd:YAG-Lasern als Oszillatoren in entsprechenden Verstärkerketten für Hochleistungs-Nd:Glas-Lasersysteme bevorzugt eingesetzt werden. Neben dem 1.05 μm-Übergang ist auch der 1.3 μm-Laserübergang von Nd:YLF gebräuchlich. Das Material weist auch gewisse Vorteile für Diodenlaser-gepumpte Systeme auf.

Als weitere Alternative soll noch *Nd:YVO₄* (abgekürzt *Nd:YVO*), genannt *Nd:Vanadat*, erwähnt werden. Diese Kristalle sind schwieriger zu züchten und wurden erst mit dem Diodenlaserpumpen, wo kleine Kristalle genügen, attraktiv. Sie zeichnen sich durch eine hohe Verstärkung aus und emittieren polarisiertes Licht bei 1064 nm (wie beim Nd:YAG Laser) sowie bei 914 nm und 1342 nm. Die letztere Emissionslinie ist wesentlich stärker als die 1.32 μm Linie des Nd:YAG Lasers. Nd:YVO-Kristalle sind beispielsweise in den grünen *Laserpointern* in Kombination mit Diodenlaser-Pumpen und einer Frequenzverdopplung eingebaut (s. a. Kap. 15.2.1.3)

15.3.3 Erbiumlaser

Erbiumlaser können mit Blitzlampen gepumpt werden, weisen aber weder hohe Wirkungsgrade noch hohe Leistungen auf. Sie sind aber dank den emittierten Wellenlängen im nahen Infrarot von Interesse.

Er:YAG-Laser emittieren bei Wellenlängen von 1.54 μm und 2.94 μm, die mit starken Wasserabsorptionslinien zusammenfallen. Die Emission bei 2.94 μm steht insbesondere für *medizinische Anwendungen* im Vordergrund [Lüthy et al. 1987, Lüthy & Weber 1991]. Neben Er:YAG wurden auch andere Er-dotierte Materialien im Hinblick auf neue Wellenlängen und verbesserte Eigenschaften untersucht. Beispiele sind Emissionen bei 1.7 μm sowie zwischen 2.7 μm und 2.9 μm von Er:YALO₃, Er:YLF und Er:Cr:YSGG. Zu erwähnen sind auch Er:Glas-Laser sowie Diodenlasergepumpte Er:YLF-Laser.

15.3.4 Holmiumlaser und Thuliumlaser

Holmiumlaser wurden mit verschiedenen Wirtskristallen realisiert, wobei Ho:YAG und Ho:YLF die wichtigsten Vertreter sind mit einer Emissionswellenlänge von 2.1 μm. Eine zusätzliche Dotierung mit Cr^{3+} und Tm^{3+} erhöht den Wirkungsgrad von Ho:YAG-Lasern. Das Pumpen mit Diodenlasern ist in diesem Fall auch ohne Dotierung mit Cr^{3+} über eine Absorptionslinie in Tm^{3+} bei 780 nm möglich.

Sowohl Blitzlampen- wie auch Diodenlaser-gepumpte Thuliumlaser wurden mit Tm:YAG- und Tm:YLF durch zusätzliche Dotierung mit Cr^{3+} oder Ho^{3+} realisiert. Die Emissionswellenlänge liegt bei 2 μm. Durch Pumpen mit einem kontinuierlichen Ti:Saphir-Laser (s. Kap. 15.4.3) kann abstimmbare Laserstrahlung von 1.85 bis 2.14 μm erreicht werden.

15.3.5 Ytterbium-Laser

Obwohl bereits 1965 erstmals Laseraktion in $Yb^{3+}:YAG$ beobachtet wurde, allerdings nur bei der Temperatur von flüssigem Stickstoff bei 77 K [Johnson et al. 1965], gelang der eigentliche Durchbruch erst 1991 mit Diodenlaserpumpen bei Raumtemperatur [Lacovara et al. 1991]. Im Vergleich zu anderen mit seltenen Erden dotierten Festkörpermaterialien bietet Yb^{3+} verschiedene Vorteile wie das Fehlen von Absorption von Pump- und Laserstrahlung durch Anregung aus höheren Energiezuständen, eine Quantenausbeute von nahezu 100 % sowie weniger Wärmeerzeugung. Außerdem beträgt die Lebensdauer des oberen Laserniveaus mehrere 100 μs bis ms, abhängig vom Wirtskristall. Es können auch höhere Dopingkonzentrationen realisiert werden, was sich insbesondere für die alternative Bauform des *Scheibenlasers*, englisch „*thin disk laser*", als vorteilhaft erweist. Der prinzipielle Aufbau eines derartigen Diodenlaser-gepumpten Scheibenlasers ist in Fig. 15.15 darstellt.

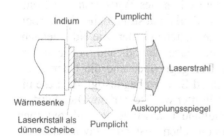

Fig. 15.15
Diodenlaser-gepumpter Scheibenlaser

Eine erste Version wurde bereits 1988 eingeführt und später weiterentwickelt [Giesen et al. 1994]. Anstelle eines zylindrischen Stabes wird das

Lasermedium als dünne Scheibe von etwa 10 mm Durchmesser und nur etwa 0.2 mm Dicke auf einer Wärmesenke montiert. Die Scheibenrückseite ist verspiegelt, und zwar sowohl für die Pumpstrahlung wie auch für die eigentliche Laserstrahlung. Das Pumpen mit den Diodenlasern erfolgt von der Vorderseite, die mit einer Antireflexschicht für die Pumpstrahlung versehen ist. Um die Absorption des Pumplichtes in der dünnen Scheibe zu erhöhen, wird eine Mehrfachpumpanordnung benützt mit bis zu 32 Pumpstrahldurchgängen [Stewen et al. 2000]. Der große Vorteil der Scheibenlaserkonfiguration besteht in der guten, eindimensionalen Wärmeableitung in Richtung der Laserachse, so dass thermische Einflüsse wie die Bildung einer thermischen Linse (englisch „thermal lensing") – wie dies beim Laserstab auftritt – wesentlich reduziert wird, was sich wiederum in einer guten Strahlqualität äußert. Heute sind Diodenlaser-gepumpte Yb^{3+}-YAG-Scheibenlaser mit kontinuierlichen Leistungen von mehreren kW verfügbar.

15.4 Abstimmbare Festkörperlaser

Breitbandig abstimmbare Festkörperlaser können auf der Basis von *paramagnetischen Ionen*, insbesondere Übergangsmetallionen, realisiert werden. Die optischen Übergänge innerhalb der paramagnetischen Elektronenschalen der Ionen von Übergangsmetallen (3d-Schale) wie auch von seltenen Erden (4f-Schale) weisen Wellenlängen und Oszillatorenstärken auf, die sich gut für Lasertätigkeit eignen.

Die optischen Spektren dieser Ionen in kristallinen Festkörpern weisen sowohl schmale, rein elektronische, wie auch breitbandige Übergänge auf. Die letzteren, welche auf Vibrations-Wechselwirkungen zurückzuführen und vor allem für die 3d-Schalen von Bedeutung sind, liefern die Möglichkeit für abstimmbare Laserwellenlängen.

Die Stärke der Wechselwirkung mit dem Gitter des Wirtskristalls ist eine kritische Größe für die praktische Realisierbarkeit abstimmbarer Festkörperlaser. In dieser Hinsicht sind die Ionen der seltenen Erden wie Nd^{3+} benachteiligt, da ihre 4f-Schalen durch die höher liegenden 5d- und 6s-Elektronen vom Kristallfeld abgeschirmt werden. Demgegenüber sind die Übergangsmetallionen wie Cr^{3+} oder Ti^{3+} mit ihren 3d-Schalen begünstigt, da diese bis zu einem gewissen Grad mit dem Kristallgitter wechselwirken. Dies führt zu *vibronischen* Übergängen, welche simultane Übergänge sowohl zwischen elektronischen wie auch zwischen vibratorischen Zuständen involvieren mit gleichzeitiger Änderung der Quantenzahlen. Die elektronische Komponente des Übergangs trägt den Hauptteil der Übergangsenergie von der Größenordnung $10^4 \, cm^{-1}$, während die vibratorische Komponente einen Anteil von der Größenordnung $10^3\,\mathrm{cm}^{-1}$ ausmacht. Bei starker Kristallfeldkopplung kann der Hauptteil der Oszillatorenstärke des optischen Übergangs in den vibronischen Seitenbändern statt in der Nullphononenlinie auftreten. In Abhängigkeit von der Temperatur treten ein oder, bei höherer Temperatur, zwei vibronische Seitenbänder symmetrisch zur Nullphononenlinie auf.

15.4.1 Übersicht

Um kontinuierliche Wellenlängenabstimmbarkeit zu erhalten, wurden zahlreiche 3d-Übergangsmetallionen in verschiedenen Kristallen verwendet. Dabei ist zu beachten, dass die Oszillatorenstärke des optischen Übergangs stark von den Symmetrieeigenschaften des Kristallfeldes beeinflusst wird.

Vibronische Festkörperlaser wurden bisher mit *zweiwertigen* Ionen, insbesondere Ni^{2+}, Co^{2+} und V^{2+}, *dreiwertigem* Cr^{3+} und Ti^{3+} sowie *vierwertigem* Cr^{4+} realisiert. Die wichtigsten Daten sind in Tab. 15.5 und Fig. 15.16, geordnet nach Abstimmbereich, zusammengestellt. Wie daraus ersichtlich ist, können die meisten Materialien nur mit einem anderen Laser gepumpt werden, nur einige wenige lassen sich mit Blitzlampen pumpen. Die längerwelligen Versionen können zudem nur bei tiefen Temperaturen betrieben werden. Wie Fig. 15.16 zeigt, kann mit diesen Lasertypen der gesamte Wellenlängenbereich zwischen rund 670 nm und 2.5 μm praktisch lückenlos überdeckt werden.

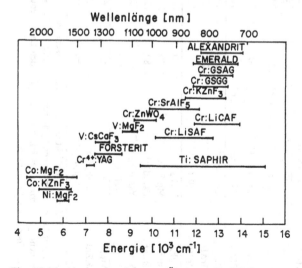

Fig. 15.16 Abstimmbereiche von Übergangsmetallionen-Lasern gemäß Tab. 15.5 [Walling 1987] ergänzt durch neuere Entwicklungen

Tab. 15.5 Einige Daten abstimmbarer Festkörperlaser [Walling 1987] ergänzt durch solche neuerer Entwicklungen

Name oder Akronym	Chemische Formel	Mittl. Wellenl.[a] in nm	Abstimmbereich in nm	Betriebstemperatur (RT:Raumt.)	Pumpquelle	Different. Wirkungsgrad[b] in %
Ti:Saphir	Al$_2$O$_3$:Ti^{3+}	795	670 bis 1070	RT	Ar$^+$-Laser (cw) / Nd:YAG (532 nm) / Blitzlampen	53
Cr:LiCAF	LiCaAlF$_6$:Cr^{3+}	752	720 bis 840	RT	Blitzlampen	
Alexandrit	BeAl$_2$O$_4$:Cr^{3+}		710 bis 820	22 bis 300 °C	Blitzlampen	0.5 bis 5
Emerald	Be$_3$Al$_2$(SiO$_3$)$_6$:Cr^{3+}		720 bis 842		Kr$^+$-Laser	34
Cr:GSAG	Gd$_3$Sc$_2$Al$_3$O$_{12}$:Cr^{3+}	784	735 bis 820	RT	Kr$^+$-Laser	18.5
Cr:GSGG	Gd$_3$(Sc, Ga)$_2$ Ga$_3$O$_{12}$:Cr^{3+}	777	742 bis 842	RT	Kr$^+$-Laser	28
Cr:LiSAF	LiSrAlF$_6$:Cr^{3+}	850	780 bis 920	RT	Blitzlampen / Diodenlaser	
Cr:GSGG	Gd$_3$(Sc, Ga)$_2$ Ga$_3$O$_{12}$:Cr^{3+}		766 bis 820	RT	Blitzlampen	0.05
Cr:KZnF$_3$	KZnF$_3$:Cr^{3+}	825	785 bis 865	RT	Laser (650 bis 700 nm)	14
Cr:SrAlF$_5$	SrAlF$_5$:Cr^{3+}	925	825 bis 1010	RT	Kr$^+$-Laser	3.6
Cr:ZnWO$_4$	ZnWO$_4$:Cr^{3+}		980 bis 1090	77 K	Kr$^+$-Laser	13
V:MgF$_2$	MgF$_2$:V^{2+}	1120	1070 bis 1150	80 K	Kr$^+$-Laser	14
Forsterit	Mg$_2$SiO$_4$:Cr^{4+}	1240	1130 bis 1360	RT	Nd:YAG	
V:CsCaF$_3$	CsCaF$_3$:V^{2+}	1282	1240 bis 1340	80 K	Kr$^+$-Laser	0.06
Cr:YAG	Y$_3$Al$_5$O$_{12}$:Cr^{4+}		1350 bis 1400	RT	Nd:YAG(1.32µm)	
Co:MgF$_2$	MgF$_2$:Co^{2+}	1850	1510 bis 2280	80 K	Nd:YAG(1.32µm)	40
Ni:MgF$_2$	MgF$_2$:Ni^{2+}	1668	1600 bis 1740	77 K	Nd:YAG (1.32µm)	28
Co:KZnF$_3$	KZnF$_3$:Co^{2+}		1650 bis 2070	80 K	cw Nd:YAG (1.32µm)	
Co:KZnF$_3$	KZnF$_3$:Co^{2+}	1970	1700 bis 2260	RT	Ar$^+$-Laser	8

a) Diese Wellenlänge entspricht maximaler Laserpulsenergie

b) Bei Blitzlampen-gepumpten Systemen ist der differentielle Wirkungsgrad gegeben durch das Verhältnis der Laserpulsenergie zur optischen Blitzlampenenergie oberhalb der Pumpschwelle. Bei den Laser-gepumpten Systemen ist es das Verhältnis der Laserpulsenergie zum vom Kristall absorbierten Energie des Pumplasers

Die wichtigsten Laser sind heute der Alexandrit, Ti:Saphir, Forsterit, Cr:LiCAF und Cr:LiSAF, welche anschließend einzeln vorgestellt werden.

15.4.2 Alexandritlaser

Alexandrit besteht aus Cr^{3+}-dotiertem Chrysoberyl ($BeAl_2O_4$) und bildete im Jahre 1978 die Grundlage für den ersten abstimmbaren Festkörperlaser [Walling 1987]. Er ist inzwischen allerdings durch den Ti:Saphir-Laser (s. Kap. 15.4.3) weitgehend verdrängt worden, weist aber als Lasermedium interessante physikalische Eigenschaften auf.

15.4.2.1 Energieniveauschema und Laserprinzip

Aufgrund von Energieniveaus und Fluoreszenzlebensdauern kann der Alexandritlaser als *Fünfniveau-System* aufgefasst werden. Das Energieniveauschema ist in Fig. 15.17 schematisch dargestellt. Die Pumpbänder sind die vibronischen Seitenbänder der $^4T_2$- und der energetisch höher liegenden $^4T_1$-Zustände. Das obere Laserniveau gehört zum $^4T_2$-Multiplett. Der Laserübergang erfolgt zu einem Band von Vibrationsniveaus des elektronischen Grundzustandes $^4A_2$, von wo eine Relaxation innert 10^{-13} s stattfindet. Die energetische Breite dieses Bandes bestimmt den *kontinuierlichen Abstimmbereich* des Lasers. Es ist allerdings zu beachten, dass Selbstabsorption von angeregten Energiezuständen den Abstimmbereich einschränken kann. Falls

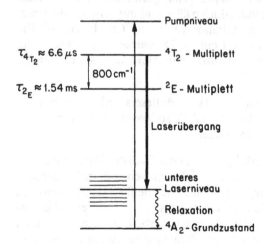

Fig. 15.17 Schematische Illustration des Energieniveauschemas von Alexandrit [Walling et al. 1980]

der Querschnitt für Selbstabsorption denjenigen der Emission übersteigt, tritt unabhängig von der Anregung keine Verstärkung mehr auf. Diese Eigenschaft unterdrückt die Laseremission beim Alexandritlaser für Wellenlängen oberhalb von rund 820 nm. Die Einführung des ^2E-Multipletts mit der langen Lebensdauer von ungefähr 1.54 ms in das Energieniveauschema liefert eine einfache Erklärung für die beobachtete *Temperaturabhängigkeit* der Verstärkung in Alexandrit. Von diesem Speichemiveau aus wird das $^4T_2$-Multiplett durch thermische Anregung über die bestehende Energielücke von 800 cm^{-1} bevölkert. Es ist zu erwähnen, dass im Rubinlaser (Al$_2$O$_3$: Cr^{3+}) die Laseremission auf dem $^2E \rightarrow ^4A_2$-Übergang (*R*-Linie) stattfindet (vgl. Kap. 15.1). Neben dem abstimmbaren, vibronischen Laserübergang kann in Alexandrit auch Laseremission auf der *R*-Linie beobachtet werden. Diese Kombination von Drei- und Vierniveau-System im selben Lasermaterial ist ein interessanter Aspekt von vibronischer Laserkinetik, der sowohl in Alexandrit wie auch in Smaragd (Be$_3$Al$_2$(SiO$_3$)$_6$:Cr^{3+}), englisch „emerald", auftritt.

15.4.2.2 Konstruktion

Alexandritlaser können sowohl mit gepulsten Blitzlampen wie auch mit kontinuierlichen Bogenlampen angeregt werden. Ihr Betrieb ist in mancherlei Hinsicht vergleichbar zu demjenigen des Rubin- (vgl. Kap. 15.1), Nd:YAG- (Kap. 15.2.1) oder Blitzlampen-gepumpten Farbstofflasers (Kap. 13.3.1). Die verwendeten Alexandrit-Laserstäbe sind mit 0.14 Atomprozent Cr dotiert entsprechend einer Konzentration von $5 \cdot 10^{19}$Cr^{3+}-Ionen/cm^3. Die Abmessungen sind typisch 0.2 bis 1 cm im Durchmesser und bis 12 cm Länge. Auch die „slab"-Anordnung wurde beim Alexandritlaser erfolgreich angewandt.

Die *Pulsenergie* bzw. die Leistung des Alexandritlasers verbessern sich mit zunehmender Temperatur (vgl. Kap. 15.4.2.1), sodass diese Laser meist bei Temperaturen um 100 °C betrieben werden.

Die *Wellenlängenabstimmung* erfolgt wie bei den Farbstofflasern meist mit einem *Lyot-Filter* (s. Kap. 13.3.4) aufgrund des einfachen Betriebs, der sehr geringen Verluste und der hohen Zerstörungsschwelle für Laserstrahlung. Es können damit typische Linienbreiten von 0.2 bis 0.4 nm und eine Abstimmung praktisch über den gesamten Verstärkungsbereich erreicht werden (vgl. Fig. 15.18). Unter optimalen Betriebsbedingungen ist ein Abstimmbereich von 710 bis 820 nm mit einem Emissionsmaximum um 752 nm möglich.

15.4.2.3   Daten des Alexandritlasers

Tab. 15.6 enthält einige charakteristische Daten von Blitzlampen-gepumpten Alexandritlasern bei verschiedenen Betriebsarten. Die Daten gelten für eine Wellenlänge von 750 nm.

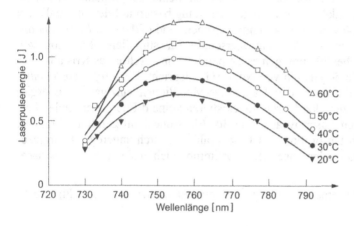

Fig. 15.18 Pulsenergie eines Alexandritlasers in Abhängigkeit von der Wellenlänge für verschiedene Betriebstemperaturen [Sam et al. 1980]

Tab. 15.6   Einige typische Daten von Alexandritlasern

Betriebsart	Band-breite in nm	Puls-energie in J	Puls-dauer	Puls-rate in Hz	Durchschn.-leistung in W	Wirkungs-grad in %
Normal	1.0	≤ 5	$\leq 200\ \mu s$	≤ 100	≤ 100	$\simeq 1$
Q-switch	0.1	$\simeq 1$	$\simeq 30\ ns$	$\simeq 10$	≤ 20	$\simeq 0.3$
Modenkopplung	0.02	$\simeq 1\ mJ$	$\simeq 100\ ps$	10	–	–
cw	1.0	–	∞	–	≤ 60	$\simeq 1$

15.4.3 Ti:Saphir-Laser

15.4.3.1 Einleitung

Der Ti:Saphir-Laser (oft auch Ti:S- bzw. Ti:Sa-Laser genannt) wurde 1982 erstmals realisiert [Moulton 1982]. Er ist heute der weitaus wichtigste abstimmbare Festkörperlaser. Seine Bedeutung basiert auf dem beachtlichen *Abstimmbereich* von bis zu 400 nm zwischen rund *670 nm und 1070 nm* mit einem relativ großen Wirkungsquerschnitt für stimulierte Emission von $2.8 \cdot 10^{-19}\,\mathrm{cm}^2$ bei 795 nm, gemessen parallel zur c-Achse des Kristalls, was etwa der Hälfte desjenigen von Nd:YAG entspricht. Der *große Abstimmbereich* ist auf die unter den Übergangs-Metallionen einzigartige Energieniveaustruktur zurückzuführen. Es existieren keine d-Energiezustände oberhalb des oberen Laserniveaus. Die $3d^2$-Elektronenkonfiguration eliminiert damit die Selbstabsorption von Laserstrahlung durch angeregte Energiezustände, was normalerweise den Abstimmbereich anderer Festkörperlaser begrenzt.

Das für den Laserbetrieb relevante Energieniveauschema ist in Fig. 15.19 dargestellt.

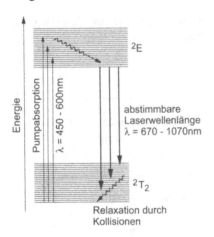

Fig. 15.19 Energieniveauschema des Ti:Saphir-Lasers

Der Laserübergang findet zwischen dem angeregten ^{2}E-Zustand und dem ^{2}T$_2$-Grundzustand statt. Durch optisches Pumpen werden die Ti^{3+}-Ionen in das obere Laserniveau angeregt, von wo sie durch Vibrationsrelaxation strahlungslos in das unterste ^{2}E-Niveau fallen. Von dort findet dann der Laserübergang in den vibronischen Grundzustand ^{2}T$_2$ statt. Die Ionen fallen auch dort durch Vibrationsrelaxation in das energetisch tiefste $^2T_2$-Niveau zurück. Die starke Wechselwirkung zwischen den Ti^{3+}-Ionen und dem Saphir-Wirtskristall sowie der große Unterschied in der Elektronenkonfiguration zwischen den involvierten Energiezuständen ^2E und $^2T_2$ bewirken die große Laserlinienbreite.

Im Ti:Saphir-Lasermaterial ist ca. 0.1 Gewichtsprozent der Al^{3+}-Ionen im Saphirkristall (Al_2O_3) durch Ti^{3+}-Ionen ersetzt. Wie Fig. 15.20 zeigt, weisen Ti:Al_2O_3-Kristalle ein Absorptionsband im blau-grünen Bereich auf. Das breite Fluoreszenzband ist gut getrennt vom Absorptionsband, was den breiten Abstimmbereich ermöglicht.

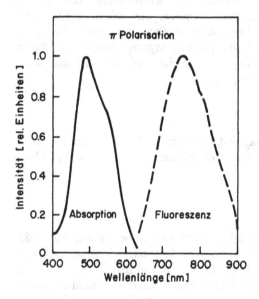

Fig. 15.20 Absorptions- und Fluoreszenzspektrum des Tr^{3+}-Ions im Saphir (Al_2O_3)-Kristall [Moulton 1986]

Ein weiterer Vorteil des Ti:Saphir-Lasers ist durch die günstigen mechanischen und chemischen Eigenschaften des Saphir-Wirtskristalls gegeben, insbesondere aber durch dessen große Wärmeleitfähigkeit.

15.4.3.2 Laserkonstruktionen

Ti:Saphir-Laser können auf verschiedene Arten optisch gepumpt werden. *Gepulste* Ti:Saphir-Laser werden mit frequenzverdoppelten Nd:YAG oder

Nd:YLF-Lasern bei 532 nm gepumpt. *Kontinuierlicher* Betrieb wird durch Pumpen mit einem Ar^+-Ionenlaser bei 514 nm erreicht. Hier ist besonders ein kombiniertes Lasersystem mit einem Ringresonator zu erwähnen, das einen einfachen Wechsel zwischen Farbstofflaser- und Ti:Saphir-Laserbetrieb ermöglicht.

Auch quasi-kontinuierlicher Betrieb mit einem Kupferdampflaser als Pumplaser ist bei Ti:Saphir-Lasern möglich. Das Pumpen mit Blitzlampen erwies sich zunächst als schwierig, da wegen der kurzen Fluoreszenzlebensdauer von nur 3.2 μs hohe Pumpleistungen erforderlich sind. Mit speziellen Blitzlampen und verbesserten Kristallqualitäten zur Eliminierung zusätzlicher schwacher Absorptionsbanden wurde die Realisierung Blitzlampengepumpter Nd:YAG-Laser schließlich möglich. Inzwischen werden auch Ti:Saphir-Laser, die in einem kompakten Aufbau mit einem dioden-gepumpten frequenzverdoppelten Festkörperlaser angeregt werden, angeboten. Die Ausnutzung des großen Abstimmbereiches erfordert normalerweise verschiedene Paare von Resonatorspiegeln.

15.4.3.3 Laserdaten

Einige typische Daten von Ti:Saphir-Lasern sind in Tab. 15.7 zusammengefasst. Die verschiedenen Anregungsmöglichkeiten ergeben entsprechend vielfältige Lasereigenschaften.

15.4.4 Forsterit-Laser

Der Forsterit-Laser wurde im Jahre 1988 eingeführt [Petricevic 1988, Verdun 1988]. Bei diesem Laser besteht das laseraktive Ion aus Cr^{4+}, welches im Wirtskristall *Forsterit* (Mg_2SiO_4) einen Teil der Si^{4+}-Ionen ersetzt. Im Unterschied zu anderen Cr-dotierten Lasermaterialien besteht das aktive Laserion aus vierwertigem Cr^{4+} statt aus Cr^{3+}. Die Dichte der Cr^{4+}-Ionen liegt bei (3 bis 6)$\cdot 10^{18}$ cm^{-3} und ist damit deutlich tiefer als die Nd^{3+}-Konzentration von $1.4 \cdot 10^{20}$ cm^{-3} beim Nd:YAG-Laser. Der Wirkungsquerschnitt für stimulierte Emission beträgt $1.44 \cdot 10^{-19}$ cm^2 und erreicht damit die Hälfte desjenigen des Ti:Saphir-Lasers bzw. ein Viertel des Nd:YAG-Lasers. Der Forsterit-Laser kann nur mit einem anderen Laser gepumpt werden. Die *Hauptpumpbänder* liegen bei 350 bis 550 nm, 600 bis 850 nm und 850 bis 1200 nm. Damit bietet sich der Nd:YAG-Laser bei 1.06 μm bzw. bei 532 nm als Pumplaser an. Der Forsterit-Laser kann gepulst oder kontinuierlich betrieben werden. Seine besondere Bedeutung liegt in seinem günstigen *Abstimmbereich* zwischen 1130 und 1360 nm, der von keinem anderen Laser abgedeckt wird.

Tab. 15.7 Einige typische Daten von Ti:Saphir-Lasern

Pumpquelle	Abstimmbereich	Pulsenergie	Pulsdauer	Repetitionsrate	Leistung
Blitzlampen	695 bis 950 nm	1 J	20 ns bis μs	10 Hz	
Nd:YAG (532 nm), gepulst	680 bis 940 nm	100 mJ	< 130 fs	10 Hz	
Dioden-Nd:YAG (532 nm), gepulst	730 bis 880 nm	15 mJ	150 fs	100 Hz	
Ar$^+$, synchron gepumpt	720 bis 1080 nm	15 nJ	ps bis < 80 fs	80 MHz	
Ar$^+$, kontinuierlich	700 bis 1000 nm		30 bis 60 ps, < 130 fs	80 MHz	1 W
Ar$^+$ oder Dioden-gepumptes Nd:YVO$_4$	690 bis 1060 nm		< 160 fs	300 kHz	0.5 W
Nd:YLF (527 nm)	650 bis 1050 nm		10 ns	1 kHz	0.3 W
Nd:YLF (527 nm)	750 bis 900 nm	1 mJ	2 ps	kHz	
Nd:YLF (527 nm)	750 bis 900 nm	10 μJ	< 130 fs	50 kHz	
Ar$^+$ oder Dioden-gepumpte Festkörperlaser	690 bis 1060 nm			kontinuierlich	bis einige W

15.4.5 Cr:LiCAF- und Cr:LiSAF-Laser

Das dreiwertige Cr^{3+}-Ion wird insgesamt in mindestens einem Dutzend verschiedener Kristalle erfolgreich als laseraktives Ion verwendet (s. auch Tab. 15.5). Besonders sollen hier noch der Cr^{3+}:$LiSrAlF_6$-Laser (Cr:LiSAF) [Payne et al. 1989] und der Cr^{3+}:$LiCaAlF_6$-Laser (Cr:LiCAF) [Payne et al. 1988] erwähnt werden. Die beiden Materialien sind durchaus ähnlich, wobei allerdings der Emissionsquerschnitt von Cr:LiSAF etwa vier Mal höher ist als derjenige von Cr:LiCAF, sodass heute Cr:LiSAF im Vordergrund steht. Die Abstimmbereiche liegen bei 720 bis 840 nm für Cr:LiCAF bzw. bei 780 bis 920 nm für Cr:LiSAF. Die Emission ist damit im selben Bereich wie diejenige des Ti:Saphir-Lasers, doch ist die Verstärkung von Ti:Saphir rund 10 mal höher als von Cr:LiSAF. Da aber andererseits die Fluoreszenz-Lebensdauer von Cr:LiSAF wesentlich größer ist, nämlich 67 μs gegenüber lediglich 3.2 μs bei Ti:Spahir, ist für diesen Laser ein effizientes Pumpen mit Blitzlampen möglich, zumal die Absorptionsbänder ausgezeichnet mit der Blitzlampenemission überlappen. Cr:LiSAF-Laser können sogar direkt mit AlGaInP-Diodenlaser bei 670 nm gepumpt werden [Scheps et al. 1991].

Aufgrund der breiten Emission eignet sich auch dieser Laser für die Erzeugung und Verstärkung von fs-Laserpulsen. Besonders attraktiv erscheint eine dioden-gepumpte Festkörperlaserquelle von fs-Pulsen (s. Kap. 10).

15.4.6 Weitere Entwicklungen abstimmbarer Festkörperlaser

Im Hinblick auf spektroskopische Anwendungen, insbesondere auch im Bereich der chemischen Analytik, besteht ein großes Interesse an breit abstimmbaren, schmalbandigen Laserquellen. Neben den in den Abschnitten 14.2.6, 14.2.9, 14.2.10 und 14.2.13 der Halbleiterlaser bzw. in diesem Kapitel der Festkörperlaser bisher besprochenen Laserquellen werden stets auch neue Laserkristalle erforscht. Als Beispiel sei Cr^{2+}:ZnSe erwähnt, ein über mehrere 100 nm zwischen 2.2 μm und 3.1 μm abstimmbarer Laser [Sorokina et al. 2001]. Neben diesen Primär-Laserquellen werden seit einiger Zeit auch große Anstrengungen in Richtung Sekundär-Laserquellen auf der Basis von nichtlinear-optischen Prozessen unternommen [Shen 1977]. Beispiele hierfür sind *optisch parametrische Oszillatoren* (*OPOs*) [Koechner 2006]. Ein möglicher Aufbau besteht aus einem Blitzlampen-gepumpten Nd:YAG-Laser, dessen dritte Harmonische bei 355 nm zum Pumpen des OPOs verwendet wird. In einem nichtlinearen Kristall, meist BaB_2O_4 (BBO), wird der Pumpstrahl in einen „Signal"- und einen „idler"-Strahl aufgeteilt. Wegen der Energie- und Impulserhaltung in diesem Dreiphotonenprozess wird eine breite Wellenlängenabstimmung durch eine Drehung des nichtlinearen Kristalls erreicht: rund 400 bis 690 nm für die Signalstrahlung und 730 bis 2000 nm für die idler-

Strahlung. Durch „*injection seeding*" [Siegman 1986] wird auch in diesem Fall relativ schmalbandige Strahlung mit einer Linienbreite von rund 0.2 cm^{-1} (6 GHz) erzeugt. Mit Hilfe eines weiteren nichtlinearen Frequenzkonversionsprozesses kann anschließend das mittlere Infrarot erschlossen werden. Als Beispiel sei die *Differenzfrequenzerzeugung*, englisch „difference frequency generation" (*DFG*), zwischen der (abstimmbaren) idler-Strahlung und der (festgehaltenen) 1064 nm-Strahlung des Nd:YAG-Pumplasers in LiNbO$_3$ erwähnt, was einen Abstimmbereich von 2.5 bis 4.5 μm ergibt [Bohren & Sigrist 1997]. Als weiteres Beispiel sei ein OPO auf der Basis von periodisch gepoltem LiNbO$_3$ (PPLN) [Schneider et al. 1997] genannt. Eine neuste Version baut auf einem Diodenlaser-gepumpten Nd:YAG-Laser und PPLN auf und erreicht große Abstimmbereiche bei kontinuierlichen Leistungen von rund 1 W [Ngai et al. 2006]. Weitere Möglichkeiten ergeben sich durch DFG-Systeme bestehend aus einem abstimmbaren Diodenlaser (s. Kap. 14.2.6), einem Diodenlaser-gepumpten Nd:YAG Laser mit NPRO-Konfiguration (s. Kap. 15.2.1.2), und LiNbO$_3$ [Seiter et al. 1998, Seiter & Sigrist 1999] bzw. PPLN [Petrov et al. 1998, Fischer & Sigrist 2003, Wächter & Sigrist 2007] zur Differenzfrequenz-Erzeugung. Im Gegensatz zu anderen abstimmbaren Laserquellen im mittleren Infrarotbereich wie den Quantenkaskadenlasern (s. Kap. 14.2.10), den Bleisalzdiodenlasern (s. Kap. 14.2.13) oder den Farbzentrenlasern (s. Kap. 15.5), funktionieren diese Lasersysteme bei Raumtemperatur und ermöglichen einen wesentlich größeren Abstimmbereich. Es ist allerdings zu bemerken, dass derartige Systeme generell komplexer und aufwendiger sind als Primärlaserquellen. Es ist heute aber möglich, zunehmend einfachere, kompakte, Faser-gekoppelte Systeme aufzubauen, und es sind in Zukunft weitere interessante Entwicklungen auf diesem Gebiet zu erwarten.

15.4.7 Anwendungen von abstimmbaren Festkörperlasern

Abstimmbare Festkörperlaser finden dort Anwendungen, wo ihre besonderen Eigenschaften, hauptsächlich eben ihre Abstimmbarkeit, aber auch hohe Durchschnittsleistung, kompakter Aufbau, zuverlässiger Betrieb etc. eingesetzt werden können. Dies betrifft Gebiete der *Photochemie* [West et al. 1981], des LIDAR in seinen verschiedenen Variationen für atmosphärische und andere Untersuchungen [Measures 1988, Roulard 1985, Svanberg 1994 & 2007, Weidauer et al. 1997, Weitkamp 2005], generell der nichtlinearen Optik [Shen 2003] und der *Isotopentrennung* [Sam et al. 1985]. Die Trennung von Isotopen mit chemischen Mitteln ist im Allgemeinen kostspielig und zeitaufwendig. Lasermethoden benutzen einen abstimmbaren, schmalbandigen Laser zur selektiven Anregung von Atomen oder Molekülen einer spezifischen Isotopensorte in einem Gemisch, die dann mit einem zweiten Laser von weniger selektiver Wellenlänge sofort ionisiert werden (vgl. Kap. 13.5).

In neuerer Zeit stehen die *spektroskopischen Anwendungen* für analytische Zwecke und die Erzeugung und Verstärkung von *ultrakurzen Laserpulsen* mit abstimmbaren Festkörperlasern im Vordergrund des Interesses. Der Ti:Saphir-Laser lässt sich über einen Wellenlängenbereich von 3 bis 4 Farbstoffen abstimmen. Seine Strahlung kann durch Frequenzvervielfachung in den UV-Bereich transformiert werden, wodurch sich Möglichkeiten für Lidaranwendungen ergeben. Andererseits lassen sich mit Ti:Saphir-Laser dank ihrer großen Bandbreite via Modenkopplung Femtosekunden-Laserpulse erzeugen. Die momentan kürzesten Laserpulse von < 6 fs Dauer stammen von einem Ti:Saphirlaser (s. Kap. 10).

Analytische Anwendungen im Bereich des *Molekülnachweises*, z. B. in Spurengasen, werden aufgrund der höheren Absorption mit Vorteil im mittleren Infrarotbereich von 2.5 bis 15 µm Wellenlänge durchgeführt [Sigrist 1994]. Hier kommen vermehrt optisch parametrische Oszillatoren (OPOs) und Differenzfrequenzerzeugung auf Festkörperlaserbasis zum Einsatz (s. Kap. 15.4.6).

15.5   Farbzentrenlaser (color center lasers)

Die Farbzentrenlaser sind in vieler Hinsicht den Farbstofflasern ähnlich (Kap. 13). Sie sind ebenfalls *optisch gepumpte* Laser mit breiten Absorptions- und Emissionsbanden. Das aktive Medium besteht aus *Farbzentren* in Alkalihalogenidkristallen. Der erste Farbzentrenlaser konnte bereits 1964 zur Oszillation gebracht werden [Fritz & Menke 1965]. Es gelang jedoch erst zehn Jahre später, die wesentliche Eigenschaft dieser Laser, nämlich ihre Durchstimmbarkeit, zu realisieren [Mollenauer & Olson 1974]. Obwohl sich der *Abstimmbereich* von ~ 0.8 bis ~ 3.3 µm für kontinuierliche bzw. bis ~ 4 µm für gepulste Systeme ausgezeichnet an den Wellenlängenbereich der Farbstofflaser anschließt, haben die Farbzentrenlaser dank neuerer Entwicklungen bei Halbleiterlasern (s. Kap. 14.2.10) und abstimmbaren Festkörperlasern (s. Kap. 15.4) inzwischen an Bedeutung eingebüßt.

15.5.1   Farbzentren

Ein Farbzentrum ist eine Störstelle in einem Kristallgitter, die sichtbares Licht absorbiert. Solche Farbzentren können am einfachsten in Alkalihalogenidkristallen realisiert werden. Eine Gitterlücke allein verleiht den im sichtbaren Spektralbereich durchsichtigen Alkalihalogenidkristallen noch keine Färbung. Hingegen kann eine solche erzielt werden durch:

i) Einführung von chemischen Fremdatomen

ii) Überschüssige Metallionen

iii) Röntgen- oder Gammastrahlung, Neutronen- und Elektronenbeschuss

iv) Elektrolyse

Es gibt verschiedene Arten von Farbzentren. Um irgendwelche Farbzentren zu erzeugen, werden zuerst F-*Zentren* gebildet. F steht allgemein für Farbe. Ein F-Zentrum besteht aus einer Anionlücke und einem an diese Leerstelle gebundenen überschüssigen Elektron (vgl. Fig. 15.21). Dieses Elektron kann im Gitterfeld verschiedene stark verbreiterte, elektronische Energieniveaus einnehmen. Die optische Absorption entsteht durch einen elektrischen Dipolübergang zu solch einem gebundenen angeregten Zustand. Solche einfachen F-Zentren können jedoch nicht für Lasertätigkeit verwendet werden (vgl. Kap. 15.5.3). Neben dem F-Zentrum als Grundtyp sind in Fig. 15.21 weitere Farbzentren dargestellt, die alle durch komplizierte Verfahren mit der gewünschten Dichte erzeugt werden können. Beim F_A-Zentrum ist eines der sechs unmittelbar benachbarten positiven Alkalimetallionen durch ein fremdes ersetzt, z. B. ein K^+-Ion durch ein Na^+-Ion in einem KCl-Kristall. Beim Ersatz von zwei Alkalimetallionen durch Fremdionen spricht man von einem F_B-Zentrum. Zwei benachbarte F-Zentren entlang einer (110)-Kristallrichtung bilden ein F_2-Zentrum, welches früher M-Zentrum genannt wurde. Ist dieses Zentrum positiv ionisiert, so wird es als F_2^+-Zentrum bezeichnet [Ashcroft & Mermin 2005, Kittel 2006, Mollenauer 1985].

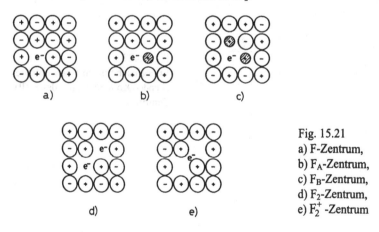

a)

b)

c)

d)

e)

Fig. 15.21
a) F-Zentrum,
b) F_A-Zentrum,
c) F_B-Zentrum,
d) F_2-Zentrum,
e) F_2^+-Zentrum

15.5.2 Energieniveauschema

Fig. 15.22 zeigt das für einen Farbzentrenlaser typische Vierniveau-Energieschema am Beispiel des sogenannten F_A(II)-Farbzentrums. Es handelt sich dabei um ein F_A-Zentrum, das gemäß Fig. 15.22 zwei verschiedene Konfigurationen einnehmen kann. Die optische *Absorption* erfolgt von einem

s-ähnlichen Grundzustand in einen aufgrund der Präsenz eines Fremdions in zwei Niveaus aufgespaltenen p-ähnlichen angeregten Zustand. Die beiden breiten Absorptionsbänder sind oft gut voneinander getrennt, wie Fig. 15.23 für die Beispiele von KCl:Li und RbCl:Li zeigt. Dieser entsprechend breite Absorptionsbereich wirkt sich für den optischen *Pumpprozess* vorteilhaft aus, da die Überlappung mit dem Emissionsspektrum einer geeigneten (Laser-)Pumpquelle viel wahrscheinlicher ist als beim Vorhandensein nur eines Absorptionsbandes.

Vom angeregten p-förmigen Zustand relaxiert das Zentrum innert 1 ps in das obere Laserniveau. Die Lebensdauer τ_2 dieses Niveaus liegt für verschiedene Farbzentrenlasermaterialien zwischen 10ns und 200 ns. Durch

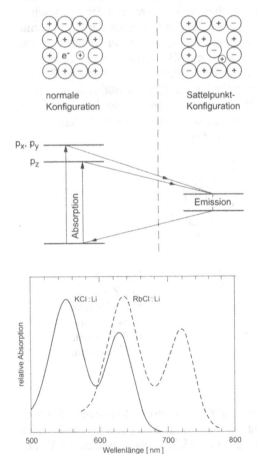

Fig. 15.22
Energieschema mit den entsprechenden Konfigurationen des $F_A(II)$-Zentrums

Fig. 15.23
Fundamentale Absorptionsbänder von $F_A(II)$-Zentren in KCl:Li bzw. RbCl:Li [Mollenauer 1985]

Emission eines Photons (Lumineszenz) gelangt das Farbzentrum in einen angeregten Grundzustand, von wo es innert $\tau_1 \leq 1$ ps zurück in den Grundzustand relaxiert. Damit ist eine notwendige Bedingung für *kontinuierlichen* Laserbetrieb erfüllt, welche im Kapitel über Gaslaser bereits diskutiert wurde (Gl. (12.1)), nämlich dass die Lebensdauer τ_2 des oberen Laserniveaus größer ist als die Lebensdauer τ_1 des unteren Niveaus. Wie in Fig. 15.22 gezeigt, weisen die $F_A(II)$- (und auch die $F_B(II)$-)Zentren im relaxierten Zustand eine Sattelpunkt-Konfiguration, englisch „double-well configuration", auf, die wesentlich von der Normalkonfiguration dieser Zentren abweicht. Gerade diese Zentren sind für den Laserprozess sehr geeignet, weil sie für den elektrischen Dipolübergang der Laseremission eine große Oszillatorstärke $f \sim 0.2$ bis 0.35 aufweisen. Für die typische Emissionsbreite von ~ 600 cm^{-1} des $F_A(II)$-Zentrums resultiert daraus ein Emissionsquerschnitt im Bandzentrum von ca. $3 \cdot 10^{-16}$ cm^2.

Der *Lumineszenzwirkungsgrad* η_L nimmt für die $F_A(II)$- und $F_B(II)$-Zentren mit steigender Temperatur ab. In KCl:Li ist η_L ca. 50 % bei der Temperatur $T = 1.6$ K und nimmt dann ungefähr linear ab auf $\eta_L \leq 20$ % bei $T = 200$ K und erreicht bei Raumtemperatur null. Immerhin kann Laseroszillation mit $F_A(II)$-Zentren in KCl:Li auch für $T = 200$ K erzielt werden. Bei F_2^+-Zentren ist hingegen $\eta_L \simeq 100$ % und temperaturunabhängig. Trotzdem können auch Laser mit solchen Zentren nicht bei Raumtemperatur betrieben werden, weil die F_2^+-Zentren aufgrund von thermischer Anregung durch Reorientierungsvorgänge ausbleichen.

15.5.3 Abstimmbereiche der Farbzentrenlaser

Die Absorptions- und Lumineszenzbänder der Farbzentren sind phononenverbreitert. Wie bei den Farbstoffen sind die Lumineszenzbänder gegenüber den Absorptionsbändern Stokes-verschoben, sodass nur eine geringe Überlappung resultiert. Fig. 15.24 zeigt ein Beispiel für das F_2^+-Zentrum in KF, welches wohl die kleinste Stokes-Verschiebung aller Farbzentren aufweist. Trotzdem ist die Überlappung gering, sodass emittierte Strahlung kaum wieder absorbiert wird.

Allerdings ist hier zu erwähnen, dass selbst wenn das Absorptionsband und das Lumineszenzband nicht überlappen, die angeregten Farbzentren die Laserstrahlung absorbieren können. Dieses Phänomen der *Selbstabsorption* ist unter anderem dafür verantwortlich, dass die gewöhnlichen F-Zentren

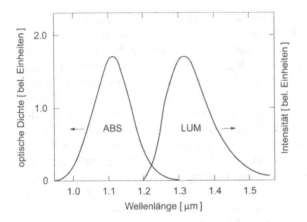

Fig. 15.24 Fundamentales Absorptions- und Lumineszenzband des F_2^+-Zentrums in KF
[Mollenauer 1985]

nicht als Lasermaterial in Frage kommen. Glücklicherweise tritt jedoch bei den bekannten laseraktiven Farbzentren keine Selbstabsorption auf, weil die Absorptionsbänder ihrer angeregten Zustände alle weit außerhalb der Lumineszenzbänder liegen. Trotzdem müssen bei Farbzentren zwei Dinge beachtet werden. Einerseits dürfen keine anderen Spezies, die simultan mit den gewünschten Farbzentren gepumpt werden, im Lumineszenzbereich absorbieren; andererseits muss eine photochemische Erzeugung absorbierender Spezies vermieden werden.

In Fig. 15.25 sind die *Lumineszenzkurven* der wichtigsten Farbzentrenmaterialien dargestellt, mit denen Laserbetrieb erreicht wurde. Wegen der großen Verstärkung in diesen Farbzentrenlasern ist die Abstimmung der Emission eines einzelnen über einen größeren Bereich als die Lumineszenzhalbwertsbreite möglich. Folglich kann der gesamte Wellenlängenbereich von 0.8 µm bis ca. 3.8 µm lückenlos überdeckt werden. F_2^+-Zentren liefern Emission im kurzwelligeren IR während für Wellenlängen von 2.2 bis 3.3 µm die $F_A(II)$- und $F_B(II)$-Zentren in Frage kommen. Generell zeigt sich, dass eine Vergrößerung der Gitterkonstanten im Farbzentrenkristall eine Vergrößerung der Emissionswellenlänge zur Folge hat. Ähnlich wie bei den Laserfarbstoffen gibt es auch bei den Farbzentren große Unterschiede in deren *Stabilität*. Die besonders stabilen Materialien sind in Fig. 15.25 unterstrichen. Solche Farbzentrenkristalle weisen bei optimalem Laserbetrieb eine lange Lebensdauer von über einem Jahr auf. Für die nicht unterstrichenen Materialien sind Lebensdauern im Laserbetrieb von ca. einer Woche möglich.

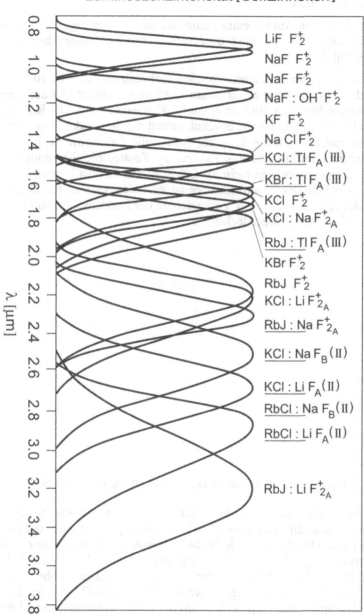

Lumineszenzintensität [bel.Einheiten]

λ [μm]

LiF F_2^+
NaF F_2^+
NaF F_2^+
NaF : OH$^-$ F_2^+
KF F_2^+
Na Cl F_2^+
KCl : Tl F_A(III)
KBr : Tl F_A(III)
KCl F_2^+
KCl : Na F_{2A}^+
RbJ : Tl F_A(III)
KBr F_2^+
RbJ F_2^+
KCl : Li F_{2A}^+
RbJ : Na F_{2A}^+
KCl : Na F_B(II)
KCl : Li F_A(II)
RbCl : Na F_B(II)
RbCl : Li F_A(II)
RbJ : Li F_{2A}^+

Fig. 15.25 Lumineszenzspektren verschiedener Farbzentrenlasermaterialien [Litfin & Welling 1982]. Die Farbzentren F_A(III) werden heute als Tl(1) bezeichnet

15.5.4   Konstruktion

Der charakteristische Aufbau eines Farbzentrenlasers ist in Fig. 15.26 schematisch dargestellt. Er ist ähnlich dem Aufbau eines kontinuierlichen Farbstofflasers (vgl. Kap. 13.3.3).

Der *Farbzentrenkristall* mit einer typischen Farbzentrendichte von $10^{18}\,cm^{-3}$ ist unter dem Brewsterwinkel auf einem *Kühlfinger* montiert, der auf einer Temperatur des flüssigen Stickstoffs von 77 K gehalten wird. Die Kühlung hat zwei Gründe: i) Wie bereits erwähnt, nimmt mit steigender Temperatur der Lumineszenzwirkungsgrad η_L ab, sodass die Laserschwelle mit der Temperatur zunimmt. ii) Die F_A-, F_B- und F_2^+-Zentren bleichen normalerweise bei Temperaturen von mehr als 200 K bereits innerhalb eines Tages aus. Der Hauptteil des Laserresonators ist evakuiert zwecks thermischer Isolation des Kristalls sowie zur Verhinderung der Kondensation von Wasserdampf auf den Kristalloberflächen.

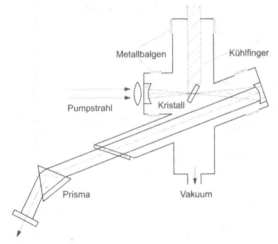

Fig. 15.26 Schematischer Aufbau eines Farbzentrenlasers [Litfin & Beigang 1978]

Der Farbzentrenkristall wird in einer *kollinearen Anordnung* (vgl. Kap. 13.3.3) mit einem kontinuierlichen Laser gepumpt. Meist wird dazu ein Nd:YAG-Laser oder die rote Linie bei 647 nm eines Kr^+-Lasers benutzt. Die Pumplaserstrahlung wird durch eine verspiegelte Linse, welche eine hohe Reflexion bei der Wellenlänge des Farbzentrenlasers und eine hohe Transmission bei der Pumpwellenlänge aufweist, auf den Kristall gerichtet. Eine optimale Absorption kann durch die Wahl der Spiegelkrümmungen und der Farbzentrendichte im Kristall ($\sim 10^{18}\,cm^{-3}$) erreicht werden. Der gefaltete Resonator mit drei Spiegeln kompensiert den durch den Brewsterwinkel des

Kristalls bedingten Astigmatismus. Zur groben Abstimmung der Laserwellenlänge werden dispersive optische Elemente wie Prismen oder Reflexionsgitter verwendet.

Das Modenverhalten ist bei einem abstimmbaren Laser von besonderer Bedeutung, weil sich daraus der nötige Aufwand für *Monomodenbetrieb* ergibt. Die Emissionsbanden der Farbzentrenmaterialien sind homogen verbreitert, sodass nach dem Einschwingvorgang nur die Eigenfrequenz mit der größten Verstärkung oszilliert und sich folglich spontan ein Monomodenbetrieb einstellen würde. In einem linearen Resonator kann aber wegen der stehenden Wellen und dem daraus resultierenden „spatial hole burning" (vgl. Kap. 8.2) auch bei einer homogen verbreiterten Linie trotzdem Multimodenbetrieb auftreten. Bei ungenügender Selektivität des Abstimmelementes schwingen meist zwei bis drei benachbarte Moden gleichzeitig an. Bereits durch den Einsatz eines Fabry-Perot-Etalons mit kleiner Finesse kann sehr einfach Monomodenbetrieb bei nur geringfügiger Reduktion der Ausgangsleistung erzielt werden (vgl. Kap. 8.2.3). Dank des homogenen Verstärkungsprofils kann die Ausgangsleistung im Monomodenbetrieb bis 75 % derjenigen im Multimodenbetrieb erreichen. Im Vergleich dazu liegt dieser Wert bei den Farbstofflasern, wo 100 bis 1000 Moden simultan oszillieren können, bei 10 bis 20 %. Eine andere Möglichkeit, Monomodenbetrieb zu erreichen, besteht in der Verwendung eines *Ringresonators* [Giberson et al. 1982]. Bei einem solchen Resonator bildet sich eine fortlaufende Welle aus, womit das Problem des „spatial hole burning" vermieden wird. Die Ausgangsleistung im Monomodenbetrieb kann dadurch noch etwas verbessert werden.

Die totale Emissionslinienbreite eines Monomode-Farbzentrenlasers wird hauptsächlich durch mechanische und thermische Kurzzeitschwankungen der optischen Weglänge im Resonator hervorgerufen. Die Ursachen liegen einerseits in mechanischen Instabilitäten der Spiegelhalterungen und andererseits in Schwankungen der Pumplaserleistung und der Kühltemperatur. Es können extrem schmale Gesamtlinienbreiten von 25 kHz erreicht werden.

15.5.5 Laserdaten

In der Tab. 15.8 sind die charakteristischen Daten verschiedener Farbzentrenlaser zusammengestellt.

Die Werte von einigen 10 mW für die Pumpschwellenleistung gelten bei einer Fokussierung des Pumplaserstrahles auf einen Brennfleckdurchmesser von typisch 20 μm auf dem Farbzentrenkristall. Der *differentielle Wirkungsgrad* η_d, englisch „*slope efficiency*", ist definiert als Quotient der Laserausgangsleistung und der Pumplaserleistung. Der große Unterschied von

Tab. 15.8 Daten verschiedener Farbzentrenlaser

Kristall/ Farbzentrum	Pumplaser	Pumpwellen- länge in nm	Pumpschwelle in mW, cw	Max. Ausgangs- leistung in mW, cw	Different. Wirkungsgrad η_{ld} in %	Abstimm- bereich in μm
LiF/F_2^+	Kr$^+$	647	60	1800	60	0.82 bis 1.05
NaF/F_2^+	Kr$^+$	647	40	11	10	0.89 bis 1.0
KF/F_2^+	Nd:YAG	1064	50	2700	60	1.26 bis 1.48
NaCl/F_2^+	Nd:YAG	1064	20	1000	60	1.40 bis 1.75
KCl:Tl/Tl^0(1)	Nd:YAG	1064	10	1100		1.4 bis 1.6
KCl:Na/F_2^+	Nd:YAG	1340	10	12	18	1.62 bis 1.91
KCl:Li/(F_2^+)$_A$	Nd:YAG	1340	5	25	7	2.0 bis 2.5
KCl:Na/F_B(II)	Ar$^+$, Kr$^+$	514, 568, 647	20	35	2.3	2.25 bis 2.65
KCl:Li/F_A(II)	Kr$^+$, Ar$^+$	647, 514	13	240	9.1	2.5 bis 2.9
RbCl:Li/F_A(II)	Kr$^+$	647, 676, 752	60	55	2	2.6 bis 3.3
KI:Li/(F_2^+)$_A$	Er:YLF	1730	0.2 mJ (pulsed)	0.3 mJ (pulsed)	3	2.38 bis 3.99

$\eta_d \le 60\,\%$ für F_2^+-Zentren und $\eta_d \le 9\,\%$ für $F_A(II)$-Zentren folgt aus dem unterschiedlichen Quantenwirkungsgrad $\eta = h\nu_{Laser}/h\nu_{Pump}$, der ungefähr 80 % für F_2^+-Zentren, aber nur etwa 10 % für F_A-Zentren beträgt. Die aufgeführten cw-Ausgangsleistungen sind oft Spitzenleistungen, die für einen modulierten Pumplaserstrahl bei einem „*duty cycle*" $\le 50\,\%$ erhalten wurden. Generell lässt sich sagen, dass die maximale kontinuierliche Laserleistung durch die im Kristall abzuführende Wärme begrenzt wird. Folglich sind Zentren mit kleiner Stokesverschiebung wie z. B. die F_2^+-Zentren in dieser Hinsicht günstiger als solche mit großer Stokesverschiebung wie die $F_A(II)$-Zentren. Dies erklärt den Unterschied von einer Größenordnung in den maximalen Leistungen der entsprechenden Lasertypen.

Es bleibt zu erwähnen, dass Tab. 15.8 nicht vollständig ist. Zur Erweiterung des Wellenlängenbereiches wurden noch andere Farbzentrenmaterialien untersucht. Kürzlich wurde auch über einen Diodenlaser-gepumpten LiF: F_2^--Farbzentrenlaser berichtet [Basiev et al. 2006]. Kommerziell werden Farbzentrenlaser mit den Kristallen KCl:Na, KCl:Li, RbCl:Li und KCl:Tl angeboten. Damit können die Wellenlängenbereiche von 1.43 bis 1.58 µm und von 2.2 bis 3.3 µm abgedeckt werden.

15.5.6 Anwendungen

Wegen seines großen Abstimmbereiches und seiner extrem schmalen Emissionslinienbreite liegen die hauptsächlichen Anwendungen des Farbzentrenlasers in der *hochauflösenden Molekül-, Atom- und Festkörperspektroskopie*. Als neueres Beispiel sei die empfindliche Messung von N_2O erwähnt [Li et al. 2005]. Die allererste Anwendung eines Farbzentrenlasers war eine genaue Messung der Druckverbreiterung für verschiedene Rotationsübergänge in HF, was für die rechnerische Optimierung von HF-Lasern von Bedeutung war [Beigang et al. 1979]. Mit einigen der Farbzentrenlaser lassen sich durch synchrones Pumpen und Modenkopplung wie bei den Farbstofflasern *ultrakurze*, wellenlängenabstimmbare Laserpulse im ps-Bereich erzeugen (vgl. Kap. 10). Solche Systeme eignen sich vorzüglich zum Studium der Dynamik chemischer Prozesse. Abstimmbare Farbzentrenlaser im Wellenlängenbereich um 1.3 und 1.5 µm sind auch von Interesse zur Untersuchung der Dispersions- und Absorptionseigenschaften von optischen Glasfasern. Eine weitere Entwicklung in modengekoppelten Farbzentrenlasern im Wellenlängenbereich ≥ 1.3 µm ist der sogenannte *Solitonenlaser*, welcher die erste Quelle von fs-Laserpulsen im IR-Spektralbereich darstellte [Mollenauer 1985]. Mit Hilfe der Transmission der Laserpulse durch eine in einem zweiten, gekoppelten Resonator enthaltene Glasfaser wurden Solitonen von 130 fs Dauer produziert, welche anschließend durch Pulskompression in einer externen Glasfaser auf 50 fs komprimiert werden konnten.

Wie eingangs bereits erwähnt hat aber die Bedeutung der Farbzentrenlaser insgesamt abgenommen.

Referenzen zu Kapitel 15

Ashcroft, N. W.; Mermin, N. D. (2005): Solid State Physics, 31st print. Brooks/Cole, South Melbourne

Baer, T. M. (1986): Laser Focus **22**, June 86, p. 82

Basiev, T.T.; Vassiliev, S.V.; Konjushkin, V.A.; Gapontsev, V.P. (2006): Opt. Lett. **31**, 2154

Beigang, R.; Litfin, G.; Schneider, R. (1979): Phys. Rev. A **20**, 229

Beyer, E.; Märten, O.; Behler, K.; Weick, J. M. (1985): Laser und Optoelektronik **3**, 282

Bohren, A.; Sigrist, M. W. (1997): Infrared Phys. Technol. **38**, 423

Brown, D. C. (1981): High-Peak-Power Nd:Glass Laser Systems. Springer Series in Optical Sciences, Vol. 25, Springer, Berlin

Cohen, M. I. (1972): Laser Handbook, Vol. 2 (ed. F. T. Arecchi & E. O. Schulz-Dubois), chapter F4. North-Holland, Amsterdam

Craxton, R. S.; McCrory, R. L.; Soures, J. M. (1986): Scient. American **255**, August 86, p. 60

Cronemeyer, D. C. (1966): J. Opt. Soc. Am. **56**, 1703

Desthieux, B.; Laming, R. I.; Payne, D. H. (1993): Appl. Phys. Lett. **63**, 586

Dieke, G. H.; Crosswhite, H. M. (1963): Appl. Opt. **2**, 675

Fischer, C; Sigrist, M.W. (2003): Mid-IR Difference Frequency Generation, in *Solid-State Mid-Infrared Laser Sources*, (ed. I.T. Sorokina, K.L. Vodopyanov), Topics in Applied Physics, Vol. 89. Springer, Berlin, pp. 97-140

Fritz, B.; Menke, E. (1965): Solid State Comm. **3**, 61

Geusic, J. E.; Marcos, H. M.; Van Uitert, L. G. (1964): Appl. Phys. Lett. **4**, 182

Giberson, K. W.; Cheng, C.; Dunning, F. B.; Tittel, F. K. (1982): Appl. Opt. **21**, 172

Giesen, A.; Huegel, H.; Voss, A.; Wittig, K.; Brauch, U.; Opower, H. (1994): Appl. Phys. **B 58**, 365

Johnson, L. F.; Nassau, K. (1961): Proc. IRE **49**, 1704

Johnson, L.F.; Geusic, J.E.; Van Uitert, L.G. (1965): Appl. Phys. Lett. **7**, 127

Keyes, R. J.; Quist, T. M. (1964): Appl. Phys. Lett. **4**, 50

Kittel, C. (2006): Einführung in die Festkörperphysik, 14. Aufl. Oldenbourg, München

Koechner, W. (2006): Solid-State Laser Engineering. 6. Aufl. Springer Series in Optical Sciences, Vol. 1. Springer, Berlin

Koningstein, J. A.; Geusic, J. E. (1964): Phys. Rev. **136**, 711

Krupke, W. F.; George, E. V.; Haas, R. A. (1979): Laser Handbook, Vol. 3 (ed. M.L. Stitch), chapter B5. North-Holland, Amsterdam

Lacovara, P.; Choi, H.K.; Wang, C.A.; Aggarwal, R.L.; Fan, T.Y. (1991): Opt. Lett. **16**, 1089

Li, S.; Yu, Q.; van Herpen, M.; te Lintel Hekkert, S.; Harren, F.J.M. (2005): Chinese Opt. Lett. **1**, 361

Litfin, G.; Beigang, R. (1978): J. Phys. E **11**, 984

Litfin, G.; Welling, H. (1982): Laser und Optoelektronik **1**, 17

Lüthy, W.; Stalder, M.; Weber, H. P. (1987): Laser und Optoelektronik **19**, 158

Lüthy, W.; Weber, H. P. (1991): Infrared Phys. **32**, 283

Lüthy, W.; Weber, H. P. (1995a): Infrared Phys. Technol. **36**, 267

Lüthy, W.; Weber, H. P. (1995b): Opt. Engin. **34**, 2361

Maeda, K.; Hayakawa, H.; Ishikawa, T.; Yokoyama, T. (1987): Digest Conf. on Laser and Electro-optics (CLEO). Baltimore (MD, USA), paper WB3

Maiman, T. H. (1960a): Nature **187**, 493

Maiman, T. H. (1960b): Phys. Rev. Lett. **4**, 564

Measures, R. M. (1988): Laser Remote Chemical Analysis. J. Wiley & Sons, N. Y.

Mollenauer, L. F. (1985): Laser Handbook, Vol. 4 (ed. M. L. Stitch & M. Bass), chapter 2. North-Holland, Amsterdam

Mollenauer, L. F.; Olson, D. H. (1974): Appl. Phys. Lett. **24**, 386

Moulton, P. F. (1982): Opt. News **8**, 9

Moulton, P. F. (1986): J. Opt. Soc. Am. B **3**, 125

Ngai, A.K.Y.; Persijn, S.T.; von Basum, G.; Harren, F.J.M. (2006): Appl. Phys. B **85**, 173

Nykolak, G.; Kramer, S. A.; Simpson, J. R.; Digiovanni, D. J; Giles, C. R.; Presby, H. M. (1991): IEEE Photon. Techn. Lett. **3**, 1079

Payne, S. A.; Chase, L. L.; Newkirk, H. W.; Smith, L. K.; Krupke, W. F. (1988): IEEE J. **QE-24**, 2243

Payne, S. A.; Chase, L. L.; Smith, L. K.; Kway, W. L.; Newkirk, H. W. (1989): J. Appl. Phys. **66**, 1051

Petricevic, V. (1988): Appl. Phys. Lett. **52**, 1040

Petrov, I. P.; Curl, R. F.; Tittel, F. K. (1998): Appl. Phys. B **66**, 531

Roulard III, F. R. (1985): Tunable Solid State Lasers (ed. P. Hammerling, A. B. Budgor, A. Pinto). Springer Series in Optical Sciences Vol. 47, p. 35. Springer, Berlin

Sam, C. L.; Walling, J. C.; Jenssen, H. P.; Morris, R. C.; O'Dell, E. W. (1980): Proc. Soc. Photo-Opt. Instrum. Eng. **247**, 130

Sam R. C.; Rapoport, R.; Matthews, S. (1985): Tunable Solid State Lasers (ed. P.Hammerling, A. B. Budgor, A. Pinto). Springer Series in Optical Sciences, Vol. 47, p. 28, Springer, Berlin

Schawlow, A. L. (1961): Advances in Quantum Electronics (ed. J. R. Singer), p. 53. Columbia University Press, N. Y.

Schawlow, A. (1962): J. Appl. Phys. **33**, 395

Scheps, R.; Myers, J. F.; Serreze, H.; Rosenberg, A.; Morris, R. C.; Long, M. (1991): Opt. Lett. **16**, 820

400   E Lasertypen

Schneider, K.; Kramper, P.; Schiller, S.; Mlynek, J. (1997): Opt. Lett. **22**, 1293

Schröder, E. (1983): Laser und Optoelektronik **3**, 209

Seiter, M.; Sigrist, M. (1999): Opt. Lett. **24**, 110

Seiter, M.; Keller, D.; Sigrist, M. (1998): Appl. Phys. **B 67**, 351

Shen, Y. R. (2003): The Principles of Nonlinear Optics. Hoboken, N..J.

Shen, Y. R., Ed. (1977): Nonlinear Infrared Generation. Topics in Applied Physics, Vol. 16, Springer, Berlin

Siegmann, A. E. (1986): Lasers. Univ. Press, Oxford

Sigrist, M. W., ed. (1994): Air Monitoring by Spectroscopic Techniques. J. Wiley & Sons, N. Y.

Snitzer, E. (1961): Phys. Rev. Lett. **7**, 444

Snitzer, E. (1961): J. Appl. Phys. **32**, 36

Snitzer, E.; Young, C. G. (1968): Lasers (ed. A. K. Levine), chapter 2. Marcel Dekker Inc., N. Y.

Sorokina, I.T.; Sorokin, E.; Di Lieto, A.; Tonelli, M.; Page, R.H.; Schaffers, K.I. (2001): J. Opt. Soc. Am. B **18**, 926

Stewen, C.; Contag, K.; Larionov, M.; Giesen, A.; Huegel, H. (2000): IEEE. J. Sel. Top. Quantum Electron. **6**, 650

Svanberg, S. (1994): in: Air Monitoring by Spectroscopic Techniques (ed. Sigrist, M. W.) chapter 3, J. Wiley & Sons, N. Y.

Svanberg, S. (2007): LIDAR, in *Springer Handbook of Lasers and Optics* (ed. F. Träger), chapter 13.3, Springer, Berlin

Treusch, H.-G.; Ovchinnikov, A.; He, X.; Kansar, M.; Mott, J.; Yand, S. (2000): IEEE J.Sel Topics in Quantum Electron. **6**, 61

Verdun, H. R. (1988): Appl. Phys. Lett. **53**, 2593

Wächter, H.; Sigrist, M.W. (2007): Generation of Coherent Mid-Infrared Radiation by Difference Frequency Mixing, in *Springer Handbook of Lasers and Optics* (ed. F. Träger), chapter 11.10, Springer, Berlin

Walling, J. C. (1987): Tunable Lasers (ed. L. F. Mollenauer & J. C. White). Topics in Applied Physics, Vol. 59, chapter 9. Springer, Berlin

Walling, J. C.; Peterson, O.G.; Jenssen, H. P., Morris, R. C.; O'Dell, E. W. (1980): IEEE J. **QE-16**, 1302

Weidauer, D.; Rairoux, P.; Ulbricht, M.; Wolf, J. P.; Wöste, L. (1997): in: Advances in Atmospheric Remote Sensing with Lidar (eds. Ansmann, A., Neuber, R., Rairoux, P., Wandinger, U.) Springer, Berlin

Weitkamp, C., Ed. (2005): Lidar. Springer Series in Optical Sciences, Vol. 102, Springer Berlin

West, G. A.; Mariella jr., R. P.; Pete, J. A.; Hammond, W. B.; Heller, D. (1981): J. Chem. Phys. **75**, 2006

Yariv, A. (1991): Optical electronics, 4th. ed. Saunders, Philadelphia

16 Chemische Laser (chemical lasers)

Bei einem chemischen Laser wird die Besetzungsinversion und die Laserstrahlung direkt durch eine *chemische Reaktion* erzeugt [vgl. Chester 1976, Gross & Bott 1976, Kompa 1973, Ultee 1979]. In diesem Sinne gelten die gasdynamischen CO_2-Laser (vgl. Kap. 12.6.2) nicht als chemische Laser. Chemische Laser benützen die *Reaktionsenergie* einer chemischen Reaktion, meist zwischen gasförmigen Medien, welche größtenteils in Form von Vibrationsenergie der Moleküle gespeichert ist. Die Laserübergänge sind daher oft *Vibrations-Rotationsübergänge* innerhalb des elektronischen Grundzustandes im entsprechenden Wellenlängenbereich zwischen 3 und 10 µm. Die chemische Energie wird direkt in kohärente Strahlungsenergie umgewandelt, mit nur geringer oder gar keiner Zufuhr von elektrischer oder einer andern Form von Energie. Praktische Lasersysteme sind jedoch meist keine „rein" chemischen Laser, da die reagierenden Atome oder Moleküle oft durch eine elektrische Entladung, Photolyse, Elektronenstrahlanregung, etc. präpariert werden. Aufgrund der großen Energiemenge, die in einer chemischen Reaktion zur Verfügung steht, lassen sich hohe Laserleistungen erwarten. Eine chemische Reaktion muss folgende *Kriterien* erfüllen, um für einen chemischen Laserprozess geeignet zu sein:

i) Sie muss exotherm sein.

ii) Falls das Reaktionsprodukt in mehreren angeregten Zuständen gebildet wird, wie z. B. im Falle von HF, so muss die Produktionsrate in einen höheren Zustand im Allgemeinen größer als diejenige in einen tieferen Zustand sein.

iii) Die absolute Produktionsrate muss genügend groß sein, um die Verluste durch spontane Emission und Stoßrelaxation zu überwiegen.

Obwohl die Erzeugung einer *Besetzungsinversion* durch *chemisches Pumpen* bereits 1961 vorgeschlagen wurde [Polanyi 1961], wurde der chemische Laser erst 1964 realisiert [Kasper & Pimentel 1964]. Als stellvertretendes Beispiel für chemische Laser wird im Folgenden der meistuntersuchte HF-Laser diskutiert.

16.1 HF-Laser

Über den Fluorwasserstoff(HF)-Laser wurde 1967 erstmals berichtet [Deutsch 1967, Kompa & Pimentel 1967]. Die meisten HF-Laser basieren auf der „kalten" Reaktion

$$F + H_2 \rightarrow HF^* + H. \tag{16.1}$$

Der Stern deutet die Vibrationsanregung des HF-Moleküls an, die mehr als 60 % der Reaktionsenergie ausmacht. Da die Reaktionswärme der Reaktion (16.1) ΔH = 132.3 kJ/Mol, entsprechend 1.3 eV/Molekül, beträgt, kann das HF-Molekül bis in das Vibrationsniveau v = 3 angeregt werden (vgl. Fig. 16.1).

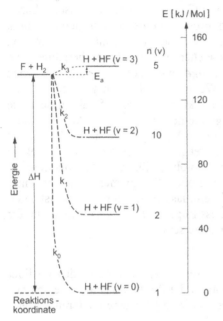

Fig. 16.1
Energiediagramm für die Reaktionen F + H_2 → HF(v) + H. $n(v)$: relative Besetzungsdichten, E_a = 6.7 kJ/Mol, ΔH = 132.3 kJ/Mol

Aufgrund der unterschiedlichen Zerfallsraten k_v in die verschiedenen Vibrationszustände v weist das Niveau v = 2 bei Weitem die größte Besetzung auf. Es bildet sich somit eine große *Besetzungsinversion* zwischen den Niveaus v = 2 und v = 1 auf. Damit die Reaktion (16.1) ablaufen kann, muss atomares Fluor vorhanden sein, welches wegen seiner großen Reaktionsfähigkeit meist aus einer Dissoziation, beispielsweise von SF_6 oder F_2, in einer elektrischen Entladung gewonnen wird. Falls F_2 benützt wird, können die nicht dissoziierten F_2-Moleküle mit atomarem Wasserstoff aus Reaktion (16.1) reagieren:

$$H + F_2 \rightarrow HF^* + F. \tag{16.2}$$

Das so gewonnene atomare Fluor kann dann wiederum an Reaktion (16.1) teilnehmen. Dies führt zu einer *Kettenreaktion,* in welcher die Anzahl angeregter HF-Moleküle die ursprünglich produzierten Fluoratome bei Weitem übersteigt. Die „heiße" Reaktion (16.2) liefert 410.2 kJ/Mol chemische Energie, was zur HF-Anregung bis in den Vibrationszustand v = 10 führt. Damit lässt sich eine Besetzungsinversion zwischen verschiedenen Vibrationsniveaus des HF-Moleküls erzeugen. Lasertätigkeit kann auf den Übergängen von $v' = 1$ nach $v'' = 0$ bis zu $v' = 6$ nach $v'' = 5$, jeweils auf verschiedenen Rotationslinien, stattfinden. Dies ergibt einen Wellenlängenbereich zwischen 2.7 µm und 3.3 µm. Die Vielzahl von Laserübergängen beruht auf zwei Phänomenen, die beide auch beim CO-Laser auftreten (vgl. Kap. 12.7):

i) Durch die, normalerweise stärkste, Laseremission auf dem Übergang von $v' = 2$ nach $v'' = 1$ wird die Besetzungsdichte des Niveaus $v' = 2$ abgebaut, diejenige des ($v'' = 1$)-Niveaus hingegen erhöht. Somit kann *Kaskaden-Lasertätigkeit* auf den Übergängen von $v' = 3$ nach $v'' = 2$ sowie von $v' = 1$ nach $v'' = 0$ einsetzen. In der Folge ist Laseremission von $v' = 4$ nach $v'' = 3$ möglich usw.

ii) Wie beim CO-Laser reicht auch beim HF-Laser eine *partielle Besetzungsinversion* zur Lasertätigkeit aus. Gewöhnlich oszilliert daher der HF-Laser nur auf P-Übergängen, d. h. solchen von J' nach $J'' = J' + 1$.

HF-Laser können sowohl *gepulst* wie auch *kontinuierlich* betrieben werden. Bei Verwendung einer elektrischen Entladung zur Produktion von atomarem Fluor in einem gepulsten HF-Laser wird eine ähnliche Konfiguration wie in einem TEA-CO_2-Laser mit Vorionisierung (vgl. Kap. 12.6.2) benützt. Die *Laserpulsdauer* liegt im µs-Bereich, die *Pulsenergie* beträgt rund 100J/ℓ und kann in praktischen Systemen mehrere kJ erreichen. Sie ist wesentlich größer als die hineingesteckte elektrische Energie, d. h. der elektrische Wirkungsgrad kann 100 % beträchtlich übersteigen, während der chemische Wirkungsgrad bei rund 10 % liegt. Für den kontinuierlichen Betrieb wird oft eine Überschalldiffusion, ähnlich wie beim gasdynamischen CO_2-Laser (vgl. Kap. 12.6.2) benützt [Chester 1976]. Atomares Fluor wird durch thermische Diffusion in einem Plasmastrahl gewonnen und durch Düsen mit rund fünffacher Schallgeschwindigkeit expandiert. Molekularer Wasserstoff wird stromabwärts zugemischt und reagiert mit Fluor gemäß Reaktion (16.1). Der Laserresonator, meist vom instabilen Typ, ist senkrecht zur Gasströmung angeordnet. Kontinuierliche *Laserleistungen* bis 10 kW sind erreichbar. Obwohl HF-Laser auch kommerziell angeboten werden, liegen die wichtigsten Anwendungen im militärischen Bereich.

16.2 Weitere chemische Laser

Auf einem ähnlichen Prinzip basierend wie der HF-Laser existieren noch weitere chemische Laser, wovon die DF-, HCl- und HBr-Laser die wichtigsten Vertreter sind (vgl. Tab. 16.1).

Tab. 16.1   Chemische Laser

Chemische Reaktion	Laseraktives Molekül	Reaktionswärme in kJ/Mol	Wellenlängen-bereich in μm
$F + D_2 \rightarrow DF^* + D$	DF	130	3.5 bis 4.1
$F + DI \rightarrow DF^* + I$	DF	268	3.5 bis 4.3
$D + F_2 \rightarrow DF^* + F$	DF	415	3.5 bis 4.5
$Cl + HI \rightarrow HCl^* + I$	HCl	134	3.5 bis 4.1
$H + Cl_2 \rightarrow HCl^* + Cl$	HCl	189	3.5 bis 4.1
$H + Br_2 \rightarrow HBr^* + Br$	HBr	151	4.0 bis 4.7
$O + CS \rightarrow CO^* + S$	CO	314	5.0 bis 5.8

Diese Laser liefern im Allgemeinen zwar kleinere Leistungen, doch ist ihr Wellenlängenbereich in Bezug auf die atmosphärische Transmission günstiger.

Abschließend soll noch der *Jodlaser* mit atomarem Jod erwähnt werden. Er gehört zur Kategorie der photochemischen Dissoziations-, kurz *Photodissoziationslaser*. Durch Photodissoziation von CH_3I oder C_3F_7I mittels intensivem UV-Blitzlicht im 300 nm-Spektralbereich entsteht atomares Jod, und zwar werden mehr Jodatome im angeregten $^2P_{1/2}$-Zustand als im $^2P_{3/2}$-Grundzustand produziert. Der Laserübergang findet also auf der $^2P_{1/2} \rightarrow ^2P_{3/2}$-Linie bei 1.315 μm Wellenlänge statt. Mit dem Jodlaser können hohe Pulsenergien im kJ-Bereich bzw. Pulsspitzenleistungen im TW-Bereich erzielt werden, weshalb dieser Lasertyp auch für die *Laserfusionsforschung* von Interesse war [Brederlow et al. 1983].

Referenzen zu Kapitel 16

Brederlow, G.; Fill, E.; Witte, K. J. (1983): The High-Power Iodine Laser. Springer Series in Optical Sciences, Vol. 34. Springer, Berlin

Chester, A. N. (1976): High-Power Gas Laser (ed. E. R. Pike), p. 162. Inst. of Phys. Conf. Series No. 29, Bristol

Deutsch, T. F. (1967): Appl. Phys. Lett. **10**, 234

Gross, R. W. F.; Bott, J. F., eds. (1976): Handbook of Chemical Lasers. Wiley, N. Y.

Kasper, J. V. V.; Pimentel, G. C. (1964): Appl. Phys. Lett. **5**, 231

Kompa, K. L. (1973): Chemical Lasers. Topics in Current Chemistry, Vol. 37. Springer, Berlin

Kompa, K. L.; Pimentel, G. C. (1967): J. Chem. Phys. **47**, 857

Polanyi, J. C. (1961): J. Chem. Phys. **34**, 347

Ultee, C. J. (1979): Laser Handbook, Vol. 3 (ed. M. L. Stitch), chapter A5. North-Holland, Amsterdam

17 Free-Electron-Laser

17.1 Einführung

In einem „*free-electron*"-Laser (FEL) wird ein relativistischer Elektronenstrahl durch einen sogenannten „undulator" oder „wiggler" mit einem Magnetfeld periodisch alternierender Polarität geschickt. Dadurch wird der Elektronenstrahl zu einer wellenförmigen Bewegung gezwungen. Weil die Elektronen bei einer Wellenbewegung eine Beschleunigung erfahren, emittieren sie elektromagnetische Wellen in Form der sogenannten *Synchrotron-Strahlung*. Das Prinzip des FEL [Madey 1971] hat seinen Ursprung im älteren Konzept des eigentlichen „undulator" [Motz 1951] und eine Verwandtschaft zum *Smith-Purcell-Effekt* [Gover & Yariv 1978, Smith & Purcell 1953], wo man einen Elektronenstrahl in geringem Abstand parallel zu einer periodisch tiefenmodulierten Metalloberfläche schießt. Die Spiegelbildkraft zwingt den Elektronenstrahl zur Wellenbewegung und damit zur Emission elektromagnetischer Wellen. Unter diesen Aspekten darf man fragen, ob der FEL als Laser oder als rein elektronische Strahlungsquelle zu betrachten ist.

Bereits in den 1980er Jahren wurde die Entwicklung des FEL in theoretischer wie auch in experimenteller Hinsicht stark gefördert [vgl. Dattoli & Renieri 1985, Jacobs et al. 1980, 1982, Madey & Pellegrini 1984, Marshall 1985, Oepts et al. 1995, O'Shea 1998, Roberson et al. 1983]. FELs sind attraktive Strahlungsquellen aufgrund ihres äußerst breiten Abstimmbereiches und der erreichbaren hohen Spitzen- und Durchschnittsleistungen. Im Vergleich zu konventionellen Lasern sind sie allerdings weder einfache noch billige Quellen. Da die Emissionsfrequenz der FEL annähernd quadratisch mit der relativistischen Energie der Elektronen im Strahl zunimmt, können beim Entwurf der FEL Ähnlichkeitsgesetze angewendet werden, was englisch als „scaling" bezeichnet wird. Da heute außerdem Elektronenstrahlen mit hohen Leistungen von über 1 GW zur Verfügung stehen, können FEL hohe Strahlungsleistungen in Bereichen des elektromagnetischen Spektrums liefern, wo keine anderen praktischen Strahlungsquellen mit hoher Leistung zur Verfügung stehen.

Die Hauptelemente eines FEL sind ein Elektronenbeschleuniger, ein Ondulator und ein optischer Resonator. FELs wurden mit beinahe allen Typen
von Beschleunigern realisiert, wie elektrostatischen Beschleunigern, Radio-
frequenz- oder Induktions-Linearbeschleunigern, Speicherringen usw. Die
Emissionswellenlängen, die heute von FELs abgedeckt werden, reichen von
wenigen nm bis cm. Allerdings kann mit einem einzelnen FEL nicht der
gesamte Wellenlängenbereich erschlossen werden. Obwohl dasselbe physikalische Prinzip zugrunde liegt (s. Kap. 17.2), ist die Technologie für UV-
FEL und mm-FEL ziemlich unterschiedlich [Colson 1999, Freund & Granatstein 1999, Weber 2001]. In Tab. 17.1 sind die Parameterbereiche
heutiger FEL-Anlagen aufgeführt.

Tab. 17.1   Bereiche wichtiger Parameter von heutigen FEL-Anlagen [Yurkov et al.
2007]

Strahlung	
Wellenlänge	13 nm – 10 mm
Spitzenleistung	bis 5 GW
Durchschnittsleistung	bis 10 kW
Pulsdauer	10 fs bis kontinuierlich
Elektronenstrahl	
Energie	200 keV bis 1 GeV
Spitzenstrom	1-3000 A
Ondulator	
Periode	0.5 – 20 cm
Spitzenmagnetfeld	0.1 – 1 T
Ondulatorlänge	0.5 – 27 m

17.2   Funktionsweise eines FEL

Der *prinzipielle Aufbau* eines FEL ist in Fig. 17.1 dargestellt. Ein schwarz
angedeutetes Elektronenpaket durchläuft mit relativistischer Geschwindig-
keit $v_0 = \beta_0 c$ einen „undulator" oder „wiggler" der Länge R_M, welcher einen
Magneten mit der Periode L enthält. Der durch die Wellenbewegung des
Elektronenpaketes erzeugte, weiß angedeutete Strahlungs-Puls mit der
Geschwindigkeit c wird durch einen optischen Spiegel-Resonator aufgefan-

gen, was eine Strahlungsrückkopplung auf die folgenden Elektronenpakete bewirkt. Entsprechend der Stärke der Rückkopplung wirkt der FEL als Verstärker oder als Oszillator.

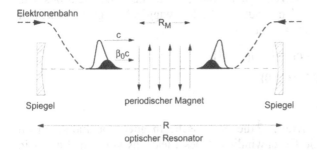

Fig. 17.1   Schematischer Aufbau eines FEL [Jacobs et al. 1980]

Als Beispiel erwähnen wir Daten für den Aufbau und den Betrieb eines FEL, der in Stanford, Kalifornien, um 1980 gebaut und getestet wurde [vgl. Jacobs et al. 1980]:

a) Elektronenpaket: $\beta_0 = \upsilon_0/c = 0.99993$; $\ell = 1.3$ mm; $A_e = 0.79$ mm^2; $I_{max} = 0.66$A

b) Undulator: $B_0 = 0.24$ Tesla; $R_M = 5.2$ m; $L = 3.2$ cm; $M = 160$

c) Resonator: $\lambda = 3.4$ μm; $R = 12$ m; $A_R = 9.6$mm^2; $\delta = 3.5$ %

d) Wirkungsgrad: $\eta < 10^{-4}$

Beim Elektronenpaket bedeuten υ_0 die Anfangsgeschwindigkeit, ℓ die Länge, A_e der Querschnitt und I_{max} der maximale Strom; beim Undulator B_0 die Amplitude der magnetischen Induktion, R_M die Länge, L die Periode, M die Anzahl Perioden; beim Resonator λ die Emissions-Wellenlänge, R die Länge, A_R der Moden-Querschnitt, δ der Strahlungs-Leistungsverlust pro Durchgang. Der Wirkungsgrad η ist definiert als Verhältnis der Laserstrahlungs-Energie zur Energie des Elektronenpakets. Sein niederer Wert $\eta < 10^{-4}$ entspricht demjenigen eines Festkörperlasers. Er liegt weit unter dem Wirkungsgrad $\eta = 5$ % bis 20 % des 10 μm-CO_2-Lasers.

Da der FEL durch einen hochenergetischen Elektronenstrahl mit einer Geschwindigkeit υ nahe der Vakuums-Lichtgeschwindigkeit c angetrieben wird, muss in der *Theorie des FEL relativistisch gerechnet* werden [Jackson 2006]. Kennzeichnend dafür sind die Parameter

$$\beta = \upsilon/c \leq 1,$$

$$\gamma = E(\upsilon)/E(0) = [1 - \beta^2]^{-1/2} \geq 1, \qquad (17.1)$$

wobei $E(v)$ die relativistische Energie und $E(0) = m_e c^2$ die Ruhenergie des Elektrons darstellen. Vernachlässigt man die Wechselwirkung der Elektronen mit der Ruhmasse m_e und der elektrischen Ladung $(-e)$ im Elektronenstrahl, so kann die Bewegungsgleichung eines einzelnen Elektrons, das in der z-Richtung durch den „undulator" oder „wiggler" fliegt, *im ruhenden Laborsystem* geschrieben werden als

$$m_e \mathrm{d}(\gamma \vec{v}) / \mathrm{d}t = \vec{F}_L = (-e)[\vec{v} \times \vec{B}] \tag{17.2}$$

mit $\vec{B} = \{0, B_0 \cos(2\pi z / L), 0\}$

und $\vec{v}_0 = \{0, 0, \beta_0 c\}$,

wobei $\vec{F}_L$ die Lorentz-Kraft, $\vec{B}$ die periodische magnetische Induktion im „undulator" und v_0 die Geschwindigkeit des Elektrons vor dem Eintritt in den „undulator" darstellen. L ist die Periode der magnetischen Induktion. Es ist jedoch zum Verständnis des FEL von Vorteil, die Bewegung des Elektrons *im Elektronenstrahl-System* zu beschreiben, welches sich mit der relativistischen Geschwindigkeit v_0 mitbewegt. Hier gilt in grober Näherung

$$m_e \mathrm{d}(\gamma^* \vec{v}^*) / \mathrm{d}t \cong (-e)\gamma_0 [\vec{v}_0 \times \vec{B}^*] \tag{17.3}$$

mit $\vec{B}^* = \{0, B_0 \cos(2\pi[z^* + v_0 t^*] / L^*), 0\}$

und $L^* = L / \gamma_0; \ \gamma_0 = [1 - \beta_0^2]^{-1/2}$.

Im Elektronenstrahl-System erscheint somit die Periode L des Magneten im „undulator" erheblich verkürzt. Aus der obigen Gleichung (17.3) geht hervor, dass das Elektron im Elektronenstrahl-System einem magnetischen Feld mit der Periode L^* ausgesetzt ist, das mit der relativistischen Geschwindigkeit $v_0 \cong c$ vorbeirast. Dementsprechend oszilliert es im Elektronenstrahl-System mit der Frequenz

$$v^* = v_0 / L^* \simeq c / L^*. \tag{17.4}$$

Das oszillierende Elektron emittiert *elektromagnetische Strahlung*, welche im Elektronenstrahl-System die Wellenlänge

$$\lambda^* = c / v^* \simeq L^* = L / \gamma_0 \tag{17.5}$$

aufweist. Im ruhenden Laborsystem erscheint diese elektromagnetische Strahlung jedoch mit einer anderen Wellenlänge λ, welche durch den *relativistischen Doppler-Effekt* modifiziert ist. Für große γ_0 gilt

$$\lambda \simeq (\lambda^* / 2\gamma_0) [1 + \gamma_0^2 \theta^2], \tag{17.6}$$

wobei $\theta \simeq 1 / \gamma_0$ im ruhenden Laborsystem den Winkel zwischen der emittierten Strahlung und dem Elektronenstrahl darstellt. Kombiniert man die

Gleichungen (17.5) und (17.6), so findet man die Gleichung für die *Strahlungs-Wellenlänge des FEL*

$$\lambda \simeq (L/2\gamma_0^2)\,[1 + \gamma_0^2\,\theta^2]. \tag{17.7}$$

Daraus ergibt sich als Beispiel für eine „undulator"-Periode $L = 4$ cm und einen relativistischen Elektronenstrahl mit $\gamma_0 = 3000$ und $E(\upsilon) = 1.5$ GeV eine Wellenlänge $\lambda = 44$ Å. Dies bedeutet eine FEL-Emission von weichen Röntgenstrahlen mit einer Photonenenergie $h\nu = 560$ eV. Zusätzlich werden noch *höhere Harmonische* abgestrahlt, deren relative Intensitäten von der Konstruktion des „undulator" oder „wiggler" abhängen.

Das spektrale *Strahlungsintensitäts-Maximum* I_{max} bei der durch Gl.(17.7) bestimmten Wellenlänge λ ist proportional zum Quadrat der Anzahl M Perioden im „undulator"-Magneten:

$$I_{max} \propto M^2. \tag{17.8}$$

Die *spektrale Breite* $\Delta\lambda$ der Emission wird bestimmt durch

$$\Delta\lambda/\lambda \simeq 1/M, \tag{17.9}$$

und die *Winkelstreuung* $\Delta\theta$ durch

$$\Delta\theta/\theta \approx 1/M^{1/2} \text{ mit } \theta \approx 1/\gamma_0. \tag{17.10}$$

Die hier beschriebene einfache Theorie des FEL lässt sich nur mit erheblichem mathematischem Aufwand verbessern.

17.3 FEL-Anlagen

FELs bieten eine Reihe von Vorteilen, insbesondere einen großen Bereich kontinuierlich durchstimmbarer Wellenlänge, die Möglichkeit hoher Durchschnittsleistungen sowie einen hohen Konversionswirkungsgrad der elektrischen Leistung in optische Strahlungsleistung. Außerdem weist die emittierte Strahlung einen hohen Grad an *transversaler Kohärenz* auf, d. h. die FEL-Strahlung kann immer auf eine beugungsbegrenzte Fleckgröße fokussiert werden. Damit kann die Strahlung über große Distanzen transportiert und es können hohe Intensitäten erreicht werden. Im Gegensatz zu üblichen Laserquellen bedingen die FELs jedoch große, teure Anlagen. Dies schränkt ihre Anwendungen vor allem auf Bereiche ein, die nicht durch konventionelle Strahlungsquellen gedeckt werden, wie das *THz-Gebiet* (sub-mm Wellenlängen) sowie den Bereich des *Vakuum-UV* (VUV) bis *Röntgen* (X-ray). In Tab. 17.2 sind die weltweit verfügbaren heutigen FEL-Anlagen aufgeführt.

Tab. 17.2   Aktuell weltweit bestehende FEL-Anlagen (nach "FEL Virtual Library").
Abkürzungen: SC: supraleitend, Linac: Linearbeschleuniger

Land	Institution	Name der Anlage	Wellenlängen	Typ
China	Institute for High Energy Physics	Beijing FEL	5 – 25 µm	Linac
Deutschland	DESY	FLASH	13 – 45 nm	SC Linac
	FZ Rossendorf	FELBE	3 – 22 µm	SC Linac
			15 – 200 µm	
	Dortmund Univ.	Felicita 1	470 nm	Speicherring
	Darmstadt Univ.	IR-FEL	6.6 – 7.8 µm	SC Linac
Frankreich	LURE-Orsay	CLIO	3 – 150 µm	Linac
	CEA Bruyeres	ELSA	18 – 24 µm	Linac
Israel	Tel Aviv Univ.	---	3 mm	Elektrostat.
Italien	ELETTRA Trieste	VUV-FEL	180 – 660 nm	Speicherring
	ENEA Frascati		3.6 – 2.1 mm	Mikrotron
Japan	RIKEN	SCSS	49 nm	Linac
	IFEL	1	5 – 22 µm	Linac
		2	1 – 6 µm	Linac
			230 nm – 1.2 µm	Linac
			20 – 60 µm	Linac
			50 – 100 µm	Linac
	Science Univ. Tokyo	FEL-SUT	5 – 16 µm	Linac
	ETL – Tsukuba	NIJI-IV	228 nm	Speicherring
	IMS – Okasaki	UVSOR	239 nm	Speicherring
	ISIR – Osaka	---	21 – 126 µm	Linac
	JAERI	---	22 µm	SC-Linac
			6 mm	Indukt.-Linac
	Univ. of Tokyo	UT-FEL	43 µm	Linac
	ILE – Osaka	---	47 µm	Linac

	LASTI	LEENA	65 – 75 µm	Linac
Korea	KAERI	---	80 – 170 µm	Mikrotron
			10 mm	Elektrostat
Niederlande	FOM	FELIX 1	3.1 – 35 µm	Linac
		FELIX 2	25 – 250 µm	Linac
	Univ. of Twente	TEU-FEL	200 – 500 µm	Linac
	FOM	Fusion FEM	1.5 mm	Elektrostat.
USA	Duke Univ. (NC)	MK-III	1.7 – 9.1 µm	Linac
		OK-4	217 nm	Speicherring
	Vanderbilt (TN)	MK-III	2.1 – 9.8 µm	Linac
	Stanford (CA)	SCA-FEL	3 – 10 µm	SC-Linac
		FIREFLY	15 – 65 µm	SC-Linac
	Jefferson Lab (VA)	---	3.2 – 4.8 µm	SC-Linac
	Univ. of Calif.	FIR-FEL	63 –240 µm	
	Santa Barbara (CA)	MM-FEL	340 µm – 2.5 mm	Elektrostat.
		30µ-FEL	30-63 µm	
	Los Alamos Natl.	AFEL	4 – 8 µm	Linac
	Lab (NM)	RAFEL	16 µm	Linac

FELs mit *Linearbeschleuniger* (*Linac*) werden typisch für den Wellenlängenbereich zwischen 200 nm und einigen 100 µm eingesetzt. Bei Betrieb mit *Radiofrequenz* (*rf*)-Linearbeschleunigern werden Spitzenleistungen im MW-Bereich und Pulsdauern von einigen ps erzielt. Mit Normalleiter-rf-Beschleunigern erreicht man 1-20 µs Pulsdauern und Durchschnittsleistungen im Watt-Bereich. FELs mit *supraleitenden* Beschleunigern (*SC-Linacs*) arbeiten im kontinuierlichen Regime und erreichen Leistungen von einigen kW. *Speicherring*-betriebene FEL-Anlagen arbeiten bei Wellenlängen von 180-700 nm mit Pulsdauern von einigen 10 ps, Spitzenleistungen im kW-Bereich und Durchschnittsleistungen von 10-300 mW. Fortschritte in der Beschleunigertechnik haben in neuster Zeit zu hohen Leistungen geführt: bis 10 kW im Bereich von 3-20 µm bzw. 0.4 kW im THz-Bereich. Seit wenigen Jahren werden auch bei *Synchrotronquellen* große Fortschritte gemacht, was die Realisierung von *Röntgen-FELs* (*XFELs*) mit hohen Intensitäten ermöglicht. Da für diese kurzen Wellenlängen keine Spiegel existieren, wird die Strahlung während eines einzigen Durchgangs durch den Ondulator mit einem Verstärkungsfaktor von > 10^7 produziert. Man spricht dabei von *selbstverstärkter spontaner Emission*, englisch „self-amplified spontaneous emission (SASE)". Das wohl ambitiöseste FEL-Projekt betrifft gegenwärtig die Planung eines europäischen XFEL beim Deutschen Elektronensynchrotron (DESY) bei Hamburg mit Wellenlängen bis hinunter zu 0.1 nm, Pulsdauern von 0.2-100 fs, Spitzenleistungen bis 150 GW und Durchschnittsleistungen bis 500 W [s. Yurkow et al. 2007 mit weiteren Referenzen]. Auch am schweizerischen Paul-Scherrer-Institut (PSI) ist ein XFEL mit Emissionen im Wellenlängenbereich von 0.1 bis 10 nm in Planung.

17.4 FEL-Anwendungen

Anwendungen von FELs betreffen u. a. Atom- und Molekülphysik (z. B. Isotopentrennung), ultrakurze Röntgendiagnostik, Materialuntersuchungen und Materialbearbeitung (z. B. Behandlung von Polymeroberflächen), Lithographie sowie chemische und biologische Studien auf ultrakurzer Zeitskala. Ein XFEL wird neue Perspektiven für die Röntgenspektroskopie eröffnen. Statt sehr viele Moleküle mit Röntgenstrahlung zu beleuchten, genügt bei der intensiven XFEL-Bestrahlung allenfalls schon ein einziges Molekül, um ein Beugungsmuster zu erzeugen.

Referenzen zu Kapitel 17

Ackermann, W. et al. (2007): Nature Photonics **1**, 336

Colson, W.B. (1999): Nucl. Instr. and Meth. A **429**, 37

Dattoli, G.; Renieri, A. (1985): Laser Handbook, Vol. 4 (ed. M. L. Stitch; M. Bass), chapter 1. North-Holland, Amsterdam

Freund, H.P.; Granatstein, V.L. (1999): Nucl. Instr. and Meth. A **429**, 33

Gover, A.; Yariv, A. (1978): Appl. Phys. **16**, 121

Jackson, J. D. (2006): Klassische Elektrodynamik, 4. Aufl. de Gruyter, Berlin

Jacobs, S. F.; Pilloff, H. S.; Sargent III, M.; Scully, M. O.; Spitzer, R. (1980): Physics of Quantum Electronics, Vol. 7. Addison-Wesley, Reading, USA

Jacobs, S. F.; Pilloff, H. S.; Scully, M.; Moore, G.; Sargent III, M.; Spitzer, R. (1982): Physics of Quantum Electronics, Vols. 8 & 9. Addison-Wesley, Reading, USA

Madey, J. M. J. (1971): J. Appl. Phys. **42**, 1906

Madey, J. M. J.; Pellegrini, C. (1984): Free Electron Generation of Extreme Ultraviolet Coherent Radiation. AIP Conference Proc. **118**, Am. Inst. Physics, N. Y.

Marshall, Th. C. (1985): Free Electron Lasers. McMillan, N. Y.

Motz, H. (1951): J. Appl. Phys. **22**, 527

Oepts, D.; van der Meer, A. F. G.; van Amersfoort, P. W. (1995): Infrared Phys. Technol. **36**, 297

O'Shea, P. G. (1998): Optics & Photonic News **9** (No. 5), 46.

Roberson, C. W.; Pasour, J. A.; Mako, S.; Lucey jr., R. A.; Sprangle, P. (1983): Infrared & Millimeter Waves (ed. K. J. Button), Vol. 10, chapter 7. Academic Press

Smith, S. J.; Purcell, E. M. (1953): Phys. Rev. **92**, 1069

Weber, M.J., Ed. (2001): Handbook of Lasers, section 4.2., CRC Press, Boca Raton, Florida (USA)

Yurkov, M.; Saldin, E.; Schneidmiller, E. (2007): Free-Electron Lasers, in *Springer Handbook of Lasers and Optics* (ed. F. Träger), chapter 11.11, Springer, Berlin

Anhang

A 1 Physikalische Konstanten

Vakuum-Lichtgeschwindigkeit	$c =$	$2.9979 \cdot 10^{8}$	m/s
elektrische Feldkonstante	$\varepsilon_0 =$	$8.8542 \cdot 10^{-12}$	As/Vm
magnetische Feldkonstante	$\mu_0 =$	$4\pi \quad \cdot 10^{-7}$	Vs/Am
	$=$	$1.2566 \cdot 10^{-6}$	Vs/Am
Wellenimpedanz des Vakuums	$Z_0 =$	376.73	V/A
elektrische Elementarladung	$e =$	$1.6022 \cdot 10^{-19}$	As
Planck-Konstante	$h =$	$6.6261 \cdot 10^{-34}$	Js
	$\hbar = h/2\pi =$	$1.0546 \cdot 10^{-34}$	Js
Boltzmann-Konstante	$k =$	$1.3807 \cdot 10^{-23}$	J/K
universelle Gaskonstante	$R =$	8.3145	J/K Mol
Loschmidtsche Zahl	$L =$	$6.0221 \cdot 10^{23}$	Mol^{-1}
Stefan-Boltzmann-Konstante	$\sigma =$	$5.6705 \cdot 10^{-8}$	$\text{W K}^{-4}\text{m}^{-2}$
Wien-Konstante	$A = \lambda_{max} \cdot T =$	$2.8974 \cdot 10^{-3}$	K m

Elektron

– Ruhmasse	$m_e =$	$9.1094 \cdot 10^{-31}$	kg
– Ruhenergie	$c^2 m_e =$	0.51100	MeV
– Compton Wellenlänge	$\lambda_e =$	$2.4263 \cdot 10^{-12}$	m
– magnetisches Moment	$\mu_e =$	$9.2848 \cdot 10^{-24}$	Am^2
– Bohrsches Magneton	$\mu_B =$	$9.2740 \cdot 10^{-24}$	Am^2
– g-Faktor	$g =$	2.0023	
– klassischer Radius	$r_e =$	$2.8179 \cdot 10^{-15}$	m

Wasserstoff-Atom

– Bohr-Radius	$a_0 =$	$5.2918 \cdot 10^{-11}$	m
– Rydberg-Konstante	$R_\infty =$	$1.09737 \cdot 10^{7}$	m^{-1}
	$cR_\infty =$	$3.2898 \cdot 10^{15}$	s^{-1}
	$hcR_\infty =$	$2.1799 \cdot 10^{-18}$	J
	$=$	13.6058	eV
– Feinstruktur-Konstante	$\alpha =$	$7.2974 \cdot 10^{-3}$	
	$1/\alpha =$	137.036	

A 2   Zehnerpotenzen und Logarithmen

10^{-3}	Milli	(m)		10^{3}	Kilo	(k)
10^{-6}	Mikro	(μ)		10^{6}	Mega	(M)
10^{-9}	Nano	(n)		10^{9}	Giga	(G)
10^{-12}	Piko	(p)		10^{12}	Tera	(T)
10^{-15}	Femto	(f)		10^{15}	Peta	(P)

1 Dezibel = 1 db = 20 log (A_2/A_1) = 10 log (I_2/I_1)
1 Neper   = 1 Np = ℓn (A_2/A_1) = (1/2) ℓn (I_2/I_1)

wobei A_1 und A_2 Feldamplituden, I_1 und I_2 Intensitäten bedeuten.

A 3   Elektromagnetisches Spektrum

Definitionen
für die Tabelle auf der folgenden Seite

ν in Hz	$= c/\lambda$	$\simeq 3$	$\cdot 10^{14}/\lambda$ in μm
$\tilde{\nu}$ in cm^{-1}	$= 1/\lambda$	$\simeq$	$\cdot 10^{4}/\lambda$ in μm
E in eV	$= hc/e\lambda$	$\simeq 1.24$	$\cdot$ $/\lambda$ in μm
T in K (Planck)	$= hc/k\lambda$	$\simeq 1.43$	$\cdot 10^{4}/\lambda$ in μm
T in K (Wien)	$= A/\lambda$	$\simeq 2.9$	$\cdot 10^{3}/\lambda$ in μm

Umrechnungen

$x\,\mu$m $= x \cdot 10^{-4}$ cm	$= x \cdot 10^{-3}$ mm	$= x \cdot 1\,000$ nm
	$= x \cdot 10'000$ Å	$= x \cdot 10^{7}$ XE
y cm^{-1}	$= y \cdot 29.98$ GHz	$= y \cdot 1.240 \cdot 10^{-4}$ eV
	$= y \cdot 1.439$ K	$= (1/y) \cdot 10^{4}\,\mu$m
z eV	$= z \cdot 8066$ cm^{-1}	$= z \cdot 11'605$ K

Tab A-1 Skala der elektromagnetischen Wellen

	Wellenlänge λ		Frequenz ν	Wellenzahl $\tilde{\nu}$ in cm^{-1}	Energie E in eV	Planck T in K	Wien T in K
Audio	300	km	1 kHz	$3.33 \cdot 10^{-8}$	$4.14 \cdot 10^{-12}$	$4.79 \cdot 10^{-8}$	$7.66 \cdot 10^{-9}$
Radio	300	m	1 MHz	$3.33 \cdot 10^{-5}$	$4.14 \cdot 10^{-9}$	$4.79 \cdot 10^{-5}$	$7.66 \cdot 10^{-6}$
	1	m	300 MHz	$1 \cdot 10^{-2}$	$1.24 \cdot 10^{-6}$	$1.43 \cdot 10^{-2}$	$2.90 \cdot 10^{-3}$
Mikrowellen	3	cm	10 GHz	$3.33 \cdot 10^{-1}$	$4.14 \cdot 10^{-5}$	$4.79 \cdot 10^{-1}$	$7.66 \cdot 10^{-2}$
	1.44	cm	21 GHz	$7.0 \cdot 10^{-1}$	$8.62 \cdot 10^{-5}$	1	$2.02 \cdot 10^{-1}$
	1	cm	30 GHz	1	$1.24 \cdot 10^{-4}$	1.43	$2.90 \cdot 10^{-1}$
	2.90	mm	104 GHz	3.45	$4.28 \cdot 10^{-4}$	4.96	1
	1	mm	300 GHz	10	$1.24 \cdot 10^{-3}$	14.3	2.90
Infrarot	100	μm	$3 \cdot 10^{12}$ Hz	100	$1.24 \cdot 10^{-2}$	143	29.0
	10	μm	$3 \cdot 10^{13}$ Hz	1000	$1.24 \cdot 10^{-1}$	$1.43 \cdot 10^{3}$	290
	1.24	μm	$2.42 \cdot 10^{14}$ Hz	8066	1	$1.16 \cdot 10^{4}$	$2.34 \cdot 10^{3}$
	1	μm	$3 \cdot 10^{14}$ Hz	10000	1.24	$1.43 \cdot 10^{4}$	$2.90 \cdot 10^{3}$
Licht	7000	Å	$4.28 \cdot 10^{14}$ Hz	14285	1.77	$2.06 \cdot 10^{4}$	$4.14 \cdot 10^{3}$
	4000	Å	$7.50 \cdot 10^{14}$ Hz	25000	3.10	$3.60 \cdot 10^{4}$	$7.25 \cdot 10^{3}$
Ultraviolett	1000	Å	$3 \cdot 10^{15}$ Hz	10^{5}	12.4	$1.43 \cdot 10^{5}$	$2.90 \cdot 10^{4}$
	100	Å	$3 \cdot 10^{16}$ Hz	10^{6}	124	$1.43 \cdot 10^{6}$	$2.90 \cdot 10^{5}$
Röntgen	10	Å	$3 \cdot 10^{17}$ Hz	10^{7}	$1.24 \cdot 10^{3}$	$1.43 \cdot 10^{7}$	$2.90 \cdot 10^{6}$
	1000	XE	$3 \cdot 10^{18}$ Hz	10^{8}	$1.24 \cdot 10^{4}$	$1.43 \cdot 10^{8}$	$2.90 \cdot 10^{7}$
γ-Strahlen	10	XE	$3 \cdot 10^{20}$ Hz	10^{10}	$1.24 \cdot 10^{6}$	$1.43 \cdot 10^{10}$	$2.90 \cdot 10^{9}$

A 4 Allgemeine Laser-Literatur

A 4.1 Optik allgemein

Bergmann, L.; Schäfer, C. (2004): Lehrbuch der Experimentalphysik, Bd. III, Optik, 10. Aufl. de Gruyter, Berlin

Born, M., Sandner, W. (2004): Optik: Ein Lehrbuch der Elektromagnetischen Lichttheorie, 4. Aufl. Springer, Berlin

Born, M.; Wolf, E. (1999): Principles of Optics, 7th rev. ed. Pergamon Press, Oxford

Brown, T. et al. eds. (2003): The Optics Encyclopedia. Wiley-VCH, Berlin

Chartier, G. (2005): Introduction to Optics. Springer, N. Y.

Cohen-Tannoudji, C. (2005): Atoms in Electromagnetic Fields. World Scientific, N. J.

Fox, M. (2006): Quantum Optics: an Introduction. Oxford University Press, Oxford

Gerry, C. C. (2005): Introductory Quantum Optics. Cambridge University Press, Cambridge

Graham-Smith, F. (2000): Optics and Photonics. Wiley, Chichester

Gross, R. W. F.; Bott, J. F. (2005): Handbook of Optical Systems. Wiley, N. Y.

Hecht, E. (2005): Optik, 4. Aufl. Oldenburg, München

Herzig, H.P. , ed. (1998), Micro-Optics: Elements, Systems, and Applications. Taylor & Francis, London

Klein, M.; Furtak, T. E. (1988): Optik. Springer, Berlin

Lauterborn, W.; Kurz, T. (2003): Coherent Optics, 2nd ed., Advanced Texts in Physics. Springer, Berlin

Lipson, S.G.; Lipson, H.S.; Tannhauser, D.S. (1997): Optik. Springer, Berlin

Mandel, L.; Wolf, E. (1995): Optical Coherence and Quantum Optics. Cambridge University Press, Cambridge

Mansuripur, M. (2002): Classical Optics and its Applications. Cambridge University Press, Cambridge

Meschede, D. (2006): Optics, Light and Lasers, 2nd ed. Wiley-VCH, Berlin

Meystre, P.; Sargent III, M. (1999): Elements of Quantum Optics, 3rd ed. Springer, Berlin

Möller, K. D. (2006): Optics, 2nd ed. Springer, New York

Paul, H. (2004): Introduction to Quantum Optics. Cambridge University Press, Cambridge

Saleh, B.E.A.; Teich, M.C. (200): Fundamentals of Photonics, 2nd ed. Wiley, Hoboken, N.J.

Wolf, E. ed.: Progress in Optics, Vol. 1ff., North-Holland, Amsterdam (Fortsetzungsserie)

Yehuda, B. (2006): Light and Matter: Electromagnetism, Optics, Spectroscopy and Lasers. Wiley, Chichester

Young, M. (1997): Optik, Laser, Wellenleiter. Springer, Berlin

Zinth, W.; Zinth, U. (2005): Optik. Odenbourg, München

A 4.2   Laser allgemein

Arecchi, F. T.; Schulz-Dubois, E. O., eds. (1972/1976): Laser Handbook, Vols. 1 und 2. North-Holland, Amsterdam

Barnes, F. S. (1972): Laser Theory. IEEE Press, N. Y.

Bekefi, G., ed. (1976): Principles of Laser Plasmas. Wiley, N. Y.

Bertolotti, M. (1983): Masers and Lasers. Hilger, Bristol

Bertolotti, M. (2005): The history of the laser, IoP Publishing, Bristol

Birnbaum, G. (1964): Optical Masers. Academic Press, N. Y.

Brunner, K.; Radloff, W.; Junge, K. (1977): Quantenelektronik – eine Einführung in die Physik der Laser. VEB Deutscher Verlag der Wissenschaften, Berlin

Brunner, K.; Junge, K. (1989): Lasertechnik – eine Einführung, 4. Aufl. Hüthig, Heidelberg

Csele, M. (2004): Fundamentals of Light Sources and Lasers. Wiley, Hoboken N. J. (USA)

Dändliker, R. (1989): Laser-Kurzlehrgang, 5. vollst. überarb. Aufl. AT Verlag, Aarau

Davis, C. C. (2002): Lasers and Electro-Optics: Fundamentals and Engineering. repr. with corrections. Cambridge University Press, Cambridge

Donges, A. (2000): Physikalische Grundlagen der Lasertechnik, 2. Aufl. Hüthig, Heidelberg

Eastham, D. A. (1986): Atomic Physics of Lasers. Taylor & Francis, London

Eichler, J.; Eichler, H.-J. (2006): Laser, 6. Aufl. Springer, Berlin

Fain, V. M.; Khanin, Ya. I. (1969): Quantum Electronics, Vols. 1 und 2. Pergamon Press, Oxford

Gan, F. (1995): Laser Materials. World Scientific, Singapore

Grau, G. K. (1978): Quantenelektronik. Vieweg, Braunschweig

Gupta, M. C.; Ballato, J. eds. (2007): The Handbook of Photonics, 2nd ed. CRC Press, Boca Raton, FL

Haken, H. (1970): Laser Theory. Handbuch der Physik, Band XXV/2c. Springer, Berlin

Haken, H. (1984): Laser Theory. Springer, Berlin

Haken, H. (1985): Light, Vol. 2: Laser Light Dynamics. North-Holland, Amsterdam

Harvey, A. F. (1970): Coherent Light. Wiley, London

Hecht, J. (1992): Laser Pioneers. Academic Press, New York

Hodgson, N.; Weber, H. (1992): Optische Resonatoren: Grundlagen, Eigenschaften, Optimierung. Springer, Berlin

Hodgson, N.; Weber, H. (2005): Laser resonators and beam propagation. Springer Series in Optical Science, Vol. 108, Springer, Berlin

Kaminow, I. P.; Siegmann, A. E. (1973): Laser Devices and Applications. IEEE Press, N. Y.

Kleen, W.; Müller, R. (1969): Laser. Springer, Berlin

Klinger, H. (1979): Laser-Grundlagen und Anwendungen, Bd. 304. Kosmos, Stuttgart

Lange, W. (1983): Einführung in die Laserphysik. Wissenschaftl. Buchges. Darmstadt

420   Anhang

Lengyel, B. A. (1971): Lasers. Wiley, N. Y.

Lengyel, B. A. (1966): Introduction to Laser Physics. Wiley, New York

Levine, A. K. (1966/1968): Lasers, Vols. 1 und 2., Marcel Dekker, N. Y.

Levine, A. K.; DeMaria, A. J. (1971/1976): Lasers, Vols. 3 und 4. Marcel Dekker, N. Y.

Loudon, R. (2000): The Quantum Theory of Light. 3rd ed. Oxford University Press, Oxford

Maitland, A.; Dunn, M. H. (1969): Laser Physics. North-Holland, Amsterdam

Meschede, D. (2006): Optics, Light and Lasers, 2nd ed. Wiley-VCH, Berlin

Naray, Z. (1976): Laser und ihre Anwendung – eine Einführung. Akad. Verlagsges. Leipzig

Paul, H. (1969): Lasertheorie. Vols. I und II. Wissenschaftliche Taschenbücher. Akademie-Verlag, Berlin

Röss, D. (1966): Laser-Lichtverstärker und Oszillatoren. Technisch-Physikalische Sammlung, Band 4. Akademische Verlagsges., Frankfurt a/Main

Sargent III, M.; Scully, M.O.; Lamb jr., W. E. (1987): Laser Physics. 5th printing. Addison-Wesley, Reading, USA

Silfvast, W. (2004): Laser Fundamentals, 2nd ed. Cambridge University Press, Cambridge

Shimoda, K. (1991): Introduction to Laser Physics, 2nd ed. Springer Series in Optical Sciences, Vol. 44. Springer, Berlin

Siegman, A. E. (1986): Lasers. University Press, Oxford

Smith, W. V.; Sorokin, P. P. (1966): The Laser. McGraw-Hill, N. Y.

Stitch, M. L., ed. (1979): Laser Handbook, Vol. 3. North-Holland, Amsterdam

Stitch, M. L.; Bass, M., eds. (1985/1986): Laser Handbook, Vols. 4 und 5. North-Holland, Amsterdam

Struve B. (2001): Laser: Grundlagen, Komponenten, Technik. Verlag Technik, Berlin.

Svelto, O. (1998): Principles of Lasers, 4th ed. Plenum, N. Y.

Thyagarajan, K.; Ghatak, A. K. (1981): Lasers, Theory and Applications. Plenum, N. Y.

Tradowsky, K. (1983): Laser kurz und bündig, 4. Aufl. Vogel, Würzburg

Tang, C. L., ed. (1979): Methods of Experimental Physics, Vol. 15: Quantum Electronics. Academic Press, N. Y.

Townes, Ch. (1999): How the laser happened: adventures of a scientist. Oxford University Press, N. Y.

Träger, F., ed. (2007): Springer Handbook of Lasers and Optics. Springer, Berlin

Unger, H. G. (1970): Introduction to Quantum Electronics. Pergamon Press, Oxford

Verdeyen, J. T. (1995): Laser Electronics, 3rd ed. Prentice Hall, Englewood Cliffs, USA

Weber, H.; Herziger, G. (1972): Laser – Grundlagen und Anwendungen. Physik-Verlag, Nürnberg

Weber, H (2005): Laser Fundamentals (Reihe Laser Physics and Applications, Subvol. A Springer, Berlin.

Weiss, C.O.; Vilaseca, R. (1991): Dynamics of Lasers. VCH-Verlag, Weinheim

Westermann, F. (1976). Laser. Teubner, Stuttgart

Winnacker, A. (1984): Physik der Maser und Laser. B. I. – Wissenschaftsverlag, Mannheim

Yariv, A. (1989): Quantum Electronics, 3rd ed. Wiley, New York

Yariv, A. (1991): Optical Electronics, 4th ed, Saunders, Philadelphia

Yeh, P.; Yariv, A. (2007): Photonics: Optical Electronics in Modern Communications. Oxford University Press, N. Y.

Yehuda, B. (2006): Light and Matter: Electromagnetism, Optics, Spectroscopy and Lasers. Wiley, Chichester

Young, M. (2000): Optics and Lasers, 5th ed. Springer, Berlin

Young, M. (1997): Optik, Laser, Wellenleiter. Springer, Berlin

A 4.3 Spezielle Laser

Agrawal, G.P., Dutta, N.K. (2001): Semiconductor Lasers, 2nd ed., 3rd print. Kluwer Academic, Boston

Alfano, R. R., ed. (2006): The Supercontinuum Laser Source, 2nd ed. Springer, New York

Anderson, J. D. (1976): Gasdynamic Lasers: An Introduction. Academic Press, N. Y.

Basting, D.; Marowsky, G., eds. (2005): Excimer Laser Technology. Springer, Berlin

Bennett, W. R. (1977): The Physics of Gas Lasers. Gordon & Breach, N. Y.

Bloom, A. L. (1968): Gas Lasers. Wiley, N. Y.

Botez, D.; Scifres, D. R., eds. (1994): Diode Laser Arrays. Cambridge University Press, Cambridge

Brederlow, G.; Fill, E.; Witte, K. J. (1983): The High-Power Iodine Laser. Springer Series in Optical Sciences, Vol. 34. Springer, Berlin

Brown, D. (1981): High Peak Power Nd : Glas Laser Systems. Springer Series in Optical Sciences, Vol. 25. Springer, Berlin

Buus, J.; Amann, MC.; Blumenthal, D. (2005): Tunable Laser Diodes and Related Optical Sources, 2nd ed. Wiley Interscience, Hoboken, N. J.

Carlson, N. W. (1994): Monolithic Diode Laser Arrays. Springer Series in Electronics and Photonics, Vol. 33. Springer, Berlin

Casey, H. & Parish, M. (1978): Heterostructure Lasers. Academic Press, N. Y.

Choi, H. K. (2004): Long-wavelength infrared Semiconductor Lasers. Wiley, Hoboken, N.J.

Chow, W. W.; Koch, S. W. (1999): Semiconductor-Laser Fundamentals. Springer, Berlin

Diel, R., ed. (2000): High-Power Diode Lasers. Topics in Applied Physics, Vol. 78. Springer, Berlin

Diels, J.-C.; Rudolph, W. (2006): Ultrashort Laser Pulse Phenomena, 2nd ed. Academic, Oxford

Duarte, F. (2003): Tunable Laser Optics. Elsevier, Amsterdam

Duley, W. W. (1976): CO_2 Lasers – Effects and Applications. Academic Press, N. Y.

Duley, W. W. (1996): UV Lasers: Effects and Applications in Materials Science. Cambridge University Press, Cambridge

Dulin, I. N. (2006): Compact Sources of Ultrashort Pulses. Cambridge Studies in Modern Optics, Vol. 18. Cambridge University Press, Cambridge

Elton, R. C. (1990): X-ray Lasers. Academic Press, Boston

Endo, M.; Walter, R. (2007) : Gas Lasers. Optical Science and Engineering Series, Vol. 121. CRC Press, Boca Raton, FL

Garrett, C. G. B. (1967): Gas Lasers. McGraw-Hill, N. Y.

Garrett, C. G. B. (1969): Gas Laser. Oldenburg, N. Y.

Ghafouri-Shiraz, H. (2003): The Principles of Semiconductor Laser Diodes and Amplifiers. Imperial College Press, London

Ghafouri-Shiraz, H. (2003): Distributed Feedback Laser Diodes and Optical Tunable Filters. Wiley, Chichester

Gooch, C. H. (1969): Gallium Arsenide Lasers. Wiley, N. Y.

Gross, R. W. F.; Bott, J. F. (1976): Handbook of Chemical Lasers. Wiley, N. Y.

Hecht, J. (1992): The Laser Guidebook, 2nd ed., McGraw-Hill, N. Y.

Herrmann, J.; Wilhelmi, B. (1984): Laser für ultrakurze Lichtimpulse. Physik-Verlag, Weinheim; Akademie-Verlag, Berlin

Jacobs, S. F. et al. (1976): Physics of Quantum Electronics, Vol. 1: High Energy Lasers and Their Applications. Addison-Wesley, London

Jacobs, S. F. et al. (1978): Physics of Quantum Electronics, Vol. 5: Novel Sources of Coherent Radiation, Addison-Wesley, Reading MA (USA)

Jesse, K. (2005): Femtosekundenlaser: Einführung in die Technologie der Ultrakurzen Lchtimpulse. Springer, Berlin

Kaminskii, A. A. (1996): Crystalline Lasers: Physical Processes and Operating Schemes. CRC Press, Boca Raton, FL

Kapon, Eli, ed. (1999): Semiconductor Lasers I: Fundamentals. Academic Press, San Diego

Kapon, Eli, ed. (1999): Semiconductor Lasers II: Materials and Structures. Academic Press, San Diego

Kingslake, R.; Thompson, B. J., eds. (1980): Applied Optics and Optical Engineering, Vol. VI. Academic Press, N.Y

Koechner, W. (2006): Solid-State Laser Engineering. Springer Series in Optical Sciences, Vol. 1, 6th ed. Springer, N.Y

Koechner, W.; Bass, M. (2003): Solid State Lasers: A Graduate Text. Springer, N. Y.

Kompa, K. L. (1973): Chemical Lasers. Topics in Current Chemistry, Vol. 37. Springer, Berlin

Kressel, H., ed. (1982): Semiconductor Devices for Optical Communication. Topics in Applied Physics, Vol. 39, 2nd ed. Springer, Berlin

Losev, S. A. (1981): Gasdynamic Laser. Springer Series in Chemical Physics, Vol.12. Springer, Berlin

Marshall, Th. C. (1985): Free Electron Lasers. McMillan, N. Y.

McDaniel, E. W.; Nigham, W. L. (1982): Gas Lasers. Appl. Atomic Collision Physics, Vol. 3. Academic Press, N. Y.

Menzel, R. (2007): Photonics: Linear and Nonlinear Interactions of Laser Light and Matter, 3rd ed. Springer, Berlin

Mollenauer, L. F.; White, J. C. (1987): Tunable Lasers. Topics in Applied Physics, Vol. 59. Springer, Berlin

Nair, L. G. (1982): Dye Lasers, in: Progress in Quantum Electronics, Vol. 7, no.3–4. Oxford University Press, Oxford

Numai, T. (2004): Fundamentals of Semiconductor Lasers. Springer Series in Optical Sciences, Vol. 93. Springer, N. Y.

Nakamura, S.; Pearton, S.; Fasol, G. (2000): The Blue Diode Laser: the complete story, 2nd ed. Springer, Berlin

Peuser, P.; Schmitt, N. P. (1995): Diodengepumpte Festkörperlaser. Laser in Technik und Forschung. Springer, Berlin

Pike, E. R., ed. (1976): High-power Gas Lasers, 1975. Conference Series, No. 29.   The Institute of Physics, Bristol, London

Reider, G.A. (2005): Photonik: Eine Einführung in die Grundlagen, 2. Aufl., Springer, Wien

Rhodes, Ch. K., ed. (1984): Excimer Lasers. Topics in Applied Physics, Vol. 30, 2nd ed. Springer, Berlin

Risk, W. P.; Gosnell T. R.; Nurmikko, A. V. (2003): Compact blue-green lasers. Cambridge University Press, Cambridge

Rullière, C., ed. (2005): Femtosecond laser pulses, 2nd ed. Springer, Berlin

Sands, D. (2005): Diode Lasers. Series in Optics and Optoelectronics. IoP Publishing, Bristol

Schäfer, F. P., ed. (1990): Dye Lasers. Topics in Applied Physics, Vol. 1, 3rd ed. Springer, Berlin

Sennaroglu, A., ed. (2007): Solid-State Lasers and Applications. Optical Science and Engineering Series, Vol. 119. Taylor & Francis, Boca Raton

Shapiro, S. L., ed. (1984): Ultrashort Light Pulses, 2nd ed. Topics in Applied Physics, Vol. 18. Springer, Berlin

Shen, Y. R., ed. (1977): Nonlinear Infrared Generation. Topics in Applied Physics, Vol. 16. Springer, Berlin

Sorokina, I., Vodopyanov, K.L. , eds. (2003): Solid-state Mid-infrared Laser Sources. Topics in Applied Physics, Vol. 89. Springer, Berlin

Suhara, T. (2004): Semiconductor Laser Fundamentals. Optical Engineering, Vol. 89. Dekker, N. Y.

Sze, S. M. (1981): Physics of Semiconductor Devices, 2nd ed., Wiley, N. Y.

Sze, S. M. (1998): Modern Semiconductor Device Physics. Wiley, N. Y.

Thompson, G. H. B. (1988): Physics of Semiconductor Laser Devices. Wiley, Chichester

Ustinov, V.M.; Zhukov, A.E.; Egorov, A.Yu.; Maleev, N.A. (2003): Quantum Dot Lasers. Oxford University Press, Oxford

Vasil'ev, P. (1995): Ultrafast Diode Lasers: Fundamentals and Applications: Artech House, Boston

Willett, C. S. (1974): Introduction to Gas Lasers. Pergamon Press, Oxford

Witteman, W. J. (1987): The CO_2 Laser. Springer Series in Optical Sciences, Vol. 53. Springer, Berlin

A 4.4   Laser-Anwendungen

Balykin, V. I.; Letokhov, V. S. (1995): Atom Optics with Laser Light. Laser Science and Technology, Vol. 18. Harwood, Chur

Bass, M., ed. (1983): Laser Materials Processing. North-Holland, Amsterdam

Bäuerle, D. (2000): Laser Processing and Chemistry, 3rd rev. ed. Springer, Berlin

Ben-Shaul, A.; Haas, Y.; Kompa, K. L.; Levine, R. D. (1981): Lasers and Chemical Change. Springer Series in Chemical Physics, Vol. 10. Springer, Berlin

Berlien, H.P.; Müller, G., eds. (2003): Applied laser medicine. Springer, Berlin

Bertolotti, M., ed. (1983): Physical Processes in Laser-Material Interactions. Plenum, N. Y.

Blatter, A.; von Allmen, M. (1998): Laser-Beam Interactions with Materials. Springer Series in Materials Science, Vol. 2 ed. 2. Springer, Berlin

Bloembergen, N. (1996): Nonlinear Optics, 4th ed. World Scientific, Singapore

Boyd, I. W., ed. (1987): Laser Processing of Thin Films and Microstructures. Springer Series in Material Science, Vol. 3. Springer, Berlin

Brückner, V.; Feller, K.-H.; Grummt, U.-W. (1990): Applications of Time-Resolved Optical Spectroscopy. Akad. Verlagsgesellschaft Geest & Portig K. G., Leipzig

Collier, R. J.; Burckhardt, C. B.; Lin, L. H. (1971): Optical Holography. Academic Press, N. Y.

Cremers, D.A.; Radziemski, L.J. (2006): Handbook of Laser-Induced Breakdown Spectroscopy. Wiley, Chichester

Dainty, J.C., ed. (1975): Laser Speckle and Related Phenomena. Topics in Appl. Phys., Vol. 9. Springer, Berlin

Demtröder, W. (2007): Laserspektroskopie: Grundlagen und Techniken, 5. Aufl. Springer, Berlin

De Schryver, F.C. , ed. (2001): Femtochemistry. Wiley-VCH, Weinheim

Dickey, F. M.; Holswade, S. C.; Shealy, D. L. (2006): Laser Beam Shaping Applications. Taylor & Francis, Boca Raton FL

Drain, L. E. (1980): The Laser Doppler Technique. Wiley, Chichester

Duley, W. W. (1983): Laser Processing & Analysis of Materials. Plenum, N. Y.

Duley, W. W. (1999): Laser Welding. Wiley, N. Y.

Eason, R. (2006): Pulsed Laser Deposition of Thin Films. Wiley, Chichester

Fisher, R. A., ed. (1983): Optical Phase Conjugation. Academic Press, N. Y.

Fujii, T. (2005): Laser Remote Sensing. Optical Engineering, Vol. 97. Taylor & Francys, Boca Raton FL

Gibbs, H. M. (1985): Optical Bistability: Controlling Light with Light. Academic Press, N. Y.

Goldberg, D.J., ed. (2005): Laser Dermatology. Springer, Berlin

Goodman, J.W. (2006): Speckle Phenomena in Optics. Roberts, Englewood, Colorado

Grunwald, E.; Dever, D. F.; Keehn, P. M. (1978): Megawatt Infrared Laser Chemistry. Wiley, N. Y.

Hannaford, P. (2006): Femtosecond Laser Spectroscopy. Springer, N. Y.

Hariharan, P. (2002): Basics of Holography. University Press, Cambridge

Harry, J. E. (1974): Industrial Lasers and Their Application. McGraw-Hill, London

Hering, P.; Lay, J.P.; Stry, S., eds. (2004): Laser in Environmental and Life Sciences. Springer, Berlin

Hinkley, E. D., ed. (1976): Laser Monitoring of the Atmosphere. Topics in Applied Physics, Vol. 14. Springer, Berlin

Hugenschmidt, M. (2007): Lasermesstechnik: Diagnostik der Kurzzeitphysik. Springer, Heidelberg

Hunsperger, R. (2002): Integrated Optics: Theory & Technology, 5th edition. Advanced Text in Physics Springer, Berlin

Iffländer, R. (2001): Solid State Lasers for Materials Processing. Springer, Berlin

Jacobs, S. F. et al. (1976): Physics of Quantum Electronics, Vol. 2: Laser Applications to Optics and Spectroscopy; Vol. 3: Laser-Induced Fusion and X-Ray Laser Studies; Vol. 4: Laser Photochemistry, Tunable Lasers, and other Topics. Addison-Wesley, London

Jortner, J.; Levine, R. D.; Rice, S. A., eds. (1981): Photoselective Chemistry, Parts 1& 2, Advances in Chemical Physics, Vol. 47. Wiley, N. Y.

Kaiser, W., ed. (1988): Ultrashort Laser Pulses and Applications. Topics in Applied Physics, Vol. 60. Springer, Berlin

Kapany, N. S. (1967): Fiber Optics. Academic Press, N. Y.

Kapany, N. S.; Burke, J. J (1972): Optical Waveguides. Quantum Electronics: Principles and Applications. Academic Press, N. Y.

Kaminow, I. P. et al., eds. (1979-2002): Optical Fiber Telecommunications, 4 Vols., Academic Press, NY

Kaplan, I.; Giler, S. (1984): CO_2 Laser Surgery. Springer, Berlin

Killinger, D. K.; Mooradian, A., Schiff, H. eds. (1983): Optical and Laser Remote Sensing. Springer Series in Optical Sciences, Vol. 39. Springer, Berlin

Kliger, D. S., ed. (1983): Ultrasensitive Laser Spectroscopy. Academic Press, N. Y.

Kock, W. E. (1977): Engineering Applications of Lasers and Holography. Plenum Press, N. Y.

Koebner, H. K., ed. (1980): Lasers in Medicine. Wiley, Chichester

Koebner, H. K., ed. (1984): Industrial Applications of Lasers. Wiley, Chichester

Köpf, U. (1979): Laser in der Chemie. Sauerländer, Aarau

Letokhov, V. S. (1977): Laserspektroskopie. Vieweg, Braunschweig

Letokhov, V. S. Chebotayev, V. P. (1977): Nonlinear Laser Spectroscopy. Springer Series in Optical Sciences, Vol. 4. Springer, Berlin

Letokhov, V. S., (1983): Nonlinear Laser Chemistry, Multiple Photon Excitation. Springer, Berlin

Letokhov, V. S. (1987): Laser Photoionization Spectroscopy. Academic Press, N. Y.

Letokhov, V. S. ed. (1986): Laser Analytical Spectrochemistry. Hilger Bristol, Boston.

Levenson, M. D.; Kano, S. S. (1988): Introduction to Nonlinear Laser Spectroscopy, rev. ed. Academic Press, San Diego

Li, T., ed. (1985): Optical Fiber Communications. Academic Press, N. Y.

Lubatschowski, H. (2005): Laser in Medicine. Wiley-VCH, Weinheim

Ludman, J.; Caulfield, H.; Riccobono, J., eds. (2002): Holography for the New Millenium. Springer, N. Y.

Lukyanchuk, B. ed. (2002): Laser Cleaning. World Scient., N. J.

Luxon, J. T.; Parker, D. E. (1992): Industrial Lasers and Their Applications, 2nd ed. Prentice Hall, Englewood Cliffs, USA

Manz, J.; Wöste, L., eds. (1995): Femtosecond Chemistry. VCH Verlagsges., Weinheim

Measures, R. M. (1984): Laser Remote Sensing: Fundamentals and Applications. Wiley, N. Y.

Measures, R. M., ed. (1988): Laser Remote Chemical Analysis. Chemical Analysis, Vol. 94. Wiley, N. Y.

Measures, R. M. (2001): Structural monitoring with fiber optic technology, Academic Press, San Diego

Mehta, P. C.; Rampal, V. (1993): Lasers and Holography. World Scientific, Singapore

Mills, D. L. (2006): Nonlinear Optics, Basic Concepts, 2nd ed. Springer, Berlin

Omenetto, N., ed. (1979): Analytical Laser Spectroscopy. Chemical Analysis, Vol. 50. Wiley, N. Y.

Parker, M. A. (2005): Physics of Optoelectronics. Optical Science and Engineering Serie. CRC Press, Boca Raton, FL

Piepmeier, E. H., ed. (1986): Analytical Applications of Lasers, Wiley, N. Y.

Ramesh, S. K. (2006): Fiber Optics Communications. Wiley, Chichester

Ready, J. F. (1971): Effects of High-Power Laser Radiation. Academic Press, N. Y.

Ready, J. F. (1984): Laser Applications, Vol. 5. Academic Press, N. Y.

Ready, J. F. (1997): Industrial Applications of Lasers, 2nd ed. Academic Press, N. Y.

Ready, J. F. ed. (2001): LIA Handbook of Laser Materials Processing. Laser Institute of America, Orlando, FL

Rosenberger, D. (1975): Technische Anwendungen des Lasers. Springer, Berlin

Ruck, B. (1987): Laser-Doppler-Anemometrie. AT Fachverlag, Stuttgart

Saxby, G. (2003): Practical Holography, 3rd ed. IoP Publishing, Bristol

Schubert, M.; Wilhelmi, B. (1986): Nonlinear Optics and Quantum Electronics. Wiley, N. Y.

Schulz-Dubois, E. O., ed. (1983): Photon Correlation Techniques in Fluid Mechanics. Springer, Berlin

Schuöcker, D. (1999): High Power Lasers in Production Engineering. Imperial College Press, London

Schwoerer, H. et al. eds (2006): Laser and Nuclei: Applications of Ultrahigh Intensity Lasers in Nuclear Science. Lecture Notes in Physics, Vol. 694. Springer, Berlin

Scruby, C. B.; Drain, L. E. (1990): Laser Ultrasonics: Techniques and Applications. Adam Hilger, Bristol

Senior, J. M. (1992): Optical Fiber Communications: Principles and Practice, 2nd ed. Prentice-Hall, Englewood Cliffs, USA

Shen Y. R. (2003): The Principles of Nonlinear Optics. Wiley, Hoboken, N. J.

Sigrist, M. W., ed. (1994): Air Monitoring by Spectroscopic Techniques. Wiley, N. Y.

Smith, H. M. (1975): Principles of Holography, 2nd ed. Wiley, N. Y.

Soroko, L. M. (1980): Holography and Coherent Optics. Plenum Press, N. Y.

Steen, W., Duley, W. W. (2003): Laser Material Processing, 3rd ed. Springer, London

Steinfeld, J. I. (1978): Laser and Coherence Spectroscopy. Plenum, N. Y.

Steinfeld, J. I., ed. (1981): Laser-Induced Chemical Processes. Plenum, N. Y.

Steinfeld, J. I. (2005): Molecules and Radiation: an Introduction to Modern Molecular Spectroscopy. Dover, Mineola, N. Y.

Stenholm, S. (1984): Foundations of Laser Spectroscopy. Wiley, N. Y.

Stenholm, S. (1985): Lasers in Applied and Fundamental Research. Hilger, Bristol

Stroke, G. W. (1969): An Introduction to Coherent Optics and Holography, 2nd ed. Academic Press, N. Y.

Tamir, T., ed. (1979): Integrated Optics, 2nd ed. Topics in Applied Physics, Vol. 7. Springer, Berlin

Tamir, T. ed. (1990): Guided-wave Optoelectronics, 2nd ed. Springer Series in Electronics and Photonics, Vol. 26. Springer, Berlin

Telle, H.H. (2007): Laser Chemistry: Spectroscopy, Dynamics and Applications. Wiley, Hoboken, N.J.

Toyserkani, E.; Khajepour, A.; Corbin, S. (2005): Laser Cladding. CRC Press, Boca Raton, FL

Vasa, N. J. (2006): Recent Developments in Lasers and their Applications. Research Sign Post, Trivandrum

Watanabe, S.; Midorikawa, W. S. eds. (2007): Ultrafast Optics V. Springer Series in Optical Sciences, Springer, Berlin

Wanner, J., Kompa, K. L. (1984): Laser Applications in Chemistry, NATO Advanced Science Institutes Serie B, Vol. 105. Plenum Press, N. Y.

Watrasiewicz, B. M.; Rudd, M. J. (1976): Laser Doppler Measurements. Butterworths, London

Webb, C. ed. (2004): Handbook of Laser Technology and Applications. IoP Publishing, Bristol

Weitkamp, C. ed. (2005): Lidar: Range-resolved Optical Remote Sensing of the Atmosphere. Springer series in Optical Sciences, Vol. 102. Springer, N. Y.

Wolbarsht, M. (1971-1991): Laser Applications in Medicine and Biology, Vols. 1–5. Plenum, N. Y.

Yariv, A.; Yeh, P. (2007): Photonics: Optical Electronics in Modern Communications, 6th ed. Oxford University Press, Oxford

Yen, W. M.; Selzer, P. M. (1986): Laser Spectroscopy of Solids, 2nd ed. Topics in Applied Physics, Vol. 49. Springer, Berlin

Zewail, A.H. (1994): Femtochemistry. World Scientific, Singapore

Zharov, V. P.; Letokhov, V. S. (1986): Laser Optoacoustic Spectroscopy. Springer Series in Optical Sciences, Vol. 37. Springer, Berlin

Zuev, V. E. (1982): Laser Beams in the Atmosphere. Plenum, N. Y.

A 4.5   Laser-Sicherheit

Barat, K. (2006): Laser Safety Management. CRC Press, Boca Raton, FL

Henderson, R.; Schulmeister, K. (2004): Laser Safety. Taylor & Francis, N. Y.

Mallow, A.; Chabot, L. (1978): Laser Safety Handbook. Van Nostrand, N. Y.

Reidenbach, H. D.; Dollinger, K.; Hofmann J. (2003): Überprüfung der Laserklassifizierung unter Berücksichtigung des Lidschutzreflexes. Wirtschaftsverlag, Dortmund

Sliney, D.; Wolbarsht, M. (1985): Safety with Lasers and other Optical Sources: A Comprehensive Handbook, 4th ed. Plenum, N. Y.

A 4.6   Laser-Tabellen

Beck, R.; Englisch, W.; Gürs, K. (1980): Tables of Laser Lines in Gases and Vapors, 3rd ed. Springer Series in Optical Sciences, Vol. 2. Springer, Berlin

Bennett jr., W. R. (1979): Atomic Gas Laser Transition Data. IFI/Plenum, N. Y.

Button, K. J.; Inguscio, M.; Strumia, F., eds. (1984): Optically Pumped Far-Infrared Lasers. Reviews of Infrared and Millimeter Waves, Vol. 2. Plenum, N. Y.

Weber, M. J., ed. (1982): Handbook of Laser Science and Technology, Vols. 1–3. CRC Press, Boca Raton, FL, USA

Weber, M. J., ed. (2001): Handbook of Lasers CRC Press, Boca Raton, FL

Register

Aus dem Programm Physik/Umwelt/Energie

Wagemann, Hans-Günther / Eschrich, Heinz
Photovoltaik
Solarstrahlung und Halbleitereigenschaften, Solarzellenkonzepte
und Aufgaben
2007. XIII, 267 S. mit 132 Abb. Br. EUR 21,90
ISBN 978-3-8351-0168-5

Die Solarstrahlung als Energiequelle der Photovoltaik - Halbleitermaterial für die photovoltaische Energiewandlung - Grundlagen für
Solarzellen aus kristallinem Halbleitermaterial - Monokristalline
Silizium-Solarzellen - Polykristalline Silizium-Solarzellen - Solarzellen
aus Verbindungshalbleitern - Dünnschicht-Solarzellen aus amorphem
Silizium - Alternative Solarzellen-Konzepte - Ausblick auf Solarzellen
der Zukunft - Übungsaufgaben zum Rechnen und Experimentieren

Physikalische Konzepte und mathematische Ableitungen bis zu den
technisch bekannten Ausdrücken (Generator-Kennlinie, Spektrale
Empfindlichkeit usw.) werden vollständig dargestellt, sowie die Ausführungen zu allen Halbleiter-Solarzellen. Übungsaufgaben, die
zusammenhängend den Entwurf, die Beschreibung und Analyse von
Solarzellen behandeln, ergänzen die Ausführungen und leiten zur
eigenen analytischen und experimentellen Arbeit an.

**VIEWEG+
TEUBNER**
Abraham-Lincoln-Straße 46
65189 Wiesbaden
Fax 0611.7878-400
www.viewegteubner.de

Stand Januar 2008.
Änderungen vorbehalten.
Erhältlich im Buchhandel oder im Verlag.

Aus dem Programm Physik

Dobrinski, Paul / Krakau, Gunter / Vogel, Anselm
Physik für Ingenieure
11., durchges. Aufl. 2007. 703 S. Periodensystem der Elemente,
Spektraltafel 4c Geb. EUR 39,90
ISBN 978-3-8351-0020-6

Mechanik - Wärmelehre - Elektrizität und Magnetismus - Strahlenoptik
- Schwingungs- und Wellenlehre - Atomphysik - Festkörperphysik -
Relativitätstheorie

Neben den klassischen Gebieten der Physik werden auch moderne
Themen, z.B. makroskopische Quanten-Effekte wie Laser, Quanten-Hall-
Effekt und Josephson-Effekte, die in der Anwendung immer wichtiger
werden, ausführlich dargestellt. Zahlreiche Beispiele stellen immer
wieder den Bezug zur Praxis heraus. Für eine optimale Unterstützung
des Selbststudiums enthält das Buch ca. 300 Aufgaben mit Lösungen.

**VIEWEG+
TEUBNER**

Abraham-Lincoln-Straße 46
65189 Wiesbaden
Fax 0611.7878-400
www.viewegteubner.de

Stand Januar 2008.
Änderungen vorbehalten.
Erhältlich im Buchhandel oder im Verlag.